AF822050

NUMERIK 3

Probleme der Kontinuumsmechanik
und ihre numerische Behandlung

Lecture Notes Mathematik

NUMERIK 3

Probleme der Kontinuumsmechanik und ihre numerische Behandlung

Rolf Rannacher

Institut für Angewandte Mathematik
Universität Heidelberg

HEIDELBERG
UNIVERSITY PUBLISHING

Über den Autor

Rolf Rannacher, Prof. i. R. für Numerische Mathematik an der Universität Heidelberg; Studium der Mathematik an der Universität Frankfurt am Main – Promotion 1974; Habilitation 1978 in Bonn; 1979/1980 Vis. Assoc. Prof. an der University of Michigan (Ann Arbor, USA), dann Professor in Erlangen und Saarbrücken – in Heidelberg seit 1988; Spezialgebiet „Numerik partieller Differentialgleichungen“, insbesondere „Methode der finiten Elemente“ mit Anwendungen in Natur- und Ingenieurwissenschaften; hierzu über 160 publizierte wissenschaftliche Arbeiten.

Bibliografische Information der Deutschen Nationalbibliothek
Die Deutsche Nationalbibliothek verzeichnet diese Publikation in der Deutschen Nationalbibliografie. Detaillierte bibliografische Daten sind im Internet unter http://dnb.ddb.de abrufbar.

Dieses Werk ist unter der Creative Commons-Lizenz 4.0 (CC BY-SA 4.0) veröffentlicht.

Die Online-Version dieser Publikation ist auf den Verlagswebseiten von HEIDELBERG UNIVERSITY PUBLISHING http://heiup.uni-heidelberg.de dauerhaft frei verfügbar (open access).
urn: urn:nbn:de:bsz:16-heiup-book-312-1
doi: https://doi.org/10.17885/heiup.312.424

Text © 2017, Rolf Rannacher

ISSN 2566-4816 (PDF)
ISSN 2512-4455 (Print)

ISBN 978-3-946054-63-4 (PDF)
ISBN 978-3-946054-64-1 (Softcover)

Inhaltsverzeichnis

0 Einleitung

Eine hinreichend gute Kenntnis des physikalischen Ursprungs der typischen Zustandsgleichungen der Kontinuumsmechanik ist für einen erfolgreichen Ansatz numerischer Lösungsverfahren unerlässlich. Daher liegt der Schwerpunkt dieser Vorlesung zunächst auf der Diskussion der mathematischen Modelle der Kontinuumsmechanik, insbesondere deren Ableitung aus physikalischen Grundpostulaten unter besonderer Berücksichtigung der dabei verwendeten Annahmen. Dabei wird weniger Wert auf eine axiomatische Strenge, aber oft sterilen Deduktion der „mathematischen“ Kontinuumsmechanik gelegt. Vielmehr sollen bei der Ableitung der Modellgleichungen intuitive Anschauung gestützt auf Beispiele aus der Versuchsphänomenologie helfen. Dennoch sollte klar werden, dass alle verwendeten Schlüsse eine strenge mathematische Rechtfertigung erlauben.

Die zwei großen Teilgebiete der Kontinuumsmechanik sind die Theorie der elastischen Strukturen (kurz „Strukturmechnik“ oder „Elastizitätstheorie“) und die der fließenden Medien (kurz „Strömungsmechanik“). Wesentlich ist in beiden Fällen die Vorstellung einer kontinuierlich verteilten Menge von Massepunkten, deren Verhalten durch Dichtefunktionen (z. B. Massedichte) beschrieben werden, im Gegensatz zur Punktmechnik einzelner Masseteilchen. Diese Gemeinsamkeit führt auch zu einer weitgehend parallelen Ableitung und Form der zugehörigen Grundgleichungen für diese Dichtefunktionen sowie deren numerischen Lösung. Trotzdem bestehen wesentliche Unterschiede in den numerischen Verfahren für die einzelnen Typen von Grundgleichungen, weswegen im Folgenden die Diskussion auch nach Methoden in der Strukturmechnik und in der Strömungsmechanik unterteilt ist.

Auf einen „Massekörper“, der in einem ausgezeichneten Grundzustand einen Ortsbereich $\overline{\Omega} \subset \mathbb{R}^3$ einnimmt, wirken zwei Sorten von äußeren Kräften:

- volumenhaft verteilte „Massekräfte“ (z. B. Schwerkraft),
- flächenhaft verteilte „Oberflächenkräfte“ (z. B. hydrostatischer Druck).

Die Flächenkräfte haben ihre Ursache in den Wechselwirkungen der Moleküle, aus denen das Material aufgebaut ist. Da diese Wechselwirkungen nur eine geringe Reichweite haben, können sie mit hinreichender Genauigkeit als Flächenkräfte interpretiert werden. Ferner mögen gewisse Teile des Randes $\partial\Omega$ des Körpers vorgeschriebene Verschiebungen erleiden. Bei Einwirkung äußerer Belastungen wird der Körper dann eine Verformung erfahren, welche durch ein Vektorfeld $u(x)$ beschrieben sei. Dabei kann es zu „fließender“ Verformung kommen, oder es wird ein neuer Gleichgewichtszustand erreicht. Tritt im letzteren Fall wieder Entlastung ein, so können plastische Verformungen zurückbleiben. Verschwinden jedoch alle Verformungen restlos, so spricht man von „ideal elastischem“ Verhalten. Die „Elastizitätstheorie“ beschäftigt sich speziell mit den kinematischen („auf die Bewegung bezogenen“) und statischen („auf das Gleichgewicht bezogenen“) Eigenschaften solcher „elastischer“ Körper. Die Betrachtungsweise dabei ist rein phänomenologisch: Aufgrund von experimentell gestützten Hypothesen werden physikalische Gesetze formuliert, aus denen Vorhersagen über das Verhalten der Materialien abgeleitet werden. Dazu zählen etwa die grundlegenden Erhaltungssätze für Masse, Impuls und Energie bzw. das Newtonsche Gesetz vom Kräftegleichgewicht sowie die bloße Annahme über die Art der wirkenden Kräfte. Ferner liefert der praktische Versuch an Modellkonfigurationen Werte für eine Reihe von Materialkonstanten, die etwa als Proportionalitätsfaktoren in die Bestimmungsgleichungen eingehen. Es ist dann Aufgabe der mikroskopischen Theorie (Festkörperphysik), diese Größen und die Beziehungen zwischen ihnen aus der atomaren Struktur der Materie heraus zu begründen.

Auf den betrachteten Körper wirken eine äußere Volumenkraft mit Dichte K und eine Oberflächenkraft mit Dichte p^0 auf einem Randteil $\partial\Omega_\sigma \subset \partial\Omega$. Dadurch werden bei Berücksichtigung einer Zwangsbedingung

$$u = u^\partial \quad \text{auf } \partial\Omega_u := \partial\Omega \setminus \partial\Omega_\sigma,$$

eine Verschiebung der Massepunkte

$$\xi \to x(\xi) = \xi + u(\xi), \quad \xi \in \Omega,$$

in eine neue Gleichgewichtslage hervorgerufen. Die damit einhergehende (lokale) Verformung des Körpers wird durch den „Verzerrungstensor“

$$\epsilon(\xi) = \tfrac{1}{2}\big(\nabla u(\xi) + \nabla u(\xi)^T + \nabla u(\xi) \cdot \nabla u(\xi)^T\big)$$

beschrieben. Der Körper Ω nimmt nach der Deformation ein neues Volumen $\tilde{\Omega}$ ein. Aufgrund des Newtonschen Gesetzes vom Kräftegleichgewicht wirken dann im deformierten Körper „Gegenkräfte“, welche den äußeren Belastungen das Gleichgewicht halten und durch den „Spannungstensor“ $\sigma(x)$ beschrieben werden. Die Bedingung des statischen Gleichgewichts lautet

$$\mathrm{div}\sigma(x) + K(x) = 0 \quad \text{in } \tilde{\Omega},$$

ergänzt durch die statische Bedingung

$$\sigma \cdot n = \sigma^\partial \cdot n \quad \text{auf } \partial\tilde{\Omega}_\sigma.$$

Das „Elastizitätsgesetz“ liefert einen materialbedingten Zusammenhang zwischen Verzerrungen und Spannungen. Im Fall „kleiner“ Verzerrungen, d. h. $\|\epsilon\| \ll 1$ („linearisierte“ Theorie), werden die Spannungen ebenfalls auf das undeformierte Ausgangssystem bezogen, so dass dieser Zusammenhang in der Form

$$\sigma(\xi) = C[\epsilon(\xi)]$$

geschrieben werden kann, mit dem symmetrischen und positiv definiten „Elastizitätstensor“ C. Aus den obigen Bedingungen sollten sich dann zu gegebenen Größen K, p^0, u^0 die zugehörigen Verschiebungen, Verzerrungen und Spannungen bestimmen lassen. An letzteren ist man in praktischen Anwendungen vor allem interessiert, da sie die Belastung des Materials bei der Deformation beschreiben. Für kleine Verzerrungen wird nun näherungsweise gesetzt

$$\epsilon(\xi) = \tfrac{1}{2}\big(\nabla u(\xi) + \nabla u(\xi)^T\big),$$

was bei Verwendung des linearen Materialgesetzes zu einer elliptischen linearer Randwertaufgabe zweiter Ordnung für die Verschiebungen u führt:

$$\begin{aligned} -\operatorname{div} C[\nabla u] &= K \quad \text{in } \Omega, \\ C[\nabla u]\cdot n &= \sigma^{\partial}\cdot n \quad \text{auf } \partial\Omega_{\sigma}, \\ u &= u^{\partial} \quad \text{auf } \partial\Omega_{u}. \end{aligned}$$

Dieses allgemeine „Lamé-Navier-System“ ist dann der Hilbert-Raum-Theorie zugänglich, wodurch man allgemeine Existenz- und Eindeutigkeitsaussagen erhält. Bei Konkretisierung für spezielle Konfigurationen ergeben sich aus der allgemeinen Grundaufgabe unter Hinzuziehung weiterer vereinfachender Annahmen etwa die bekannten Randwertaufgaben der mathematischen Physik:

– Laplace[1]-Gleichung:

$$-\Delta u = f, \quad \text{in } \Omega, \quad u = 0 \quad \text{auf } \partial\Omega;$$

– Bi-Laplace-Gleichung:

$$\Delta^2 u = f \quad \text{in } \Omega, \quad u = 0, \ \partial_n u = 0 \quad \text{auf } \partial\Omega.$$

Ein wichtiges Hilfsmittel zur mathematischen Beschreibung elastischer Körper sind die sog. Variationsprinzipien, etwa das „Prinzip vom Minimum der potentiellen Energie“. Dieses besagt, dass die zu den Vorgaben $K, \sigma^{\partial}, u^{\partial}$ gehörende Verschiebung u das „Energiefunktional“

$$E(u) := \tfrac{1}{2}\int_{\Omega} \sigma(x) : \epsilon(x)\, dx - \int_{\Omega} K(x)u(x)\, dx - \int_{\partial\Omega_{\sigma}} n\cdot\sigma^{\partial}\cdot u(x)\, do_x$$

minimiert bzgl. aller „zulässigen“ Vergleichsfunktionen mit $u = u^{\partial}$ auf $\partial\Omega_u$. Dieses kann einerseits zur Ableitung der „richtigen“ Differentialgleichungen und der zugehörigen „natürlichen“ Randbedingungen dienen, und bildet andererseits den Ausgangspunkt für die variationellen numerischen Näherungsverfahren wie z. B. das Projektionsverfahren von Ritz bzw. dessen spezielle Variante der „Methode der Finiten Elemente“ (oder „Finite-Elemente-Methode (FEM)“).

Bei der Beschreibung der „Strömung“ von Fluiden ist man im Gegensatz zur Verformung elastischer Körper nicht am momentanen Deformationszustand sondern an der momentanen Deformationsgeschwindigkeit interessiert. Dies bedingt, dass strömungsmechanische Vorgänge in der Regel in Eulerschen Koordinaten, d. h. in den Koordinaten des momentanen, bewegten Bezugssystems,

$$\xi \to x(\xi, t)$$

[1]Pierre Simon Marquis de Laplace (1749–1827): Französischer Mathematiker und Astronom; Prof. in Paris; begründete u. a. die Wahrscheinlichkeitsrechnung.

beschrieben werden. Die zugehörigen Verzerrungesgeschwindigkeiten $\dot{\epsilon}$ sind dann lineare Funktionen der Geschwindigkeitvektoren $v(x) := \partial_t x(\xi, t)$:

$$\dot{\epsilon}(x) = \tfrac{1}{2}\big(\nabla v(x) + \nabla v(x)^T\big).$$

Die aus der experimentellen Erfahrung abgeleiteten Forderung nach Erhaltung von Masse, Impuls, Drehimpuls und Energie impliziert dann das die zugehörigen Dichtegrößen Massedichte ρ, Impulsdichte ρv und Energiedichte E gewissen partiellen Differentialgleichungen genügen müssen. Diese sog. „Erhaltunsggleichungen" ergeben sich dabei nicht aus globalen Variationsprinzipien wie die der Elastizitätstheorie sondern aus lokalen Erhaltungsbedingungen. Diese Gleichungen sind generisch nichtlinear und unsymmetrisch. Der Bekannteste Vertreter dieser Gleichungen sind die sog. „Navier-Stokes-Gleichungen"

$$\partial_t v - \nu \Delta v + (v \cdot \nabla) v + \nabla p = f$$

zur Beschreibung inkompressibler, Newtonscher Fluide, wobei die Inkompressibilität durch die lineare Nebenbedingung $\nabla \cdot v = 0$ ausgedrückt wird. Die Lösungen dieses Systems lassen sich nicht durch Variationsprinzipien charakterisieren. Daher basiert ihre numerische Approximation nicht auf dem Ritzschen sondern auf dem Galerkinschen Verfahrensansatz für unsymmetrische Variationsprobleme der Form

$$\int_\Omega \partial_t v \cdot \varphi \, dx + \int_\Omega \nu \nabla v : \nabla \varphi \, dx + \int_\Omega v \cdot \nabla v \cdot \varphi \, dx - \int_\Omega p \, \mathrm{div} v \, dx = \int_\Omega f \cdot \varphi \, dx,$$

für alle zulässigen Testfunktionen φ. Ergänzt durch geeignete Anfangs- und Randbedingungen ist diese Variationsaufgabe im Hadamarschen Sinne wohl gestellt und damit einer numerischen Lösung durch Galerkin-Verfahren zugänglich. Dies rechtfertigt die Anwendung der „Finite-Elemente-Methode" auch auf solche strömungsmechanischen Modelle.

1 Kontinuumsmechanische Grundlagen

1.1 Grundlagen aus Linearer Algebra und Analysis

In diesem Abschnitt sind die später benötigten Hilfsmittel aus der Tensoralgebra und Vektoranalysis zusammengestellt.

1.1.1 Hilfsmittel aus der Tensoralgebra

Die Punkte des d-dimensionalen euklidischen Raumes $\mathbb{R}^d\,(d=2,3)$ werden mit $x=(x_i)_{i=1}^d$ bezeichnet, bezogen auf ein festes kartesisches Kooerdinatensystem mit Richtungseinheitsvektoren $e^{(i)}\,(i=1,\dots,d)$. Mit $(\cdot,\cdot)$ und $\|\cdot\|$ werden das übliche euklidische Skalarprodukt sowie die zugehörige Vektornorm bezeichnet. Bei der Darstellung von Summen über indizierte Größen (z. B. Elemente von Vektoren oder Matrizen) wird im folgenden häufig die sog. „Einsteinsche Summationskonvention“ verwendet, bei der über doppelt auftretende Indizes oder Exponenten summiert wird; z. B. gibt es für das euklidische Skalarprodukt zweier (Zeilen)-Vektoren $a,b\in\mathbb{R}^d$ die folgenden Schreibweisen:

$$(a,b)=a\cdot b=\sum_{i=1}^{d}a_ib_i=a_ib_i.$$

Soll einmal nicht summiert werden, wird dies in der Regel durch explizite Angabe der betreffenden Indizes angedeutet; z. B.: $a_ib_i\;(i=1,\dots,d)$.

Seien $\tilde{e}^{(i)}\,(i=1,\dots,d)$ die Richtungseinheitsvektoren eines zweiten kartesischen Koordinatensystems im $\mathbb{R}^d$, welches durch eine othogonale Transformation (Drehung) mit der Transformationsmatrix

$$D=(d_{ij})_{i,j=1}^d=(\cos(\tilde{e}^{(i)},e^{(j)}))_{i,j=1}^d,$$

aus dem x-System hervorgeht. Hat ein Punkt x bzgl. der beiden Systeme die Koordinaten $x=(x_i)_{i=1}^d$ bzw. $(\tilde{x}_i)_{i=1}^d$, so ist

$$\tilde{x}=Dx\quad\text{bzw.}\quad\tilde{x}_i=d_{ij}x_j\;(i=1,\dots,d).$$

Die Drehmatrix D hat die Eigenschaften $DD^T=I$ („unitäre“ Matrix) und $\det(D)=1$ für rechtshändige Systeme.

Wir führen nun den Begriff „(kartesischer) Tensor“ ein. Für unsere Zwecke ist die folgende induktive Definition am bequemsten.

Definition 1.1 (Tensoren): *Tensoren „0-ter Stufe“ sind die (physikalischen) Skalare. Für $m\in\mathbb{N}$ sind Tensoren „m-ter Stufe“ definiert als lineare Abbildungen des Vektorraumes der Tensoren r-ter Stufe in den Raum der Tensoren s-ter Stufe, $r,s\in\mathbb{N}_0$, mit $m=r+s$.*

Bzgl. eines kartesischen Koordinatensysteme $\{e^{(i)}\}_{i=1,\ldots,d}$ kann ein Tensor $T^{(m)}$ m-ter Stufe durch m-dimensionale Zahlenschemata dargestellt werden, mit dem er dann bei (festem) Bezugssystem meist auch identifiziert wird:

$$T^{(m)} = (T^{(m)}_{i_1\ldots i_m})_{i_k=1,\ldots,d}.$$

Es werden häufig die folgenden Abkürzungen verwendet:

$$T^{(m)} = (T^{(m)}_{i_1\cdots i_m})_{i_k=1,\ldots d} =: (T^{(m)}_{i_1\ldots i_m}).$$

Durch Anwendung von $T^{(m)}$ auf einen Tensor $T^{(r)}$ r-ter Stufe erhält man definitionsgemäß einen Tensor $T^{(s)}$ s-ter Stufe:

$$T^{(m)}T^{(r)} = T^{(s)} \quad \Leftrightarrow \quad T^{(s)}_{i_1\ldots i_s} = T^{(m)}_{i_1\ldots i_m} T^{(r)}_{i_{s+1}\ldots i_m}.$$

Speziell für zwei Tensoren m-ter Stufe wird die folgende „skalare" Multiplikation vereinbart:

$$S : T := S_{i_1\ldots i_m} T_{i_1\ldots i_m} \in \mathbb{R}.$$

Für die Komponenten eines Tensors bzgl. der zwei durch die Drehmatrix D verknüpften Koordinatensysteme $\{e^{(i)}\}_{i=1,\ldots,d}$, $\{\tilde{e}^{(i)}\}_{i=1,\ldots,d}$ gelten die charakteristischen Transformationsformeln

$$\tilde{T}^{(m)}_{i_1\ldots i_m} = d_{i_1 p_1} \cdots d_{i_m p_m} T^{(m)}_{p_1\ldots p_m} \qquad (i_1, \ldots, i_m \in \{1, \ldots d\}),$$

welche auch als Definition der Tensoreigenschaft von Zahlenschemata $(T^{(m)}_{i_1\cdots i_m})$ herangezogen werden können.

Viele physikalische Größen lassen sich als Tensoren beschreiben. Dabei handelt es sich in der Regel um Tensoren der Stufe $m \leq 4$, aufgefasst als lineare Abbildungen der Tensoren (m-1)-ter Stufe in die Tensoren 1-ter Stufe.

Beispiele:

- $m = 0$ (Skalare): Punktmasse, kinetische Energie, Abstand zweier Punkte.
- $m = 1$ (Vektoren): Die Geschwindigkeits- und Kraftvektoren ordnen jedem Richtungsvektor einen Skalar zu, z. B.: $v \in \mathbb{R}^3 \colon w \to (v, w)$.
- $m = 2$ (Dyaden): Der Trägheitstensor eines Starrkörpers ordnet jedem Drehachsenvektor einen Drehimpulsvektor zu, $\Theta \in \mathbb{R}^{n\times n} : a \to j(a) = \Theta a$. Der Kronecker-Tensor $\delta = (\delta_{ij})^2_{i,j=1}$ mit den Elementen

$$\delta_{ij} := \begin{cases} 1, & i = j, \\ 0, & i \neq j, \end{cases}$$

  dient u. a. zur Darstellung der Vektornorm durch $\|a\|^2 = \sum_{i,j=1}^2 \delta_{ij} a_i a_j = \sum_{i=1}^2 a_i^2$.
- $m = 3$: Der ε-Tensor $\varepsilon = (\varepsilon_{ijk})^3_{i,j,k=1}$ mit den Elementen

$$\varepsilon_{ijk} := \begin{cases} 1 & \text{gerade Permutation von } \{1,2,3\} \\ -1, \quad \{i,j,k\} & \text{ungerade Permutation von } \{1,2,3\} \\ 0 & \text{keine Permutation von } \{1,2,3\} \end{cases}$$

dient u. a. zur abgekürzten Schreibweise der Determinante und des Vektorprodukts:

$$\det \begin{vmatrix} x_1 & y_1 & z_1 \\ x_2 & y_2 & z_2 \\ x_3 & y_3 & z_3 \end{vmatrix} = \varepsilon_{ijk} x_i y_j z_k, \qquad x \times y = (\varepsilon_{ijk} x_j y_k)_{i=1,2,3}.$$

– $m=4$: Der „Elastizitätstensor“ $C = (C_{ijkl})_{i,j,k,l=1,2,3}$ (in der linearen Elastizitätstheorie) bildet „Verzerrungstensoren“ (Dyaden) $\varepsilon = (\varepsilon_{ij})$ in „Spannungstensoren“ (Dyaden) $\sigma = (\sigma_{ij})$ ab vermöge

$$\sigma = C\varepsilon \quad \Leftrightarrow \quad \sigma_{ij} = C_{ijkl}\varepsilon_{kl}, \quad (i,j=1,2,3).$$

Für Dyaden $T = (T_{ij})$ verwendet man die Begriffe

– „symmetrisch“, wenn $T_{ij} = T_{ji}$ $(i,j=1,2,3)$, bzw. $T = T^T$.

– „schiefsymmetrisch“, wenn $T_{ij} = -T_{ji}$ $(i,j=1,2,3)$, bzw. $T = -T^T$.

– „Einheitstensor“ $I = (\delta_{ij})$, $\delta_{ij} := \begin{cases} 1, & i=j \\ 0, & i \neq j \end{cases}$ (Kronecker-Symbol).

Man verifiziert leicht durch Einsetzen, dass die Symmetrie einer Dyade (T_{ij}) mit Hilfe des ε-tensors wie folgt charakterisiert werden kann:

$$T = T^T \quad \Leftrightarrow \quad \varepsilon_{ijk}T_{jk} = 0 \quad (i=1,2,3). \tag{1.1.1}$$

Von Bedeutung sind ferner die sog. „Tensorinvarianten“

$$\begin{aligned} J_1 &:= \mathrm{spur}(T) = T_{ii}, \\ J_2 &:= \tfrac{1}{2}\{T_{ij}T_{ji} - T_{ii}T_{jj}\}, \\ J_3 &:= \det(T) = \varepsilon_{ijk}T_{i1}T_{j2}T_{k3}, \end{aligned}$$

welche, wie man leicht nachprüft, invariant gegenüber orthogonalen Koordinatentransformationen, d. h. unabhängig von der jeweiligen Koordinatendarstellung des Tensors, sind. Schließlich spricht man im Fall, dass die Komponenten eines Tensors Funktionen des Ortes sind, von einem „Tensorfeld“.

Lemma 1.1: *Die Ableitungen der Determinante $\Delta = \det(A)$ einer Matrix $A = (a_{ij})_{i,j=1}^3$ nach ihren Elementen sind gegeben durch*

$$\frac{\partial \Delta}{\partial a_{ij}} = \Delta_{ij}, \quad i.j = 1,2,3, \tag{1.1.2}$$

mit den sog. „Adjunkten“ $\Delta_{ik} := (-1)^{i+k} co(a_{ik})$ von Δ, d. h. den nach Streichung der i-ten Zeile und k-ten Spalte entstehenden Unterdeterminanten, skaliert mit $(-1)^{i+k}$.

Beweis: Offensichtlich gilt

$$\frac{\partial \Delta_{ik}}{\partial a_{ij}} = \frac{\partial \Delta_{ik}}{\partial a_{jk}} = 0 \quad (i,j,k = 1,2,3),$$

sowie

$$\Delta_{ij} a_{kj} = \delta_{ik} \Delta \quad (i,k = 1,2,3), \tag{1.1.3}$$

mit dem Kronecker-Symbol $\delta_{kk} = 1,\ \delta_{kj} = 0,\ k \neq j$. Im Fall $i = k$ ist dies der übliche Entwicklungssatz (nach Zeilen) der Determinate Δ; im Fall $i \neq k$ ist die linke Seite dann gerade die Determinante der durch Ersetzen der i-ten durch die k-te Zeile entstehenden singulären Matrix und folglich gleich Null. Mittels Entwicklung von Δ nach der i-ten Zeile erhalten wir daher

$$\frac{\partial \Delta}{\partial a_{ij}} = \frac{\partial}{\partial a_{ij}} (\Delta_{ik} a_{ik}) = \frac{\partial \Delta_{ik}}{\partial a_{ij}} a_{ik} + \Delta_{ik} \frac{\partial a_{ik}}{\partial a_{ij}} = \delta_{kj} \Delta_{ik},$$

und somit

$$\frac{\partial \Delta}{\partial a_{ij}} = \Delta_{ij},$$

was zu beweisen war. Q.E.D.

1.1.2 Hilfsmittel aus der Vektoranalysis

Wir verwenden die folgenden abkürzenden Bezeichnungen für totale und partielle Ableitungen nach der Zeitvariablen t bzw. der Ortsvariablen x:

$$d_t := \frac{d}{dt}, \quad \partial_t := \frac{\partial}{\partial t}, \quad \partial_i := \frac{\partial}{\partial x_i} \ (i=1,2,3), \quad \partial_n := \frac{\partial}{\partial n},$$

wobei n den Normaleneinheitsvektor zu einer Fläche bezeichnet. Mit diesen Bezeichnungen sind die üblichen Differentialoperatoren für skalare sowie vektor- und tensor-wertige Funktionen $p, u = (u_j)_{j=1}^d$ und $\sigma = (\sigma_{ij})_{i,j=1}^d$ definiert durch:

$$\begin{aligned}
&\operatorname{grad} p := \nabla p = (\partial_i p)_{i=1}^d \ \text{(Gradient)}, \quad \nabla u = (\partial_j u_i)_{i,j=1}^d \ \text{(Funktionalmatrix)},\\
&\operatorname{div} u := \nabla \cdot u = \partial_i u_i \ \text{(Divergenz)}, \quad \operatorname{div} \operatorname{grad} p = \partial_i^2 p = \Delta p \ \text{(Laplace-Operator)},\\
&v \cdot \sigma := (v_j \sigma_{ij})_{i=1}^d, \quad \operatorname{div} \sigma := \nabla \cdot \sigma = (\partial_j \sigma_{ij})_{i=1}^d, \quad \sigma \cdot v := (\sigma_{ij} v_j)_{i=1}^d.
\end{aligned}$$

Speziell für vektor-wertige Funktionen $u = (u_j)_{j=1}^3$ ist die Rotation gegeben durch

$$\operatorname{rot} u := \nabla \times u = (\partial_2 u_3 - \partial_3 u_2, \partial_3 u_1 - \partial_1 u_3, \partial_1 u_2 - \partial_2 u_1).$$

Sei $\Omega \subset \mathbb{R}^d$ $(d=2,3)$ ein beschränktes Gebiet mit stückweise glattem Rand $\partial\Omega$, so dass bis auf endlich viele Randpunkte oder Randkurven der äußere Normaleneinheitsvektor n wohl definiert ist. Mit $C^k(\bar{\Omega})$ wird der Raum der auf Ω k-mal stetig differenzierbaren

Funktionen mit stetig auf $\bar\Omega$ fortsetzbaren Ableitungen bezeichnet. Für Funktionen $u \in C(\bar\Omega)$ sind die Volumen- und Flächenintegrale

$$\int_\Omega u(x)\,dx, \qquad \int_{\partial\Omega} u(x)\,do,$$

im üblichen Riemannschen Sinne zu verstehen. Für weniger reguläre Funktionen werden hierunter aber gelegentlich auch uneigentliche Riemannsche oder Lebesguesche Integrale verstanden. Volumen- und Flächeninhalte sind mit $|\Omega| := \int_\Omega dx$ und $|\Gamma| := \int_\Gamma do$, $\Gamma \subset \partial\Omega$, bezeichnet.

Ein wesentliches Hilfsmittel bei den folgenden Betrachtungen wird der „Gaußsche Integralsatz" für Funktionen $u \in C^1(\bar\Omega)$ sein:

$$\int_\Omega \partial_i u\,dx = \int_{\partial\Omega} n_i u\,do \quad (i=1,\dots,d). \tag{1.1.4}$$

Einfache Folgerungen hieraus sind die sog. „Greenschen Formeln" für skalare Funktionen $u \in C^1(\bar\Omega)$, $u' \in C^2(\bar\Omega)$ und Vektorfunktionen $v \in C^1(\bar\Omega)^d$:

$$\int_\Omega u\,\nabla\cdot v\,dx = \int_{\partial\Omega} u\,n\cdot v\,do - \int_\Omega \nabla u\cdot v\,dx,$$
$$\int_\Omega u\Delta u'\,dx = \int_{\partial\Omega} u\partial_n u'\,do - \int_\Omega \nabla u\cdot\nabla u'\,dx.$$

Diese Beziehungen gelten sinngemäß auch für Funktionen aus den entsprechenden Sobolew-Räumen $H^1(\Omega)$ und $H^2(\Omega)$ von verallgemeinert differenzierbaren Funktionen.

Sei $\Omega_\xi \subset \mathbb{R}^d$ ($d=2$ oder $d=3$) eine offene Menge, welche durch eine umkehrbar eindeutige und stetig differenzierbare Abbildung (ein „Diffeomorphismus")

$$\xi \to x(\xi)$$

auf eine offene Menge $\Omega_x \subset \mathbb{R}^d$ abgebildet wird. Die Abbildung wird als Lipschitz-stetig fortgesetzt auf ganz $\bar\Omega_\xi$ angenommen, und ihr Rand $\partial\Omega_\xi$ sei glatt, möglicherweise bis auf endlich viele Ausnahmepunkte oder -kurven. Damit wird die Gültigkeit des Transformationssatzes für Volumen und Oberflächenintegrale sowie des Satzes von Gauß sichergestellt.

Die zugehörige Fundamentalmatrizen und Funktionaldeterminanten sind

$$x'(\xi) = (\partial_j x_i)_{i,j=1}^d, \quad \xi'(x) = (\partial_j \xi_i)_{i,j=1}^d, \qquad \Delta_x(\xi) = \det(x'(\xi)), \quad \Delta_\xi(x) = \det(\xi'(x)),$$

und für $x = x(\xi)$ gilt:

$$x'(\xi) = \xi'(x)^{-1}, \qquad \Delta_x(\xi)\Delta_\xi(x) = 1. \tag{1.1.5}$$

Im Fall $\Delta_x(\xi) > 0$ ist die Abbildung orientierungserhaltend, d. h.: Bei der Abbildung eines (kompakten) Volumens $V_\xi \subset \Omega_\xi$ auf ein (gleichfalls kompaktes) Volumen V_x wird der Rand $\partial V_\xi \subset \Omega_\xi$ auf den Rand $\partial V_x \subset \Omega_x$ abgebildet, und äußere Normalenvektoren auf ∂V_ξ gehen in nach außen zeigende Vektoren auf ∂V_x über.

In einem Punkt $\xi \in \Omega_\xi$ sei ein Richtungsvektor r^ξ angeheftet. Dieser geht dann unter der Koordinatentransformation über in den Vektor $r^x := x'(\xi)r^\xi$, welcher im Bildpunkt $x(\xi)$ angeheftet ist. Dies sieht man wie folgt:

$$r^x = \lim_{s\to 0} \frac{x(\xi + sr^\xi) - x(\xi)}{s} = \lim_{s\to 0} \frac{x'(\xi)sr^\xi + \mathcal{O}(s^2)}{s} = x'(\xi)r^\xi.$$

Die sog. „Adjunkten“ der Funktionalmatrix $x'(\xi)$ sind definiert durch

$$\operatorname{adj}(\partial_j x_i(\xi)) := (-1)^{i+j} \det\big(\partial_l x_k(\xi),\ k\neq i, l\neq j\big).$$

Mit Hilfe von (1.1.5) folgt unter Verwendung der Cramerschen Regel $x = x(\xi)$:

$$\partial_j \xi_i(x) = x'(\xi)^{-1}_{ij} = \frac{\operatorname{adj}(\partial_j x_i(\xi))}{\Delta_x(\xi)}, \qquad \partial_j x_i(x) = \xi'(x)^{-1}_{ij} = \frac{\operatorname{adj}(\partial_j \xi_i(x))}{\Delta_\xi(x)}, \tag{1.1.6}$$

sowie

$$\operatorname{adj}(\partial_i x_k(\xi))\operatorname{adj}(\partial_k \xi_j(x)) = \delta_{ij} \quad (i,j=1,\dots,3). \tag{1.1.7}$$

Lemma 1.2: *Sei $V_\xi \subset \Omega_\xi$ ein (kompaktes) Volumen mit glattem Rand ∂V_ξ, welches auf ein (gleichfalls kompaktes) Volumen $V_x \subset \Omega_x$ mit (gleichfalls glattem) Rand ∂V_x abgebildet wird. Für stetige Funktionen u und g_j $(j = 1,2,3)$ gelten die folgenden Transformationsformeln für Volumen- und Flächenintegrale:*

$$\int_{V_x} u(x)\,dx = \int_{V_\xi} u(x(\xi))\Delta_x(\xi)\,d\xi, \tag{1.1.8}$$

$$\int_{\partial V_x} g_j(x)\,n_j(x)\,do_x = \int_{\partial V_\xi} g_j(x(\xi))\,adj(\partial_j x_k(\xi))\,n_k(\xi)\,do_\xi. \tag{1.1.9}$$

Beweis: Wir beweisen nur die Formel (1.1.9); die Formel (1.1.8) ist wohlbekannt aus der standard Analysisliteratur und wird als bewiesen vorausgesetzt. Für stetig differenzierbare Vektorfunktionen $g = (g_j)_{j=1}^3 \in C^1(\bar\Omega_x)^3$ erhält man durch Anwendung des Gaußschen Integralsatzes und der Formel (1.1.8):

$$\begin{aligned}\int_{\partial V_x} g_j(x)n_j(x)\,do_x &= \int_{V_x} \frac{\partial}{\partial x_j} g_j(x)\,dx = \int_{V_\xi} \frac{\partial}{\partial x_j} g_j(x(\xi))\Delta_x(\xi)\,d\xi \\ &= \int_{V_\xi} \frac{\partial}{\partial \xi_k} g_j(x(\xi))\frac{\partial \xi_k}{\partial x_j}\Delta_x(\xi)\,d\xi = \int_{V_\xi} \frac{\partial}{\partial \xi_k} g_j(x(\xi))\xi'(x(\xi))_{kj}\Delta_x(\xi)\,d\xi \\ &= \int_{V_\xi} \frac{\partial}{\partial \xi_k} g_j(x(\xi))x'(\xi)^{-1}_{kj}\Delta_x(\xi)\,d\xi.\end{aligned}$$

Die Cramerschen Regel impliziert

$$x'(\xi)^{-1}_{kj} = \frac{\operatorname{adj}(\partial_j x_k(\xi))}{\Delta_x(\xi)}.$$

Damit folgt weiter, wieder unter Anwendung des Gaußschen Integralsatzes:

$$\begin{aligned}\int_{\partial V_x} g_j(x)n_j(x)\,do_\xi &= \int_{V_\xi} \frac{\partial}{\partial \xi_k} g_j(x(\xi))\mathrm{adj}(\partial_j x_k(\xi))\,d\xi \\ &= \int_{\partial V_\xi} g_j(x(\xi))\mathrm{adj}(\partial_j x_k(\xi))n_k(\xi)\,do_\xi \\ &\quad - \int_{V_\xi} g_j(x(\xi))\frac{\partial}{\partial \xi_k}\mathrm{adj}(\partial_j x_k(\xi))\,d\xi.\end{aligned}$$

Wir denken uns nun die Funktionen g_j mit der Lipschitz-stetigen „Abschneidefunktion"

$$\omega_\varepsilon(\xi) := \begin{cases} 1-\varepsilon^{-1}\mathrm{dist}(\xi,\partial\Omega_\xi), & \mathrm{dist}(\xi,\partial\Omega_\xi)\le\varepsilon, \\ 0, \quad \mathrm{dist}(\xi,\partial\Omega_\xi)>\varepsilon, \end{cases}$$

multipliziert. Die obige Identität gilt dann auch für die Funktionen $g_j^\varepsilon := g_j\omega_\varepsilon$, wobei die beiden Randintegrale unverändert sind, während sich das Gebietsintegral nur über einen Randstreifen der Dicke ε erstreckt. Beim Grenzprozess $\varepsilon \to 0$ konvergiert das Gebietsintegral wegen der gleichmäßigen Beschränktheit der Funktionen g_j^ε gegen Null und es ergibt sich dann die behauptete Identität (1.1.9). Der Beweis wurde zunächst für stetig differenzierbare Funktionen geführt. Mit Hilfe eines Stetigkeitsarguments folgt nun die Behauptung auch für nur *stetige* Vektorfunktionen. Q.E.D.

Bemerkung 1.1: Die Voraussetzungen über das Grundgebiet Ω_ξ und die Abbildung $\xi \to x(\xi)$ sind so gehalten, dass möglichst alle in praktischen Anwendungen vorkommende Gebietstypen erfasst werden. Dies sind neben den vollständig glatt berandeten Gebieten vor allem Polygon- (im $\mathbb{R}^2$) oder Polyeder-Gebiete (im $\mathbb{R}^3$ bzw. Mischungen davon. Dabei können natürlich auch „einspringende" Ecken und Kanten auftreten. Im Fall von sog. „Schlitzgebieten" müssen allerdings geeignete Modifikationen etwa bei der Definition der Funktionenräume $C^k(\bar{\Omega}_\xi)$ vorgenommen werden.

1.2 Massekontinua

Die Kontinuumsmechanik befasst sich mit physikalischen Massekontinua, also „Körpern" im euklidischen Raum $\mathbb{R}^3$, die als zusammenhängende Menge ihrer „Massepunkte" aufgefasst werden. Diese „materiellen Punkte" werden als identifizierbar angenommen und mit „Namen" ξ belegt. In der Regel ist man aber nicht am Schicksal des einzelnen Teilchens ξ interessiert, sondern am „Fluss" der Menge der Teilchen an einem bestimmten Ort und zu einer bestimmten Zeit. Diese „makroskopische" Betrachtungsweise eines strömenden Mediums steht im Gegensatz zur sog. „mikroskopischen" (oder „kinetischen"), welche das Medium als Ansammlung seiner Einzelteilchen auffasst, welche nach den Gesetzen der Punktmechanik miteinander wechselwirken. Letzterer, naturgemäß sehr aufwendige Ansatz hat seine Berechtigung z. B. im Fall sehr „dünner" Gase. Wir konzentrieren uns im folgenden auf die „Kontinuumsformulierung".

1.2.1 Lagrange und Eulersche Koordinaten

Zur Beschreibung der Bewegung der Masseteilchen in Ort und Zeit wird neben der Zeitachse $-\infty < t < \infty$ ein *raumfestes* kartesisches Koordinatensystem mit Richtungseinheitsvektoren $\{e^i,\ i = 1, 2, 3\}$ festgelegt, bzgl. dessen sich die Raumpunkte beschreiben lassen als $x = (x_i)_{i=1}^3$. Die Bewegung des Massepunktes ξ mit der Zeit wird dann durch eine Funktion $x(\xi, t)$ beschrieben, d. h.: Zum Zeitpunkt t ist das Teilchen ξ am geometrischen Ort $x(\xi, t)$. Wir identifizieren den Namen ξ eines Teilchens mit dem Ort, an dem es sich zu einem ausgezeichneten Zeitpunkt $t_0 = 0$ befindet:

$$\xi := x(\xi, 0)\,.$$

Da zwei unterschiedliche Teilchen nicht zur selben Zeit am selben Ort sein können, wird die Abbildung $\xi \to x(\xi, t)$ für alle Zeiten t als umkehrbar eindeutig angenommen. Ferner soll während der Bewegung das Massekontinuum nicht auseinanderreißen, d. h.: Die Funktion $x(\xi, t)$ muss zumindest stetig und darüberhinaus noch hinreichend differenzierbar sein. Die genauen Glattheitsanforderungen werden nicht explizit formuliert, da sie sich von Fall zu Fall aus dem Zusammenhang ergeben und bei der Ableitung mathematischer Modelle für physikalische Vorgänge zunächst von zweitrangiger Bedeutung sind. Aus den bisher gemachten Annahmen folgt, dass die Funktionaldeterminante $\Delta(\xi, t)$ der Abbildung $\xi \to x(\xi, t)$ wegen $\Delta(\xi, 0) = 1$ für alle Zeiten positiv ist:

$$\Delta(\xi, t) > 0, \quad t \geq 0. \tag{1.2.10}$$

Man nennt $\xi = (\xi_i)_{i=1}^3$ „materielle" oder auch „Lagrangesche" Koordinaten und $x = (x_i)_{i=1}^3$ „Eulersche" Koordinaten zur Beschreibung der Konfiguration eines Massekontinuums. Lagrangesche Koordinaten werden vor allem bei der Beschreibung der Form- und Lageveränderung deformierbarer Körper unter äußeren Belastungen verwendet. Hier ist in der Regel nach der Verschiebung des Körpers aus einer „Ruhelage" in einen neuen Gleichgewichtszustand gefragt, z. B. der Auslenkung einer Brücke unter der Belastung durch einen darüber fahrenden Lkw. Bei Strömungsvorgängen interessiert aber nicht die Auslenkung einzelner Partikel aus der Ruhelage sondern die momentane Geschwindigkeit, mit der sich die Partikel bewegen. Dabei ist dann die Eulersche Betrachtungsweise vorzuziehen, wenn der betrachtete Vorgang bzgl. des raumfesten Koordinatensystems stationär, also zeitlich konstant, verläuft. So erlebt z. B. der Insasse eines Bootes auf einem Fluss (Lagrangesche Koordinaten) einen instationären Vorgang, wenn die Uferlandschaft an ihm vorüberzieht, während ein am Ufer sitzender Betrachter im raumfesten Eulerschen System die Strömung als stationär ansieht, wenn nicht einzelne Wasserpartikel markiert sind. Wir fassen zusammen:

- In der „Strukturmechanik" ist man bei der Untersuchung der Verformung von Strukturen an der Verschiebung $u = u(\xi, t)$ der Massepunkte eines Körpers aus einer vorgegebenen Referenzlage (z. B. der „Ruhelage") interessiert:

  $$\xi \to \xi + u(\xi, t),$$

Dies kann der (plötzliche) Übergang von einer unbelasteten Gleichgewichtslage in eine neue nach Belastung oder auch ein dynamischer Prozess (z. B. Schwingung einer Struktur) sein. Zur formelmäßigen Beschreibung werden meist Lagrangesche Koordinaten ξ des Referenzsystems (Ruhesystems) verwendet.

- In der „Strömungsmechanik“ ist man bei der Untersuchung des Strömungsverhaltens von Fluiden (Flüssigkeiten oder Gase) an der momentanen Verschiebungsgeschwindigkeit interessiert, welche in Eulerschen Koordinaten x des raumfesten Systems ausgedrückt wird. Ein materieller Punkt ξ hat im Raumpunkt $x(\xi, t)$ zur Zeit t die Geschwindigkeit
$$v(\xi, t) := \partial_t x(\xi, t).$$
Durch die Setzung
$$v(x, t) := v(\xi(x, t), t)$$
gelangt man zur Eulerschen Darstellung der Geschwindigkeit, der sog. „Feldbeschreibung“ des Strömungsvorgangs: Zur Zeit t hat das sich am Raumpunkt x befindliche materielle Teilchen $\xi(x, t)$ die Geschwindigkeit $v(x, t)$. Im Falle
$$\partial_t v(x, t) = 0 \tag{1.2.11}$$
heißt die Strömung „stationär“, sonst „instationär“.

- Bei der Beschreibung von sog. „Fluid-Struktur-Wechselwirkungen“ (wie z. B. der Deformation eines elastischen Körpers in einer Strömung) treten natürlicherweise beide Koordinaten, Eulersche und Lagrangesche, simultan auf. Dies macht die theoretische Analyse und die Numerik solcher Vorgänge besonders schwierig. In diesem einführenden Text kann auf diese für die Praxis zunehmend wichtigen Fragestellungen nicht eingegangen werden. Wir verweisen hierzu nur auf die Monographie Richter [139] sowie die Übersichtsartikel Bönisch et al. [100], Dunne et al. [107] und die dort angegebene Literatur.

Die folgenden Begriffe sind zur Beschreibung von Strömungsvorgängen nützlich.

Definition 1.2 (Bahn- und Stromlinie): *In einem strömenden Medium wird als eine „Bahnlinie“ die Menge der Raumpunkte $x(\xi_0, t)$ bezeichnet, welche von einem Teilchen ξ_0 zu verschiedenen Zeiten t eingenommen werden. Die „Stromlinie“ ist die Kurve, deren Tangente jeweils in Richtung des jeweiligen Geschwindigkeitsvektors zeigt, $d_s x = v(x, t)$, wobei s der Kurvenparameter ist. In stationären Strömungen fallen Bahn- und Stromlinie zusammen.*

Im Folgenden wird als Grundlage der mathematischen Theorie stets vorausgesetzt, dass alle betrachteten Volumina bzw. Körper im ξ-System (und damit auch die zugehörigen transformierten Volumina im x-System) solcher Art sind, dass für sie der Transformationssatz und der Gaußsche Integralsatz gelten. Ansonsten können sowohl beschränkte als auch unbeschränkte Volumina auftreten. Wir werden hier aber meist nur den der Numerik zugänglichen Fall *beschränkter* Gebiete betrachten.

1.2.2 Kinematische Eigenschaften (Verzerrungstensor)

Äußere Belastungen bewirken Verschiebungen von Massepunkten und damit geometrische Deformationen bzw. Verzerrungen eines Massevolumens. Diese Strukturänderungen erzeugen innere „Gegenkräfte“, welche den äußeren Kräften entgegen wirken und ihnen in einem neuen Ruhezustand das Gleichgewicht halten. Zur mathematischen Formulierung dieser Zusammenhänge wollen wir zunächst den Begriff „Verzerrung“ definieren.

a) Strukturmechanischer Verzerrungstensor

Wir betrachten zunächst die „strukturmechanische“ Situation. Bei der Deformation $\xi \to x = \xi + u(\xi)$ erleidet der Körper eine Geometrieänderung, genannt „Verzerrung“. Wir wollen diese lokal in einem festen Punkt ξ beschreiben. Dazu betrachten wir einen beliebigen Richtungseinheitsvektor, $e \in \mathbb{R}^3$, $\|e\| = 1$, und ein materielles Linienelement mit den Endpunkten ξ und $\xi_s = \xi + se$. Unter der Deformation gehen die beiden Endpunkte ξ, ξ_s über in

$$x = \xi + u(\xi), \quad x_s := \xi_s + u(\xi_s).$$

Der Grenzwert

$$d_e(\xi) := \lim_{s\to 0} \frac{\|x - x_s\| - \|\xi - \xi_s\|}{\|\xi - \xi_s\|}$$

beschreibt dann die relative „Längenänderung“ des Massekontinuums im Bildpunkt $x(\xi, t)$ in Richtung e. Mit der Jacobi-Matrix $\nabla u(\xi)$ gilt

$$\begin{aligned} d_e(\xi) &= \lim_{s\to 0} \{s^{-1}\|se + u(\xi_s) - u(\xi)\|\} - 1 \\ &= \|e + \nabla u(\xi)e\| - 1 \\ &= \big(1 + (\{\nabla u + \nabla u^T + \nabla u^T \nabla u\}e, e)\big)^{1/2} - 1. \end{aligned}$$

Die Matrix

$$\epsilon(\xi) := \tfrac{1}{2}\{\nabla u(\xi) + \nabla u^T(\xi) + \nabla u^T(\xi)\nabla u(\xi)\}$$

mit den Elementen

$$\epsilon_{ij}(\xi) = \tfrac{1}{2}\{\partial_j u_i(\xi) + \partial_i u_j(\xi) + \partial_i u_k \partial_j u_k(\xi)\}$$

wird „Verzerrungstensor“ (bezogen auf das ξ-Koordinatensystem der Ruhekonfiguration) genannt. Dieser ordnet jeder Richtung e im Punkt ξ einen Vektor $\epsilon(\xi)e$ zu, mit dem sich die jeweilige Verzerrung berechnet zu

$$d_e(\xi) = (1 + 2(\epsilon(\xi)e, e))^{1/2} - 1.$$

Speziell für $e = e^{(i)}$ erhält man die sog. „Hauptdehnungen“

$$d^{(i)}(\xi) = (1 + 2\epsilon_{ii}(\xi))^{1/2} - 1, \quad \epsilon_{ii} := (\epsilon(\xi)e^{(i)}, e^{(i)}) \quad (i = 1, 2, 3).$$

Zur Interpretation der Nebendiagonalelemente $\epsilon_{ij}(\xi)$ $(i \neq j)$ betrachten wir in der $(e^{(i)}, e^{(j)})$-Ebene zwei Punkte $P = \xi + se^{(i)}$, $Q = \xi + se^{(j)}$, die mit dem Aufpunkt ξ einen rechten

Winkel bilden. Der Winkel $\omega_{ij}(s)$ zwischen den beiden Bildstrecken $x(P) - x(\xi)$ und $x(Q) - x(\xi)$ ist dann bestimmt durch

$$\cos(\omega_{ij}(s)) = \frac{(x(P)-x(\xi), x(Q)-x(\xi))}{\|x(P)-x(\xi)\|\|x(Q)-x(\xi)\|}.$$

Ferner ist, wie bereits gezeigt,

$$\lim_{s\to 0} s^{-1}\{x(P)-x(\xi)\} = (I+\nabla u(\xi))e^i, \quad \lim_{s\to 0} s^{-1}\|x(P)-x(\xi)\| = 1 + d^{(i)},$$
$$\lim_{s\to 0} s^{-1}\{x(Q)-x(\xi)\} = (I+\nabla u(\xi))e^j, \quad \lim_{s\to 0} s^{-1}\|x(Q)-x(\xi)\| = 1 + d^{(j)}.$$

Folglich erhält man für die sog. „Scherung“ (lokale Winkeländerung) in der (e^i, e^j)-Ebene im Punkt $x(\xi)$:

$$\cos(\omega_{ij}) = \lim_{s\to 0} \cos(\omega_{ij}(s)) = \frac{2\epsilon_{ij}}{(1 + d^{(i)})(1 + d^{(j)})}.$$

Deutlicher erkennt man die Bedeutung der Elemente des Verzerrungstensors, wenn man sich auf sehr kleine Verzerrungen, d. h. $\|\nabla u\| \ll 1$ beschränkt. In diesem Fall kann in erster Approximation gesetzt werden:

$$d^{(i)} \approx \epsilon_{ii} \quad (i=1,2,3)$$

und

$$\omega_{ij} - \tfrac{1}{2}\pi \approx \cos(\omega_{ij}) = 2\epsilon_{ij} \quad (i \neq j).$$

Wir betrachten nun die durch die Verzerrung bedingte lokale Volumenänderung. Sei V_ξ ein am Punkt ξ_0 angeheftetes Volumen. Für dieses erhalten wir wie oben unter Beachtung von $\Delta_x(\xi) = \det(x'(\xi)) = \det(I + \nabla u(\xi))$:

$$\begin{aligned}
\lim_{|V_\xi|\to 0} \frac{|V_x| - |V_\xi|}{|V_\xi|} &= \lim_{|V_\xi|\to 0} \Big(\int_{V_\xi} d\xi\Big)^{-1}\Big(\int_{V_x} dx - \int_{V_\xi} d\xi\Big) \\
&= \lim_{|V_\xi|\to 0} \Big(\int_{V_\xi} d\xi\Big)^{-1}\Big(\int_{V_\xi} \Delta_x(\xi)\, d\xi - \int_{V_\xi} d\xi\Big) \\
&= \det(I + \nabla u(\xi_0)) - 1.
\end{aligned}$$

Im Fall kleiner Verzerrungen $\|\nabla u(\xi)\| \ll 1$ ergibt sich durch Taylor-Entwicklung:

$$\det(I+\nabla u(\xi)) - 1 = \det(I) + \det'(I)\nabla u(\xi) + \mathcal{O}(\|\nabla u(\xi)\|^2) - 1.$$

In Lemma 1.1 wurde gezeigt, dass die partiellen Ableitungen der Determinante einer Matrix $A = (a_{ij})_{i,j=1}^3$ nach den Elementen a_{ij} durch die Adjunkten von A gegeben sind:

$$\frac{\partial}{a_{ij}} \det(A) = adj(a_{ij}), \quad i, j = 1, 2, 3.$$

Damit ergibt sich

$$\begin{aligned}
\det(I+\nabla u(\xi)) - 1 &= adj(\delta_{ij})\partial_j u_i(\xi)) + \mathcal{O}(\|\nabla u(\xi)\|^2) \\
&= \delta_{ij}\partial_j u_i(\xi) + \mathcal{O}(\|\nabla u(\xi)\|^2) \\
&= \partial_i u_i(\xi) + \mathcal{O}(\|\nabla u(\xi)\|^2) = \operatorname{div} u(\xi) + \mathcal{O}(\|\nabla u(\xi)\|^2).
\end{aligned}$$

Da die Spur eines Tensors invariant gegenüber Drehungen des Koordinatensystems ist, wird also auch (wie zu erwarten) die relative Volumenänderung eine Drehinvariante.

b) Strömungsmechanischer Verzerrungstensor

Jetzt wenden wir uns der „strömungsmechanischen“ Situation zu. Für Strömungsvorgänge ist es typisch, dass bereits kleine einwirkende Kräfte beliebig große Verschiebungen der Materieteilchen, das Fließen, bewirken. Im Gegensatz zur strukturmechanischen Theorie ist hier also nicht die Deformation an sich von Bedeutung, sondern die Geschwindigkeit, mit der diese vor sich geht. Zur Präzisierung des Begriffes „Verzerrungsgeschwindigkeit“ betrachten wir zum Zeitpunkt t wieder einen beliebigen Richtungseinheitsvektor $e \in \mathbb{R}^3$, $\|e\| = 1$, sowie ein materielles Linienelement mit den Endpunkten x und $x_s = x+se$. Nach einer Zeitspanne $k = \Delta t$ sind die Endpunkte an den Orten

$$y = x + v(x,t)k + \delta(x,k), \quad y_s = x_s + v(x_s,t)k + \delta(x_s,k),$$

wobei die Restglieder von der Ordnung $\mathcal{O}(k^2)$ sind. Die relative Längenänderung in Richtung e zum Zeitpunkt $t+k$ ist dann

$$d_e(x,t+k) = \lim_{s\to 0} \frac{\|y-y_s\| - \|x-x_s\|}{\|x-x_s\|},$$

und die relative Längenänderungsgeschwindigkeit zur Zeit t wird

$$\dot{d}_e(x,t) = \lim_{k\to 0} \frac{d_e(x,t+k)}{k}.$$

Offenbar ist

$$\frac{\|y-y_s\| - \|x-x_s\|}{\|x-x_s\|} = \frac{\|se - \{v(x,t) - v(x_s,t)\}k + \delta(x_s,k) - \delta(x,k)\|}{s} - 1.$$

Nutzen wir aus, dass

$$\lim_{s\to 0} \frac{\|\delta(x,k) - \delta(x_s,k)\|}{s} = \mathcal{O}(k^2),$$

so ergibt sich mit $\nabla v = (\partial_j v_i)_{i,j=1}^3$

$$\begin{aligned} d_e(x,t+k) &= \|e + \{\nabla v(x,t)k + \mathcal{O}(k^2)\}e\| - 1 \\ &= \big\{1 + (k\{\nabla v + \nabla v^T\}e + \mathcal{O}(k^2)e, e)\big\}^{1/2} - 1. \end{aligned}$$

Mittels $(1+z)^{1/2} = 1 + z/2 + \mathcal{O}(z^2)$ erhält man

$$\dot{d}_e(x,t) = \tfrac{1}{2}(\{\nabla v + \nabla v^T\}e, e).$$

Man nennt

$$\dot{\epsilon}(x,t) := \tfrac{1}{2}\{\nabla v(x,t) + \nabla v(x,t)^T\}$$

den „Tensor der Verzerrungsgeschwindigkeit“ (bezogen auf das raumfeste x-Kooordinatensystem). Die Längenänderungsgeschwindigkeit bzgl. Richtung e wird damit ausgedrückt durch

$$\dot{d}_e(x,t) = (\dot{\epsilon}(x,t)e, e). \tag{1.2.12}$$

Insbesondere erhalten wir die relative Längenänderungsgeschwindigkeit in x_i-Richtung

$$\dot{\epsilon}_{ii} = \partial_i v_i, \quad i = 1, 2, 3,$$

die relative Winkeländerungsgeschwindigkeit in der (x_i, x_j)-Ebene

$$\dot{\epsilon}_{ij} = \tfrac{1}{2}\{\partial_j v_i + \partial_i v_j\},$$

und schließlich die relative Volumenänderungsgeschwindigkeit

$$\operatorname{spur}(\dot{\epsilon}) = \partial_i v_i = \operatorname{div} v\,.$$

1.2.3 Statische Eigenschaften (Spannungstensor)

In einem deformierten Massevolumen wirken im wesentlichen Trägheits- und Reibungskräfte. Zu deren Beschreibung wird der Begriff des „materiellen Volumens“ eingeführt als mengenwertige Funktion $t \to V(t) \subset \mathbb{R}^3$. Dabei ist $V(t)$ der geometrische Ort $x(\xi, t)$ aller matrieller Punkte ξ, die sich zum Anfangszeitpunkt $t_0 = 0$ im Volumen $V_0 = V(0)$ befinden. Jedes materielle Volumen $V = V(t)$ hat eine „Masse“, die mit Hilfe einer stetig verteilten, positiven „Massedichte“ $\rho(x,t) > 0$ in folgender Form gegeben ist:

$$m(V) := \int_V \rho(x,t)\,dx\,.$$

i) „Massekräfte“, wie z. B. die Schwerkraft oder Fliehkräfte werden durch volumenhaft verteilte Kraftdichten $f(x,t)$ beschrieben gemäß

$$K(V) = \int_V \rho(x,t) f(x,t)\,dx\,.$$

ii) „Oberflächenkräfte“, wie z. B. der Gasdruck oder die Belastung beim Zusammenprall zweier Körper, werden mit Hilfe von flächenhaft verteilten Kraftdichten $\sigma^{(n)}(x,t)$ bezogen auf (orientierte) Flächenelemente $F = F(t)$ mit Normaleneinheitsvektor n beschrieben gemäß

$$K(F) = \int_F \sigma^{(n)}(x,t)\,do\,.$$

Diese Flächenkräfte, auch „Spannungen“ genannt, sind das mathematische Modell für Molekularkräfte mit sehr geringer Reichweite und wurden bereits von Cauchy (1822) in die Kontinuumsmechanik eingeführt. Volumen und Oberflächenkraftdichten werden hier als stetig angenommen. Die „inneren“ Spannungen wirken den äußeren Belastungen des Körpers, welche die Deformation verursachen, entgegen und halten diesen in einem neuen Gleichgewichtszustand sogar die Waage.

Die Oberflächenkraftdichten $\sigma^{(e)}$ sind auf Raumrich e (Einheitsvektoren) bezogen. Unter Annahme der Gültigkeit des Newtonschen Gesetze von „actio = reactio“ lässt sich die Vielzahl der Größen $\sigma^{(e)}$ einheitlich mit Hilfe eines sog. „Spannungstensors“ schreiben. Für einen beliebigen Richtungsvektor e (nicht notwendig identisch mit einem der kartesischen Einheitsvektoren e^i) betrachten wir ein im Punkt x angeheftetes Elementarsimplex im $\mathbb{R}^3$ mit Normale e zur Fläche F:

Die Spannungsvektoren zu den kartesischen Koordinatenrichtungen $e^{(i)}$, $i = 1, 2, 3$, bezeichnen wir mit $\sigma^{(i)} = (\sigma_j^{(i)})_{j=1}^3$. Der Vektor e hat die Koordinaten $e_i = \cos(e, e^{(i)})$, und die Inhalte der Seitenflächen F^i mit Normalenvektoren $e^{(i)}$ berechnen sich zu

$$|F^i| = |F| \cos(e, e^i), \quad i = 1, 2, 3.$$

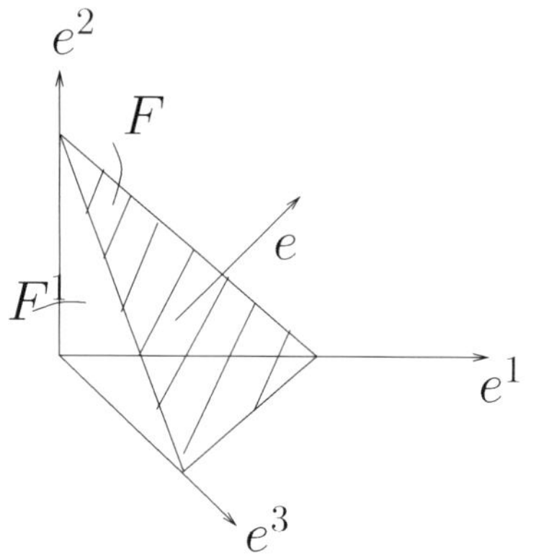

Abbildung 1.1: Geometrieskizze zum Spannungstensor

Nach dem Newtonschen Gesetz befinden sich die auf das Volumen V wirkenden Kräfte im Gleichgewicht, d. h.:

$$-\int_F \sigma^{(e)}\, do_x + \sum_{i=1}^{3} \int_{F^i} \sigma^{(i)}\, do_x = \int_V \rho f\, dx.$$

Skalierung mit $|F|^{-1}$ ergibt

$$\frac{1}{|F|}\int_F \sigma^{(e)}\, do_x - \sum_{i=1}^{3} \frac{e_i}{|F^i|}\int_{F^i} \sigma^{(i)}\, do_x + \frac{|V|}{|F|}\frac{1}{|V|}\int_V \rho f\, dx = 0\,.$$

Wegen $\lim_{|V|\to 0} |V|/|F| = 0$ ergibt sich im Limes $|V| \to 0$ wegen der angenommenen Stetigkeit der Kraftdichten die Beziehung

$$\sigma^{(e)}(x,t) = e_i \sigma^{(i)} = (e_i \sigma_{ji})_{j=1}^3 = e \cdot \sigma. \tag{1.2.13}$$

Dabei ist $\sigma = (\sigma_{ji})_{j,i=1}^3$ der sog. „(Cauchysche) Spannungstensor" mit den Komponenten $\sigma_{ji} := \sigma_j^{(i)}$. Der tensorielle Charakter von σ wird gerade durch die Beziehung (1.2.13) ausgedrückt. Der Name „Tensor" rührt historisch sogar von seiner Realisierung als „Spannungstensor" (englisch: tension = Spannung) her. Dieser Cauchysche Spannungstensor ist auf das Eulersche x-Koordinatensystem bezogen. Damit lassen sich die an einem (deformierten) Flächenelement F mit Normalenvektor e angreifenden Oberflächenkräfte in der folgenden Form schreiben:

$$K(F) = \int_F e \cdot \sigma(x,t)\, do_x. \tag{1.2.14}$$

Gewöhnlich verwendet man die Bezeichnungen „Normalspannung“ für die Hauptdiagonalelemente $\sigma_{ii}\,(i=1,2,3)$ sowie „Scher-“ oder „Tangentialspannungen“ für $\sigma_{ij}\,(i\neq j)$.

Wir betrachten nun die Situation, dass der Ausgangskörper Ω_0 unter Einwirkung der äußeren Kräfte in einen neuen Gleichgewichtszustand im Volumen Ω übergegangen ist. Mit dem Spannungstensor lässt sich das dann herrschende Kräftegleichgewicht in jedem Teilvolumen $V \subset \Omega$ des deformierten Körpers wie folgt schreiben:

$$\int_V \rho f\, dx + \int_{\partial V} n \cdot \sigma\, do_x = 0.$$

Mit Hilfe des Gaußschen Integralsatzes folgt weiter

$$\int_V \big\{\rho f + \nabla \cdot \sigma\big\}\, dx = 0.$$

Da dies für jedes Teilvolumen in Ω gelten soll und alle auftretenden Funktionen als stetig angenommen sind, ergibt sich die Gleichung des punktweisen Kräftegleichgewichts:

$$\nabla \cdot \sigma + \rho f = 0. \tag{1.2.15}$$

Satz 1.1 (Symmetrie des Spannungstensors): *In einem Gleichgewichtszustand des deformierten Körpers folgt aus dem Gleichgewicht der Drehmomente bzgl. des Urprungs* $x = 0$,

$$\int_V x \times \rho f\, dx + \int_{\partial V} x \times (n \cdot \sigma)\, do_x = 0, \tag{1.2.16}$$

die Symmetrie des Cauchyschen Spannungstensors:

$$\sigma = \sigma^T. \tag{1.2.17}$$

Beweis: Für ein beliebiges materielles Volumen V ergibt die Anwendung des Gaußschen Satzes:

$$\int_{\partial V} n_j \sigma_{ij}\, do = \int_V \partial_j \sigma_{ij}\, dx \quad (i=1,2,3),$$

und weiter unter Berücksichtigung von $(x \times \rho f)_i = \varepsilon_{ijk} x_j \rho f_k$ und $\partial_l x_j = \delta_{lj}$:

$$\begin{aligned}\int_{\partial V} (x \times n \cdot \sigma)_i\, do &= \int_{\partial V} \varepsilon_{ijk} x_j n_l \sigma_{kl}\, do \\ &= \int_V \partial_l(\varepsilon_{ijk} x_j \sigma_{kl})\, dx = \int_V \varepsilon_{ijk} \sigma_{kj}\, dx + \int_V \varepsilon_{ijk} x_j \partial_l \sigma_{kl}\, dx.\end{aligned}$$

Also ist

$$\int_V \varepsilon_{ijk}\{x_j\rho f_k + \sigma_{kj} + x_j\partial_l\sigma_{kl}\}\,dx = 0.$$

Da dies für beliebige Volumina V gilt, folgt aufgrund der angenommenen Stetigkeit aller betrachteten Funktionen die punktweise Gleichgewichtsbedingung

$$\varepsilon_{ijk}\big(x_j(\rho f_k + \partial_l\sigma_{kl}) + \sigma_{kj}\big) = 0 \quad (i=1,2,3).$$

Im Hinblick auf die Kräftegleichgewichtsbeziehung $\rho f_k + \partial_l\sigma_{kl} = 0$ folgt also

$$\varepsilon_{ijk}\sigma_{kj} = 0 \quad (k = 1,2,3),$$

und damit $\sigma_{ij} = \sigma_{ji}$ $(i,j=1,2,3)$. Q.E.D.

Im Fall eines dynamisch deformierten Körpers werden wir später unter der Annahme der zeitlichen Erhaltung des Drehimpulses zeigen, dass auch in diesem Fall der Spannungstensor symmetrisch sein muss.

Zur vollständigen statischen und kinematischen Bestimmung des deformierten Körpers werden Spannungen und Verzerrungen durch ein sog. „Materialgesetz" in Beziehung gesetzt. Dazu ist es jedoch erforderlich, alle betrachteten Größen auf dasselbe Koordinatensystem zu beziehen. Wir werden hier bei strukturmechanischen Modellen das „materielle" ξ-System (Lagrange-Koordinaten) zugrunde legen. Grundsätzlich wäre auch eine Formulierung in den „ortsfesten" x-Koordinaten (Eulersche Koordinaten) möglich. Dies ist hier jedoch weniger zweckmäßig, da die Variable $x = \xi + u(\xi)$ die gleichfalls gesuchte Verschiebung u enthielte. Bei strömungsmechanischen Modellen werden dagegen in der Regel Eulersche Koordinaten verwendet, da man hier ja die „momentane" Verzerrungsgeschwindigkeit betrachtet, welche sinnvollerweise auch mit der „momentanen" Spannungsgeschwindigkeit verknüpft wird.

Sei wieder ξ ein fester Raumpunkt und $\{e^{(i)},\ i=1,2,3\}$ ein in ξ angeheftetes System kartesischer Richtungsvektoren. Unter der Transformation $\xi \to x(\xi)$ geht dieses über in das Vektorsystem

$$\tilde{e}^{(i)}(\xi) = x'(\xi)e^{(i)} \quad (i=1,2,3),$$

angeheftet im Bildpunkt $x = x(\xi)$. Umgekehrt ist

$$e^{(i)} = x'(\xi)^{-1}\tilde{e}^{(i)} = \xi'(x)\tilde{e}^{(i)} \quad (i=1,2,3).$$

Wir wollen nun einen symmetrischen Tensor konstruieren, der jeder im Punkt ξ angehefteten Richtung e einen Spannungsvektor zuordnet, bezogen auf das ξ-Koordinatensystem, der in Flächenelementen im Bildpunkt $x(\xi)$ normal zur Bildrichtung $x'(\xi)$ übertragen wird. Dieser neue Spannungstensor, „Kirchhoffscher[1] Spannungstensor" genannt, kann dann sinnvollerweise mit dem gleichfalls auf das ξ-System bezogenen Verzerrungstensor $\epsilon(\xi)$ in Beziehung gesetzt werden.

[1]Gustav Robert Kirchhoff (1824–1887): Deutscher Physiker; Studium der Mathematik und Physik in Königsberg, 1855–1875 Prof. in Heidelberg, danach Prof. für Theor. Physik in Berlin; grundlegende Beiträge zur Elektrodynamik (Kirchhoffsche Regeln), Spektralanalyse, Wärmestrahlung und Plattenstatik (Kirchhoffscher Spannungstensor, Kirchhoff-Platte).

Die Flächenkraft, die in der Oberfläche ∂V_x des Teilvolumens V_x übertragen wird, ist vermöge des Cauchyschen Spannungstensors gegeben durch

$$F_i(\partial V_x) = \int_{\partial V_x} n_j(x)\sigma_{ij}(x)\, do_x = \int_{\partial V_x} \sigma_{ij}(x) n_j(x)\, do_x \quad (i=1,2,3).$$

Mit Hilfe der Transformationsformel für Flächenintegrale (1.1.9) finden wir dann

$$F_i(\partial V_x) = \int_{\partial V_\xi} \sigma_{ij}(x(\xi))\, \mathrm{adj}(\partial_j x_k(\xi)) n_k(\xi)\, do_\xi. \tag{1.2.18}$$

Der durch

$$l_{ik}(\xi) := \sigma_{ij}(x(\xi))\, \mathrm{adj}(\partial_j x_k(\xi)) \quad (i,k=1,2,3)$$

definierte (i. Allg. nicht *symmetrische*) Tensor $l(\xi) = (l_{ik}(\xi))_{i,k=1}^3$ wird „Lagrangescher Spannungstensor" genannt. Dieser erzeugt also einen Spannungsvektor, welcher auf das kartesische x-Koordinatensystem im Punkt $x(\xi)$ bzw. auf das i. Allg. nicht kartesische System $\tilde{e}^i = \xi'(x)e^i$ $(i=1,2,3)$ im Punkt ξ bezogen ist. Seine Komponenten bzgl. des kartesischen ξ-Koordinatensystems im Punkt ξ bzw. bzgl. des Systems $\tilde{e}^i = x'(\xi)e^i$ $(i=1,2,3)$ im Bildpunkt $x(\xi)$ erhält man durch die Beziehung (für beliebigen Richtungsvektor $e = (e_k)_{k=1}^3$):

$$\partial_l \xi_i(x)\, l_{lk}(\xi) e_k = \frac{\mathrm{adj}(\partial_l x_i(\xi))}{\Delta_x(\xi)}\, l_{lk}(\xi) e_k \quad (i=1,2,3).$$

Der durch

$$k_{ij}(\xi) := \frac{\mathrm{adj}(\partial_l x_i(\xi))}{\Delta_x(\xi)} l_{lj}(\xi) = \frac{\mathrm{adj}(\partial_l x_i(\xi))\mathrm{adj}(\partial_k x_j(\xi))}{\Delta_x(\xi)} \sigma_{lk}(x(\xi))$$

definierte Tensor $k(\xi) = (k_{ij}(\xi))_{i,j=1}^3$, sog. „Kirchhoffsche Spannungstensor", ist nun wegen der Symmetrie von σ ebenfalls *symmetrisch*.

Wir wollen ausrechnen, wie sich mit Hilfe des Kirchhoffsche Spannungstensors die auf die Oberfläche eines (deformierten) Volumenelements V_x wirkende Oberflächenkraft ausdrücken lässt. Wir rekapitulieren die Formel

$$F_i(\partial V_x) = \int_{\partial V_\xi} \sigma_{ij}(x(\xi))\, \mathrm{adj}(\partial_j x_k(\xi)) n_k(\xi)\, do_\xi \quad (i=1,2,3).$$

Mit Hilfe der Identitäten (1.1.6) und (1.1.7) ergibt sich

$$\begin{aligned}
\mathrm{adj}(\partial_j x_k(\xi))\, \sigma_{ij}(x(\xi)) &= \mathrm{adj}(\partial_j x_k(\xi))\, \delta_{pi}\sigma_{pj}(x(\xi)) \\
&= \mathrm{adj}(\partial_j x_k(\xi))\, \mathrm{adj}(\partial_l \xi_i(x))\, \mathrm{adj}(\partial_p x_l(\xi))\, \sigma_{pj}(x(\xi)) \\
&= \frac{\mathrm{adj}(\partial_l \xi_i(x))}{\Delta_\xi(x)}\, \frac{\mathrm{adj}(\partial_p x_l(\xi))\mathrm{adj}(\partial_j x_k(\xi))}{\Delta_x(\xi)}\, \sigma_{pj}(x(\xi)) \\
&= \partial_l x_i(\xi)\, k_{lk}(\xi).
\end{aligned}$$

Wir erhalten so die Darstellung

$$F_i(\partial V_x) = \int_{\partial V_\xi} \partial_l x_i(\xi)\, k_{lk}(\xi)\, n_k(\xi)\, do_\xi,$$

und weiter mit Hilfe des Gaußschen Integralsatzes

$$F_i(\partial V_x) = \int_{V_\xi} \partial_k \big(\partial_l x_i(\xi)\, k_{lk}(\xi)\big)\, d\xi \qquad (i=1,2,3).$$

Bei Berücksichtigung von $\partial_l x_i(\xi) = \delta_{li} + \partial_l u_i(\xi)$ folgt schließlich

$$F_i(\partial V_x) = \int_{V_\xi} \partial_k \big((\delta_{il} + \partial_l u_i(\xi))\, k_{lk}(\xi)\big)\, d\xi \qquad (i=1,2,3), \tag{1.2.19}$$

bzw. in Vektorschreibweise

$$F(\partial V_x) = \int_{V_\xi} \nabla \cdot \big((I + \nabla u(\xi))\, k(\xi)\big)\, d\xi. \tag{1.2.20}$$

Weiter unten werden wir das Bestehen von funktionalen Beziehungen der Form

$$k = C(\epsilon) \tag{1.2.21}$$

postulieren, welche durch die spezifischen Eigenschaften des jeweils betrachteten Materials bestimmt sind. Diese sog. „Matrialgesetze“ sind generisch nichtlinear, können aber in vielen Anwendungssituationen mit ausreichender Genauigkeit als *linear* angenommen werden:

$$k_{ij} = C_{ijkl}\epsilon_{kl} \quad (i,j=1,2,3), \tag{1.2.22}$$

mit einem „Elastizitätstensor“ $C = (C_{ijkl})_{i,j,k,l=1}^3$.

2 Die Grundgleichungen der Strömungsmechanik

2.1 Erhaltungsgleichungen

In diesem Abschnitt werden die in strömungsmechanischen Modellen grundlegenden Beziehungen für die Größen „Verzerrungsgeschwindigkeit" und „Spannungsgeschwindigkeit" abgeleitet, woaus sich dann Bestimmungsgleichungen für alle relevanten Zustandsgrößen des Massekontinuums ergeben. Ausgangspunkt sind die folgenden Annahmen an ein Massevolumen als abgeschlossenes physikalisches System:

- „Masseerhaltung": Masse wird weder erzeugt noch vernichtet.
- „Impulserhaltung" (2. Newtonsches Gesetz): Die Änderungsrate des Impulses (Drehimpulses) ist gleich der einwirkenden Kraft (Drehmoment).
- „Energieerhaltung": Energie wird weder erzeugt noch vernichtet.

Entsprechend bezeichnet man den Satz von Variablen „(Masse)-Dichte" ρ, „Impuls" ρv und „Energie-(Dichte) ρe als „Erhaltungsvariablen" („konservative" Variablen) im Gegensatz zu den „primitiven" Variablen „Dichte" ρ, „Geschwindigkeit" v und „Temperatur" θ. Im folgenden werden die Grundgleichungen der Strömungsmechanik zunächst in sog. „Erhaltungsform", d. h. für die Erhaltungsvariablen abgeleitet. Welche der Variablensätze, konservative oder primitive, am besten bei der Beschreibung einer Strömungssituation verwendet werden hängt von den konkreten Gegebenheiten ab.

2.1.1 Das Reynolds'sche Transporttheorem

Sei Φ eine für jeden materiellen Punkt ξ zur Zeit t angebbare physikalische Größe (z. B. Massedichte oder Impuls). Durch

$$\Phi = \Phi(x,t) = \Phi(x(\xi,t),t),$$

kann Φ auch auf die Eulerschen Ortspunkte x bezogen werden. Wir definieren die „lokale" Ableitung nach der Zeit

$$\partial_t\Phi = \partial_t\Phi(x,t),$$

welche die zeitliche Änderung von Φ an einem festen Ortspunkt x (raumfester Beobachter) angibt, und die „materielle" Ableitung

$$d_t\Phi = d_t\Phi(x(\xi,t),t) = \partial_t\Phi + v\cdot\nabla_x\Phi,$$

welche die zeitliche Änderung von Φ für ein individuelles Teilchen ξ beschreibt. Dabei ist wieder $v(x,t) = \partial_t x(\xi,t)$ das Geschwindigkeitsfeld der materiellen Teilchen.

Satz 2.1 (Reynolds'sches Transport-Theorem): *Sei $\Phi = \Phi(x,t)$ eine hinreichend glatte skalare Funktion. Dann gilt für jedes materielle Volumen $V(t)$ die Beziehung*

$$\frac{d}{dt}\int_{V(t)} \Phi\,dx = \int_{V(t)} \big\{\partial_t\Phi + \nabla\cdot(\Phi v)\big\}\,dx\,. \tag{2.1.1}$$

Beweis: Die Transformation $\xi \to x(\xi,t)$ ist umkehrbar eindeutig, glatt mit Funktionaldeterminante

$$\Delta(\xi,t) = \det\left(\frac{\partial x_i}{\partial \xi_j}\right)_{i,j=1,2,3} > 0\,.$$

Durch Transformation auf das „Referenzvolumen" $V_0 = V(0)$ erhalten wir

$$\int_{V(t)} \Phi(x,t)\,dx = \int_{V_0} \Phi(x(\xi,t),t)\Delta(\xi,t)\,d\xi$$

und für die zeiliche Ableitung

$$\frac{d}{dt}\int_{V(t)} \Phi(x,t)\,dx = \int_{V_0} \big\{d_t\Phi(x(\xi,t),t)\,\Delta(\xi,t) + \Phi(x(\xi,t),t)\,\partial_t\Delta(\xi,t)\big\}\,d\xi\,.$$

Weiter gilt:

$$d_t\Phi(x(\xi,t),t) = \partial_t\Phi(x,t) + v(x,t)\cdot\nabla_x\Phi(x,t) \tag{2.1.2}$$

und mit der Abkürzung $a_{ij} := \partial x_i/\partial \xi_j$ bei Vertauschbarkeit der Ableitungen:

$$\partial_t\Delta(\xi,t) = \frac{\partial\Delta}{\partial a_{ij}}\partial_t a_{ij} = \frac{\partial\Delta}{\partial a_{ij}}\frac{\partial v_i}{\partial \xi_j} = \frac{\partial\Delta}{\partial a_{ij}}\frac{\partial v_i}{\partial x_k}\frac{\partial x_k}{\partial \xi_j} = \frac{\partial\Delta}{\partial a_{ij}}\frac{\partial v_i}{\partial x_k}a_{kj}.$$

Beachtung von Lemma 1.1 mit $\Delta_{ij} = (-1)^{i+j}\mathrm{co}(a_{ij})$ ergibt weiter

$$\partial_t\Delta(\xi,t) = \Delta_{ij}a_{kj}\frac{\partial v_i}{\partial x_k} = \delta_{ik}\Delta\frac{\partial v_i}{\partial x_k} = \Delta\,\frac{\partial v_i}{\partial x_i} = \Delta\,\mathrm{div}v\,.$$

Setzen wir dies oben ein, ergibt sich

$$\begin{aligned}\frac{d}{dt}\int_{V(t)} \Phi\,dx \int_{V_0} &\big\{\partial_t\Phi + v\cdot\nabla\Phi + \Phi\,\nabla\cdot v\big\}\Delta(\xi,t)\,d\xi \\ &= \int_{V(t)} \big\{\partial_t\Phi + \nabla\cdot(\Phi v)\big\}\,dx\,,\end{aligned}$$

was zu beweisen war. Q.E.D.

Aus mathematischer Sicht handelt es sich beim Reynolds'schen[1] Transporttheorem um das höherdimensionale Analogon der bekannten Formel für die Ableitung eines eindimensionalen Integrals mit parameterabhängigen Integranden und Integrationsgrenzen. Für eine „Erhaltungsgröße" mit

$$\frac{d}{dt}\int_{V(t)} \Phi\,dx = 0$$

ergibt sich mit Hilfe des Integralsatzes von Gauß

$$\int_{V(t)} \partial_t\Phi\,dx = -\int_{\partial V(t)} n\cdot v\Phi\,do\,. \tag{2.1.3}$$

Das heißt, die zeitliche Änderung der Größe Φ im Volumen $V(t)$ ist gleich ihrem negativen „Gesamtfluss" über den Rand $\partial V(t)$.

[1]Osborne Reynolds (1842–1912): Britischer Physiker; nach Studium der Mathematik in Cambridge 1868 Prof. für Ingenieurwissenschaften an der Univ. of Manchester; Arbeiten zur Strömungsmechanik und Turbulenz sowie zur Bodenmechanik; nach ihm ist u. a. die „Reynolds-Zahl" in der Strömungsmechanik benannt.

2.1.2 Masseerhaltung

Bei gegebener Massedichte $\rho = \rho(x,t)$ ergibt sich die in einem materiellen Volumen $V = V(t)$ enthaltene Masse zu

$$m(V) = \int_V \rho\, dx\,.$$

Die physikalische Erfahrung besagt, dass der Masseinhalt eines materiellen Volumens in der Zeit erhalten bleibt, d.h.: Es gibt keine Massequellen oder -senken:

$$d_t m(V) = 0\,.$$

Setzt man im Transporttheorem $\Phi = \rho$, besagt dies

$$\int_V \{\partial_t\rho + \nabla\cdot(\rho v)\}\, dx = 0$$

für beliebige Volumina V. Wird der Integrand als stetig angenommen (eine nicht immer erfüllte zusätzliche Voraussetzung an die Dynamik des Fluids), muss daher notwendig in jedem Orts-Zeit-Punkt (x,t) gelten:

$$\partial_t\rho + \nabla\cdot(\rho v) = 0\,. \tag{2.1.4}$$

Dies ist die Gleichung der Masseerhaltung („Kontinuitätsgleichung“). Sie besagt, dass die zeitliche Änderung der in einem raumfesten Volumen V enthaltenen Masse gleich der durch seinen Rand nach innen strömenden Masse ist:

$$\int_V \partial_t\rho\, dx - \int_{\partial V} n\cdot(\rho v)\, do\,.$$

2.1.3 Impulserhaltung

Nach den vorausgegangenen Überlegungen werden die auf ein materielles Volumen $V = V(t)$ wirkenden Kräfte beschrieben durch

$$K(V) = \int_V \rho f\, dx + \int_{\partial V} n\cdot\sigma\, do = \int_V \{\rho f + \nabla\cdot\sigma\}\, dx\,.$$

Der Impuls ist gegeben durch

$$I(V) = \int_V \rho v\, dx\,.$$

Die zeitliche Erhaltung des Impulses (Newtonsches Gesetz)

$$d_t I(V) = K(V)$$

liefert die vektorielle Gleichung

$$\frac{d}{dt}\int_V \rho v\, dx = \int_V \{\rho f + \nabla\cdot\sigma\}\, dx\,.$$

Anwendung des Transporttheorems mit $\Phi = \rho v_i$ impliziert dann für $i = 1, 2, 3$ die Beziehung

$$\frac{d}{dt}\int_V \rho v_i \, dx = \int_V \{\partial_t(\rho v_i) + \nabla \cdot (\rho v_i v)\} \, dx$$

und somit

$$\partial_t(\rho v_i) + \nabla \cdot (\rho v_i v) = \rho f_i + (\nabla \cdot \sigma)_i \, .$$

In vektorieller Schreibweise lautet diese Grundgleichung der Impulserhaltung („Momentengleichung") in konservativer Form:

$$\partial_t(\rho v) + \nabla \cdot (\rho v \otimes v) = \rho f + \nabla \cdot \sigma \, , \tag{2.1.5}$$

mit dem äußeren Vektorprodukt $v \otimes v := (v_i v_j)_{i,j=1}^3$. Bei Beachtung der Beziehungen

$$\partial_t(\rho v) = \rho \partial_t v + v \partial_t \rho, \qquad \nabla \cdot (\rho v \otimes v) = v \nabla \cdot (\rho v) + \rho v \cdot \nabla v,$$

ergibt sich mit Hilfe der Kontinuitätsgleichung die Impulserhaltungsgleichung in nichtkonservativer Form:

$$\rho \partial_t v + \rho (v \cdot \nabla) v = \rho f + \nabla \cdot \sigma. \tag{2.1.6}$$

2.1.4 Drehimpulserhaltung

Für ein materielles Volumen $V = V(t)$ ist der Drehimpuls bzgl. des Ursprungs definiert durch

$$L(V) = \int_V x \times (\rho v) \, dx$$

und das Drehmoment

$$D(V) = \int_V x \times (\rho f) \, dx + \int_{\partial V} x \times (n \cdot \sigma) \, do.$$

Der Erhaltungssatz für den Drehimpuls besagt dann, dass

$$d_t L(V) = D(V).$$

Zur Vereinfachung der Schreibweise verwenden wir wieder den oben definierten „Permutationstensor" $\varepsilon = (\varepsilon_{ijk})_{i,j,k=1,2,3}$ mit den Elementen $\varepsilon_{ijk} = 1, -1, 0$, je nach dem, ob $\{ijk\}$ eine gerade, ungerade oder gar keine Permutation von $\{1, 2, 3\}$ ist. Damit gilt z.B.

$$(x \times a)_i = \varepsilon_{ijk} x_j a_k \, .$$

Das Transporttheorem mit $\Phi = \varepsilon_{ijk} x_j \rho v_k$ impliziert nun

$$\frac{d}{dt}\int_V \varepsilon_{ijk} x_j \rho v_k \, dx = \int_V \{\partial_t(\varepsilon_{ijk} x_j \rho v_k) + \nabla \cdot (\varepsilon_{ijk} x_j \rho v_k v)\} \, dx \, .$$

Mit Hilfe der Beziehungen

$$\partial_t(\varepsilon_{ijk} x_j \rho v_k) = \varepsilon_{ijk} x_j v_k \partial_t \rho + \varepsilon_{ijk} \rho x_j \partial_t v_k$$

und

$$\nabla \cdot (\varepsilon_{ijk} x_j \rho v_k v) = \partial_l(\varepsilon_{ijk} x_j \rho v_k v_l) = \varepsilon_{ijk} x_j v_k \mathrm{div}(\rho v) + \varepsilon_{ijk} \rho x_j v_l \partial_l v_k + \varepsilon_{ijk} \rho v_j v_k$$

erhalten wir wegen $v \times v = 0$

$$d_t L(V) = \int_{V(t)} \big\{ x \times v \partial_t \rho + \rho x \times \partial_t v + (x \times v) \nabla \cdot (\rho v) + \rho x \times (v \cdot \nabla) v \big\}\, dx.$$

Unter Beachtung der Kontinuitätsgleichung $\partial_t \rho + \nabla \cdot (\rho v) = 0$ erhalten wir hieraus

$$d_t L(V) = \int_V x \times \big(\rho \partial_t v + \rho (v \cdot \nabla) v \big)\, dx.$$

Der zweite Summand in der Definition des Drehmoments $D(V)$ lässt sich mit Hilfe des Gaußchen Satzes umformen zu

$$\begin{aligned} \int_{\partial V} \varepsilon_{ijk} x_j n_l \sigma_{lk}\, do &= \int_V \varepsilon_{ijk} \partial_l (x_j \sigma_{lk})\, dx \\ &= \int_V \big\{ \varepsilon_{ijk} \sigma_{jk} + \varepsilon_{ijk} x_j \partial_l \sigma_{lk} \big\}\, dx = \int_V \big\{ (\varepsilon : \sigma)_i + (x \times \nabla \cdot \sigma)_i \big\}\, dx\,. \end{aligned}$$

Zusammengefasst erhalten wir

$$\int_V x \times \big(\rho \partial_t v + \rho (v \cdot \nabla) v \big)\, dx = \int_V \big\{ x \times (\rho f + \nabla \cdot \sigma) + \varepsilon : \sigma \big\}\, dx\,.$$

Bei Beachtung der Impulserhaltung

$$\rho \partial_t v + \rho (v \cdot \nabla) v = \rho f + \nabla \cdot \sigma$$

folgt $\varepsilon : \sigma = 0$. Hieraus erhält man $\sigma_{jk} - \sigma_{kj} = 0$, d. h.: Die Drehimpulserhaltung impliziert wieder die Symmetrie des Spannungstensors:

$$\sigma = \sigma^T. \tag{2.1.7}$$

2.1.5 Energieerhaltung

Der erste Hauptsatz der Thermodynamik führt, auf strömungsmechanische Konfigurationen angewendet, zum Postulat der Existenz einer „inneren Energiedichte“ $e = e(x,t)$, so dass sich die innere Energie eines materiellen Volumens $V = V(t)$ darstellt als

$$E_{\mathrm{int}}(V) = \int_V \rho e\, dx\,.$$

Seine „kinetische Energie“ zum Zeitpunkt t ist

$$E_{\mathrm{kin}}(V) = \tfrac{1}{2} \int_V \rho |v|^2\, dx\,.$$

Die zeitliche Änderung der Gesamtenergie

$$d_t E(V(t)) = d_t\big(E_{\text{int}}(V) + E_{\text{kin}}(V)\big)$$

muss gleich sein der Leistung der wirkenden Massekräfte und Spannungen

$$P(V) = \int_V \rho f \cdot v \, dx + \int_{\partial V} n \cdot \sigma \cdot v \, do\,,$$

zuzüglich der Energiezufuhr durch Wärmequellen und abzüglich des Energieverlustes durch abfließende Wärme

$$Z(V) = \int_V \rho h \, dx - \int_{\partial V} q \cdot n \, do\,,$$

wobei $q(x,t)$ den Wärmestrom über ∂V bezeichnet. Bei dieser Energiebilanz wird Energieverlust durch „Strahlung“ vernachlässigt. Insgesamt gilt also die Erhaltungsgleichung

$$d_t\{E_{\text{int}}(V) + E_{\text{kin}}(V)\} = P(V) + Z(V)\,. \tag{2.1.8}$$

Das Transporttheorem angewendet für $\Phi = \frac{1}{2}\rho|v|^2$ sowie $\Phi = \rho e$ ergibt

$$\begin{aligned} d_t E_{\text{kin}}(V) &= \int_V \big\{\tfrac{1}{2}\partial_t(\rho|v|^2) + \tfrac{1}{2}\nabla\cdot(\rho|v|^2 v)\big\}\, dx \\ d_t E_{\text{int}}(V) &= \int_V \big\{\partial_t(\rho e) + \nabla\cdot(\rho e v)\big\}\, dx. \end{aligned}$$

Kombination dieser Beziehungen mit der Erhaltungsgleichung (2.1.8) liefert

$$\begin{aligned} &\int_V \big\{\partial_t(\rho e + \tfrac{1}{2}\rho|v|^2) + \nabla\cdot(\rho e v + \tfrac{1}{2}\rho|v|^2 v)\big\}\, dx \\ &= \int_V \{\rho f \cdot v + \rho h\}\, dx + \int_{\partial V} n\cdot(\sigma\cdot v - q)\, do =: A_V + A_{\partial V}\,. \end{aligned}$$

Das Oberflächenintegral $A_{\partial V}$ lässt sich mit dem Gaußschen Satz, unter der Verwendung der Symmetrie $\sigma_{ij} = \sigma_{ji}$, umformen zu

$$A_{\partial V} = \int_{\partial V} n_j(\sigma_{ij} v_i - q_j)\, do = \int_V \partial_j(\sigma_{ij} v_i + q_j)\, dx = \int_V \nabla\cdot(\sigma\cdot v - q)\, dx\,.$$

Wir fassen dies zusammen zu

$$\begin{aligned} &\int_V \big\{\partial_t(\rho e + \tfrac{1}{2}\rho|v|^2) + \nabla\cdot(\rho e v + \tfrac{1}{2}\rho|v|^2 v)\big\}\, dx \\ &\qquad = \int_V \big\{\rho f\cdot v + \rho h + \nabla\cdot(\sigma\cdot v - q)\big\}\, dx. \end{aligned}$$

Hieraus erhalten wir schließlich die allgemeine Erhaltungsgleichung für die totale Energie („Energiegleichung“):

$$\partial_t(\rho e + \tfrac{1}{2}\rho|v|^2) + \nabla\cdot(\rho e v + \tfrac{1}{2}\rho|v|^2 v) = \rho f\cdot v + \nabla\cdot(\sigma\cdot v) + \rho h - \nabla\cdot q. \tag{2.1.9}$$

Die zeitliche und örtliche Veränderung der totalen Energie $\rho e + \frac{1}{2}\rho|v|^2$ ist bestimmt durch die externe Quellen ρh, den Wärmezuwachs durch „mechanische" Leistung $\rho f\cdot v + \nabla\cdot(\sigma\cdot v)$ und den diffusiven Wärmefluss $\nabla\cdot q$.

Diese Beziehung kann unter Heranziehung der Kontinuitätsgleichung und der Momentengleichung

$$\partial_t\rho + \nabla\cdot(\rho v) = 0, \qquad \partial_t v + v\cdot\nabla v = \rho f + \nabla\cdot\sigma\,,$$

gemäß

$$\begin{aligned}\partial_t(\rho e + \tfrac{1}{2}\rho|v|^2) &= \partial_t(\rho e) + \tfrac{1}{2}|v|^2\partial_t\rho + \rho\partial_t v\cdot v,\\ \nabla\cdot(\rho e v + \tfrac{1}{2}\rho|v|^2 v) &= \nabla\cdot(\rho e v) + \tfrac{1}{2}|v|^2\nabla\cdot(\rho v) + \rho v\cdot\nabla v\cdot v,\end{aligned}$$

reduziert werden zu

$$\partial_t(\rho e) + \nabla\cdot(\rho e v) = \sigma:\nabla v - \nabla\cdot q + \rho h. \tag{2.1.10}$$

2.1.6 Bilanzgleichungen

Wir fassen die Ergebnisse dieses Abschnittes zusammen. Für die Zustandsgrößen

ρ Massedichte,

$\rho v = (\rho v_i)_{i=1,2,3}$ Impuls,

ρe (totale) Energiedichte,

wurden ausgehend von den grundlegenden physikalischen Erhaltungsprinzipien die folgenden Beziehungen gefunden:

1) Kontinuitätsgleichung für Dichte ρ (Masseerhaltung):

$$\partial_t\rho + \nabla\cdot(\rho v) = 0\,. \tag{2.1.11}$$

2) Momentengleichung für Impuls ρv (Impulserhaltung):

$$\partial_t(\rho v) + \nabla\cdot(\rho v\otimes v) - \nabla\cdot\sigma = \rho f\,. \tag{2.1.12}$$

3) Energiegleichung für Gesamtenergiedichte $E := e + \frac{1}{2}|v|^2$ (Energieerhaltung):

$$\partial_t(\rho E) + \nabla\cdot(\rho E v) = \rho f\cdot v + \nabla\cdot(\sigma\cdot v) + \rho h - \nabla\cdot q. \tag{2.1.13}$$

Der obigen Variablen werden auch „konservative" Variablen und die zugehörigen Gleichungen „Erhaltungsgleichungen" genannt.

2.2 Materialgleichungen

Die bisher abgeleiteten Zustandsgleichungen haben sich aus allgemeinen Erhaltungsprinzipien ergeben, welche praktisch für alle Flüssigkeiten und Gase gelten. Im folgenden werden diese Gleichungen unter Verwendung materialspezifischer Eigenschaften weiter spezialisiert. Dazu werden die inneren Spannungen σ und der Energiefluss q an die anderen Strömungsgrößen gekoppelt.

2.2.1 Viskositätsmodell

Das obige System enthält 11 unbekannten Zustandsgrößen ρ, $v = (v_i)_{i=1,2,3}$, $\sigma = (\sigma_{ij})_{i.j=1,2,3}$ (symmetrisch) und e. Zu ihrer Bestimmung stehen zunächst nur die 5 Zustandsgleichungen der Masse-, Impuls- und Energieerhaltung zur Verfügung. Die noch fehlenden Beziehungen erhält man aus den sog. „Materialgleichungen“ aufgrund der speziellen Eigenschaften des jeweiligen Fluids.

Die sog. „Stokesschen[2] Fluide“, wie die meisten „normale“ Flüssigkeiten und Gase, zeichnen sich dadurch aus, dass der Spannungstensor im Ruhezustand stets kugelsymmetrisch ist,

$$\sigma_{|v=0} = -pI\,,$$

mit dem skalaren, „hydrostatischen“ Druck p. Bei einem Gas ist p der „thermodynamische“ Druck, der über gewisse thermodynamische Zustandsgleichungen mit den anderen Zustandsgrößen θ und ρ verknüpft ist; wir werden darauf weiter unten zurückkommen. Im bewegten Fluid wird damit angesetzt:

$$\sigma = -pI + \tau\,,$$

mit einem (symmetrischen) Tensor τ, der die sog. „Reibungsspannungen“ („Scherspannungen“) beschreibt. Bei rein mechanischer Betrachtungsweise kann $\mathrm{spur}(\tau) = 0$ angesetzt werden; andernfalls würden die entsprechenden Spannungen in den Druck absorbiert werden. Der Tensor τ wird nun über das allgemeine Materialgesetz

$$\tau = F(\epsilon)$$

mit dem Tensor $\epsilon \in \mathbb{R}^{3\times3}_{\mathrm{sym}}$ der Verzerrungsgeschwindigkeiten verknüpft, wobei $F = (F_{ij})_{i,j=1,2,3}$ eine geeignete stetige, tensor-wertige Funktion ist. Dies ergibt neben den 5 Bilanzgleichungen 6 weitere Kopplungsbedingungen für die zu bestimmenden 11 Zustandsgrößen. Im „Stokesschen Fluid“ werden an die Tensorfunktion $F(\cdot)$ die folgenden Forderungen gestellt:

1. *Symmetrie:* Die Materialfunktion bildet symmetrische Tensoren $T \in \mathbb{R}^{3\times3}_{\mathrm{sym}}$ in ebenfalls symmetrische Tensoren $F(T) \in \mathbb{R}^{3\times3}_{\mathrm{sym}}$ ab. Ferner ist $F(0) = 0$.

2. *Isotropie:* Das Materialgesetz ist invariant gegenüber volumenerhaltenden, orthogonalen Koordinatentransformationen, d. h.:

$$F(QTQ^T) = QF(T)Q^T \tag{2.2.14}$$

für jeden symmetrischen Tensor $T = (T_{ij})_{i,j=1,2,3}$ und jede orthogonale Transformation $Q = (Q_{ij})_{i,j=1,2,3}$ mit $QQ^T = I$, $\det(Q) = 1$.

[2]Sir Georg Gabriel Stokes (1819–1903): Englischer Mathematiker und Physiker; Prof. in Cambridge; Beiträge zur Differential- und Integralrechnung, zur Hydrodynamik und zur Theorie des Lichts, Spektralanalyse und Fluoreszenz.

Satz 2.2 (Materialtensor): *Unter den obigen Annahmen hat die Tensorfunktion $F = F(T)$ notwendig die Gestalt*

$$F(T) = \varphi_0 I + \varphi_1 T + \varphi_2 T^2, \tag{2.2.15}$$

mit gewissen stetigen, skalaren Funktionen $\varphi_i(I_1, I_2, I_3)$ der drei „Invarianten" von T:

$$I_1(T) = spur(T), \quad I_2(T) = \tfrac{1}{2}\{T_{ij}T_{ji} - T_{ii}T_{jj}\}, \quad I_3(T) = det(T).$$

Beweis: Sei T ein beliebiger, symmetrischer 3×3-Tensor mit einem Orthonormalsystem $\{e_1, e_2, e_3\}$ von Eigenvektoren zu den Eigenwerten $\{\lambda_1, \lambda_2, \lambda_3\}$, d. h.: Es gilt $Te_i = \lambda_i e_i$. Es sei bemerkt, dass die „Invarianten" von T gerade die Koeffizienten seines charakteristischen Polynoms sind:

$$\chi_T(\lambda) := \det(\lambda I - T) = I_1 + I_2\lambda + I_3\lambda^2 + \lambda^3.$$

Dessen Nullstelle sind die Eigenwerte von T. Da die Determinante einer Matrix invariant gegenüber Ähnlichkeitstransformationen, d. h. insbesondere gegenüber orthogonalen Transformationen, ist, sind dies auch das charakteristische Polynom bzw. seine Koeffizienten. Dies begründet die Bezeichnung „Invarianten" für die Größen I_1, I_2, I_3.

i) Als erstes wird gezeigt, dass $\{e_1, e_2, e_3\}$ auch Eigenvektoren von $F(T)$ sind. Dazu sei Q die orthogonale Transformation, welche einer 180°-Drehung um die e_3-Achse entspricht. Dann gilt $QQ^T = I$ und $\{e_1, e_2, e_3\}$ bildet offenbar ein gemeinsames Eigensystem von Q und T. Dies impliziert, dass T und Q kommutieren und folglich gilt:

$$QT = TQ, \qquad QTQ^T = T.$$

Dies ergibt sich aus den Beziehungen $QTe_i = Q\lambda_i e_i = \lambda_i\tau_i e_i = \tau_i\lambda_i e_i = T\tau_i e_i = TQe_i$ mit den Eigenwerten $\{\tau_1, \tau_2, \tau_3\}$ von Q unter Beachtung, dass $\{e_1, e_2, e_3\}$ eine Basis bildet. Gemäß (2.2.14) gilt dann

$$F(T) = F(QTQ^T) = QF(T)Q^T$$

sowie

$$F(T)Q = QF(T).$$

Also kommutieren Q und $F(T)$ und haben folglich ebenfalls das gemeinsame System von Eigenvektoren $\{e_1, e_2, e_3\}$. Mit der aus diesen Eigenvektoren gebildeten (unitären) Matrix $W := [e_1, e_2, e_3]$ gilt dann

$$F(\mathrm{diag}(\lambda_i)) = F(WTW^{-1}) = WF(T)W^{-1} = \mathrm{diag}(\mu_i).$$

Die Eigenwerte $\{\mu_1, \mu_2, \mu_3\}$ von $F(T)$ sind offenbar allein durch $F(\cdot)$ bestimmte Funktionen der Eigenwerte $\{\lambda_1, \lambda_2, \lambda_3\}$ von T. Die Behauptung des Satzes ist damit auf den Fall reduziert, dass $F(D_\nu) = D_\mu$ eine Abbildung zwischen Diagonalmatrizen ist.

ii) Wir nehmen nun zunächst an, dass alle Eigenwerte λ_i von T *einfach* sind. Dann ist

$$\det\begin{pmatrix} 1 & \lambda_1 & \lambda_1^2 \\ 1 & \lambda_2 & \lambda_2^2 \\ 1 & \lambda_3 & \lambda_3^2 \end{pmatrix} \neq 0,$$

und das lineare Gleichungssystem

$$\varphi_0 + \varphi_1\lambda_i + \varphi_2\lambda_i^2 = \mu_i(\lambda_1, \lambda_2, \lambda_3), \quad i = 1, 2, 3,$$

besitzt eindeutige Lösungen $\varphi_i = \varphi_i(\lambda_1, \lambda_2, \lambda_3)$. Hieraus erschließen wir mit Hilfe der Orthonormalität des Eigensystems $\{e_1, e_2, e_3\}$ die Darstellung

$$F(T) = \varphi_0 I + \varphi_1 T + \varphi_2 T^2.$$

Da die Eigenwerte λ_i gerade die Nullstellen des (kubischen) charakteristischen Polynoms von T sind, lassen sie sich explizit (Wurzelausdrücke) durch dessen Koeffizienten, d. h. die Invarianten I_i, ausdrücken. Damit ist die Behauptung für den Fall, dass die Eigenwerte von T paarweise verschieden sind, bewiesen.

iii) Im Fall mehrfacher Eigenwerte des Tensors T kann durch Störung seiner Elemente erreicht werden, dass alle Eigenwerte einfach sind. Dann gilt die behauptete Darstellung für den gestörten Tensor. Man kann zeigen (Übungsaufgabe), dass diese Darstellung gleichmäßig stetig von der Störung abhängt, so dass man durch Grenzübergang zum ungestörten Fall die Behauptung auch für den allgemeinen Fall möglicherweise mehrfacher Eigenwerte erhält. Q.E.D.

Bemerkung 2.1: Zur Illustration des Mechanismus, der die Darstellung (2.2.15) des allgemeinen Materialgesetzes bedingt, betrachten wir den (nicht unbedingt physikalisch motivierten) Ansatz $F(T) = T^4$. Nach dem Satz von Cayley-Hamilton ist die Matrix T Matrix-Nullstelle ihres eigenen charakteristischen Polynoms, d. h.: $\chi_T(T) = 0$. Im hier interessierenden Fall einer symmetrischen Matrix mit Eigenwerten $\{\lambda_i\}$ und zugehöriger Basis $\{e_1, e_2, e_3\}$ von Eigenvektoren ergibt sich dies mit Hilfe der Linearfaktorzerlegung $\chi(\lambda) = \prod_{i=1}^3(\lambda - \lambda_i)$ durch

$$\chi_T(T)e_j = \prod_{i=1}^{3}(T - \lambda_i I)e_j = \prod_{i=1, i\neq j}^{3}(T - \lambda_i I)(T - \lambda_j I)e_j = 0, \quad j = 1, 2, 3,$$

was $\chi_T(T)x = 0$ für alle $x \in \mathbb{R}^3$ und damit $\chi_T(T) = 0$ impliziert. Damit erhalten wir die Beziehung

$$F(T) = T^4 = -I_1 - I_2 T - I_3 T^2.$$

Durch rekursive Anwendung dieses Arguments ergibt sich die Darstellung (2.2.15) dann auch für jedes beliebige Polynom $F(T) = \sum_{k=0}^m c_k T^k$ und weiter für jede gleichmäßig konvergente Potenzreihe $F(T) = \sum_{k=0}^\infty c_k (T - T_0)^k$. Das im Beweis von Satz 2.2 verwendete Argument setzt aber für die Abbildung $F(\cdot) : \mathbb{R}^{3\times 3}_{\text{sym}} \to \mathbb{R}^{3\times 3}_{\text{sym}}$ nur gleichmäßige Stetigkeit (auf kompakten Mengen) voraus, lässt also insbesondere auch Materialgesetze mit „Knicken“ zu.

Wird das Materialgesetz (2.2.15) für ein Stokessches Fluid zusätzlich als „linear“ angenommen, so muss es notwendig die folgende Form haben:

$$\sigma = -pI + F(\epsilon) = -pI + 2\mu\epsilon + \lambda\,\text{spur}(\epsilon)I, \tag{2.2.16}$$

mit zwei *Materialkonstanten* μ („Scherviskosität“) und λ („Volumenviskosität“). Fluide, welche einem solchen *linearen* Materialgesetz genügen, nennt man „Newtonsche[3] Fluide“. Die beiden Viskositätsparameter μ und λ hängen im allgemeinen von der Dichte sowie der Temperatur ab.

Wenn die durch Wärmegefälle hervorgerufenen Spannungen klein gegenüber den mechanischen Spannungen sind, kann man das Temperaturfeld θ als durch nicht-mechanische Bedingungen gegeben und dementsprechend als konstant annehmen. Die Viskositätsparameter μ und λ können dann als unabhängig von θ betrachtet werden (sog. „isotherme“ Strömung). In einer isothermen Strömung sind μ und λ in Ort und Zeit konstant, so dass

$$\nabla \cdot \sigma = -\nabla p + \nabla \cdot \tau, \qquad \tau := \mu\{\nabla v + \nabla v^T\} + \lambda\, \nabla \cdot v I.$$

Aus der kinetischen Theorie der Gase erhält man im Fall ein-atomiger Gase die Beziehung

$$3\lambda + 2\mu = 0, \qquad \mu \geq 0. \tag{2.2.17}$$

Im allgemeinen Fall mehr-atomiger Gase gilt nur $3\lambda + 2\mu \geq 0$; trotzdem wird in der Regel die Beziehung (2.2.17) auch im allgemeien Fall verwendet. Damit ergibt sich

$$\tau = \mu\{\nabla v + \nabla v^T\} - \tfrac{2}{3}\mu \nabla \cdot v I. \tag{2.2.18}$$

Die Erhaltungsgleichung für den Impuls erhält dann wegen

$$\begin{aligned}(\nabla \cdot \tau)_j &= \partial_i \tau_{ij} = \partial_i \big\{\mu(\partial_i v_j + \partial_j v_i) - \tfrac{2}{3}\mu\, \nabla \cdot v\, \delta_{ij}\big\}\\ &= \mu \Delta v_j + \mu \partial_j \nabla \cdot v - \tfrac{2}{3}\mu\, \partial_j \mathrm{div} v = \mu \Delta v_j + \tfrac{1}{3}\mu\, \partial_j \nabla \cdot v\end{aligned}$$

die allgemeine Form

$$\partial_t(\rho v) + \nabla \cdot (\rho v \otimes v) - \mu \Delta v - \tfrac{1}{3}\mu \nabla\nabla \cdot v + \nabla p = \rho f.$$

Unter Berücksichtigung der Kontinuitätsgleichung $\partial_t \rho + \nabla \cdot (\rho v) = 0$ ergibt sich mit

$$\partial_t(\rho v) + \nabla \cdot (\rho v \otimes v) = \rho \partial_t v + v \partial_t \rho + v\, \nabla \cdot (\rho v) + \rho v \cdot \nabla v$$

die Impulsgleichung für ein allgemeines „Newtonsches Fluid“:

$$\rho \partial_t v + \rho v \cdot \nabla v - \mu \Delta v - \tfrac{1}{3}\mu \nabla\nabla \cdot v + \nabla p = \rho f. \tag{2.2.19}$$

2.2.2 Thermodynamische Aspekte

Da im obigen Materialgesetz die neue Zustandsgröße „Druck“ p eingeführt wurde, benötigt man zur endgültigen „Schließung“ des Systems noch weitere Gleichungen. Dies sind phänomenologisch gewonnene, algebraische Beziehungen zwischen Dichte, Druck, Temperatur und innerer Energie:

$$p = p(\rho, \theta), \qquad e = e(\rho, \theta). \tag{2.2.20}$$

[3] Isaac Newton (1643–1727): Englischer Physiker und Mathematiker; Professor an der Universität Cambridge; entwickelte u. a. die Grundlagen der klassischen Mechanik und der Differentialrechnung.

Die thermodynamischen Grundgesetze implizieren Bedingungen für die Gestalt dieser Relationen.

Einem abgeschlossenen, wärme-isolierten (ruhenden) Massevolumen im Gleichgewichtszustand werde eine Wärmemenge Q und eine mechanische Arbeit A zugeführt, und es stelle sich wieder ein Gleichgewichtszustand ein.

1) Der „1. Hauptsatz der Thermodynamik“ besagt, dass Wärme und mechanische Arbeit energetisch gleichwertig sind und nicht „verloren gehen“ können. Der Zuwachs an innerer Energie muss also gleich der Summe aus eingebrachter Wärme und Arbeit sein:

$$de = Q + A.$$

Die einfachste Form der erbrachten Arbeit ist die Kompression oder Expansion des Massevolumens, wobei $dA = -pdV$. Der Zuwachs an innerer Energiedichte de infolge einer Wärmezufuhr δq und Kompression $d(\rho^{-1})$ eines Volumens mit Masse $\rho(V) = 1$ (d. h. $V = \rho^{-1}$) ist daher

$$de = \delta q - pd(\rho^{-1}) \tag{2.2.21}$$

ii) Der „2. Hauptsatz der Thermodynamik“ besagt nun, dass die Beziehung (2.2.21) das totale Differential einer neuen Zustandsgröße, der sog. „Entropie“ s, definiert in der Form

$$\theta ds = de + pd(\rho^{-1}). \tag{2.2.22}$$

Ferner kann diese Entropie in einem energetisch abgeschlossenen System nicht abnehmen; bei jedem irreversiblen Prozess nimmt sie zu.

Bei einem „idealen“ Gas wird eine lineare Proportionalität der Form

$$p = R\rho\theta, \tag{2.2.23}$$

postuliert mit der sog „Gaskonstante“ $R > 0$. Bei Gaspartikeln mit Molekulargewicht m ist $R = R_{\text{abs}}/m$ mit der sog. „absoluten“ Gaskonstante R_{abs}.

Führt man einem materiellen Volumen (quasi-statisch) eine Wärmemenge δq zu und hält dabei das Volumen fest, so steigt die Temperatur proportional um $d\theta = c_v^{-1}\delta q$. Die so definierte Konstante $c_v > 0$, die sog. „spezifische Wärme“ (bei konstantem Volumen), ist unabhängig von den anderen Zustandsgrößen. Abweichungen hiervon treten erst bei extrem hohen Temperaturen und Drücken auf. Da mit dem Volumen auch die Dichte konstant bleibt (d. h.: $d(\rho^{-1}) = 0$), gilt im Hinblick auf (2.2.21)

$$e = c_v\theta + konst.$$

Erfolgt die Wärmezufuhr bei konstantem Druck, so gilt $dq = c_p d\theta$ mit der ebenfalls konstanten sog. „spezifischen Wärme“ $c_p > 0$ (bei konstantem Druck). Hierbei dehnt sich das Gas aus und leistet Arbeit; wegen (2.2.23) gilt dann

$$d(\rho^{-1}) = \frac{R}{p}d\theta.$$

Dies impliziert im Hinblick auf (2.2.21), dass

$$de = c_v d\theta = c_p\theta - R d\theta,$$

woraus notwendig $R = c_p - c_v := c_v(\gamma - 1) > 0$ mit $\gamma := c_p/c_v$ folgt. Für zwei-atomige Gase (z. B. Luft) ist $\gamma = 1{,}4$.

Lässt man das materielle Volumen (quasi-statisch) expandieren, ohne den Wärmeinhalt zu ändern, und entzieht man ihm die Arbeit $pd(\rho^{-1})$, so wird

$$dq = 0 = c_v d\theta + R\theta\rho\, d(\rho^{-1}),$$

bzw. bei Beachtung von $c_v^{-1}R = \gamma - 1$,

$$0 = \frac{d\theta}{\rho^{\gamma-1}} + (\gamma-1)\theta\frac{d(\rho^{-1})}{\rho^{\gamma-2}} = d\Big(\frac{\theta}{\rho^{\gamma-1}}\Big).$$

Folglich ist

$$\frac{\theta}{\rho^{\gamma-1}} \equiv konst, \quad \frac{p}{\rho^{\gamma}} \equiv konst., \quad \frac{\theta}{p^{(\gamma-1)/\gamma}} \equiv konst.$$

Die „Konstante“ in diesen Beziehungen hängt jeweils von den anderen, nicht vorkommenden Zustandsgrößen ab. Für ein reibungsloses, nicht-wärmeleitendes Gas bleibt die Entropie entlang jeder Stromlinie konstant, und es gilt (z. B. für Luft):

$$p = \alpha\rho^{\gamma} \tag{2.2.24}$$

mit einer temperatur-abhängigen Konstante $\alpha > 0$ und $\gamma = c_p/c_v = 1{,}4$.

Im allgemeinen entsteht zwischen den Masseteilchen in Folge der Wärmeleitfähigkeit ein Wärmestrom, der in folgender Form angesetzt wird:

$$q = -\kappa\nabla\theta,$$

mit einer skalaren Funktion $\kappa = \kappa(\rho, \theta, |\nabla\theta|)$, dem sog. „Wärmeleitfähigkeitskoeffizienten“. Ferner gilt wegen $\rho e = c_v\rho\theta = c_p\rho\theta - R\rho\theta$ auch

$$\rho e = c_p\rho\theta - p. \tag{2.2.25}$$

Unter Beachtung von

$$\tau : \nabla v = (\mu\{\nabla v + \nabla v^T\} - \tfrac{2}{3}\mu\,\nabla\cdot vI) : \nabla v = \tfrac{1}{2}\mu(\nabla v + \nabla v^T)^2 - \tfrac{2}{3}\mu(\nabla\cdot v)^2$$

führt dies auf die Energiegleichung in „konservativer“ Form

$$\begin{aligned}\partial_t(c_p\rho\theta - p) + \nabla\cdot((c_p\rho\theta - p)v) - \nabla\cdot(\kappa\nabla\theta) &= \rho h \\ - p\,\nabla\cdot v + \tfrac{1}{2}\mu(\nabla v + \nabla v^T)^2 &- \tfrac{2}{3}\mu(\nabla\cdot v)^2.\end{aligned} \tag{2.2.26}$$

Schallgeschwindigkeit: Zur Charakterisierung einer Gasströmung ist der Begriff der „Schallgeschwindigkeit" wichtig. Damit wird die folgende Größe bezeichnet:

$$c(p) := \sqrt{\frac{dp}{d\rho}}.$$

Die Beobachtung zeigt, dass ein Gas durch eine Druckerhöhung dichter wird, so dass stets $c > 0$ ist. Die Größe

$$\mathrm{Ma} := \frac{|v|}{c(p)}$$

wird (lokale) „Mach[4]-Zahl" genannt. Sie erweist sich als entscheidend für den Charakter des Systems der Grundgleichungen (elliptisch - parabolisch - hyperbolisch). Wir werden diese Zusammenhänge im nächsten Abschnitt noch genauer diskutieren.

2.2.3 Erhaltungsgleichungen in nicht-konservativer Form

Neben den Erhaltungsgleichungen werden Anfangs- und Randbedingungen gestellt, die durch die spezifische physikalische Gegebenheit der betrachteten Situation bestimmt sind.

Anfangsbedingungen:

$$\rho_{|t=0} = \rho^0, \quad v_{|t=0} = v^0, \quad \theta_{|t=0} = \theta^0.$$

Randbedingungen:

$$v_{|\Gamma_D^v} = v^D, \quad (\mu n \cdot \tau(v) - np)_{|\Gamma_N^v} = p^N, \qquad \theta_{|\Gamma_D^\theta} = \theta^D, \quad (\kappa\partial_n\theta + \alpha\theta)_{|\Gamma_N^\theta} = \theta^N.$$

Für Druck und Dichte dürfen in der Regel (Ausnahmefall: „freie" Ausströmrandbedingung) keine Randbedingungen gestellt werden.

Rand- und Anfangsbedingungen sind für die primitiven Variablen $\{v, \theta\}$ gegeben. Ferner wird im allg. der Spannungstensor σ als Funktion von v, θ ausgedrückt. Daher bietet es sich an, die Zustandsgleichungen direkt für die „primitiven" Variablen $\{\rho, v, \theta\}$ zu schreiben. Dies führt auf die folgenden Grundgleichungen für allgemeine „Newtonsche Fluide" in *nichtkonservativer* Form:

1') Kontinuitätsgleichung für Dichte ρ:

$$\partial_t\rho + \nabla \cdot (\rho v) = 0\,; \tag{2.2.27}$$

2') Momentengleichung für Geschwindigkeit v:

$$\rho\partial_t v + \rho v \cdot \nabla v - \nabla \cdot (\mu\{\nabla v + \nabla v^T\}) + \tfrac{2}{3}\nabla(\mu\,\nabla \cdot v) + \nabla p = \rho f\,; \tag{2.2.28}$$

[4]Ernst (Waldfried Josef Wenzel) Mach (1838–1916): Österreichischer Physiker, Philosoph und Psychologe; Studium der Mathematik und Naturwissenschaften in Wien, 1864 Prof. für Mathematik in Graz, 1867–1895 Prof. für Physik in Prag, dort auch Rektor, 1895 Prof. für Philosophie in Wien; Vordenker der Relativittstheorie, grundlegende experimentelle Beiträge zur Gasdynamik (nach ihm benannte „Mach-Zahl"), Experimente u. a. auch zur Sinnesphysiologie (Gleichgewichtssinn und Sinnestäuschungen); Arbeiten zur Wissenschaftphilosophie und Erkenntnistheorie.

3') Energiegleichung für (absolute) Temperatur θ :

$$\rho c_p \partial_t \theta + \rho c_p v \cdot \nabla\theta - \nabla \cdot (\kappa \nabla\theta) = \rho h + \partial_t p + v \cdot \nabla p + \tfrac{1}{2}\mu(\nabla v + \nabla v^T)^2 - \tfrac{2}{3}\mu(\nabla \cdot v)^2. \tag{2.2.29}$$

Im Fall, dass Wärmeleitung die einzige nicht-mechanische Energieübertragung ist, kann man (2.2.29) weiter spezialisiert. Vernachlässigung der entsprechenden Terme in der Energiebilanz ergibt die Energiegleichung in reduzierter Form:

$$\rho c_p \partial_t \theta + \rho c_p v \cdot \nabla\theta - \nabla \cdot (\kappa \nabla\theta) = \rho h\,. \tag{2.2.30}$$

Für ein ruhendes Kontinuum (d. h.: $v \equiv 0$) ergibt sich so die sog. „Wärmeleitungsgleichung“

$$\rho c_p \partial_t \theta - \nabla \cdot (\kappa \nabla\theta) = \rho h\,. \tag{2.2.31}$$

2.3 Gasdynamische Gleichungen (Euler-Gleichungen)

In Gasströmungen können starke Dichteänderungen durch mechanische „Kompression“ von Gasteilchen auftreten, bis hin zu „fast“ Unstetigkeiten (sog. „Schocks“ oder „Verdichtungsstöße“). Temperaturänderungen spielen hierbei meist eine untergeordnete Rolle. In diesem Fall können viskose Effekte durch innere Reibung gegenüber den Trägheitskräften vernachlässigt werden. Für das Newtonsche Fluid reduziert sich dann das lineare Materialgesetz (2.2.16) auf

$$\sigma = -pI.$$

Da die korrekte Erfassung von Schocks (Position und Stärke) sehr empfindlich von der Einhaltung der globalen Balancegleichungen abhängt empfielt sich die Verwendung der *konservativen* Variablen $\{\rho, \rho v, \rho E\}$.

Die Kontinuitäts- und Impulsgleichung reduzieren sich im reibungsfreien Fall zu

$$\partial_t \rho + \nabla \cdot (\rho v) = 0\,, \tag{2.3.32}$$

$$\partial_t(\rho v) + \nabla \cdot (\rho v \otimes v) + \nabla p = \rho f\,. \tag{2.3.33}$$

Wir betrachten hier wieder den Fall eines „idealen“ Gases, für welches gilt:

$$p = R\theta\rho, \quad R = c_p - c_v, \quad \gamma := \frac{c_p}{c_v} > 1, \quad e = c_v\theta,$$

mit der Gaskonstante R, der „spezifischen Wärme“ c_p (bei konstantem Druck) und der „spezifischen Wärme“ c_v (bei konstantem Volumen). Kombination mit der Beziehung $\rho E := \rho e + \frac{1}{2}\rho|v|^2$ ergibt dann

$$p = (\gamma - 1)(\rho E - \tfrac{1}{2}\rho|v|^2). \tag{2.3.34}$$

Bei reibungslosen, „schnellen“ Gasströmungen kann der Beitrag der mechanischen Wärmeerzeugung in der Energiegleichung nicht vernachlässigt werden. Dafür spielt die diffusive Wärmeausbreitung keine Rolle. Die Energiegleichung nimmt dann wegen

$$\nabla \cdot (\sigma \cdot v) = -\nabla \cdot (pv)$$

die Form an:

$$\partial_t(\rho E) + \nabla \cdot (\rho E v + pv) = \rho f \cdot v + \rho h, \tag{2.3.35}$$

mit der totalen Energiedichte $E := e + \frac{1}{2}|v|^2$.

Im Fall fehlender äußerer Volumenkräfte und Wärmequellen, $f \equiv 0,\ h \equiv 0$, lässt sich dieses System in Form einer (hyperbolischen) „Erhaltungsgleichung“ für den Vektor der konservativen Variablen $u := (\rho, \rho v, \rho E)^T$, schreiben:

$$\partial_t u + \nabla \cdot F(u) = 0, \tag{2.3.36}$$

mit der „Fluss funktion“

$$F(u) = \begin{pmatrix} \rho v \\ \rho v \otimes v + pI \\ \rho E v + pv \end{pmatrix} = \begin{pmatrix} \rho v_i \\ \rho v_i (v_j)_{j=1,2,3} + p(\delta_{ij})_{j=1,2,3}) \\ \rho E v_i + p v_i \end{pmatrix}_{i=1,2,3}.$$

Dies sind die sog. „Eulerschen[5] Gleichungen“ in „konservativer“ Form. Mit Hilfe der Ableitungen

$$A_i(u) := \nabla_u F_i(u) \quad (i = 1, 2, 3)$$

erhalten wir die dazu formal äquivalente nicht-konservative Form der Eulerschen Gleichungen als ein „quasi-lineares“ System von Differentialgleichungen 1. Ordnung:

$$\sum_{i=1}^{3} A_i(u)\partial_i u = 0. \tag{2.3.37}$$

Zur Bestimmung des Typs dieses Systems haben wir die Projektion den Koeffiziententensors $(A_i)_{i=1}^3$ auf eine beliebige Richtung n zu betrachten:

$$B(u,n) := \sum_{i=1}^{3} n_i A_i(u).$$

mit der Matrix

$$B(u,n) = \begin{pmatrix} v & \rho & 0 \\ v \otimes v & \rho v & 0 \\ Ev & \rho E + p & v \end{pmatrix}.$$

[5]Leonhard Euler (1707–1783), geb. in Basel: universeller Mathematiker und Physiker; bedeutendster und produktivster Mathematiker seiner Zeit; wirkte in Berlin und St. Petersburg; Arbeiten zu allen mathemischen Gebieten seiner Zeit.

Die Eigenwerte der Matrix $B(u,n)$ sind

$$\lambda_1 = n\cdot v - c, \qquad \lambda_2 = \lambda_3 = \lambda_4 = n\cdot v, \qquad \lambda_5 = n\cdot v + c,$$

wobei

$$c^2 := \frac{dp}{d\rho} = R\theta = \frac{p}{\rho}$$

die Schallgeschwindigkeit definiert. Den Begriff „Schallgeschwindigkeit" wollen wir im folgenden etwas detaillierter diskutieren.

Schallgeschwindigkeit und Mach-Zahl:
In einem „inkompressiblen" Fluid beeinflußen lokale Störungen unmittelbar das ganze Strömungsbebiet. Dagegen könnn sich in einem „kompressiblen" Gas Druck- und Dichtestörungen nur mit endlicher Geschwindigkeit ausbreiten. Wir wollen den Mechanismus dieser Störungsausbreitung untersuchen. Dazu betrachte wir Druck- und Dichteänderungen, die klein gegenüber einem Ruhedruck p_0 und einer Ruhedichte ρ_0 sind:

$$|p-p_0| \ll |p_0|, \qquad |\rho-\rho_0| \ll |\rho_0|.$$

In diesem Fall bleiben die Geschwindigkeit und ihr Gradient klein, und man erhält durch Linearisierung der Zustandsgleichungen:

$$0 = \partial_t\rho + \nabla\cdot(\rho v) \approx \partial_t\rho + \rho_0\nabla\cdot v, \tag{2.3.38}$$
$$0 = \rho\partial_t v + \nabla p \approx \rho_0\partial_t v + \nabla p. \tag{2.3.39}$$

Unter der Annahme einer glatten Beziehung $p = p(\rho)$ (bei festgehaltener Temperatur) gilt

$$\partial_t p = \frac{dp}{d\rho}\,\partial_t\rho = c^2\partial_t\rho.$$

Im Fall „isothermer" Strömungen ($\theta \equiv konst.$) verwendet man z. B. oft das „barotrope" Gasgesetz

$$p = p(\rho) = \alpha\rho^\gamma \tag{2.3.40}$$

mit einer Konstante $\alpha > 0$, die meist stark von der (konstanten) Temperatur abhängt, und einem materialabhängigen Exponenten $\gamma > 1$

Für kleine Störungen des Ruhezustands kann $c(p) = c(p_0) =: c$ als konstant angesehen werden. Elimination von v aus (2.3.38) und (2.3.39) ergibt dann

$$\partial_t^2 p = c^2\partial_t^2\rho = -c^2\rho_0\nabla\cdot\partial_t v = -c^2\nabla\cdot(\rho_0\partial_t v) = c^2\nabla\cdot\nabla p = c^2\Delta p = c^4\Delta\rho,$$

und folglich die Beziehungen

$$\partial_t^2 p - c^2\Delta p = 0, \qquad \partial_t^2\rho - c^2\Delta\rho = 0,$$

Druck und Dichte genügen also einer Wellengleichung jeweils mit der Wellenausbreitungsgeschwindigkeit $c = c(p)$. Diese „Schallgeschwindigkeit" beschreibt also die Geschwindigkeit, mit der sich Störungen im Druck und der Dichte ausbreiten.

Wir wollen die Diskussion der „isothermen“ Situation noch etwas weiter treiben. Aus der linearisierten Gleichung (2.3.39) erhalten wir $\partial_t \nabla\times v = 0$ und folglich näherungsweise $\nabla\times v = 0$. Im Hinblick auf diese Beobachtung machen wir für das Folgende die weiteren vereinfachenden Annahmen:

- stationäre Strömung: $\partial_t p \equiv 0 \equiv \partial_t \rho$;
- rotationsfreie Strömung: $\nabla\times v = 0$;
- Existenz eines „Volumenkraftpotentials“: $f = -\nabla V$;
- barotropes Materialverhalten: $p = \alpha\rho^\gamma$.

Mit Hilfe der bereits oben verwendeten Identität

$$v\cdot\nabla v = \tfrac{1}{2}\nabla|v|^2 - v\times(\nabla\times v)$$

und der lokalen Schallgeschwindigkeit $c = c(p)$ erhalten wir die Zustandsgleichungen

$$\rho\nabla\cdot v + v\cdot\nabla\rho = 0\,, \tag{2.3.41}$$
$$\tfrac{1}{2}\nabla|v|^2 + c^2\rho^{-1}\nabla\rho + \nabla V = 0\,. \tag{2.3.42}$$

Durch Multiplikation von (2.3.42) mit v und Einsetzen von (2.3.41) kann die Massedichte ρ eliminiert werden und man erhält die folgende sog. „Gasdynamische Gleichung“:

$$\tfrac{1}{2}v\cdot\nabla|v|^2 - c^2\nabla\cdot v + v\cdot\nabla V = 0\,, \tag{2.3.43}$$

bzw. nach etwas Umformung in komponentenweiser Form

$$\sum_{i=1}^d (v_i^2 - c^2)\partial_i v_i + \sum_{i,j=1(i\neq j)}^d v_i v_j \partial_i v_j + \sum_{i=1}^d v_i\partial_i V = 0\,.$$

Die Rotationsfreiheit $\nabla\times v = 0$ impliziert im einfachzusammenhängenden Strömungsgebiet die Existenz eines (skalaren) Geschwindigkeitspotentials Φ, so dass

$$v = \nabla\Phi\,.$$

Damit lässt sich die Gasdynamische Gleichung als eine (skalare) Differentialgleichung zweiter Ordnung schreiben:

$$\sum_{i=1}^d \big((\partial_i\Phi)^2 - c^2\big)\partial_i^2\Phi + \sum_{i,j=1(i\neq j)}^d \partial_i\Phi\partial_j\Phi\partial_{ij}^2\Phi + \sum_{i=1}^d \partial_i\Phi\partial_i V = 0\,. \tag{2.3.44}$$

Dabei hängt die lokale Schallgeschwindigkeit c vom momentanen Strömungszustand ab: $c = c(v, V)$. Diese Abhängigkeit muss noch bestimmt werden, um das System zu schließen. Aufgrund der Annahme eines barotropen Gases gilt

$$\begin{aligned}\rho^{-1}\nabla p = \rho^{-1}\nabla(\alpha\rho^\gamma) = \rho^{-1}\alpha\gamma\rho^{\gamma-1}\nabla\rho &= \nabla\Big(\frac{\alpha\gamma}{\gamma-1}\rho^{\gamma-1}\Big)\\ = \nabla\Big(\frac{1}{\gamma-1}\frac{dp}{d\rho}\Big) &= \nabla\Big(\frac{c^2}{\gamma-1}\Big)\,.\end{aligned}$$

Damit erhält die sog. „Bernoulli[6] -Gleichung“ die Form

$$\nabla\big(\tfrac{1}{2}|v|^2 + \frac{c^2}{\gamma - 1} + V\big) = 0\,,$$

bzw.

$$\tfrac{1}{2}|v|^2 + \frac{c^2}{\gamma - 1} + V \equiv konst.$$

im gesamten Strömungsgebiet. In einem gewissen Anströmbereich können im allgemeinen v, c und V als bekannte Größen v_0, c_0 und V_0 angesehen werden. Damit wird

$$\tfrac{1}{2}|v|^2 + \frac{c^2}{\gamma - 1} + V = \tfrac{1}{2}|v_0|^2 + \frac{c_0^2}{\gamma - 1} + V_0,$$

bzw. nach Auflösung dieser Gleichung nach c^2:

$$c^2 = c_0^2 + (\gamma - 1)\,\big(\tfrac{1}{2}(|v_0|^2 - |v|^2) + V_0 - V\big)\,.$$

Im allgemeinen wird das Kraftpotential V im Anströmbereich zu Null normiert: $V_0 = 0$.

Aus (2.3.44) ist der Übergang der allgemeinen Gasdynamische Gleichung des idealen (kompressiblen) Gases zur Potentialgleichung (2.3.45) der idealen (inkompressiblen) Flüssigkeit leicht zu ersehen. Die Annahme der Inkompressibilität ist gleichbedeutend mit der Annahme einer „unendlich großen“ Ausbreitungsgeschwindigkeit von Störungen der Dichte (Schallgeschwindigkeit), so dass hier stets

$$|v| \ll c$$

vernachlässigt werden kann. Es ergibt sich so die reine „Potentialgleichung“

$$\Delta\Phi = 0\,. \tag{2.3.45}$$

Wir bemerken, dass in Flüssigkeiten die Schallgeschwindigkeit in der Regel deutlich größer als die Strömungsgeschwindigkeit ist; erstere ist z. B. in Wasser 1400 m/s. In Gasen kann die Strömungsgeschwindigkeit durchaus größer als die Schallgeschwindigkeit sein (sog. „Überschallströmungen“). Allerdings kann die „Inkompressibilität“ auch in Gasen oft mit recht guter Genauigkeit angenommen werden; z. B. wird die Luftströmung um Automobile oder um Flugzeuge in der Start- und Landephase in der Regel als „inkompressibel“ behandelt.

Die mathematische Analyse der Gasdynamischen Gleichung (2.3.44) erweist sich als sehr schwierig, da sie nicht immer von einheitlichem Typ ist. Wir wollen diese Frage

[6]Daniel Bernoulli (1700–1782): Schweizer Mathematiker und Physiker aus der Gelehrtenfamilie Bernoulli; Studium der Medizin in Basel, Heidelberg, Straßburg und wieder in Basel; 1725 Ruf an die Russische Akademie der Wissenschaften in Sankt Petersburg, ab 1733 wieder in Basel zunächst als Prof. für Anatomie und Botanik und später für Physik; Hauptwerk "Hydrodynamica“ über die Grundlagen der Hydrodynamik; weitere Arbeiten über spezielle gewöhnlichen Differentialgleichungen (Riccati-Gleichung) und die Gammafunktion, die nach ihm benannte „Bernoulli-Gleichung“ ist von fundamenrtaler Bedeutung in der Strömungsmechanik.

anhand des zweidimensionalen Modells diskutieren. Dazu setzen wir für das Folgende $x := x_1$, $y := x_2$, $u := v_1$, $v := v_2$, $u_x := \partial_x u$, u.s.w.. Mit dem Geschwindigkeitspotential Φ ($\Phi_x = u$, $\Phi_y = v$) erhält die Gleichung (2.3.44) dann die Form

$$(u^2 - c^2)\Phi_{xx} + 2uv\Phi_{xy} + (v^2 - c^2)\Phi_{yy} + uV_x + vV_y = 0\,. \qquad (2.3.46)$$

Der Typ dieser partiellen Differentialgleichung 2. Ordnung bestimmt sich aus den Eigenwerten der Koeffizientenmatrix

$$A = \begin{pmatrix} u^2 - c^2 & uv \\ uv & v^2 - c^2 \end{pmatrix}.$$

Die für den Typ der Gasdynamischen Gleichung charakteristische Größe ist die sog. „Mach-Zahl“

$$\mathrm{Ma} := \frac{\sqrt{u^2 + v^2}}{c}.$$

Im vorliegenden Fall sind die folgenden drei Fälle möglich:

- Beide Eigenwerte von A sind positiv oder negativ, d. h.: Die Gleichung ist vom „elliptischen“ Typ. Dies ist der Fall im „Unterschallbereich“: $u^2 + v^2 < c^2$ („subsonische Strömung“, $\mathrm{Ma} < 1$).

- Ein Eigenwert ist positiv und der andere negativ, d. h.: Die Gleichung ist vom „hyperbolischen“ Typ. Dies ist der Fall im „Überschallbereich“: $u^2 + v^2 > c^2$ („supersonische Strömung“, $\mathrm{Ma} > 1$).

- Ein Eigenwert ist gleich Null, d. h.: Die Gleichung ist vom „parabolischen“ Typ. Dies ist der Fall für $u^2 + v^2 = c^2$ („transsonische Strömung“, $\mathrm{Ma} \sim 1$).

Dabei ist zu beachten, dass die Schallgeschwindigkeit c vom jeweiligen Strömungszustand $\{u, v\}$ abhängt. Im Fall schallnaher Anströmung kann der Typ der Differentialgleichung auch innerhalb des Strömungsgebiets wechseln. Ein Beispiel ist die Umströmung eines Tragflügels (in zweidimensionaler Idealiserung); siehe Abbildung 2.1. Oberhalb des Flügels entsteht eine Überschallblase. Dieses Phänomen stellt eine der fundamentalen Schwierigkeiten in der Theorie und Numerik der Gasströmungen dar.

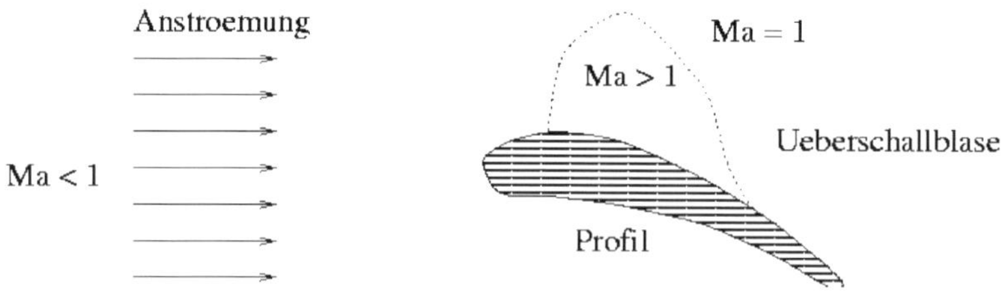

Abbildung 2.1: Strömung um einen Tragflügelquerschnitt mit Überschallblase

Charakteristiken hyperbolischer Gleichungen

Wir wollen zum Abschluss noch einige Ergebnisse zu Lösungen von hyperbolischen Differentialgleichungen rekapitulieren. Die Gasdynamische Gleichung ist ein Spezialfall der allgemeinen skalaren Differentialgleichung 2. Ordnung

$$Lu = a_{20}\partial_x^2 u + 2a_{11}\partial_x\partial_y u + a_{02}\partial_y^2 u + a_{10}\partial_x u + a_{01}\partial_y u + a_{00}u = f \tag{2.3.47}$$

mit (konstanten) Koeffizienten a_{ij}. Diese Gleichung werde auf einem Gebiet $\Omega \subset \mathbb{R}^2$ betrachtet. Die quadratische Gleichung

$$a_{20}y_\tau^2 - 2a_{11}x_\tau y_\tau + a_{02}x_\tau^2 = 0 \tag{2.3.48}$$

bestimmt gewisse Richtungen $x_\tau/y_\tau = dy/dx$ bzw. $y_\tau/x_\tau = dx/dy$ von Kurven (mit Graph $y = y(x)$ oder $x = x(y)$) durch den Punkt (x_0, y_0). Zu deren Bestimmung nehmen wir o.B.d.A. an dass $a_{20} \neq 0$ und $x_\tau \neq 0$. Dann besitzt die Gleichung

$$\left(\frac{dy}{dx}\right)^2 - \frac{2a_{11}}{a_{20}}\left(\frac{dy}{dx}\right) + \frac{a_{02}}{a_{20}} = 0$$

die Lösungen

$$\left(\frac{dy}{dx}\right)_{+/-} = \frac{a_{11}}{a_{20}} \pm \frac{1}{a_{20}}\sqrt{a_{11}^2 - a_{20}a_{02}}.$$

Diese entsprechen Steigungen von Kurven durch einen Punkt $(x_0, y_0) \in \Gamma$, entlang welcher die höheren Ableitungen von u sich nicht aus Vorgaben entlang Γ bestimmen lassen. Entlang dieser „charakteristischen Kurven" können Unstetigkeiten in der Lösung auftreten. Es ist also sehr wichtig, die Existenz von „Charakteristiken" und deren Gestalt für den zu betrachtenden Differentialoperator vor Ansatz eines numerischen Verfahrens genau zu bestimmen. Die Existenz von Charakteristiken hängt allein von den Koeffizienten der höchsten Ableitungen des Operators L, d.h. seinem „Hauptteil" $a_{22}\partial_x^2 u + 2a_{11}\partial_x\partial_y u + a_{02}\partial_y^2 u$, ab. Die Gleichung

$$q(\xi, \eta) := a_{20}\xi^2 + 2a_{11}\xi\eta + a_{02}\eta^2 = 0$$

beschreibt Kegelschnitte in der (ξ, η)-Ebene:

$$a_{11}^2 - a_{20}a_{02} \left\{ \begin{array}{ll} < 0: & \text{Ellipse} \\ = 0: & \text{Parabel} \\ > 0: & \text{Hyperbel} \end{array} \right\}.$$

Von dieser rein formalen Charakterisierung stammen die Bezeichnungen für die drei Typen von partiellen Differentialgleichungen. Die Klassifikation eines Differentialoperators als „elliptisch", „parabolisch" oder „hyperbolisch" wird für jeden einzelnen Punkt (x_0, y_0) separat vorgenommen. Im Falle variabler Koeffizienten $a_{ij} = a_{ij}(x, y)$ oder im nichtlinearen Fall $a_{ij}(u(x, y))$ kann der Typ einer Gleichung also im Lösungsgebiet wechseln. Dies ist bei der Gasdynamischen Gleichung gerade der Fall. Für

$$u^2v^2 - (u^2 - c^2)(v^2 - c^2) > 0 \quad \Leftrightarrow \quad u^2 + v^2 > c^2$$

ist hier $a_{11}^2 - a_{20}a_{02} > 0$, d. h.: Es existieren zwei charakteristische Richtungen im Punkt (x_0, y_0) mit den Steigungen

$$\left(\frac{dy}{dx}\right)_\pm = m_\pm = \frac{a_{11}}{a_{20}} \pm \frac{\sqrt{a_{11}^2 - a_{20}a_{02}}}{a_{20}} = \frac{uv}{v^2 - c^2} \pm \frac{\sqrt{u^2 + v^2 - c^2}}{v^2 - c^2} .$$

Da die Richtungen $m_\pm$ in jedem Punkt (x_0, y_0) von der aktuellen Lösung $\{u, v\}$ abhängen, tun dies auch die Charakteristiken. Lediglich im Fall einer linearen Differentialgleichung, wie z. B. bei dem System der Wellengleichung

$$\partial_x u - \partial_y v = 0, \quad \partial_y u - \partial_x v = 0 , \tag{2.3.49}$$

bzw. $\partial_x^2 \Phi - \partial_y^2 \Phi = 0$ für $u = \partial_x \Phi$, $v = \partial_y \Phi$, sind die Charakteristiken, d.h. deren Steigungen $m_\pm = \pm 1$, in jedem Punkt des Lösungsgebietes a priori bestimmt.

3 Die Grundgleichungen der Strukturmechanik

3.1 Mathematische Modelle

Wir betrachten nun die mathematische Beschreibung des Verhaltens *elastischer* Körper unter äußeren Belastungen. Im Gegensatz zu den Flüssigkeiten, bei denen die „Veränderungsgeschwindigkeit" der physikalischen Größen interessiert, möchte man beim Festkörper das Resultat des Übergangs von einer statischen Gleichgewichtslage unter Belastung in eine neue Lage. Gesucht ist also der Verschiebungsvekor $u(\xi, t)$ der Deformation

$$\xi = x(\xi, 0) \ \rightarrow \ x(\xi, t) = \xi + u(\xi, t), \quad \xi \in \Omega_0,$$

eines Körpers in der Ausgangskonfiguration $\Omega := \Omega(0)$ in die neue Konfiguration $\Omega(t)$. Dabei interessiert man sich meist für die Deformation in eine neue Gleichgewichtslage $\Omega(1)$ mit Deformation $u(\xi, 1)$ oder ein angeregter Schwingungsvorgang, bei dem die Deformation $u(\xi, t)$ einen zeitlich perodischen Verlauf hat. Bei der Beschreibung dieser Vorgänge bedienen wir uns der Lagrangesche Koordinaten einer ausgewählten Referenzkonfiguration (meist der unbelasteten Ruhekonfiguration).

3.1.1 Das allgemeine nichtlineare Modell

Wir betrachten zunächst den allgemeinen Fall der durch eine instationäre Belastung mit Volumenkraftdichte $f(\xi, t)$ und Oberflächenkraftdichte $g(\xi, t)$ verursachten Deformation $u(\xi, t)$ aus der Ruhekonfiguration Ω mit $u(\xi, 0) = u^0(\xi)$. Als erstes müssen wir alle in den allgemeinen Erhaltungssätzen erscheinenden Größen bzgl. des ξ-Systems ausdrücken. Der einfachheithalber machen wir die folgenden Annahmen:

- **Isothermer Prozess:** Die Deformation des Körpers aus der Referenzkonfiguration Ω erfolgt *isotherm*, so dass keine durch Temperaturgradienten bedingte mechanische Effekte auftreten. (Thermodynamische Effekte werden aber wichtig bei der Betrachtung von Körpern aus bestimmten nicht-elastischen Materialien.)

- **Referenzkonfiguration:** In der Referenzkonfiguration sind die Massedichte $\rho^0(\xi)$, die Materialeigenschaften und die Volumenkraftdichte $f^0(\xi, t)$ bekannt.

Wir brauchen hier also nur die Erhaltungsgleichungen für Masse und Impuls (Drehimpuls) zu berücksichtigen. Bezogen auf das Momentansystem des deformierten Körpers lauten diese in integraler Form wie folgt:

- Masseerhaltung:

$$\frac{d}{dt} \int_{V(t)} \rho(x, t) \, dx = 0; \tag{3.1.1}$$

– Impulserhaltung:

$$\frac{d}{dt}\int_{V(t)} \rho(x,t)\, v(x,t)\, dx \;=\; \int_{V(t)} \rho(x,t) f(x,t)\, dx + \int_{\partial V(t)} n(x)\cdot\sigma(x,t)\, do_x, \quad (3.1.2)$$

mit der Massedichte $\rho(x,t)$, der Volumenkraftdichte $f(x,t)$, dem Geschwindigkeitsvektor

$$v(x,t) = v(\xi(x,t),t) = \partial_t x(\xi,t) = \partial_t\{\xi + u(\xi,t)\} = \partial_t u(\xi,t),$$

und dem Cauchyschen Spannungstensor $\sigma(x,t)$. In der strömungsmechanischen Betrachtung werden aus diesen Gleichungen mit dem Reynoldschen Transporttheorem Gleichgewichtsgleichungen bezogen auf das Momentansystem $x = x(\xi,t)$ abgeleitet. In der strukturmechanischen Betrachtung wollen wir anders vorgehen. Die Erhaltungsgleichungen werden zunächst auf das Ausgangssystem ξ bezogen umgeschrieben und dann die zeitlichen Ableitungen ausgeführt.

a) Masseerhaltung:

Sei $V(t) \subset \Omega(t)$ ein (beliebiges) Volumenelement der Momentankonfiguration zum Zeitpunkt t, welches durch Deformation des Volumens $V \subset \Omega$ in der Grundkonfiguration entsteht:

$$x \in V(t): \quad x(\xi,t) = \xi + u(\xi,t), \quad \xi \in V.$$

Die Transformationsformel (1.1.8) für Volumenintegrale ergibt

$$\int_{V(t)} \rho(x,t)\, dx = \int_V \rho(x(\xi,t),t)\, \det(x'(\xi,t))\, d\xi,$$

und bei Beachtung von $\det(x'(\xi,t)) = \det(I + \nabla u(\xi,t))$:

$$\int_{V(t)} \rho(x,t)\, dx = \int_{V_0} \rho(x(\xi,t),t)\, \det(I + \nabla u(\xi,t))\, d\xi.$$

Mit der bekannten Massedichte $\rho^0(\xi)$ des Referenzsystems gilt daher:

$$\rho(x(\xi,t),t) \;=\; \det(I + \nabla u(\xi,t))^{-1} \rho^0(\xi). \quad (3.1.3)$$

Die momentane Massedichte $\rho(x,t)$ ist also bestimmt durch die als bekannt angenommene Referenzmassedichte $\rho^0(\xi)$ und die gesuchte Deformation $u(\xi,t)$. Sie wird daher im folgenden nicht als eigenständige Unbekannte betrachtet. Die Bedingung der Masseerhaltung ist dabei automatisch erfüllt:

$$\int_{V(t)} \rho(x,t)\, dx = \int_V \rho^0(\xi)\, d\xi, \quad t \ge 0.$$

b) Impulserhaltung:

Der Geschwindigkeitsvektor in der Momentankonfiguration $v(x,t)$ hat bezogen auf das Referenzsystem die Form $v(x,t) = \partial_t u(\xi,t)$. Also gilt

$$\begin{aligned}\frac{d}{dt}\int_{V(t)} \rho(x)\, v(x)\, dx &= \frac{d}{dt}\int_V \rho(x(\xi,t),t)\partial_t u(\xi,t)\det(I+\nabla u(\xi,t))\, d\xi \\ &= \frac{d}{dt}\int_V \rho^0(\xi)\partial_t u(\xi,t)\,\partial\xi = \int_V \rho^0(\xi)\partial_t^2 u(\xi,t)\,\partial\xi.\end{aligned}$$

Der Volumenkraftterm wird wie folgt umgeschrieben:

$$\int_{V(t)} \rho f\, dx = \int_V \rho(x(\xi,t),t)\, f(x(\xi,t),t)\det(I+\nabla u(\xi,t))\, d\xi = \int_V \rho^0(\xi)\, f(\xi+u(\xi,t),t)\, d\xi.$$

Mit dem oben abgeleiteten Kirchhoffschen Spannungstensor $k(\xi,t)$ gilt weiter:

$$\begin{aligned}\int_{\partial V(t)} n(x)\cdot\sigma(x,t)\, do_x &= \int_{\partial V} \{I+\nabla u(\xi,t)\}\, k(\xi,t)\cdot n(\xi)\, do_\xi \\ &= \int_V \nabla\cdot\big(\{I+\nabla u(\xi,t)\}\, k(\xi,t)\big)\, d\xi.\end{aligned}$$

Die Impulserhaltung im Volumen $V(t)$ erhält also die Form

$$\int_V \rho^0(\xi)\partial_t^2 u(\xi,t)\,\partial\xi = \int_V \big\{\rho^0(\xi)\, f^0(\xi,t) + \nabla\cdot\big(\{I+\nabla u(\xi,t)\}\, k(\xi,t)\big)\big\}\, d\xi.$$

Da das Volumen $V\subset\Omega$ beliebig gewählt ist, folgt wegen der angenommenen Stetigkeit aller involvierten Größen die punktweise Gleichgewichtsbeziehung

$$\rho^0(\xi)\partial_t^2 u(\xi,t) - \nabla\cdot\big(\{I+\nabla u(\xi,t)\}\, k(\xi,t)\big) = \rho^0(\xi) f(\xi+u(\xi,t),t). \qquad (3.1.4)$$

Das allgemeine Anfangs-Randwertproblem der Elastizitätstheorie

Mit den bisher bereitgestellten Begriffen und Beziehungen kann nun das allgemeine Anfangs-Randwertproblem für die Deformation eines elastischen Körpers formuliert werden. Vorgegeben seien:

1. ein physikalischer Körper, dessen Massepunkte im kräftefreien Grundzustand ein beschränktes Gebiet $\Omega\subset\mathbb{R}^d$ mit den oben vereinbarten Regularitätseigenschaften einnehmen;
2. eine Massedichte $\rho^0(\xi)$ in der Referenzkonfiguration;
3. eine äußere masse-orientierte Volumenkraft mit Kraftdichte $f(x,t)$ in $\Omega(t)$;
4. eine Oberflächenbelastung mit Dichte $q^\partial(x,t))$ entlang einer Randkomponente $\partial\Omega_\sigma(t)\subset\partial\Omega(t)$;
5. eine Randverschiebung $u^\partial(\xi,t)$ auf der Randkomponente $\partial\Omega_u := \partial\Omega\backslash\partial\Omega_\sigma$.

Es sei weiter angenommmen, dass der Körper unter der Einwirkung der äußeren Kräfte (3) und (4) bei Berücksichtigung der kinematischen Randbedingungen (5) eine Deformation

$$\xi \to \xi + u(\xi, t)$$

erfährt. Gefragt ist dann nach dem zugehörigen Verschiebungsfeld $u(\xi, t)$, nach dem Verzerrungstensor $\epsilon(\xi, t)$, welcher die Verformung des Körpers beschreibt, und nach dem Kirchhoffschen Spannungstensor $k(\xi, t)$, welcher die innere Belastung des Materials durch diese Verformung wiedergibt. Zur Bestimmung dieser 15 unabhängigen Größen (in drei Dimensionen und bei Berücksichtigung der Symmetrie der Tensoren ϵ und k) stehen bisher die folgenden Gleichungen zur Verfügung:

– 6 kinematische Gleichungen:

$$\epsilon(\xi, t) = \tfrac{1}{2}\big(\nabla u(\xi, t) + \nabla u(\xi, t)^T + \nabla u(\xi, t)^T \nabla u(\xi, t)\big) \qquad (3.1.5)$$

für $\xi \in \Omega,\ t \geq 0$;

– 3 statische Gleichgewichtsbedingungen:

$$\rho^0(\xi)\partial_t^2 u(\xi, t) - \nabla \cdot \big(\{I + \nabla u(\xi, t)\} k(\xi, t)\big) = \rho^0(\xi) f(\xi + u(\xi, t), t) \qquad (3.1.6)$$

für $\xi \in \Omega,\ t \geq 0$;

– kinematische Randbedingungen:

$$u(\xi, t) = u^\partial(\xi, t) \quad \text{für } \xi \in \partial\Omega_u,\ t \geq 0; \qquad (3.1.7)$$

– statische Randbedingungen:

$$n \cdot \big(\{I + \nabla u(\xi, t)\} k(\xi, t)\big) = q^\partial(\xi + u(\xi, t), t) \quad \text{für } \xi \in \partial\Omega_\sigma,\ t \geq 0; \qquad (3.1.8)$$

– Anfangsbedingungen:

$$u(\xi, 0) = u^0(\xi), \quad \partial_t u(\xi, 0) = v^0(\xi) \quad \text{für } \xi \in \Omega. \qquad (3.1.9)$$

Die noch fehlenden 6 Bestimmungsgleichungen werden durch das sog. „Elastizitätsgesetz“ geliefert, welches Spannungs- und Verzerrungstensor verknüpft (homogenes Material):

$$k(\xi, t) = C(\epsilon(\xi, t)). \qquad (3.1.10)$$

Für das Anfangs-Randwertproblem (3.1.5) - (3.1.10) in seiner vollen Allgemeinheit gibt es keine mathematische Theorie, welche die Existenz von Lösungen, deren Eindeutigkeit und stetige Abhängigkeit von den Daten sichert (Wohlgestelltheit des Modells). Um solche Aussagen zu gewinnen, müssen gravierende Einschränkungen an die Struktur des Problems gemacht werden. Das ist der Gegenstand der folgenden Diskussion.

3.1.2 Linearisierte Modelle

Ausgehend von dem obigen allgemeinen (nichtlinearen) Modell erhält man durch vereinfachende Annahmen verschiedene linearisierte Modelle von wesentlich einfacherer Struktur. Wir werden im folgenden nur die sog. „lineare Theorie“ elastischer Deformationen entwickeln. Diese ist gekennzeichnet durch die Annahmen:

- Es treten nur (relativ) kleine Verschiebungen und Verzerrungen auf, $\|u\| \ll \operatorname{diam}(\Omega)$ und $\|\nabla u\| \ll 1$, so dass alle physikalischen Größen direkt auf ein festes kartesisches Koordinatensystem bezogen werden können. Man nennt die resultierende Theorie „kinematisch linear“.
- Es liegt *lineares* Materialverhalten vor, d. h.: Verzerrungen und Spannungen sind „proportional“ zu einander. Man nennt die resultierende Theorie „statisch linear“.
- Das Materialverhalten ist *isotherm* und *isotrop*, d. h. temperaturunabhängig und invariant gegenüber Drehungen des Koordinatensystems.
- Die Massedichte ρ bleibt unter der Verschiebung $\xi \to \xi + u(\xi)$ gleich und wird daher beim Deformationsvorgang nicht weiter betrachtet. Der Einfachheit halber setzen wir daher im Folgenden $\rho^0 \equiv 1$.

Die erste Annahme ist eine starke Einschränkung, da sie große Deformationen, wie sie z. B. bei Prozessen in der Umformtechnik (Karosseriebau) oder in der Tragwerktechnik (Brückenbau) auftreten, ausschließt. In einer „geometrisch“ *nichtlinearen* Theorie muss die Lageveränderung des Ausgangskörpers bei der Beschreibung des statischen Gleichgewichts berücksichtigt werden, was die resultierenden Gleichungen wesentlich verkompliziert. Die Annahme der „physikalischen“ Linearität im Materialgesetz ist bei den meisten Materialien (z. B. Stahl, Keramik, Hartplastik) ausreichend gut erfüllt. Speziellere Werkstoffe wie Gummi, Weichplastik sowie komplexere Faser- und Verbundwerkstoffe erfordern aber eine *nichtlineare* Beschreibung. Nicht-isothermes Materialverhalten liegt z. B. vor bei der Beschreibung des Fahrverhaltens von Autoreifen und bei der Bearbeitung von Walzstahl.

Kinematische Linearisierung (kleine Verzerrungen)

Unter der Annahme kleiner Deformationen $\|\nabla u(\xi,t)\| \ll 1$ können Terme, welche *quadratisch* in ∇u sind, gegenüber den *linearen* sowie solche *linearen* Terme gegenüber *konstanten* vernachlässigt werden. Dementsprechend werden der Verzerrungstensor in der linearen Form

$$\epsilon \approx \tfrac{1}{2}\{\nabla u + \nabla u^T\}$$

und der Deformationsgradient in der konstanten Form

$$I + \nabla u \approx I$$

approximiert. Letzteres impliziert wegen

$$\det(x') = \det(I + \nabla u) \approx 1, \quad \operatorname{adj}(\partial_i x_i) \approx \delta_{ij},$$

dass Kirchhoffscher und Cauchyscher Spannungstensor zusammenfallen:

$$k_{ij}(\xi) := \frac{\mathrm{adj}(\partial_l x_i)}{\Delta_x} l_{lj} = \frac{\mathrm{adj}(\partial_l x_i)\mathrm{adj}(\partial_k x_j)}{\Delta_x}\sigma_{lk} \approx \sigma_{ij}(x(\xi)).$$

Darüberhinaus werden das ξ-System (Lagrangesche Koordinaten) und das x-System (Eulersche Koordinaten) identifiziert. Die Momentengleichung (3.1.6) kann unter diesen Annahmen also in der folgenden Form geschrieben werden:

$$\partial_t^2 u(\xi,t) - \nabla\cdot\sigma(\xi,t)\big) = f(\xi,t) \quad \text{für } \xi\in\Omega,\ t\geq 0. \tag{3.1.11}$$

Statische Linearisierung (Hooksches Gesetz)

Nach Satz 2.2 hat im Fall *isotropen* Materialverhaltens das Materialgesetz notwendig die Form

$$k(\xi,t) = \varphi_0 I + \varphi_1\epsilon(\xi,t) + \varphi_2\epsilon(\xi,t)^2 \tag{3.1.12}$$

mit nur von den Tensorinvarianten

$$I_1(k) = \mathrm{spur}(k), \quad I_2(k) = \tfrac{1}{2}\{k_{ij}k_{ji} - k_{ii}k_{jj}\}, \quad I_3(k) = \det(k),$$

abhängenden Funktionen $\varphi_i = \varphi_i(I_1, I_2, I_3)$. Unter der Annahme eines linearen Zusammenhangs zwischen Verzerrungen und resultierenden Spannungen ergibt sich aus der allgemeinen Theorie das Materialgesetz (für isotherme und isotrope Medien) in der Form

$$k = 2\mu\epsilon + \lambda\,\mathrm{spur}(\epsilon)\,I \tag{3.1.13}$$

mit den möglicherweise ortsabhängigen sog. „Laméschen[1] Elastizitätskonstanten“ μ und λ. Diese Beziehung wird als „Hooksches[2] Gesetz“ bezeichnet. Bei gleichzeitiger kinematischer Linearisierung erhalten wir also das voll linearisierte Materialgesetz

$$\sigma = \mu\{\nabla u + \nabla u^T\} + \lambda\,\nabla\cdot u\,I. \tag{3.1.14}$$

Bemerkung 3.1: Wir merken an, dass zur Herleitung der obigen einfachen Gestalt des Materialgesetzes mit nur zwei Materialparametern μ und λ die *Isotropie* des Materialverhaltens, d. h. seine Richtungsunabhängigkeit, angenommen wurde. In der Praxis spielen

[1] Gabriel Lamé (1795–1870): Französischer Mathematiker und Physiker; arbeitete zunächst in Sankt Petersburg und danach als Prof. an der École Polytechnique in Paris; Beiträge zur Differentialgeometrie und mathematischen Physik, insbesondere zur Lösung der Wärmeleitungsgleichung (Lamésche Kurven), die nach ihm benannten Konstanten spielen eine wichtige Rolle in der Elastizitätstheorie und der Strömungsmechanik.

[2] Robert Hooke (1635–1703): Englischer Universalgelehrter; Prof. für Geometrie am Gresham College in London; arbeitete als Zeichner, Vermesser, Architekt und Instrumentenbauer; Mitbegründer der Royal Society 1662; entdeckte den großen roten Fleck auf dem Jupiter und prägte den Begriff „Zelle“, hauptsächlich bekannt durch das nach ihm benannte Elastizitätsgesetz.

aber auch *anisotrope* Materialien eine große Rolle (z. B. geschichtete Materialien und Verbundstoffe). Zu deren Beschreibung werden allgemeine lineare Beziehungen

$$\sigma = C\epsilon$$

mit einem Materialtensor $C = (C_{ijkl})_{i,j,k,l=1}^3$ verwendet. Die Zahl der im Materialtensor enthaltenen freien Parameter wird eingeschränkt durch die Forderung, dass symmetrische Tensoren in symmetrische Tensoren abgebildet werden,

$$C_{ijkl} = C_{jikl} = C_{jilk}, \quad i, j, k, l \in \{1, 2, 3\}. \tag{3.1.15}$$

Diese Symmetrieeigenschaft impliziert die Beziehung

$$C\epsilon = \tfrac{1}{2}C_{ijkl}\{\partial_l u_k + \partial_k u_l\} = C_{ijkl}\partial_k u_l = C\nabla u.$$

Der Körper heißt „homogen", wenn seine physikalischen Eigenschaften unabhängig vom Betrachtungspunkt sind, d. h.: C ist ein Tensor elastischer Konstanten:

$$C(\xi) \equiv C, \quad \xi \in \Omega.$$

Häufig können Symmetrieeigenschaften des elastischen Verhaltens des Materials zur weiteren Reduzierung der Anzahl der freien Parameter verwendet werden. Dies wird im Folgenden erläutert. Zunächst stellen wir fest, dass die Tensoren

$$C^1_{ijkl} := \delta_{ij}\delta_{kl}, \quad C^2_{ijkl} := \delta_{ik}\delta_{jl} + \delta_{il}\delta_{jk}$$

linear unabhängig und invariant gegenüber unitären Transformationen $D = (d_{ij})_{i,j=1}^3$ (Drehungen, Spiegelungen) sind:

$$d_{ip}d_{jq}d_{kr}d_{ls}C^1_{pqrs} = d_{ip}d_{jp}d_{kr}d_{lr} = d_{ip}d^T_{pj}d_{kr}d^T_{rs} = C^1_{ijkl}$$

und analog für C^2. Aufgrund der Symmetrieeigenschaft (3.1.15) besitzt der Materialtensor C höchstens 36 verschiedene Elemente, die wie folgt angeordnet werden:

$$C = \begin{bmatrix} \underline{\mathbf{C_{1111}}} & C_{1211} & C_{1311} & \underline{\mathbf{C_{2211}}} & C_{2311} & \mathbf{C_{3311}} \\ & \underline{\mathbf{C_{1212}}} & C_{1312} & C_{2212} & C_{2312} & C_{3312} \\ & & \mathbf{C_{1313}} & C_{2213} & C_{2313} & C_{3313} \\ & & & \mathbf{C_{2222}} & C_{2322} & \mathbf{C_{3322}} \\ C_{ijpq} & = C_{pqij} & & & \mathbf{C_{2323}} & C_{3323} \\ & & & & & \mathbf{C_{3333}} \end{bmatrix}.$$

i) Spiegelungsinvarianz: Aus der Invarianz gegnüber Spiegelungen an der (x_i, x_j)-Ebene,

$$d_{ij} = 0,\ i \neq j, \quad d_{ii} = -1, \quad d_{jj} = 1,\ i \neq j,$$

folgt notwendig für $i \notin \{j, k, l\}$:

$$C_{ijkl} = -d_{ji}d_{kk}d_{ll}C_{ijkl} = -C_{ijkl},$$

d. h.: Es ist $C_{ijkl} = 0$, falls ein Index $\tau \in \{1,2,3\}$ unter i,j,k,l nur einmal vorkommt. Dies reduziert die Anzahl der wesentlichen Elemente in C auf 12 (gekennzeichnet durch „Dickdruck").

ii) Drehinvarianz: Ferner ist C invariant gegenüber orthogonalen Drehungen, d. h. gegeüber Permutationen der Koordinatenindizierung. Dies impliziert

$$C_{1111} = C_{2222} = C_{3333}, \quad C_{2211} = C_{3311} = C_{3322}.$$

Dies reduziert die Anzahl der wesentlich verschiedenen Elemente von C auf drei (gekennzeichnet durch Unterstreichung). Schließlich betrachten wir eine Drehung um die x_3-Achse mit Drehwinkel $\alpha \to 0$:

$$D = \begin{bmatrix} \cos kinematischzu(\alpha) & -\sin(\alpha) & 0 \\ \sin(\alpha) & \cos(\alpha) & 0 \\ 0 & 0 & 1 \end{bmatrix} = \begin{bmatrix} 1+\mathcal{O}(\alpha^2) & \mathcal{O}(\alpha) & 0 \\ \mathcal{O}(\alpha) & 1+\mathcal{O}(\alpha^2) & 0 \\ 0 & 0 & 1 \end{bmatrix},$$

$d_{ij} = (1+\mathcal{O}(\alpha^2))\delta_{ij} + \mathcal{O}(\alpha)\varepsilon_{3ij}$, mit dem oben eingeführten ε-Tensor. Dann ist

$$\begin{aligned} C_{ijkl} &= d_{ip}d_{jq}d_{kr}d_{ls}C_{pqrs} \\ &= \big((1+\mathcal{O}(\alpha^2))\delta_{ip} + \mathcal{O}(\alpha)\varepsilon_{3ip}\big)\big((1+\mathcal{O}(\alpha^2))\delta_{jq} + \mathcal{O}(\alpha)\varepsilon_{3jq}\big)\times \\ &\quad \times \big((1+\mathcal{O}(\alpha^2))\delta_{kr} + \mathcal{O}(\alpha)\varepsilon_{3kr}\big)\big((1+\mathcal{O}(\alpha^2))\delta_{ls} + \mathcal{O}(\alpha)\varepsilon_{3ls}\big)C_{pqrs} \\ &= C_{ijkl} + \mathcal{O}(\alpha)\big(\varepsilon_{3ip}C_{pjkl} + \varepsilon_{3jq}C_{iqkl} + \varepsilon_{3kr}C_{ijrl} + \varepsilon_{3ls}C_{ijks}\big) + \mathcal{O}(\alpha^2) \end{aligned}$$

und folglich bei Grenzübergang $\alpha \to 0$:

$$\varepsilon_{3ip}C_{pjkl} + \varepsilon_{3jq}C_{iqkl} + \varepsilon_{3kr}C_{ijrl} + \varepsilon_{3ls}C_{ijks} = 0.$$

Wir wählen speziell $i = 1,\ j,k,l = 2$ und finden

$$\varepsilon_{312}C_{2222} + \varepsilon_{321}C_{1122} + \varepsilon_{321}C_{1212} + \varepsilon_{321}C_{1221} = 0$$

bzw.

$$C_{2222} - C_{1122} - C_{1212} = 0.$$

Dies reduziert die Anzahl der verschiedenen Elemente von C auf zwei.

Wir betrachten nun das Materialgesetz für den „homogenen" und „isotropen" Körper in etwas mehr Detail,

$$\sigma = 2\mu\epsilon + \lambda\,\mathrm{spur}(\epsilon)I, \tag{3.1.16}$$

wobei $\lambda(\xi) \equiv \lambda$ und $\mu(\xi) \equiv \mu$. Im Fall $\mu \neq 0$ und $3\lambda + 2\mu \neq 0$ besteht die Umkehrbeziehung

$$\epsilon = \frac{1}{2\mu}\sigma - \frac{\lambda}{2\mu(2\mu+3\lambda)}\mathrm{spur}(\sigma)I. \tag{3.1.17}$$

Mit der sog. „Poissonschen[3]Querkontraktionszahl" ν und dem „Youngschen[4] Modul" E definiert durch

$$\nu := \frac{\lambda}{2(\lambda+\mu)}, \quad E = \frac{\mu(3\lambda+2\mu)}{\lambda+\mu},$$

schreiben wir dies in der Form

$$\epsilon = \frac{1+\nu}{E}\sigma - \frac{\nu}{E}\operatorname{spur}(\sigma)I. \tag{3.1.18}$$

Wir wollen den physikalisch möglichen Wertebereich für die Elastizitätskonstanten diskutieren. Im betrachteten Fall kleiner Verzerrungen ist:

- ϵ_{ii} $(i = 1, 2, 3)$ relative Längenänderung in x_i-Richtung;
- $\epsilon_{ij} = \frac{1}{2}\{\frac{1}{2}\pi - \omega_{ij}\}$ $(i \neq j)$ Winkeländerung in der (x_i, x_j)-Ebene;
- $\operatorname{spur}(\epsilon) = \epsilon_{ii}$ relative Volumenänderung;
- σ_{ij} x_j-Komponente der Flächenkraft zu Flächenelementen normal zur x_i-Achse.

Wir betrachten die folgenden Spezialfälle:

1. *Gleichförmiger Druck:* $\sigma_{ij} = -p\,\delta_{ij}$.
   Das Hooksche Gesetz (3.1.18) liefert die zugehörigen Verzerrungen

$$\epsilon_{ij} = \frac{1+\nu}{E}\sigma_{ij} - \frac{\nu}{E}\operatorname{spur}(\sigma)\delta_{ij} = -p\frac{1-2\nu}{E}\delta_{ij} = -\frac{p}{3\lambda+2\mu}\delta_{ij}.$$

   Da einem Druck (d. h. einer Kraft in negativer Normalenrichtung) eine Volumenverkleinerung entsprechen sollte, muss $3K = 3\lambda + 2\mu > 0$ (K „Kompressionsmodul") sein.

2. *Reiner Druck in x_1-Richtung:* $\sigma_{ij} = p\delta_{ij}\delta_{1j}$
   mit den zugehörigen Verzerrungen

$$\epsilon_{ij} = 0 \ (i \neq j), \quad \epsilon_{11} = \frac{p}{E}, \quad \epsilon_{ii} = -\frac{\nu}{E}p \ (i = 2, 3).$$

   Da ein reiner Druck in x_1-Richtung einer Kontraktion in x_2- und x_3-Richtung entsprechen sollte, muss $\nu > 0$ und $E > 0$ sein.

---

[3]Siméon Denis Poisson (1781–1840): Französischer Mathematiker und Physiker; Prof. in Paris; Beiträge zur mathematischen Formulierung der Physik, zum Magnetismus, zur Himmelsmechanik und Wahrscheinlichkeitsrechnung; einer der Begründer der Potentialtheorie.

[4]Thomas Young (1773–1829): Englischer Augenarzt und Physiker; Studium der Medizin in London und Edinburgh, Promotion zum Dr. med. 1796 in Gttingen; 1801–1804 Prof. für Physik am Royal Institute, dann praktizierender Arzt; Beiträge u. a. zu den Gebieten Optik, Elastizitätstheorie, Physiologie, Sprachen und Ägyptologie (Entzifferung der Hieroglyphen); postulierte u. a. den Wellencharakter des Lichts und maß als erster dessen Wellenlänge (Doppelspaltexperiment).

3. *Reine Scherung in der (x_i, x_2)-Ebene:*

$$\sigma = a \begin{pmatrix} 0 & 1 & 0 \\ 1 & 0 & 0 \\ 0 & 0 & 0 \end{pmatrix}, \qquad \epsilon = \frac{a}{2\mu} \begin{pmatrix} 0 & 1 & 0 \\ 1 & 0 & 0 \\ 0 & 0 & 0 \end{pmatrix}.$$

Da einer positiven Kraft in x_2-Richtung entlang von Flächenstücken normal zur x_1-Achse eine Winkelvergrößerung entsprechen sollte, muss $\mu > 0$ sein.

Wir fassen die durch die obigen einfachen Tests gefundenen Bedingungen an die Elastizitätskonstanten zusammen:

$$\nu,\ \mu,\ E > 0, \qquad 3\lambda + 2\mu > 0. \tag{3.1.19}$$

Insbesondere ist also für den isotropen Körper stets die Invertierbarkeit des Elastizitätstensors gesichert. Bei Walzstahl verwendet man z. B. $\nu = 0,3$ und $E = 0,001$. Hier ist das *lineare* Hooksche Gesetz für einen ziemlich großen Deformationsbereich gut erfüllt. Für andere Materialien (z. B. Kunststoffe, „weiche" Materialien) genügt ein linearer Ansatz jedoch nicht mehr.

Bemerkung 3.2: Zur Aufstellung eines nichtlinearen Materialgesetzes wird ausgegangen von den linearen Beziehungen $\sigma_0 = 3K\epsilon_0$ und $\sigma' = 2\mu\epsilon'$, mit den Tensoren $\sigma_0 := \frac{1}{3}\text{spur}(\sigma)$ und $\sigma' := \sigma - \sigma_0$ und entsprechend für ϵ. Man macht dann etwa den nichtlinearen Ansatz

$$\sigma_0 = 3K\kappa(\epsilon_0)\epsilon_0, \qquad \sigma' = 2\mu\gamma(\psi_0^2)\epsilon'$$

mit einer sog. „Dehnungsfunktion" $\kappa(\cdot)$ und einer „Scherungsfunktion" $\gamma(\cdot)$ mit der Eigenschaft $\kappa(t), \gamma(t) \to 1\ (t \to 0)$ und dem sog. „Schermaß"

$$\psi_0 := \tfrac{2}{3}\big((\epsilon_{11} - \epsilon_0)^2 + (\epsilon_{22} - \epsilon_0)^2 + (\epsilon_{33} - \epsilon_0)^2 + \tfrac{1}{2}(\epsilon_{12}^2 + \epsilon_{23}^2 + \epsilon_{13}^2)\big)^{1/2}.$$

Die jeweilige Form der Funktionen $\kappa(\cdot)$ und $\gamma(\cdot)$, welche das nichtlineare Masterialverhalten beschreiben, muss auf experimentellem Wege ermittelt werden.

3.1.3 Die Lamé-Naviersche Anfangs-Randwertaufgabe

Nach kinematischer und statischer Linearisierung und Annahme von isothermem und isotropem Materialverhalten erhält das allgemeine System (3.1.5-3.1.12) die folgende vereinfachte Form:

- kinematische Gleichungen: $\epsilon = \frac{1}{2}\{\nabla u + \nabla u^T\}$;
- statische Gleichungen: $\partial_t^2 u - \nabla \cdot \sigma = f$;
- Materialgesetz: $\sigma = C\epsilon = 2\mu\epsilon + \lambda\,\text{spur}(\epsilon)I$

sowie die oben angegebenen statischen sowie kinematischen Randbedingungen und die Anfangsbedingungen. Die Grundaufgabe der linearen Elastizitätstheorie lautet demnach:

$$\partial_t^2 u(\xi,t) - \nabla\cdot\{C\nabla u(\xi,t)\} = f(\xi,t) \quad \text{für } \xi\in\Omega,\ t\geq 0, \tag{3.1.20}$$

$$u(\xi,t) = u^\partial(\xi,t) \quad \text{für } \xi\in\partial\Omega_u,\ t\geq 0, \tag{3.1.21}$$

$$n\cdot C\nabla u(\xi,t) = p(\xi,t) \quad \text{für } \xi\in\partial\Omega_\sigma,\ t\geq 0, \tag{3.1.22}$$

$$u(\xi,0) = u^0(\xi), \quad \partial_t u(\xi,0) = v^0(\xi) \quad \text{für } \xi\in\Omega. \tag{3.1.23}$$

Dieses System von Gleichungen wird als „Lamé-Naviersche[5] Anfangs-Randwertaufgabe“ bezeichnet. Bei Beachtung der konkreten Form von C mit konstanten Elastizitätskoeffizienten μ und λ lautet die statische Gleichgewichtsgleichung

$$\partial_t^2 u - \mu\Delta u - (\lambda+\mu)\,\nabla\nabla\cdot u = f, \tag{3.1.24}$$

im festen Referenzgebiet Ω.

Bemerkung 3.3: Zum Vergleich mit (3.1.20) rekapitulieren wir die entsprechende Momentengleichung der Strömungsmechanik (bei konstantem Viskositätskoeffizienten μ):

$$\rho\partial_t v + \rho v\cdot\nabla v - \mu\Delta v - \tfrac{1}{3}\mu\nabla\nabla\cdot v + \nabla p = \rho f. \tag{3.1.25}$$

im üblicherweise als fest angenommenem Lösungsgebiet $\Omega(t) = \Omega$. Die beiden Darstellungen (3.1.24) und (3.1.25) stellen denselben Sachverhalt bzgl. des ξ-Systems bzw. des x-Systems dar. Allerdings ist die Elastizitätsgleichung kinematisch und statisch linearisiert, während die Strömungsgleichung lediglich statisch linearisiert ist.

3.1.4 Einfache Anwendungen („Semi-inverse Methode“)

Die im vorigen Abschnitt behandelten allgemeinen Randwertaufgaben der mathematischen Elastizitätstheorie werden bei Konkretisierung für reale Systeme meist so kompliziert, dass keine geschlossenen Lösungen angegeben werden können. Einen analytischen Näherungsansatz macht die so genannte „inverse Methode“. Dabei legt man a priori eine Verschiebung fest und bestimmt aus dieser mit Hilfe der Grundgleichungen die zugehörigen Verzerrungen, Spannungen sowie den Körper mit seiner Belastung und Lagerung, für welchen der angenommene Verschiebungszustand möglich ist. Die gebräuchlichere „semiinverse Methode“ gibt nur einen Teil der Unbekannten vor und ergänzt dann die fehlenden Stücke, so dass die Grundgleichungen erfüllt sind. Auf diese Weise hofft man, Lösungen für praktisch vorkommende Aufgaben zu finden. Direkte numerische Ansätze zur Lösung der Randwertprobleme sind Gegenstand eines späteren Abschnittes. Im Folgenden wird die Arbeitsweise der semi-inversen Methode anhand zweier einfacher Probleme beschrieben.

[5]Claude (Louise Marie Henri) Navier (1785–1836): Französischer Bauingenieur und Mathematiker; Prof. an der École Polytechnique in Paris; Beiträge zum Brückenbau (erste Theorie der Hängebrücke), Elastizitätstheorie und Strömungsmechanik.

Deformation eines Quaders unter Schwerkrafteinwirkung

Ein Quader aus homogenem, isotropem Material mit spezifischem Gewicht γ nehme im Ruhezustand ein Gebiet

$$Q := \{x \in \mathbb{R}^3 | -1 < x_i < 1 \; (i = 1, 2), 0 < x_3 < L\}$$

ein und unterliege der Schwerkraft $K = (0, 0, -\gamma)^T$.

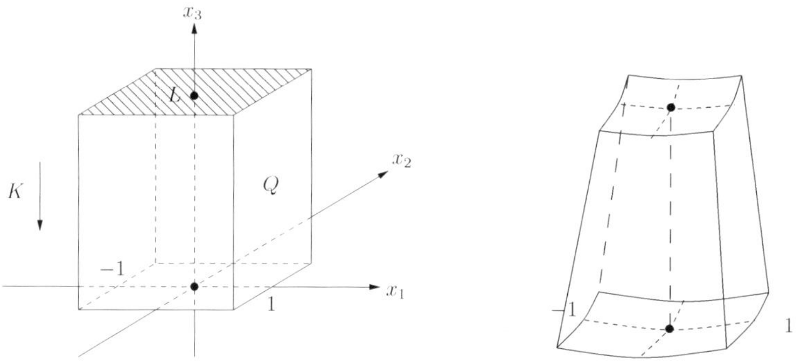

Abbildung 3.1: Elastischer Quader: Konfiguration (links) und Deformation unter Schwerkrafteinfluss (rechts)

Gefragt ist nach der Deformation des Quaders, wenn in seiner Deckfläche F die gleichmäßig verteilte Gegenkraft $p = (0, 0, \gamma)^T$ angreift, welche der Schwerkraft das Gleichgewicht hält. Dabei sei angenommen, dass die auftretenden Verzerrungen klein sind, und dass der Körper dem Hookeschen Gesetz genügt. Da zunächst keine kinematischen Randbedingungen vorgeschrieben sind, wird die (lineare) Randwertaufgabe (3.1.24) eine Lösung haben, welche nur bis auf ein Verschiebungsfeld der Form

$$u(x) = a + Bx$$

mit einem konstanten Vektor a und einer schiefsymmetrischen Matrix B eindeutig bestimmt ist. Durch geeignete Wahl von u kann dann etwa eine Randbedingung der Art $u(0, 0, L) = \partial_i u(0, 0, L) = 0 \; (i = 1, 2, 3)$ realisiert werden. Eine solche „Punktbedingung" kann nicht a priori gefordert werden, da das zugehörige Randwertproblem im Sobolewraum $H^1(\Omega)^3$ dann nicht korrekt gestellt wäre.

Im Sinne der semi-inversen Methode wird der Spannungsansatz gemacht

$$\sigma = \begin{pmatrix} 0 & 0 & 0 \\ 0 & 0 & 0 \\ 0 & 0 & \gamma x_3 \end{pmatrix}$$

welcher offenbar der statischen Gleichgewichtsbedingung $\mathrm{div}\sigma + K = 0$ in Q und den vorgegebenen statischen Randbedingungen $\sigma \cdot n = p$ auf ∂Q mit $P = 0$ auf $\partial Q \setminus F$ genügt. Aus dem Hookeschen Gesetz

$$\epsilon = \frac{1+\nu}{E}\sigma - \frac{\nu}{E}\mathrm{spur}(\sigma)I$$

gewinnen wir die zugehörigen Verzerrungen

$$\epsilon_{11} = \epsilon_{22} = -\frac{\nu}{E}\gamma x_3, \quad \epsilon_{33} = \frac{1}{E}\gamma x_3, \quad \epsilon_{ij} = 0 \ \ (i \neq j),$$

und aus den kinematischen Gleichungen $\epsilon = \frac{1}{2}(\nabla u^T + \nabla u)$ die Verschiebungen

$$\partial_1 u_1 = \partial_2 u_2 = -\frac{\nu}{E}\gamma x_3, \quad \partial_3 u_3 = \frac{1}{E}\gamma x_3, \quad \partial_j u_i + \partial_i u_j \ \ (i \neq j).$$

Integration dieser Gleichungen ergibt (für die ausführliche Rechnung siehe Leipholz [45]:

$$\begin{aligned} u_1 &= -\frac{\nu\gamma}{E}x_1x_3 + ax_2 - dx_3 + b, \\ u_2 &= -\frac{\nu\gamma}{E}x_2x_3 - ax_1 - ex_3 + c, \\ u_3 &= \frac{\nu\gamma}{2E}\{x_3^2 + \nu(x_1^2 + x_2^2)\} + dx_1 + ex_2 + f, \end{aligned}$$

mit freien Integrationskonstanten a, b, c, d, e, f. Wie anfangs schon bemerkt, können der konstante Vektor $a = (b, c, f)^T$ und die schiefsymmetrische Matrix

$$B = \begin{pmatrix} 0 & a & -d \\ -a & 0 & -a \\ d & e & 0 \end{pmatrix}$$

so gewählt werden, dass z. B. $u_i = \partial_j u_i = 0$ ist im Punkt $x = (0, 0, L)^T$. Aufgrund der noch zu zeigenden Eindeutigkeitssätze für die Elastizitätsaufgaben ist damit „die" Lösung des gestellten Problems bestimmt. Bei Beachtung der Punktbedingung finden wir

$$a = \Big(0, 0, -\frac{\gamma}{2E}L^2\Big)^T, \quad B = 0,$$

bzw.

$$u_1 = -\frac{\nu\gamma}{E}x_1x_3, \quad u_2 = -\frac{\nu\gamma}{E}x_2x_3, \quad u_3 = \frac{\gamma}{2E}\{x_3^2 + \nu(x_1^2 + x_2^2) - L^2\}.$$

Die Gestalt des verformten Quaders ist bestimmt durch die Transformation $x(\xi) = \xi + u(\xi)$, wobei $\xi = (\xi_i)_{i=1,2,3}$ die raumfesten Lagrangeschen Koordinaten sind. Für die Bodenfläche $\{\xi_3 = 0\}$ findet man

$$x_i = \xi_i \ \ (i = 1, 2), \quad x_3 = \frac{\gamma}{2E}\{\nu(\xi_1^2 + \xi_2^2) - L^2\} = \frac{\gamma}{2E}\{\nu(x_1^2 + x_2^2) - L^2\}$$

und für die Deckfläche $F = \{\xi_3 = L\}$

$$\begin{aligned} x_i &= \xi_i\Big(1 - \frac{\nu\gamma}{E}L\Big), \quad i = 1, 2, \\ x_3 &= L + \frac{\nu\gamma}{2E}(\xi_1^2 + \xi_2^2) = L + \frac{\nu\gamma}{2E}(x_1^2 + x_2^2)\Big(1 - \frac{\nu\gamma}{E}L\Big)^{-2}. \end{aligned}$$

Der Quader geht also über in einen Pyramidenstumpf, welcher durch zwei nahezu kongruente Rotationsparaboloide abgeschlossen wird (s. Abb. 3.1).

Torsion eines zylindrischen Stabes

Wir untersuchen die Torsion eines zylindrischen Stabes mit Querschnitt $Q \subset \mathbb{R}^2$, der an einem Ende festgehalten und am anderen einem Drehmoment M unterliegt (s. Abb. 3.2).

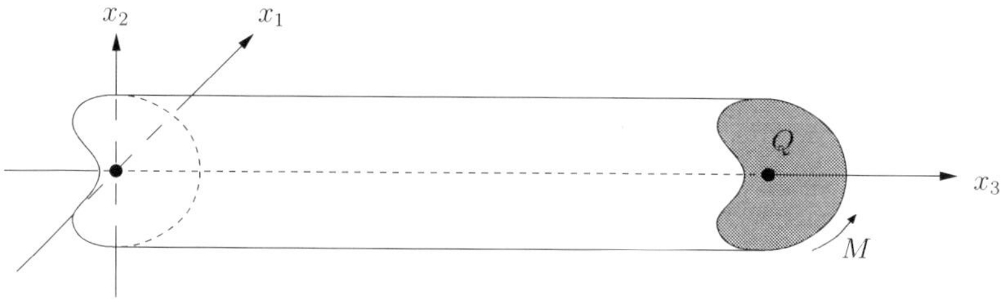

Abbildung 3.2: Konfiguration eines Torsionsstabes

Das Material sei wieder homogen, isotrop, und die Verzerrungen seien klein. Es wird der Spannungsansatz gemacht

$$\sigma = \begin{pmatrix} 0 & 0 & \sigma_{13} \\ 0 & 0 & \sigma_{23} \\ \sigma_{13} & \sigma_{23} & 0 \end{pmatrix}$$

und die Volumenkraft vernachlässigt: $K \equiv 0$. Dann folgt aus den statischen Gleichungen

$$\begin{aligned} &\partial_3 \sigma_{i3} = 0 \quad \Rightarrow \quad \sigma_{i3} = \sigma_{i3}(x_1, x_2), \quad i = 1, 2, \\ &\partial_1 \sigma_{13} + \partial_2 \sigma_{23} = 0, \end{aligned} \tag{3.1.26}$$

über das Hoockesche Gesetz

$$\epsilon_{11} = \epsilon_{22} = \epsilon_{33} = \epsilon_{12} = 0, \quad \epsilon_{i3} = \frac{1+\nu}{E} \sigma_{i3}, \quad i = 1, 2,$$

und aus den kinematischen Gleichungen

$$\begin{aligned} &u_1 = u_1(x_2, x_3), \quad u_2 = u_2(x_1, x_3), \quad u_3 = u_3(x_2, x_2), \\ &\partial_2 u_1 + \partial_1 u_2 = 0. \end{aligned} \tag{3.1.27}$$

Mit der so genannten „Prandtlschen[6] Torsionsfunktion" $\Phi = \Phi(x_1, x_2)$ machen wir den zunächst noch heuristischen Lösungsansatz

$$\sigma_{13} := \partial_2 \Phi, \quad \sigma_{23} := -\partial_1 \Phi,$$

[6]Ludwig Prandtl (1875–1953): Deutscher Ingenieur; Studium an der TH München, Promotion 1900 an der Univ. München; 1902 Prof. in Hannover, ab 1904 in Göttingen, Leiter des neu gegründeten Kaiser-Wilhelm-Instituts für Strömungsforschung 1925–1946; bedeutende Beiträge zu den Grundlagen der Strömungsmechanik, insbesondere der Aerodynamik, entwickelte 1904 die nach ihm benannte Grenzschichttheorie.

welcher automatisch (3.1.26) erfüllt.

Bei der Torsion des Stabes um den Winkel $\theta = \theta(x_3)$ geht der Punkt $P = (x_1, x_2)$ in den Punkt $P' = (x_1', x_2')$ über. Wir nehmen an, dass die Torsion gering ist, $|\theta| \ll 1$, und machen den linearen Ansatz

$$\theta = \delta x_3,$$

wobei der Proportionalitätsfaktor δ „Drilling“ genannt wird (s. Abb. 3.3).

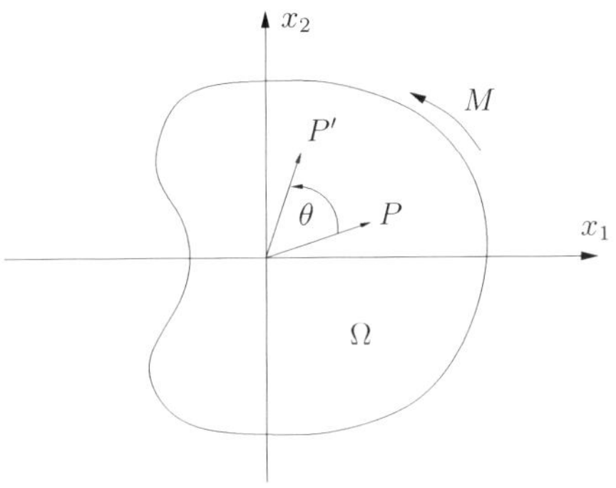

Abbildung 3.3: Querschnitt durch einen Torsionsstab

Dann ist näherungsweise

$$x_1' = \cos\theta x_1 - \sin\theta x_2 \sim x_1 - \theta x_2, \qquad x_2' = \sin\theta x_1 + \cos\theta x_2 \sim \theta x_1 + x_2,$$

bzw.

$$u_1 = x_1' - x_1 \sim -\delta x_2 x_3, \qquad u_2 = x_2' - x_2 \sim \delta x_1 x_3.$$

Aus formalen Gründen wird noch gesetzt:

$$u_3 := \delta\Psi(x_1, x_2)$$

mit der so genannten Verwölbungsfunktion Ψ. Damit findet man für die Torsionsfunktion

$$\partial_2\Phi = \sigma_{13} = \frac{E}{1+\nu}\epsilon_{13} = \frac{E}{2(1+\nu)}(\partial_3 u_1 + \partial_1 u_3) = \frac{E}{2(1+\nu)}(\partial_1 u_3 - \delta x_2),$$
$$\partial_1\Phi = -\sigma_{23} = -\frac{E}{1+\nu}\epsilon_{23} = -\frac{E}{2(1+\nu)}(\partial_3 u_2 + \partial_2 u_3) = -\frac{E}{2(1+\nu)}(\partial_2 u_3 + \delta x_1),$$

bzw. durch Differentiation

$$\Delta\Phi = \partial_1^2\Phi + \partial_2^2\Phi = -\frac{E}{1+\nu}\delta.$$

Ferner ist

$$\partial_1 u_3 = -2\frac{1+\nu}{E}\partial_2\Phi + \delta x_2, \quad \partial_2 u_3 = -2\frac{1+\nu}{E}\partial_1\Phi + \delta x_1, \tag{3.1.28}$$

woraus man bei bekanntem Φ durch Integration die Verwölbung u_3 berechnet.

Zur Bestimmung der adäquaten Randbedingungen für Φ auf ∂Q sei daran erinnert, dass entlang des Zylindermantels keine Oberflächenkräfte wirken, d. h.: $\sigma \cdot n = 0$, bzw.

$$0 = \sigma_{31}n_1 + \sigma_{32}n_2 = \partial_2\Phi n_1 - \partial_1\Phi n_2 = \partial_1\Phi\tau_1 + \partial_2\Phi\tau_2 = \partial_\tau\Phi,$$

mit dem Tangentenvektor $\tau = (\tau_1, \tau_2)^T = (n_2, -n_1)^T$ entlang ∂Q. Also ist $\Phi =$ konst. auf ∂Q, und wir setzen willkürlich $\Phi = 0$ auf ∂Q. Für die Torsionsfunktion ergibt sich also die Randwertaufgabe

$$-\Delta\Phi = \frac{E}{1+\nu}\delta \quad \text{in } Q, \qquad \Phi = 0 \ \text{ auf } \partial Q, \tag{3.1.29}$$

welche für glatten Rand ∂Q stets eine klassische Lösung besitzt.
Auf dem Randteil $\{x_3 = 0\}$ gilt die kinematische Randbedingung $u = 0$, während auf $\{x_3 = L\}$ eine statische Randbedingung durch das einwirkende Dreh- bzw. Torsionsmoment M bedingt ist. Letzteres ergibt sich aus dem obigen Lösungsansatz bei Berücksichtigung von $n = (0, 0, 1)^T$ auf $\{x_3 = L\}$ zu

$$\sigma_{ij}n_j = p_i \qquad \text{bzw.} \qquad p_1 = \partial_2\Phi, \quad p_2 = -\partial_1\Phi, \quad p_3 = 0.$$

Das erforderliche Torsionsmoment ist gerade

$$M = \int_Q K \times r\, dF = \int_Q \{\sigma_{23}x_1 - \sigma_{13}x_2\}\, dF = \int_Q \{\partial_1\Phi x_1 + \partial_2\Phi x_2\}\, dF = 2\int_Q \Phi\, dF.$$

Wir fassen die bisherigen Resultate zusammen:

Zu gegebenem Zylinderquerschnitt Q und Drilling δ (pro Längeneinheit) sei Φ die Lösung der Randwertaufgabe (3.1.29). Dann erhält man durch

$$\sigma = \begin{pmatrix} 0 & 0 & \partial_2\Phi \\ 0 & 0 & -\partial_1\Phi \\ \partial_2\Phi & -\partial_1\Phi & 0 \end{pmatrix}, \quad \epsilon = \frac{1+\nu}{E}\sigma, \quad u = \begin{pmatrix} -x_2x_3 \\ x_1x_3 \\ \Psi(x_1, x_2) \end{pmatrix} \tag{3.1.30}$$

eine (klassische) Lösung der Grundaufgabe (3.1.24) zu den Daten $K = 0$ und p. Die Verwölbung Ψ ermittelt man durch Integration aus (3.1.28).

3.2 Mathematische Theorie der Lamé-Navierschen Gleichungen

Für die linearen Lamé-Naviersche-Gleichungen steht eine vollständige Existenz- und Regularitätstheorie zur Verfügung. Deren wesentlichen Resultate werden im folgenden analog zur entsprechenden Theorie für die Randwertaufgaben des Laplace-Operators entwickelt.

3.2.1 Eigenschaften des Elastizitätstensors

Ein elastischer Körper erfahre während eines Zeitintervalls $0 \le t \le T$ eine Verschiebung $u(\xi, t)$. Die zugehörige Familie (symmetrischer) Verzerrungstensoren $\epsilon(t) = \epsilon(\cdot, t)$ definiert dann einen sog. „Verzerrungsweg“ $\Gamma_\epsilon = \{\epsilon(t),\, t \in [0, T]\}$. Aufgrund des linearen Elastizitätsgesetzes ergeben sich die zugehörigen Spannungstensoren

$$\sigma(t) = C\epsilon(t), \qquad \sigma_{ij} = C_{ijkl}\epsilon_{kl} \ \ (i, j = 1, \ldots, 3).$$

Wir führen die folgende Größe ein (im Sinne eines RiemannStieltjes-Integrals)

$$A_{\Gamma_\epsilon} := \int_0^T \sigma(t) : d\epsilon(t) = \int_0^T \sigma(t) : d_t\epsilon(t)\, dt,$$

welche die Dimension einer Arbeit hat (Kraft mal Weg) und interpretiert werden kann als die Arbeit (pro Volumeneinheit), welche von den (inneren) Flächenkräften $\sigma(t)$ während der Deformation mit den Verzerrungen $\epsilon(t)$ geleistet wird. Aus physikalischen Gründen wird angenommen, dass die zu einem geschlossenen Verzerrungsweg Γ_ϵ, $\epsilon(0) = \epsilon(T)$, gehörende Spannungsarbeit $A_{\Gamma_\epsilon} \ge 0$ ist (Wärmeverlust). Ferner sollte $A_{\Gamma_\epsilon} > 0$ sein für jeden in $\epsilon(0)$ beginnenden, *nicht* geschlossenen Verzerrungsweg. Wir wollen zeigen, dass diese Annahmen äquivalent zur Positivdefinitheit und Symmetrie des Elastizitätstensors sind. Dazu dient der auf Green[7] (1839) zurückgehende Begriff des „Dehnungspotentials“. Dies ist eine Funktion $\Phi(\cdot) : \mathbb{R}^{3\times 3} \to \mathbb{R}$ mit den Eigenschaften

$$\Phi(0) = 0, \quad \nabla_\epsilon\Phi(\epsilon) = C\epsilon, \tag{3.2.31}$$

mit dem Gradienten

$$\nabla_\epsilon\Phi(\epsilon)_{ij} := \frac{\partial}{\partial\epsilon_{ij}}\Phi(\epsilon) \quad (i, j = 1, 2, 3).$$

Falls ein solches Potential Φ existiert, gilt die Identität

$$A_{\Gamma_\epsilon} = \int_0^T C\epsilon(t) : d\epsilon(t) = \int_0^T d\Phi(\epsilon(t)) = \Phi(\epsilon(T)) - \Phi(\epsilon(0)). \tag{3.2.32}$$

Lemma 3.1: *Die folgenden Aussagen sind Äquivalent:*

i) Die Spannungsarbeit zu einem geschlossenen Verzerrungsweg Γ_ϵ *erfüllt* $A_{\Gamma_\epsilon} \ge 0$.

ii) Die Spannungsarbeit zu einem geschlossenen Verzerrungsweg Γ_ϵ *erfüllt* $A_{\Gamma_\epsilon} = 0$.

iii) Der Elastizitätstensor C *ist symmetrisch:* $C_{ijkl} = C_{klij}$ $(i, j, k, l = 1, 2, 3)$.

iv) Die Funktion $\Phi(\epsilon) := \frac{1}{2}C\epsilon : \epsilon$ *ist ein Dehnungspotential.*

[7]George Green (1793–1841): Englischer Mathematiker und Physiker; Autodidakt und Besitzer einer Mühle; Mitbegründer der Potentialtheorie und der Theorie des Elektromagnetismus; die Greensche Funktion sowie die Greenschen Formeln gehen auf ihn zurck.

Beweis: $(i) \Rightarrow (ii)$: Wir definieren für beliebigen geschlossenen Verzerrungsweg Γ_ϵ den umgekehrten Verzerrungsweg:

$$\Gamma_{\epsilon^*} := \{\epsilon^*(t) := \epsilon(T-t),\, t \in [0,T]\},$$

und erhalten

$$A_{\Gamma_{\epsilon^*}} = \int_0^T C\epsilon^*(t) : d\epsilon^*(t) = \int_0^T C\epsilon(T-t) : d\epsilon(T-t) = \int_T^0 C\epsilon(t) : d\epsilon(t) = -A_{\Gamma_\epsilon}.$$

Wegen $A_{\Gamma_{\epsilon^*}} \geq 0$ und $A_{\Gamma_\epsilon} \geq 0$ nach Voraussetzung folgt $A_{\Gamma_\epsilon} = 0$.

$(ii) \Rightarrow (iii)$: Für zwei Verzerrungstensoren ϵ, ϵ' sei Γ_ϵ der durch

$$\epsilon(t) := (\cos(t) - 1)\epsilon + \sin(t)\epsilon', \quad t \in [0, 2\pi],$$

definierte geschlossene Verzerrungsweg. Dann ist

$$\begin{aligned} C\epsilon(t) : d_t\epsilon(t) &= C((\cos(t)-1)\epsilon + \sin(t)\epsilon') : (-\sin(t)\epsilon + \cos(t)\epsilon') \\ &= (\sin(t) - \sin(t)\cos(t))C\epsilon : \epsilon + (\cos(t)^2 - \cos(t))C\epsilon' : \epsilon - \sin(t)^2 C\epsilon : \epsilon' \\ &\quad + \sin(t)\cos(t)C\epsilon' : \epsilon' \end{aligned}$$

und somit gemäß (ii):

$$0 = A_{\Gamma_\epsilon} = \int_0^{2\pi} C\epsilon(t) : d_t\epsilon(t)\, dt = \pi(\epsilon' : C\epsilon - \epsilon : C\epsilon').$$

Der Elastizitätstensor ist also symmetrisch auf symmetrischen Dyaden, d. h.:

$$\epsilon' : C\epsilon = \epsilon : C\epsilon', \qquad \text{bzw.} \qquad C_{ijkl} = C_{klij} \;\; (i,j,k,l = 1,2,3).$$

$(iii) \Rightarrow (iv)$: Wir setzen $\Phi(\epsilon) := \frac{1}{2}C\epsilon : \epsilon$ und finden $\Phi(0) = 0$ sowie

$$\begin{aligned} \nabla_\epsilon \Phi(\epsilon)_{ij} &= \frac{\partial}{\partial \epsilon_{ij}}\Phi(\epsilon) = \frac{\partial}{\partial \epsilon_{ij}}\left(\tfrac{1}{2}C_{pqrs}\epsilon_{pq}\epsilon_{rs}\right) \\ &= \tfrac{1}{2}C_{pqrs}(\delta_{ip}\delta_{jq}\epsilon_{rs} + \epsilon_{pq}\delta_{ir}\delta_{js}) = \tfrac{1}{2}(C_{ijrs}\epsilon_{rs} + C_{pqij}\epsilon_{pq}) = C_{ijrs}\epsilon_{rs} = \sigma_{ij}. \end{aligned}$$

$(iv) \Rightarrow (i)$: Für einen geschlossenen verzerrungsweg Γ_ϵ gilt gemäß der Identität (3.2.32) und der Annahme (iv):

$$A_{\Gamma_\epsilon} = \Phi(\epsilon(T)) - \Phi(\epsilon(0)) \geq 0.$$

Dies vervollständigt den Beweis. Q.E.D.

Als Folgerung des vorausgegangenen Lemmas erhalten wir die fundamentale Aussage:

Satz 3.1: *Die Spannungsarbeit A_{Γ_ϵ} entlang jedes nicht geschlossenen Verzerrungswegs Γ_ϵ mit $\epsilon(0) = 0$ ist positiv genau dann, wenn der Elastizitätstensor C symmetrisch und auf allen symmetrischen Dyaden positiv definit ist:*

$$C\epsilon : \epsilon > 0, \quad \epsilon \in \mathbb{R}^{3\times 3}_{\text{sym}},\ \epsilon \neq 0.$$

Beweis: $\Rightarrow$: i) Wir zeigen zunächst die Symmetrie von C. Sei dazu Γ_ϵ ein beliebiger geschlossener Verzerrungsweg mit $\epsilon(0) = \epsilon(T) = 0$. Es ist entweder $\epsilon(t) = 0,\ t \in [0,T]$, d.h. auch $A_{\Gamma_\epsilon} = 0$, oder $\epsilon(t) \neq 0$ für ein $t \in [0,T]$. Mit $t' = \sup\{t \in [0,T] : \epsilon(t) \neq 0\}$ ist dann nach Annahme

$$A_{\Gamma_\epsilon} = \int_0^{t'} C\epsilon(s) : d\epsilon(s) = \lim_{t \to t'} \int_0^t C\epsilon(s) : d\epsilon(s) \geq 0.$$

Die Äquivalenz $(i) \Leftrightarrow (iii)$ in Lemma 3.1 liefert dann die Symmetrie von C.

ii) Für beliebiges $\epsilon \neq 0$ definieren wir den Verzerrungsweg $\Gamma_\epsilon := \{\epsilon(t) := t\epsilon,\ t \in [0,1]\}$, welcher offenbar nicht geschlossen ist. Nach Annahme ist dann $A_{\Gamma_\epsilon} > 0$, d. h.:

$$\tfrac{1}{2}\epsilon : C\epsilon = \Phi(\epsilon(1)) - \Phi(\epsilon(0)) = \int_0^1 C\epsilon(t) : d\epsilon(t) = A_{\Gamma_\epsilon} > 0.$$

$\Leftarrow$: Zu symmetrischem, positiv definitem Elastizitätstensor C existiert gemäß der Äquivalenz $(iii) \Leftrightarrow (iv)$ in Lemma 3.1 ein Dehnungspotential Φ. Für jeden nicht geschlossenen Verzerrungsweg Γ_ϵ mit $\epsilon(0) = 0$ und $\epsilon(T) \neq 0$ ist dann

$$A_{\Gamma_\epsilon} = \Phi(\epsilon(T)) - \Phi(\epsilon(0)) = \Phi(\epsilon(T)) = \tfrac{1}{2} C\epsilon(T) : \epsilon(T) > 0.$$

Dies vervollständigt den Beweis. Q.E.D.

Speziell für *isotropes* Material ist der Elastizitätstensor C stets symmetrisch mit dem Dehnungspotential

$$\Phi(\epsilon) := \mu\epsilon^2 + \tfrac{1}{2}\lambda\, \mathrm{spur}(\epsilon)^2 \tag{3.2.33}$$

und dem zugehörigen Elastizitätsgesetz

$$\sigma = \nabla_\epsilon \Phi(\epsilon) = 2\mu\epsilon + \lambda\, \mathrm{spur}(\epsilon) I.$$

Lemma 3.2: *Im Fall isotropen Materials ist der Elastizitätstensor C genau dann positiv definit, wenn für die Materialkonstanten gilt:*

$$\mu > 0, \quad 3\lambda + 2\mu > 0 \qquad \textit{bzw.} \qquad E > 0, \quad -1 < \nu < \tfrac{1}{2}. \tag{3.2.34}$$

Beweis: i) Ist C positiv definit, so gilt für alle symmetrischen Dyaden $\epsilon = (\epsilon_{ij})_{i,j=1}^3 \neq 0$:

$$C\epsilon : \epsilon = 2\mu\epsilon : \epsilon + \lambda \mathrm{spur}(\epsilon) I : \epsilon = 2\mu\epsilon_{ij}^2 + \lambda\, \mathrm{spur}(\epsilon)^2 > 0.$$

Für $\epsilon := I$ ergibt sich $6\mu + 9\lambda > 0$ und für $\epsilon \neq 0$ mit $\mathrm{spur}(\epsilon) = 0$ weiter $2\mu\epsilon_{ij}^2 > 0$. Also muss $2\mu + 3\lambda > 0$ und $\mu > 0$ sein.

ii) Für eine symmerische Dyade $\epsilon = (\epsilon_{ij})_{i,j=1}^3$ definieren wir den sog. „deviatorischen Anteil" ϵ' durch $\epsilon' := \epsilon - \frac{1}{3}\mathrm{spur}(\epsilon) I$. Für diesen gilt dann konstruktionsgemäß $\mathrm{spur}(\epsilon') = 0$

und $\varepsilon' : I = 0$. Sei nun $\mu > 0$ und $2\mu + 3\lambda > 0$ angenommen. Für beliebige symmetrische Dyade $\epsilon \neq 0$ gilt dann

$$\begin{aligned} C\epsilon : \epsilon &= \big(2\mu\epsilon' + (\tfrac{2}{3}\mu + \lambda)\mathrm{spur}(\epsilon)I\big) : \big(\epsilon' + \tfrac{1}{3}\mathrm{spur}(\epsilon)I\big) \\ &= 2\mu\epsilon' : \epsilon' + (\tfrac{2}{3}\mu + \lambda)\mathrm{spur}(\epsilon)I : \epsilon' + \tfrac{2}{3}\mu\mathrm{spur}(\epsilon)\epsilon' : I + \tfrac{1}{3}(\tfrac{2}{3}\mu + \lambda)\mathrm{spur}(\epsilon)^2 I : I \\ &= 2\mu\epsilon' : \epsilon' + (\tfrac{2}{3}\mu + \lambda)\mathrm{spur}(\epsilon)^2 > 0 \end{aligned}$$

für $\mu > 0$ und $3\lambda + 2\mu > 0$. Q.E.D.

Bemerkung 3.4: Aus physikalischen Gründen hatten wir für die Materialkonstanten bereits vorher die Eigenschaften $\nu > 0$, $\mu > 0$ und $E > 0$ ermittelt. Dies ist jedoch, wie (3.2.34) zeigt, nicht notwendig für die Positivdefinitheit des Elastizitätstensors. Es sei nochmals betont, dass die Positivdefinitheit des Elastizitätstensors C nur auf den symmetrischen Dyaden gefordert wird. Dies impliziert i. Allg. nicht seine Definitheit auf allen Dyaden. Insbesondere kann nicht erwartet werden, dass

$$C\nabla u : \nabla u > 0$$

gilt für alle Verschiebungsgradienten $\nabla u \neq 0$. Dieser Umstand macht bei der Behandlung der Existenzfrage von Lösungen der Elastizitätsgleichungen einige Schwierigkeiten.

3.2.2 Eindeutigkeitsssatz und Extremalprinzipien

Im Folgenden wird die allgemeine Grundaufgabe der linearen Elastizitätstheorie (3.1.20-3.1.23) vom „klassischen" Standpunkt aus betrachtet, d. h.: Es wird nach der Existenz und Eindeutigkeit klassisch differenzierbarer Lösungen sowie nach deren charakteristischen Eigenschaften gefragt. Dabei beschränken wir uns auf den Fall zeitlich unabhängiger („stationärer") Deformationen, d. h. der Beschleunigungsterm $\partial_t^2 u$ wird vernachlässigt.

Wir führen zunächst die folgenden Bezeichnungen ein: Ein „(klassisch) zulässiger Zustand" eines elastischen Körpers bezogen auf einen kraftfreien Grundzustand ist beschrieben durch ein Trippel $S = \{u, \epsilon, \sigma\}$ bestehend aus einem Verschiebungsvektorfeld $u = (u_i)_{i=1}^3$, einem (symmetrischen) Verzerrungstensorfeld $\epsilon = (\epsilon_{ij})_{i,j=1}^3$ und einem (symmetrischen) Spannungstensorfeld $\sigma = (\sigma_{ij})_{i,j=1}^3$ mit den Regularitätsseigenschaften

$$u_i \in C(\Omega \cup \partial\Omega_u) \cap C^2(\Omega), \quad \epsilon_{ij} \in C(\Omega) \cap L^2(\Omega), \quad \sigma_{ij} \in C(\Omega \cup \partial\Omega_\sigma) \cap C^1(\Omega) \cap L^2(\Omega).$$

Definition 3.1: *Ein zulässiger Zustand $S = \{u, \epsilon, \sigma\}$ heißt „kinematisch zulässig", wenn im Fall hinrichend regulärer Daten $\partial\Omega$, f, u^∂, σ^∂ gilt:*

$$\varepsilon = \tfrac{1}{2}(\nabla u + \nabla u^T) \quad \text{in } \Omega, \tag{3.2.35}$$

$$\sigma = C\epsilon \quad \text{in } \Omega, \tag{3.2.36}$$

$$u = u^\partial \quad \text{auf } \partial\Omega_u, \tag{3.2.37}$$

und „statisch zulässig“, wenn gilt:

$$-\nabla\cdot\sigma = f \quad in\ \Omega, \tag{3.2.38}$$

$$\epsilon = C^{-1}\sigma \quad in\ \Omega, \tag{3.2.39}$$

$$n\cdot\sigma = n\cdot\sigma^{\partial} \quad auf\ \partial\Omega_{\sigma}. \tag{3.2.40}$$

Der Elastizitätstensor $C(\xi) = (C_{ijkl}(\xi))_{i,j,k,l=1}^{3}$ wird als symmetrisch und positiv definit (auf symmetrischen Dyaden) sowie als hinreichend regulär angenommen:

$$C_{ijkl}\in C^2(\overline{\Omega}),\quad C_{ijkl} = C_{klij},\quad C_{ijkl}\epsilon_{ij}\epsilon_{kl} > 0,\quad \epsilon\neq 0. \tag{3.2.41}$$

Definition 3.2: *i) Die Grundaufgabe der linearen Elastizitätstheorie (in sog. „gemischter“ Formulierung) besteht darin, einen Zustand $S = \{u,\epsilon,\sigma\}$ zu bestimmen, der sowohl kinematisch als auch statisch zulässig ist.*

ii) Eine Lösung wird als „klassisch“ bezeichnet, wenn alle auftretenden Ableitungen und Gleichungen im „klassischen“ Sinne stetiger bzw. stetig differenzierbarer Funktionen verstanden werden können. Dieser Lösungsbegriff wird später im Rahmen einer „variationellen Theorie“ verallgemeinert werden.

Neben dieser allgemeinen „gemischten“ Formulierung sind von Bedeutung auch die sog. „primale“ Formulierung („Verschiebungsmodell“):

(P) Finde ein Verschiebungsfeld u mit den Eigenschaften $u_i\in C(\Omega\cup\partial\Omega_u)\cap C^1(\Omega\cup\partial\Omega_\sigma)\cap C^2(\Omega)$ und

$$-\nabla\cdot C\nabla u = f \quad \text{in } \Omega, \tag{3.2.42}$$

$$n\cdot C\nabla u = n\cdot\sigma^{\partial} \quad \text{auf } \partial\Omega_{\sigma}, \tag{3.2.43}$$

$$u = u^{\partial} \quad \text{auf } \partial\Omega_{u}, \tag{3.2.44}$$

sowie die sog. „duale“ Formulierung („Spannungsmodell“):

(P) Finde ein Spannungsfeld σ mit den Eigenschaften $\sigma_{ij}\in C(\Omega\cup\partial\Omega_\sigma)\cap C^1(\Omega)$ und*

$$\nabla\cdot\sigma = f \quad \text{in } \Omega, \tag{3.2.45}$$

$$\nabla\times C^{-1}\sigma = 0 \quad \text{in } \Omega, \tag{3.2.46}$$

$$n\cdot\sigma = n\cdot\sigma^{\partial} \quad \text{auf } \partial\Omega_{\sigma}. \tag{3.2.47}$$

Dabei ist die Bedingung (3.2.46) gerade aquivalent dazu, dass eine Vektorfunktion u existiert mit der Eigenschaft

$$\epsilon := C^{-1}\sigma = \tfrac{1}{2}(\nabla u + \nabla u^T).$$

Für die gemischte Formulierung der Grundaufgabe der linearen Elastizitätstheorie gilt der folgende fundamentale Eindeutigkeitssatz von Cosserat[8] (1898):

[8]Eugène Cosserat (1866–1931): Französischer Mathematiker und Astronom; lehrte Mathematik in Toulouse (ab 1896 als Prof.) und wurde dort 1906 Prof. für Astronomie und Direktor des Observatoriums; bekannt vor allem durch seine Arbeiten zur Elastizittstheorie teilweise zusammen mit seinem älteren Bruder Francois („Cosserat-Kontinuum!“), nach dem Tod des Bruders 1914 keine weiteren Arbeiten zur Mechanik.

Satz 3.2 (Satz von Cosserat): *Unter den obigen Voraussetzungen unterscheiden sich zwei klassische Lösungen $u^{(1)}$ und $u^{(2)}$ der Grundaufgabe der linearen Elastizitätstheorie nur um einen Ausdruck der Art (Starrkörperbewegung)*

$$u^{(1)}(\xi) - u^{(2)}(\xi) = b + B\xi$$

mit einem konstanten Vektor $b = (b_i)_{i=1}^3 \in \mathbb{R}^3$ und einer konstanten schiefsymmetrischen Matrix $B = (b_{ij})_{i,j=1}^3 \in \mathbb{R}^{3\times 3}$, $b_{ij} = -b_{ji}$. Enthält der Randteil $\partial\Omega_u$ wenigstens drei linear unabhängige Punkte, so ist notwendig $b = 0$, $B = 0$, d. h.: Eine klassische (hinreichend reguläre) Lösung der Grundaufgabe ist eindeutig bestimmt.

Beweis: Seien $S' = \{u', \epsilon', \sigma'\}$ und $S'' = \{u'', \epsilon'', \sigma''\}$ zwei zulässige Lösungen der Grundaufgabe. Dann ist der Zustand $S = S' - S'' = \{u, \epsilon, \sigma\}$ eine Lösung des zugehörigen Problems zu homogenen Daten $f = 0$, $q^\partial = 0$, $u^\partial = 0$:

$$\begin{aligned}\int_\Omega C\epsilon : \epsilon\, d\xi &= \int_\Omega \sigma : \epsilon\, d\xi = \tfrac{1}{2}\int_\Omega \sigma_{ij}(\partial_j u_i + \partial_i u_j)\, d\xi \\ &= -\tfrac{1}{2}\int_\Omega (\partial_j \sigma_{ij} u_i + \partial_i \sigma_{ij} u_j)\, d\xi + \tfrac{1}{2}\int_{\partial\Omega} (n_j \sigma_{ij} u_i + n_i \sigma_{ij} n_j)\, do \\ &= -\int_\Omega \nabla\cdot\sigma\cdot u\, d\xi + \int_{\partial\Omega} n\cdot\sigma\cdot u\, do = 0.\end{aligned}$$

Da C als positiv definit vorausgesetzt ist, folgt notwendig $\epsilon = 0$ bzw. $\partial_j u_i + \partial_i u_j = 0$ $(i,j = 1,2,3)$. Durch Differentiation und Vertauschung der Ableitungen erhalten wir

$$2\partial_i\partial_j u_k = \partial_i\partial_j u_k + \partial_j\partial_i u_k = -\partial_k\partial_j u_i - \partial_k\partial_i u_j = -\partial_k(\partial_j u_i + \partial_i u_j) = 0.$$

Also hat das Vektorfeld u die Gestalt $u(\xi) = b + B\xi$ mit konstantem Vektor $b \in \mathbb{R}^3$ und Matrix $B \in \mathbb{R}^{3\times 3}$. Aufgrund der Bedingung $\partial_j u_i + \partial_i u_j = 0$ ist dann notwendig $b_{ij} = -b_{ji}$, d. h.: Die Matrix B ist schiefsymmetrisch. Enthält der Randteil $\partial\Omega_u$ drei linear unabhängige Punkte $\xi^{(i)}, i = 1,2,3$, so besagt die kinematische Randbedingung $u(\xi^{(i)}) = b + B\xi^{(i)} = 0$. Hieraus erhalten wir auch

$$B(\xi^{(1)} - \xi^{(2)}) = B(\xi^{(1)} - \xi^{(3)}) = B(\xi^{(2)} - \xi^{(3)}) = 0.$$

Da mit $\{\xi^{(1)}, \xi^{(2)}, \xi^{(3)}\}$ auch die Differenzen $\{\xi^{(1)} - \xi^{(2)}, \xi^{(1)} - \xi^{(3)}, \xi^{(2)} - \xi^{(3)}\}$ linear unabhängig sind, folgt $B = 0$ und damit auch $b = 0$. Q.E.D.

Von fundamentaler Bedeutung für die ingeneurwissenschaftliche Begründung der sog. „Finite-Elemente-Methode (FEM) zur numerischen Lösung der Grundaufgabe ist das folgende „Prinzip der virtuellen Arbeit“:

Satz 3.3 (Prinzip der virtuellen Arbeit): *Für je zwei statisch bzw. kinematisch zulässige Zustände $S = \{u, \epsilon, \sigma\}$ und $S' = \{u', \epsilon', \sigma'\}$ gilt*

$$\int_\Omega \sigma : \epsilon'\, d\xi - \int_{\partial\Omega_u} n\cdot\sigma\cdot u^\partial\, do = \int_\Omega f\cdot u'\, d\xi + \int_{\partial\Omega_\sigma} n\cdot\sigma^\partial\cdot u'\, do. \qquad (3.2.48)$$

Beweis: Definitionsgemäß ergibt sich bei Anwendung des Satzes von Gauß

$$\begin{aligned}\int_\Omega \sigma : \epsilon'\,d\xi &= -\int_\Omega \nabla\cdot\sigma\cdot u'\,d\xi + \int_{\partial\Omega} n\cdot\sigma\cdot u'\,do\\ &= \int_\Omega f\cdot u'\,d\xi + \int_{\partial\Omega_\sigma} n\cdot\sigma^\partial\cdot u'\,do + \int_{\partial\Omega_u} n\cdot\sigma\cdot u^\partial\,do.\end{aligned}$$

Dies ist gerade die behauptete Aussage. Q.E.D.

Bemerkung 3.5: Das „Prinzip der virtuellen Arbeit“ besagt, physikalisch interpretiert, dass die von den Spannungen eines statisch zulässigen Zustandes mit den Verzerrungen eines kinematisch zulässigen Zustandes geleistete „virtuelle“ Arbeit gerade gleich der von den äußeren Belastungen f, σ^∂ mit den zugehörigen Verschiebungen geleistete Arbeit ist.

Wir wollen nun die Lösungen der Grundaufgabe mit Hilfe von Extremaleigenschaften charakterisieren. Dazu greifen wir auf die oben definierte Spannungsarbeit

$$A_{\Gamma_\epsilon} = \int_0^1 \sigma(t) : d\epsilon(t)$$

zu einem Verzerrungsweg $\Gamma_\epsilon := \{\epsilon(t),\ t\in[0,1]\}$, zurück. Mit dem zugehörigen Dehnungspotential $\Phi(\epsilon) = \frac{1}{2}C\epsilon : \epsilon$ gilt für die betrachtete Deformation des Körpers aus dem statischen Gleichgewichtszustand $S_0 = \{0,0,0\}$ in den Endzustand $S_1 = \{u(1),\epsilon(1),\sigma(1)\} = \{u,\epsilon,\sigma\}$:

$$A_{\Gamma_\epsilon} = \Phi(\epsilon(T)) - \Phi(\epsilon(0)) = \Phi(\epsilon).$$

Da die Spannungsarbeit auf die Volumeneinheit bezogen ist, bestimmt sich die gesamte „Dehnungsenergie“ $U_\epsilon(S)$ bzw. die sog. „Spannungsenergie“ $U_\sigma(S)$ zu

$$U_\epsilon(S) := \int_\Omega \Phi(\epsilon)\,d\xi = \frac{1}{2}\int_\Omega C\epsilon : \epsilon\,d\xi = \frac{1}{2}\int_\Omega \sigma : \epsilon\,d\xi = \frac{1}{2}\int_\Omega \sigma : C^{-1}\sigma\,d\xi =: U_\sigma(S).$$

Die „potentielle Energie“ des Systems ist dann definiert durch

$$E_\epsilon(S) := U_\epsilon(S) - \int_\Omega f\cdot u\,d\xi - \int_{\partial\Omega_\sigma} n\cdot\sigma^\partial\cdot u\,do,$$

und die sog. „komplementäre Energie“ durch

$$E_\sigma(S) := U_\sigma(S) - \int_{\partial\Omega_u} n\cdot\sigma\cdot u^\partial\,do.$$

Lemma 3.3: *Für jede klassische Lösung $S = \{u,\epsilon,\sigma\}$ der Grundaufgabe der linearen Elastizitätstheorie gilt:*

$$E_\epsilon(S) + E_\sigma(S) = 0. \tag{3.2.49}$$

Beweis: Nach Definition ist $U_\epsilon(S) = U_\sigma(S)$ und somit

$$\begin{aligned} E_\epsilon(S) + E_\sigma(S) &= U_\epsilon(S) - \int_\Omega f \cdot u \, d\xi - \int_{\partial\Omega_\sigma} n \cdot \sigma^\partial \cdot u \, do + U_\sigma(S) - \int_{\partial\Omega_u} n \cdot \sigma \cdot u^\partial \, do \\ &= \int_\Omega \sigma : \epsilon \, d\xi - \int_\Omega f \cdot u \, d\xi - \int_{\partial\Omega_\sigma} n \cdot \sigma^\partial \cdot u \, do - \int_{\partial\Omega_u} n \cdot \sigma \cdot u^\partial \, do \\ &= -\int_\Omega (\nabla \cdot \sigma + f) \cdot u \, d\xi + \int_{\partial\Omega} n \cdot \sigma \cdot u \, do - \int_{\partial\Omega_\sigma} n \cdot \sigma^\partial \cdot u \, do \\ &\quad - \int_{\partial\Omega_u} n \cdot \sigma \cdot u^\partial \, do \\ &= 0 \, . \end{aligned}$$

Dies war zu zeigen. Q.E.D.

Wir formulieren nun das wichtige „Prinzip vom Minimum der potentiellen Energie“ (oder kurz „primales Prinzip“), welches auf Ideen von Green (1839) und Kirchhoff (1850) zurückgeht und erstmals von Hadamard[9] (1903) und Love[10] (1906) mathematisch begründet wurde.

Satz 3.4 (Primales Prinzip): *Ein kinematisch zulässiger Zustand $S = \{u, \epsilon, \sigma\}$ ist genau dann Lösung der linearen Grundaufgabe, wenn für ihn die potentielle Energie ein striktes Minimum bzgl. aller kinematisch zulässigen Zustände annimmt, d. h.:*

$$E_\epsilon(S) < E_\epsilon(S') \tag{3.2.50}$$

für jeden kinematisch zulässigen Zustand S' mit $\epsilon' \neq \epsilon$.

Beweis: i) Seien $S = \{u, \epsilon, \sigma\}$ eine (klassische) Lösung der Grundaufgabe und $S' = \{u', \epsilon', \sigma'\}$ ein beliebiger anderer kinematisch zulässiger Zustand. Dann gilt:

$$E_\epsilon(S') - E_\epsilon(S) = U_\epsilon(S') - U_\epsilon(S) - \int_\Omega f(u - u') \, d\xi - \int_{\partial\Omega_\sigma} n \cdot \sigma^\partial (u' - u) \, do.$$

Unter Ausnutzung der Symmetrie von C gewinnt man die Identität

$$C(\epsilon' - \epsilon) : (\epsilon' - \epsilon) = C\epsilon' : \epsilon' - 2C\epsilon : \epsilon' + C\epsilon : \epsilon$$

und damit

$$U_\epsilon(S') - U_\epsilon(S) = U_\epsilon(S' - S) + \int_\Omega C\epsilon : (\epsilon' - \epsilon) \, d\xi.$$

[9] Jacque Salomon Hadamard (1865–1963): Französischer Mathematiker; Prof. in Bordeaux und Paris; viele wichtige Beiträge zur komplexen Analysis und speziellen Funktionen, zur analytischen Zahlentheorie, zur Variationsrechnung und zu den Differentialgleichungen der mathematischen Physik.

[10] Augustus Edward Hough Love (1863–1940): Englischer Mathematiker; seit 1899 Prof. für „Natural Philosophy“ in Oxford; bekannt durch seine Beiträge zur mathematischen Elastizitätstheorie („Kirchhoff-Love Plattentheorie“), Arbeiten zur Wellenausbreitung („Love-Wellen“) und Geophysik/Gezeiteneffekte („Love-Zahlen“).

Da S eine Lösung der Grundaufgabe ist, folgt Mit Hilde des Gaußschen Integralsatzes:

$$\begin{aligned} U_\epsilon(S') - U_\epsilon(S) &= U_\epsilon(S'-S) + \int_\Omega C\epsilon : (\epsilon' - \epsilon)\, d\xi \\ &= U_\epsilon(S'-S) - \int_\Omega \nabla\cdot\sigma\cdot(u'-u)\, d\xi + \int_{\partial\Omega} n\cdot\sigma\cdot(u'-u)\, do \\ &= U_\epsilon(S'-S) + \int_\Omega f\cdot(u'-u)\, d\xi + \int_{\partial\Omega_\sigma} n\cdot\sigma^\partial\cdot(u'-u)\, do. \end{aligned}$$

Also ist aufgrund der Definitheit von C für $\epsilon' \neq \epsilon$:

$$E_\epsilon(S') - E_\epsilon(S) = U_\epsilon(S'-S) = \tfrac{1}{2}\int_\Omega C(\epsilon'-\epsilon) : (\epsilon'-\epsilon)\, d\xi > 0.$$

ii) Sei nun $S = \{u, \epsilon, \sigma\}$ ein kinematisch zulässiger Zustand, d. h. $\epsilon = \frac{1}{2}(\nabla u + \nabla u^T)$, $\sigma = C\epsilon$ und $u_{|\partial\Omega_u} = u^\partial$, welcher $E_\epsilon(\cdot)$ zum Minimum macht bzgl. aller anderer kinematisch zulässiger Zustände. Dann gilt für einen beliebigen zulässigen Zustand $S' = \{u', \epsilon', \sigma'\}$ mit $u'_{|\partial\Omega_u} = 0$ notwendig

$$\frac{d}{dr} E_\epsilon(S + rS')_{|r=0} = 0.$$

Ausführung der Differentiation in

$$E_\epsilon(S+rS') = \tfrac{1}{2}\int_\Omega C(\epsilon + r\epsilon') : (\epsilon + r\epsilon')\, d\xi - \int_\Omega f\cdot(u+ru')\, d\xi - \int_{\partial\Omega_\sigma} n\cdot\sigma^\partial\cdot(u+ru')\, do$$

und Anwendung des Satzes von Gauß ergibt daher

$$0 = \int_\Omega (\nabla\cdot\sigma + f)\cdot u'\, d\xi + \int_{\partial\Omega_\sigma} n\cdot(\sigma - \sigma^\partial)\cdot u'\, do.$$

Variation von u' ergibt dann mit Hilfe des sog. Fundamentalsatzes der Variationsrechnung die Gültigkeit der punktweisen Beziehungen

$$-\nabla\cdot\sigma = f \quad \text{in } \Omega, \qquad n\cdot\sigma = n\cdot\sigma^\partial \quad \text{auf } \partial\Omega_\sigma,$$

d. h.: Der kinematisch zulässige Zustand S ist Lösung der Grundaufgabe. Q.E.D.

Das Prinzip vom Minimum der potentiellen Energie besagt, dass die Differenz zwischen Spannungsenergie (im deformierten Körper „gespeicherte“ Energie) und der von außen durch die gegebenen Belastungen geleisteten Arbeit (der „Energieverlust“ während des Deformationsvorgangs) minimal ist für die tatsächliche Lösung der Grundaufgabe bzgl. aller anderen kinematisch zulässigen Zustände. Eine analoge Aussage gilt auch für die komplementäre Energie. Dieses sog. „Duale Prinzip“ geht auf ältere Quellen zurück und wurde erstmals u, a. von Trefftz[11] (1928) bewiesen.

[11] Erich Immanuel Trefft (1888–1937): Deutscher Mechaniker und Mathematiker; Studium zunächst des Maschinenbaus an der TH Aachen, dann der Mathematik in Göttingen und später in Straßburg; Prof. der Mathematik in Aachen 1919, dann ab 1922 Prof. für Technische Mechanik an der TH Dresden; Beiträge zur Aero- und Hydrodynamik sowie zur Elastizitts- und Schwingungslehre (sog. „Trefftzsches Verfahren“ 1926).

Satz 3.5 (Duales Prinzip): *Für jede klassische Lösung* $S = \{u, \epsilon, \sigma\}$ *der linearen Grundaufgabe hat die komplementäre Energie ein striktes Minimum bzgl. aller statisch zulässiger Zustände, d. h.:*

$$E_\sigma(S) < E_\sigma(S') \tag{3.2.51}$$

für jeden statisch zulässigen Zustand S' *mit* $\sigma' \neq \sigma$ *. Die Umkehrung dieser Aussage (analog zum Primalen Prinzip) gilt unter der zusätzlichen Annahme* $\mathrm{rot}\sigma = 0$ *und, dass das Referenzgebiet* Ω *einfach zusammenhängend und konvex bzgl. des Randteils* $\partial\Omega_\sigma$ *ist.*

Beweis: i) Seien $S = \{u, \epsilon, \sigma\}$ eine (klassische) Lösung der Grundaufgabe und $S' = \{u', \epsilon', \sigma'\}$ ein beliebiger anderer statisch zulässiger Zustand. Dann gilt:

$$E_\sigma(S') - E_\sigma(S) = U_\sigma(S') - U_\sigma(S) - \int_{\partial\Omega_u} n \cdot (\sigma' - \sigma) \cdot u^\partial \, do.$$

Analog wie im Beweis von Satz 3.4 gilt

$$U_\sigma(S') - U_\sigma(S) = U_\sigma(S' - S) + \int_\Omega \sigma : C^{-1}(\sigma' - \sigma) \, d\xi.$$

Dies impliziert

$$E_\sigma(S') - E_\sigma(S) = U_\sigma(S' - S) + \int_\Omega \sigma : C^{-1}(\sigma' - \sigma) \, d\xi - \int_{\partial\Omega_u} n \cdot (\sigma' - \sigma) \cdot u^\partial \, do$$

und weiter mit Hilfe des Satzes von Gauß

$$\begin{aligned} E_\sigma(S') - E_\sigma(S) &= U_\sigma(S' - S) + \int_\Omega \epsilon : (\sigma' - \sigma) \, d\xi - \int_{\partial\Omega_u} n \cdot (\sigma' - \sigma) \cdot u^\partial \, do \\ &= U_\sigma(S' - S) - \int_\Omega \nabla \cdot (\sigma' - \sigma) \cdot u \, d\xi + \int_{\partial\Omega} n \cdot (\sigma' - \sigma) \cdot u \, d\xi \\ &= U_\sigma(S' - S) > 0. \end{aligned}$$

ii) Sei nun $S = \{u, \epsilon, \sigma\}$ ein statisch zulässiger Zustand, d. h. $-\mathrm{div}\sigma = f$, $\epsilon = C^{-1}\sigma$ und $n \cdot \sigma_{|\partial\Omega_\sigma} = n \cdot \sigma^\partial$, welcher $E_\sigma(\cdot)$ zum Minimum macht bzgl. aller anderer statisch zulässiger Zustände. Dann gilt für einen beliebigen zulässigen Zustand $S' = \{u', \epsilon', \sigma'\}$ mit $\mathrm{div}\sigma' = 0$ und $n \cdot \sigma'_{|\partial\Omega_\sigma} = 0$ notwendig

$$\frac{d}{dr} E_\sigma(S + rS')_{|r=0} = 0.$$

Aus der Eigenschaft $\mathrm{rot}\sigma = 0$ folgt, dass es zu den Verzerrungen $\epsilon = C^{-1}\sigma$ ein Verschiebungsfeld u gibt mit $\epsilon = \frac{1}{2}(\nabla u + \nabla u^T)$. Dann folgt folgt nach Ausführung der Differentiation in

$$E_\sigma(S + rS') = \tfrac{1}{2} \int_\Omega (\sigma + r\sigma') : C^{-1}(\sigma + r\sigma') \, d\xi - \int_{\partial\Omega_u} n \cdot (\sigma + r\sigma') \cdot u^\partial \, do$$

und Anwendung des Satzes von Gauß

$$0 = -\int_\Omega \nabla \cdot \sigma' \cdot u \, d\xi + \int_{\partial\Omega} n \cdot \sigma' \cdot (u - u^\partial) \, do = \int_{\partial\Omega_u} n \cdot \sigma' \cdot (u - u^\partial) \, do.$$

Variation von σ' ergibt mit Hilfe des Fundamentalsatzes der Variationsrechnung wieder die punktweise Beziehung

$$u = u^\partial \quad \text{auf } \partial\Omega_u,$$

d. h.: Der statisch zulässige Zustand S erfüllt notwendig die Dirichletsche[12] Randbedingung und ist damit Lösung der Grundaufgabe. Q.E.D.

Die beiden bisher formulierten Extremalprinzipien gelten für Funktionen, die entweder den kinematischen oder den statischen Bedingungen genügen. Man kann nun auch Prinzipien finden, welche für allgemeine Zustände gelten, d. h. obige Bedingungen noch zusätzlich als sog. „natürliche" Randbedingungen enthalten. Dies führt auf sog. „dual-primale' (oder auch „gemischte") Formulierungen der Grundaufgabe. Aus der Vielzahl derartiger Prinzipien seien die folgenden beiden zitiert. Das Variationsprinzip von Hellinger[13] (1914), Prange[14] (1916) und Reissner[15] (1950) gilt für kinematisch zulässige Zustände und ergibt die statische Zulässigkeit als natürliche Folgerung der Stationaritätsbedingung.

Satz 3.6 (Dual-Primales Prinzip von Hellinger/Reissner): *Ein gegebener zulässiger Zustand $S = \{u, \epsilon, \sigma\}$ ist genau dann Lösung der Grundaufgabe, wenn er das Funktional*

$$\Theta(S) := U_\sigma(S) + \int_\Omega (\nabla \cdot \sigma + f) \cdot u \, d\xi - \int_{\partial\Omega_u} n \cdot \sigma \cdot u^\partial \, do + \int_{\partial\Omega_\sigma} n \cdot (\sigma - \sigma^\partial) \cdot u \, do$$

stationär macht bzgl. aller anderen derartigen Zustände, d. h.:

$$\frac{d}{dr}\Theta(S + rS')_{|r=0} = 0 \tag{3.2.52}$$

für alle zulässigen $S' = \{u', \epsilon', \sigma'\}$ mit $\nabla \cdot \sigma' = 0$, $n \cdot \sigma'_{|\partial\Omega_\sigma} = 0$ und $u'_{|\partial\Omega_u} = 0$.

[12]Johann Peter Gustav Lejeune Dirichlet (1805–1859): Geb. in Düren (damals bei Frankreich; wirkte in Berlin und Göttingen (Nachfolger von Gauss); wichtige Beiträge zur Zahlentheorie, Analysis und Differentialgleichungen ("Dirichletsches Prinzip").

[13]Ernst David Hellinger (1883–1950): Deutscher Mathematiker; Studium der Mathematik in Heidelberg, Breslau und Göttingen; arbeitete u. a. mit D. Hilbert (Hilbert-Hellinger-Theorie), bekannt insbesondere durch seinen bahnbrechenden Artikel „Die allgemeinen Anstze der Mechanik der Kontinua" in der Encyklopädie der Mathematischen Wissenschaften, B.G. Teubner, Leipzig, 1914; seit 1914 Prof. an der neu gegründeten Univ. Frankfurt, nach Versetzung in den Zwangsruhestand wegen seiner jüdischen Herkunft 1939 Emigration in die USA; später Beiträge zu Integralgleichungen und Spektraltheorie.

[14]Georg (Heinrich Friedrich Wilhelm) Prange (1885–1942): Deutscher Mathematiker; Studium in Göttingen und München, 1914 Promotion bei D. Hilbert, seine Habilitationsschrift 1916 befasste sich mit den Grundlagen der Variationsverfahren in der Elastizittstheorie; ab 1921 Prof für angewandte Mathematik an der TH Hannover.

[15]Max Erich Reissner (1913–1996): Deutscher Baumechaniker; Studium der Ingenieurwissenschaften an der TH Berlin, emigrierte 1936 in die USA, Prof. für Mathematik am Massachusetts Institute of Technology (MIT, USA), dann ab 1970 Prof. für Angewandte Mechanik an der University California, San Diego, USA); entwickeklte die u. a. nach ihm benannte „MindlinReissner-Plattentheorie" (1945).

Beweis: i) Sei $S = \{u, \epsilon, \sigma\}$ ein zulässiger Zustand mit, welcher Lösung der Grundaufgabe ist. Dann gilt für alle zulässigen Zustände $S' = \{u', \epsilon', \sigma'\}$ mit $\nabla\cdot\sigma' = 0$, $n\cdot\sigma'_{|\partial\Omega_\sigma} = 0$ und $u'_{|\partial\Omega_u} = 0$:

$$\frac{d}{dr}\Theta(S+rS') = \frac{1}{2}\frac{d}{dr}\int_\Omega (\sigma+r\sigma') : C^{-1}(\sigma+r\sigma')\,d\xi + \frac{d}{dr}\int_\Omega (\nabla\cdot(\sigma+r\sigma') + f)\cdot(u+ru')\,d\xi$$
$$- \frac{d}{dr}\int_{\partial\Omega_u} n\cdot(\sigma+r\sigma')\cdot u^\partial\,do + \frac{d}{dr}\int_{\partial\Omega_\sigma} n\cdot(\sigma+r\sigma'-\sigma^\partial)\cdot(u+ru')\,do$$

und folglich

$$\frac{d}{dr}\Theta(S+rS')_{|r=0} = \int_\Omega C^{-1}\sigma : \sigma'\,d\xi + \int_\Omega \nabla\cdot\sigma'\cdot u\,d\xi + \int_\Omega (\nabla\cdot\sigma + f)\cdot u'\,d\xi$$
$$- \int_{\partial\Omega_u} n\cdot\sigma'\cdot u^\partial\,do + \int_{\partial\Omega_\sigma} n\cdot\sigma'\cdot u\,do + \int_{\partial\Omega_\sigma} n\cdot(\sigma-\sigma^\partial)\cdot u'\,do.$$

Beachtung von $C^{-1}\sigma = \epsilon = \frac{1}{2}(\nabla u + \nabla u^T)$ und der Satzes von Gauß ergibt weiter

$$\frac{d}{dr}\Theta(S+rS')_{|r=0} = -\int_\Omega \nabla\cdot\sigma'\cdot u\,d\xi + \int_{\partial\Omega} n\cdot\sigma'\cdot u\,do + \int_\Omega \nabla\cdot\sigma'\cdot u\,d\xi$$
$$+ \int_\Omega (\nabla\cdot\sigma + f)\cdot u'\,d\xi - \int_{\partial\Omega_u} n\cdot\sigma'\cdot u^\partial\,do + \int_{\partial\Omega_\sigma} n\cdot\sigma'\cdot u\,do + \int_{\partial\Omega_\sigma} n\cdot(\sigma-\sigma^\partial)\cdot u'\,do$$
$$= \int_\Omega (\nabla\cdot\sigma + f)\cdot u'\,d\xi + \int_{\partial\Omega_u} n\cdot\sigma'\cdot(u-u^\partial)\,do + \int_{\partial\Omega_\sigma} n\cdot(\sigma-\sigma^\partial)\cdot u'\,do$$

und damit schließlich

$$\frac{d}{dr}\Theta(S+rS')_{|r=0} = 0.$$

ii) Sei nun $S = \{u, \epsilon, \sigma\}$ ein zulšsiger Zustand, der stationärer Punkt des Funktinals $\Theta(\cdot)$ ist. Dann gilt wie in (i) gezeigt

$$0 = \int_\Omega C^{-1}\sigma : \sigma'\,d\xi + \int_\Omega \nabla\cdot\sigma'\cdot u\,d\xi + \int_\Omega (\nabla\cdot\sigma + f)\ cdotu'\,d\xi$$
$$- \int_{\partial\Omega_u} n\cdot\sigma'\cdot u^\partial\,do + \int_{\partial\Omega_\sigma} n\cdot\sigma'\cdot u\,do + \int_{\partial\Omega_\sigma} n\cdot(\sigma-\sigma^\partial)\cdot u'\,do$$

für beliebigen zulässigen Zustand $S' = \{u', \epsilon', \sigma'\}$ mit $\nabla\cdot\sigma' = 0$, $n\cdot\sigma'_{|\partial\Omega_\sigma} = 0$ und $u'_{|\partial\Omega_u} = 0$. Mit Hilfe des Satzes von Gauß folgt weiter mit $\epsilon(u) := \frac{1}{2}(\nabla u + \nabla u^T)$:

$$0 = \int_\Omega C^{-1}\sigma : \sigma'\,d\xi - \int_\Omega \epsilon(u) : \sigma'\,d\xi + \int_{\partial\Omega} n\cdot\sigma'\cdot u\,do + \int_\Omega (\nabla\cdot\sigma + f)\cdot u'\,d\xi$$
$$- \int_{\partial\Omega_u} n\cdot\sigma'\cdot u^\partial\,do + \int_{\partial\Omega_\sigma} n\cdot\sigma'\cdot u\,do + \int_{\partial\Omega_\sigma} n\cdot(\sigma-\sigma^\partial)\cdot u'\,do$$
$$= \int_\Omega C^{-1}\sigma : \sigma'\,d\xi - \int_\Omega \epsilon(u) : \sigma'\,d\xi + \int_\Omega (\nabla\cdot\sigma + f)\cdot u'\,d\xi$$
$$+ \int_{\partial\Omega_u} n\cdot\sigma'\cdot(u-u^\partial)\,do + \int_{\partial\Omega_\sigma} n\cdot(\sigma-\sigma^\partial)\cdot u'\,do.$$

Durch Variation von σ' und u' folgen mit Hilfe des Fundamentalsatzes der Variationsrechnung die punktweisen Beziehungen

$$C^{-1}\sigma = \epsilon(u), \quad \nabla \cdot \sigma + f = 0 \quad \text{in } \Omega, \qquad u - u^{\partial}_{|\partial\Omega_u} = 0, \quad \sigma - \sigma^{\partial}_{|\partial\Omega_\sigma} = 0,$$

d. h.: der Zustand S ist Lösung der Grundgleichungen. Q.E.D.

3.2.3 Existenz von Lösungen und Wohlgestelltheit

Im vorigen Abschnitt wurde gezeigt, dass klassische Lösungen der Grundaufgabe der linearen Elastizitätstheorie eindeutig sind und sich durch gewisse Extremalitätseigenschaften charakterisieren lassen. Nun wollen wir uns mit der Existenzfrage beschäftigen. Da elliptische Randwertaufgaben bekanntlich nicht immer klassisch differenzierbare Lösungen haben, muss zunächst der Begriff der „Zulässigkeit“ geeignet abgeschwächt werden. Dazu bieten sich der Sobolew-Raum-Kalkül an, den wir im Folgenden für die vorliegende Situation bereitstellen werden.

Mit $L^2(\Omega)$ wird der Hilbert-Raum der auf Ω im Lebesgueschen Sinne quadratintegrablen Funktionen bezeichnet, versehen mit dem üblichen Skalarprodukt und der zugehörigen Norm

$$(u, v)_\Omega = \int_\Omega u(\xi)v(\xi)\, d\xi, \quad \|u\|_\Omega = \Big(\int_\Omega |u(\xi)|^2\, d\xi \Big)^{1/2}.$$

Der Raum der auf Ω messbaren und wesentlich beschränkten Funtionen wird mit $L^\infty(\Omega)$ bezeichnet. Weiter sind auf $C^\infty(\overline{\Omega})$ die sog. „Sobolew-Normen“ m-ter Ordnung erklärt:

$$\|u\|_{m;\Omega} := \Big(\sum_{k=0}^{m} \|\nabla^k u\|_0^2 \Big)^{1/2},$$

mit den Tensorfeldern der k-ten Ableitungen

$$\nabla^k u = (\partial_{i_1} \dots \partial_{i_k} u)^3_{i_1,\dots,i_k=1}.$$

Durch Vervollständigung des Raumes $\{u \in C^\infty(\Omega) | \, |\nabla^k u| \in L^2(\Omega),\, k = 1, \dots, m\}$ glatter Funktionen bzgl. der Normen $\|\cdot\|_{m;\Omega}$ (Äquivalenzklassenbildung) erhält man die bekannten Sobolew-Räume $H^m(\Omega)$, $m \in \mathbb{N}$, bzw. $L^2(\Omega)$ für $m = 0$. Diese Konstruktion lässt auch Gebiete Ω mit Rissen zu. Für mehr Details über Sobolew-Räume und Eigenschaften der enthaltenen Funktionen verweisen wir auf die Monographien Sobolew [19], Adams [4], Wloka [22] und auf den Band 3 in dieser Lecture Notes Reihe [3].

Für das Folgende machen wir eine Reihe grundlegender Voraussetzungen:

(V1) *Das Grundgebiet $\Omega \subset \mathbb{R}^3$ besitzt einen Rand $\partial\Omega$, welcher der „eingeschränkten Kegelbedingung“ genügt, d. h.: Es existieren eine endliche offene Kugelüberdeckung $\{O_k, k = 1, \dots, N\}$ von $\overline{\Omega}$ und zugehörige Kreiskegel $K_0(\Gamma_k, R)$ mit Radius $R > 0$ und Einheitssphärenabschnitt $\Gamma_k \subset S_1$, $|\Gamma_k| = \gamma_0 > 0$, so dass für jeden Punkt $\xi \in \Omega \cap O_k$ der Kegel $K_\xi(\Gamma_k, R) \subset \Omega$ ist. O.b.d.A. kann angenommen werden, dass die Kugeln O_k den Radius R und ihren Mittelpunkt in Ω haben.*

Diese Bedingung ist etwa erfüllt, wenn $\partial\Omega \in C^2$ oder stückweise glatt ohne degenerierte Randpunkte oder Kurven ist. Dann kann $H^m(\Omega)$, so wie wir ihn definiert haben, identifiziert werden mit dem Raum der L^2-Funktionen mit verallgemeinerten (distributionellen) m-ten Ableitungen in $L^2(\Omega)$.

(V2) *Der Randteil $\partial\Omega_u \subset \partial\Omega$ besitzt ein positives Oberflächenmaß $|\partial\Omega_u| > 0$ und enthält mindestens drei linear unabhängige innere Punkte.*

Dann ist der Abschluss $V_0 := H_0^1(\partial\Omega_u;\Omega)$ des Teilraums

$$\{u \in C^\infty(\overline{\Omega}) : \ u = 0 \ \text{auf}\ \partial\Omega_u\} \subset H^1(\Omega)$$

ein echter Teilraum von $H^1(\Omega)$. Er enthält alle H^1-Funktionen, welche im „verallgemeinerten Sinne" auf $\partial\Omega_u$ verschwinden. Für Vektorfunktionen $v \in H_0^1(\partial\Omega_u;\Omega)^3$ gilt dann die „Poincarésche Ungleichung":

$$\|v\|_\Omega \le c_{\text{poin}}\|\nabla v\|_\Omega. \tag{3.2.53}$$

Dabei bezeichnen sinngemäß $H^m(\Omega)^3$ den Raum der Vektorfelder mit Komponenten in $H^m(\Omega)$. Ferner gilt für jede lineare Funktion $w(\xi) = a + b\cdot\xi$ mit $w = 0$ auf $\partial\Omega_u$ dann notwendig $w = 0$ auf ganz Ω. Für die „Spur" von Funktionen $v \in C^1(\overline{\Omega})$ gilt die sog. „Spurabschätzung":

$$\|v\|_{\partial\Omega} \le c_{\text{spur}}\|v\|_{1;\Omega}. \tag{3.2.54}$$

Dies gestattet es, auch für H^1-Funktionen eine Einschänkung (ihre „Spur") auf $\partial\Omega$ zu erklären. Seien nämlich $v \in H^1(\Omega)$ und $v_k \in C^1(\overline{\Omega}), k \in \mathbb{N}$, approximierende Funktionen mit $\|v_k - v\|_1 \to 0$ $(k \to \infty)$. Dann bilden aufgrund der Spurabschätzung die Spuren $v_{k|\partial\Omega}$ eine Cauchy-Folge im Hilbert-Raum $L^2(\partial\Omega)$. Mit deren Limes $\tilde{v} \in L^2(\partial\Omega)$ wird dann $v_{|\partial\Omega} := \tilde{v}$, gesetzt. Die Spurabschätzung überträgt sich so auf ganz $H^1(\Omega)$.

(V3) *Der Elastiziätstensor $C = (C_{ijkl})_{i,j,k,l=1}^3$ ist auf Ω symmetrisch und gleichmäßig beschränkt,*

$$C_{ijkl} = C_{klij} \in L^\infty(\Omega), \quad i,j,k,l = 1,2,3, \tag{3.2.55}$$

sowie positiv definit

$$C_{ijkl}\epsilon_{ij}\epsilon_{kl} > 0 \tag{3.2.56}$$

für alle symmetrischen Tensoren $\epsilon = (\epsilon_{ij})_{i,j=1}^3 \ne 0$.

(V4) *Die äußeren Belastungen erfüllen $f \in L^2(\Omega)^3$, $\sigma^\partial \in L^2(\partial\Omega)^{3\times 3}_{\text{sym}}$, und die Randverschiebung ist gegeben als globales Felder bzw. als Spur eines solchen: $u^\partial \in H^1(\Omega)^3$.*

Unter den Voraussetzungen (V1) - (V4) sind die Bilinearform

$$a(u,v) := \int_\Omega C\epsilon(u) : \epsilon(v)\, d\xi = \tfrac{1}{4}\int_\Omega C(\nabla u + \nabla u^T) : (\nabla v + \nabla v^T)\, d\xi$$

und die Linearform

$$l(v) := \int_\Omega f\cdot v\, d\xi + \int_{\partial\Omega_\sigma} n\cdot\sigma^\partial\cdot v\, do.$$

wohldefiniert auf dem Hilbert-Raum $H^1(\Omega)^3$ und offensichtlich auch beschränkt (bzw. stetig),

$$|a(u,v)| \leq \alpha \|u\|_{1;\Omega} \|v\|_{1;\Omega}, \quad |l(v)| \leq \beta \|v\|_{1;\Omega}, \qquad u,v \in H^1(\Omega)^3. \tag{3.2.57}$$

Darüberhinaus ist die Bilinearform $a(\cdot,\cdot)$ definit auf Verschiebungen u mit zugehörigen symmetrischen Verzerrungstensoren gemäß

$$a(u,u) \geq \gamma \|\epsilon(u)\|_{\Omega}^2, \quad u \in H^1(\Omega)^3. \tag{3.2.58}$$

Definition 3.3 (Schwache Formulierung): *Die sog. „(primale) schwache" Formulierung der Grundaufgabe der linearen Elastizitätstheorie sucht ein Verschiebungsvektorfeld* $u \in H^1(\Omega)^3$ *mit den Eigenschaften* $u - u^\partial \in V_0 := H_0^1(\partial\Omega_u;\Omega)^3$ *und*

$$a(u,\varphi) = l(\varphi) \quad \forall \varphi \in V_0. \tag{3.2.59}$$

Man überzeugt sich leicht davon, dass jede klassische Lösung $u \in C^2(\Omega)^3 \cap C^1(\Omega \cup \partial\Omega_0)^3 \cap C(\Omega \cup \partial\Omega_u)^3$ der Grundaufgabe automatisch auch „schwache" Lösung ist. Umgekehrt genügt jede solche „schwache" Lösung, wenn sie regulär genug ist, notwendigt den Gleichungen einer klassischen Lösung. Es handelt sich hierbei also um eine wirkliche Verallgemeinerung der klassischen Formulierung der Grundaufgabe. Dass der so definierte „schwache" Lösungsbegriff adäquat für das vorliegende Problem ist, zeigt der folgende Satz:

Satz 3.7 (Existenzsatz): *Unter den Voraussetzungen (V1) - (V4) besitzt die Grundaufgabe der linearen Elastizitätstheorie eine eindeutig bestimmte „schwache" Lösung. Diese ist ein striktes Minimum des Energiefunktionals*

$$E(u) := \tfrac{1}{2}a(u,u) - l(u) \tag{3.2.60}$$

auf $u^\partial + H_0^1(\partial\Omega_u;\Omega)^3$ *. Ferner gilt die a priori Abschätzung*

$$\|u\|_{1;\Omega} \leq c_{\text{stab}}^{-1}\{c_{\text{poin}}\|f\|_\Omega + c_{\text{spur}}\|q^\partial\|_{\partial\Omega_\sigma} + \alpha\|u^\partial\|_{1;\Omega}\}, \tag{3.2.61}$$

mit einer Konstante $c_{\text{stab}} > 0$ *.*

Beweis: i) Wir wollen zeigen, dass die Bilinearform $a(\cdot,\cdot)$ auf dem Hilbert-Raum V_0 ein Skalarprodukt definiert, das äquivalent zum üblichen V_0-Skalarprodukt ist:

$$c_0\|v\|_{1;\Omega}^2 \leq a(v,v) \leq c_1\|v\|_{1;\Omega}^2, \quad v \in V_0.$$

Dazu bleibt aufgrund der vorausgesetzten Beschränktheit der Bilinearform $a(\cdot,\cdot)$, deren Definitheit (bzw. Stabilität) zu zeigen:

$$a(v,v) \geq c_{\text{stab}}\|v\|_{1;\Omega}^2, \quad v \in V_0. \tag{3.2.62}$$

Dann garantiert der Darstellungssatz von Riesz, dass zu der auf V_0 beschränkten Linearform

$$F(\cdot) := l(\cdot) - a(u^\partial, \cdot)$$

ein eindeutig bestimmtes Element $w \in V_0$ existiert, mit dem gilt:

$$a(w, \varphi) = F(\varphi) = l(\varphi) - a(u^\partial, \varphi) \quad \forall \varphi \in V_0.$$

Das Element $u := w + u^\partial \in H^1(\Omega)^3$ erfüllt dann $u - u^\partial \in V_0$ sowie

$$a(u, \varphi) = l(\varphi) \quad \forall \varphi \in V_0,$$

d. h. ist die gesuchte (eindeutig bestimmte) schwache Lösung der Grundaufgabe.

ii) Der Beweis der strikten Minimalität des Energierfunktionals $E(\cdot)$ für u kann dann analog zum Beweis des klassischen Prinzips vom Minimum der potentiellen Energie erfolgen. Der Vollständigkeit halber rekapitulieren wir den Beweis. Für die variationelle Lösung $u \in u^\partial + V_0$ gilt mit jeder anderen Funktion $v \in u^\partial + V_0$:

$$\begin{aligned}
E(v) - E(u) &= \tfrac{1}{2}a(v, v) - l(v) - \tfrac{1}{2}a(u, u) + l(u) \\
&= \tfrac{1}{2}a(v, v) - l(v - u^\partial) - l(u^\partial) - \tfrac{1}{2}a(u, u) + l(u - u^\partial) + l(u^\partial) \\
&= \tfrac{1}{2}a(v, v) - a(u, v - u^\partial) - l(u^\partial) - \tfrac{1}{2}a(u, u) + a(u, u - u^\partial) + l(u^\partial) \\
&= \tfrac{1}{2}a(v, v) - a(u, v) + \tfrac{1}{2}a(u, u) \\
&= \tfrac{1}{2}a(v - u, v - u) \geq 0.
\end{aligned}$$

Folglich ist u striktes Minimum des Energiefunktionals.

iii) Die a priori Abschätzung für u erhalten wir aus der folgenden Abschätzung:

$$\begin{aligned}
c_{\text{stab}} \|u - u^\partial\|_{1;\Omega}^2 \leq a(u - u^\partial, u - u^\partial) &= a(u, u - u^\partial) - a(u^\partial, u - u^\partial) \\
&= (f, u - u^\partial) + (q^\partial, u - u^\partial)_{\Gamma_p} - a(u^\partial, u - u^\partial) \\
&\leq \{c_{\text{poin}} \|f\|_\Omega + c_{\text{spur}} \|q^\partial\|_{\partial\Omega_\sigma} + \alpha \|u^\partial\|_{1;\Omega}\} \|u - u^\partial\|_1.
\end{aligned}$$

iv) Die Definitheitsabschätzung (3.2.62) ist eine Folgerung aus der sog. „2. Kornschen Ungleichung"

$$\|v\|_{1;\Omega} \leq \gamma_{\text{korn}} \{\|\epsilon(v)\|_\Omega + \|v\|_\Omega\}, \quad v \in H^1(\Omega)^3, \tag{3.2.63}$$

deren Beweis weiter unten gegeben wird. Mit Hilfe der Definitheit des Elastizitätstensors auf symmetrischen Dyaden folgt daraus

$$c_1 \|u\|_{1;\Omega}^2 \leq \{a(u, u) + \|u\|_\Omega^2\}, \quad v \in H^1(\Omega)^3.$$

Wenn nun die behauptete Ungleichung nicht gälte, so gäbe es notwendig eine Folge von Feldern $v^{(k)} \in V_0$, $k \in \mathbb{N}$, mit den Eigenschaften

$$\|v^{(k)}\|_{1;\Omega} = 1, \quad a(v^{(k)}, v^{(k)}) \to 0 \quad (k \to \infty).$$

Der Kompaktheitssatz von Rellich besagt, dass die Einbettung $H^1(\Omega) \subset L^2(\Omega)$ kompakt ist. Folglich existiert ein Feld $v \in V_0$, so dass für eine Teilfolge $\mathbb{N}' \subset \mathbb{N}$ gilt:

$$\|v^{(k)} - v\|_\Omega \to 0, \qquad (\nabla(v^{(k)} - v), \nabla\varphi)_\Omega \to 0 \quad (k \in \mathbb{N}', k \to \infty).$$

Die letzte Aussage entspricht der „schwachen“ Konvergenz im Hilbert-Raum V_0. Damit erschließen wir

$$\begin{aligned} c_1\|v^{(k)} - v\|_{1;\Omega}^2 &\leq a(v^{(k)} - v, v^{(k)} - v) + \|v^{(k)} - v\|_\Omega^2 \\ &= a(v^{(k)}, v^{(k)}) - 2a(v^{(k)}, v) + a(v, v) + \|v^{(k)} - v\|_\Omega^2 \\ &\to -a(v, v) \leq 0 \quad (k \in \mathbb{N}', k \to \infty), \end{aligned}$$

d. h. die „starke“ Konvergenz $\|v^{(k)} - v\|_{1;\Omega} \to 0 \ (k \in \mathbb{N}', k \to \infty)$. Wegen $a(v^{(k)}, v^{(k)}) \to 0$ impliziert dies notwendig $a(v, v) = 0$ bzw. $\epsilon(v) = 0$. Folglich ist das Feld von der Gestalt $v(\xi) = b - B\xi$ mit einem konstanten Vektor $b \in \mathbb{R}^3$ und einer konstanten, schiefsymmetrischen Matrix $B \in \mathbb{R}^{3\times 3}$. Wegen $v = 0$ auf $\partial\Omega_u$ folgt so gemäß Voraussetzung notwendig $v = 0$ und damit der Widerspruch $\|v^{(k)}\|_{1;\Omega} \to 0 \ (k \in \mathbb{N}', k \to \infty)$. Q.E.D.

Der zusammenhang zwischen der primalen „schwachen“ Formulierung (3.2.59) der Grundaufgabe und der klassischen Formulierung (3.2.42-3.2.44) stellt das folgende Resultat her.

Satz 3.8 (Regularität): *Unter den Voraussetzungen (V1) - (V4) und den zusätzlichen Regularitätsannahmen*

$$\partial\Omega_u, \partial\Omega_\sigma \in C^{2+\alpha}, \quad C \in C^2(\overline{\Omega}), \quad f \in C^\alpha(\overline{\Omega})^3, \quad \sigma^\partial \in C^{1+\alpha}(\overline{\Omega})^{3\times 3}_{\text{sym}}, \quad u^\partial \in C^{2+\alpha}(\overline{\Omega})^3,$$

ist die schwache H^1-Lösung der Grundaufgabe auch klassisch, d. h.:

$$u \in C^2(\Omega)^3 \cap C^1(\Omega \cup \partial\Omega_\sigma)^3 \cap C(\Omega \cup \partial\Omega_u)^3.$$

In den Berührungspunkten der Randteile $\partial\Omega_\sigma$ und $\partial\Omega_u$ weist die Lösung u i. Allg. ein gewisses singuläres Verhalten auf (unbeschränkter Verschiebungsgradient bzw. Spannungstensor). Der tiefliegende Beweis dieses Satzes liegt außerhalb des Rahmens dieses Textes (siehe dazu die angegebene Literatur zur Theorie partieller Differentialgleichungen)

Der zu einer regulären Lösung u der *primalen* Formulierung Grundaufgabe gehörende Zustand $S = \{u, \epsilon, \sigma\}$ mit $\epsilon := \frac{1}{2}(\nabla u + \nabla u^T)$ und $\sigma := C\epsilon$ ist auch Lösung im Sinne der *gemischten* und der *dualen* Formulierung.

Zum Abschluss dieses Abschnitts diskutieren wir die oben verwendete sog. „Kornsche Ungleichung“ (Korn[16] 1906).

[16] Arthur Korn (1870–1945): Deutscher Physiker und Mathematiker; Studium der Mathematik und Physik in Freiburg und Leipzig; Habilitation 1895 in München, ab 1914 Prof. für Physik an der TU Berlin; Arbeiten zu Elastizittstheorie, Potentialtheorie, theoretischer Mechanik, Integralgleichungen und Problemen der Elektrotechnik und Quantenmechanik; konstruierte das ersten bildtelegraphische System (1916); wegen seiner jüdischen Herkunft 1933 aus dem Universitätsdienst entlassen, emigrierte aber erst 1939 in die USA, dort Prof. für Physik und Mathematik am Stevens Institute of Technology in Hoboken, New Jersey.

Lemma 3.4 (1. Kornsche Ungleichung): *Im Fall $\partial\Omega_u = \partial\Omega$ gilt für Felder $v \in H_0^1(\Omega)^3$ die sog. „1. Kornsche Ungleichung“*

$$\|\nabla v\|_\Omega \leq c_{\text{korn}} \|\epsilon(u)\|_\Omega. \tag{3.2.64}$$

An das Gebiet Ω (offene Punktmenge) müssen in diesem Fall keinerlei einschränkende Regularitätsbedingungen gestellt werden.

Beweis: Es genügt, die behauptete Ungleichung für Felder $v \in C_0^\infty(\Omega)^3$ zu beweisen. Mit Hilfe des üblichen Stetigkeitsarguments überträgt sie sich dann auf ganz $H_0^1(\Omega)^3$. Durch mehrfache Anwendung des Gaußschen Integralsatzes und Beachtung von $v = 0$ und $\nabla v = 0$ auf $\partial\Omega$ erhalten wir:

$$\int_\Omega \partial_j v_i \partial_i v_j \, d\xi = \int_\Omega \partial_i v_i \partial_j v_j \, d\xi = \int_\Omega |\text{div} v|^2 \, d\xi.$$

Die Beziehungen

$$\|\epsilon(v)\|_\Omega^2 = \tfrac{1}{4} \int_\Omega |\partial_j v_i + \partial_i v_j|^2 \, d\xi = \tfrac{1}{2} \int_\Omega (|\partial_j v_i|^2 + \partial_j v_i \partial_i v_j) \, d\xi \geq \tfrac{1}{2} \|\nabla v\|_\Omega^2$$

vervollständigen dann den Beweis. Q.E.D.

Die sog. „2. Kornsche Ungleichung“ bezieht sich auf Felder, welche keinen Randbedingungen unterworfen sind.

Lemma 3.5 (2. Kornsche Ungleichung): *Für Felder $v \in H^1(\Omega)^3$ gilt die sog. „2. Kornsche Ungleichung“*

$$\|\nabla v\|_\Omega \leq c_{\text{korn}} \{\|\epsilon(u)\|_\Omega + \|v\|_\Omega\}. \tag{3.2.65}$$

Diese Ungleichung gilt für Gebiete mit glattem Rand $\partial\Omega \in C^1$, für Polygon- und Polyedergebiete und allgemeiner für Gebiete mit Lipschitz-Rand.

Beweis: Der vergleichsweise schwierige Beweis dieser Ungleichung wurde erstmals von Friedrichs[17](1947) gegeben. Eine vereinfachten Variante geht auf Fichera[18] (1965) zurück, die wir weiter unten darstellen. Ein weitgehend elementarer Beweis wurde von Nitsche[19] (1981) gegeben, dessen Idee wir zunächst skizzieren.

[17] Otto Paul Friedrichs (1901–1982): Deutscher Mathematiker; Prof. in Braunschweig, emigrierte 1937 nach USA ans Courant-Institut in New York; wichtige Beiträge zu partiellen Differentialgleichungen der mathematischen Physik.

[18] Gaetano Fichera (1922–1996): Italienischer Mathematiker; seit 1949 Prof. für Analysis in Triest, ab 1956 in Rom; Beiträge zu den Gebieten Variationsrechnung, Funktionalanalysis, Approximationstheorie, Theorie partieller Differentialgleichungen, Potentialtheorie, Ma- und Integrationstheorie, Funktionentheorie, Numerische Analysis, Differentialformen und deren Anwendungen u. a. in der Elastizittstheorie.

[19] Joachim A. Nitsche (1926–1996): Deutscher Mathematiker; Prof. in Freiburg; fundamentale Beiträge zur Theorie der Finite-Elemente-Methode.

i) Der wesentliche erste Schritt besteht in der Konstruktion eines Fortsetzungsoperators $E : H^1(\Omega)^3 \to H_0^1(\mathbb{R}^3)^3$ mit der Eigenschaft

$$\|\epsilon(Eu)\|_{\mathbb{R}^3} \leq c\{\|\epsilon(u)\|_\Omega + \|u\|_\Omega\}.$$

Dabei ist $H_0^1(\mathbb{R}^3)$ die Vervollständigung des Raumes $C_0^\infty(\mathbb{R}^3)^3$ der C^∞-Funktionen mit kompaktem Träger bzgl. der H^1-Norm $\|u\|_{1;\mathbb{R}^3} = (\|\nabla u\|_{\mathbb{R}^3}^2 + \|u\|_{\mathbb{R}^3}^2)^{1/2}$. Diese nicht-triviale Konstruktion ist der „harte Kern" des Beweises. Im zweiten Schritt wird der Rand $\partial\Omega)$ des gegebenen Gebiets Ω durch eine endliche Menge von Kugeln $K_n, n = 1, \dots N$, mit Zentrum auf $\partial\Omega$ überdeckt,

$$\Omega_n := \Omega \cap K_n$$

Weiter wählen wir ein Gebiet $\Omega_0 \subset\subset \Omega$, so dass Ω_0 und die Ω_n eine Überdeckung von Ω bilden. Sei $\{\varphi_n,\, n \in \mathbb{N}_0\}$ eine zugehörige Zerlegung der Eins, d. h.:

$$\varphi_n \in C_0^\infty(\Omega_n), \qquad \sum_{n=0}^N \varphi_n = 1.$$

Für $u \in H^1(\Omega)^3$ definieren wir die Zerlegung

$$u = \sum_{n=0}^N u^{(n)}, \qquad u^{(n)} := \varphi_n u.$$

Anwendung der 1. Kornschen Ungleichung für $Eu^{(n)}$ und der obigen a priori Abschätzung impliziert

$$\|\nabla u^{(n)}\|_{\mathbb{R}^3} \leq c\|\epsilon(u^{(n)})\|_{\mathbb{R}^3}.$$

Wegen

$$\epsilon_{ij}(u^{(n)}) = \varphi_n \epsilon_{ij} + \tfrac{1}{2}(u_i\partial_j\varphi_n + u_j\partial_i\varphi_n)$$

ergibt sich

$$\|\epsilon(u^{(n)}\| \leq c\{\|\epsilon(u)\|_\Omega + \|u\|_\Omega\}.$$

Summation dieser Abschätzung über $n = 0, 1, \dots, N$ vervollständigt den Beweis.

ii) Wir skizzieren nun noch den sehr technischen Beweis nach Fichera. Seien $\{O_\nu, \nu = 1, \dots, N\}$ eine (endliche) offene Überdeckung von $\bar\Omega$ und $\{\varphi_\nu,\, \nu = 1, \dots, N\}$ eine zugehörige „Zerlegung der Eins" mit den Eigenschaften

$$\varphi_\nu \in C_0^\infty(O_\nu), \qquad \sum_{\nu=1}^N \varphi_\nu^2 \equiv 1 \ \text{ auf } \overline{\Omega}.$$

Damit ist für ein beliebiges $v \in H^1(\Omega)^3$

$$\int_\Omega |\partial_k v_i|^2\, dx = \sum_{\nu=1}^N \int_\Omega |\varphi_\nu \partial_k v_i|^2\, dx \leq c\sum_{\nu=1}^N \int_\Omega |\partial_k(\varphi_\nu v_i)|^2\, dx + c\|v\|_\Omega^2.$$

Ferner ist aufgrund analoger Überlegungen

$$\sum_{\nu=1}^{N} \|\varepsilon(\varphi_\nu v)\|_\Omega^2 \le c\big\{\|\varepsilon(v)\|_\Omega^2 + \|v\|_\Omega^2\big\}.$$

Für den Beweis der Behauptung genügt es also, für $\nu \in \{1,\dots,N\}$ zu zeigen:

$$\int_\Omega |\partial_k(\varphi_\nu v_i)|^2\,dx \le c\int_\Omega |\partial_k(\varphi_\nu v_i) + \partial_i(\varphi_\nu v_k)|^2\,dx\,. \tag{3.2.66}$$

Für beliebiges aber festes $\nu \in \{1,\dots,N\}$ sei gesetzt:

$$v := \varphi_\nu v, \quad O := O_\nu, \quad \Gamma := \Gamma_\nu = \partial O_\nu,$$

wobei wieder o.B.d.A. $v \in C^\infty(\bar\Omega)$ angenommen werden kann. Für beliebiges $x \in O\cap\Omega$ ist dann (wegen $v \equiv 0$ auf O^c) mit einem festen Punkt $\omega \in \Gamma$:

$$v(x) = \int_0^R \partial_\rho^2 v(x+\rho\omega)\rho\,d\rho.$$

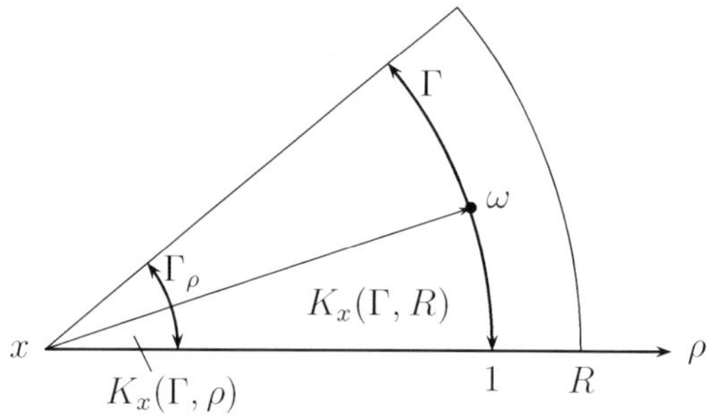

Abbildung 3.4: Konfigurationsskizze zum Beweis

Die ρ-Ableitungen lassen sich schreiben als

$$\partial_\rho^2 v = \partial_l\partial_k v\partial_\rho y_k\partial_\rho y_l, \quad \partial_\rho^2 y_k \equiv 0,$$
$$y = x+\rho\omega, \quad \partial_\rho y_k = \frac{(y-x)_k}{|y-x|}, \quad |y-x| = \rho\,.$$

Also ergibt sich

$$v(x) = \int_0^R \partial_l\partial_k v(y)\frac{(x-y)_k(x-y)_l}{|x-y|}\,d\rho\,.$$

Sei nun $\psi = \psi(\omega)$ eine Funktion auf der Einheitssphähre S_1 mit den Eigenschaften

$$\psi \in C_o^\infty(\Gamma), \qquad \int_\Gamma \psi(\omega)\,d\omega = 1.$$

Damit wird dann nach Multiplikation mit ψ und anschließender Integration über Γ:

$$v(x) = \int_{K_x(\Gamma,R)} \partial_l \partial_k v(y) \frac{(x-y)_k (x-y)_l}{|x-y|^3} \psi\left(\frac{y-x}{|y-x|}\right) dy,$$

wobei

$$\int_\Gamma \int_0^R \ldots \rho^2 \, d\rho \, d\omega = \int_{K_x(\Gamma,R)} \ldots \, dy, \quad \omega = \frac{y-x}{|y-x|}.$$

Mit Hilfe der folgenden Identität für $\varepsilon = \varepsilon(v)$

$$\begin{aligned} 2\partial_l \partial_k v_i &= \partial_k(\partial_l v_i + \partial_i v_l) + \partial_l(\partial_k v_i + \partial_i v_k) - \partial_i(\partial_k v_l + \partial_l v_k) \\ &= \partial_k \varepsilon_{il} + \partial_l \varepsilon_{ik} - \partial_i \varepsilon_{lk} \end{aligned}$$

erhalten wir weiter

$$v_i(x) = \int_{K_x(\Gamma,R)} (\partial_k \varepsilon_{il} + \partial_l \varepsilon_{ik} - \partial_i \varepsilon_{lk})(y) M_{kl}(y-x) \, dy \tag{3.2.67}$$

mit der „Kernfunktion"

$$M_{kl}(y-x) = \frac{(y-x)_k (y-x)_l}{|y-x|^3} \psi\Big(\frac{y-x}{|y-x|}\Big).$$

Zur Abkürzung wird nun gesetzt

$$\alpha_{il}^k(x) := \int_{K_x(\Gamma,R)} \partial_k \varepsilon_{il}(y) M_{kl}(y-x \, dy.$$

Dann ist

$$\begin{aligned} \partial_j \alpha_{il}^k(x) &= \int_{K_x(\Gamma,R)} \partial_k \varepsilon_{il}(y) \partial_{x_j} M_{kl}(y-x) \, dy \\ &= \lim_{\rho \to 0} \int_{K_x(\Gamma,R) \setminus K_x(\Gamma,\rho)} \ldots \, dy\,, \end{aligned}$$

und nach partieller Integration nach y_k:

$$\begin{aligned} \partial_j \alpha_{il}^k(x) = &- \lim_{\rho \to 0} \int_{K_x(\Gamma,R) \setminus K_x(\Gamma,\rho)} \varepsilon_{il}(y) \partial_{x_j} \partial_{y_k} M_{kl}(y-x) \, dy \\ &+ \lim_{\rho \to 0} \int_{\Gamma_\rho} \varepsilon_{il}(y) \partial_{x_j} M_{kl}(y-x) n_j \, d\omega. \end{aligned}$$

Auf dem kugelflächenstück Γ und auf dem Kegelmantel verschwindet der Integrand nach Konstruktion. Bei Transformation $y = \rho\omega \to \omega$ geht das Flächenintegral über in

$$\lim_{\rho \to 0} \int_{\Gamma_\rho} \partial_{x_j} M_{kl}(y-x) n_j \, d\Omega = - \lim_{\rho \to 0} \int_\Gamma \varepsilon_{il}(x + \rho\omega) \partial_{x_j} M_{kl}(\Omega) \omega_j \, d\omega.$$

Wir finden also

$$\partial_j \alpha_{il}^k(x) = -\lim_{\rho\to 0} \int_{K_x(\Gamma,R)} \varepsilon_{il}(y) S_{kl}^\rho(y-x)\, dy - \varepsilon_{il}(x)\kappa_{kl} \tag{3.2.68}$$

mit den Konstanten

$$\kappa_{kl} := \int_\Gamma \partial_{x_j} M_{kl}(\omega)\omega_j \, d\omega$$

und den Funktionen

$$S_{kl}^\rho(t) := \begin{cases} \partial_{x_j}\partial_{y_k} M_{kl}(t), & \rho \le |t| \le R, \\ 0, & sonst. \end{cases}$$

O.b.d.A. kann angenommen werden, dass $\bar{\Omega}$ in dem Würfel $Q := \{x \in \mathbb{R}^3 \mid |x_i| < \pi/2, i = 1,2,3\}$ enthalten ist und dass $\varepsilon = \varepsilon(v)$ außerhalb von $\bar{\Omega}$ durch Null fortgesetzt ist. Dann hat man

$$F_{ij}^{(\rho)}(x) := \int_{K_x(\Gamma,R)} \varepsilon_{il}(y) S_{kl}^\rho(y-x)\, dy = \int_Q \varepsilon_{il}(y) S_{kl}^\rho(y-x)\, dy.$$

Wir entwickeln nun $F_{ij}^{(\rho)}$ in eine Fourier-Reihe. Die Fourier-Koeffizienten haben die Gestalt, $s \in \mathbb{Z}^3$:

$$\begin{aligned} \int_Q F_{ij}^{(\rho)}(x) e^{isx}\, dx &= \int_Q \int_Q \varepsilon_{il}(y) S_{kl}^\rho(y-x) e^{isx}\, dy\, dx \\ &= \int_Q \int_Q \varepsilon_{il}(y) S_{kl}^\rho(y-x) e^{isy} e^{-is(y-x)}\, dy\, dx \\ &= \int_Q \varepsilon_{il}(y) e^{isy} \Big(\int_Q S_{kl}^\rho(y-x) e^{-is(y-x)}\, dx \Big)\, dy. \end{aligned}$$

Man überlegt nun, dass aufgrund der speziellen Struktur von S_{kl}^ρ die Integrale

$$I_{kl}^s := \int_Q S_{kl}^\rho(y-x) e^{-is(y-x)}\, dx = \int_Q S_{kl}^\rho(z) e^{-isz}\, dz$$

unabhängig von $y \in Q$ sind. Dies zu verifizieren sei als Übungsaufgabe gestellt. Wir werden hierfür zeigen, dass

$$|I_{kl}^s| \le c, \quad s \in \mathbb{Z}^3. \tag{3.2.69}$$

Dann folgt nach der Parsevalschen identität für Fourier-Reihen

$$\begin{aligned} \int_Q |F_{ij}^{(\rho)}(x)|^2\, dx &= \sum_{s\in\mathbb{Z}^3} \Big| \int_Q F_{ij}^{(\rho)}(x) e^{isx}\, dx \Big|^2 \\ &\le c \sum_{l=1}^3 \sum_{s\in\mathbb{Z}^3} \Big| \int_Q \varepsilon_{il}(y) e^{isy}\, dy \Big|^2 \le c \sum_{l=1}^3 \int_Q |\varepsilon_{il}(y)|^2\, dy. \end{aligned}$$

Für $x \in O \cap \Omega$ konvergiert nun nach Konstruktion (3.2.68)

$$F_{ij}^{(\rho)}(x) \to -\partial_j \alpha_{il}^k(x) - \kappa_{kl}\varepsilon_{il}(x) \quad (\rho \to 0).$$

Das Lemma von Fatou liefert dann die Beziehung (ohne Summation)

$$\int_\Omega |\partial_j \alpha_{il}(x)|^2\, dx \le c \sum_{l=1}^{3} \int_\Omega |\varepsilon_{il}(x)|^2\, dx.$$

und damit schließlich über (3.2.67)

$$\int_\Omega |\partial_j v_i(x)|^2\, dx \le c \sum_{k,l=1}^{3} \int_\Omega |\varepsilon_{kl}(x)|^2\, dx. \tag{3.2.70}$$

Dies beweist die gewünschte lokale Abschätzung (3.2.66). Es bleibt nur noch, den Beweis von (3.2.69) nachzutragen. Wir geben dazu nur eine Skizze und stellen die technischen Einzelheiten als Übung. Zunächst gilt mit einer Funktion

$$\tau_{kl} \in C_0^\infty(\Gamma), \qquad \int_\Gamma \tau_{kl}(\omega)\, d\omega = 0,$$

die Darstellung

$$\int_Q S_{kl}^\rho(z) e^{-isz}\, dz = \int_\Gamma \tau_{kl}(\omega) \int_\rho^R e^{-i\rho s\omega} \rho^{-1}\, d\rho\, d\omega.$$

Für $s \neq 0$ ist also mit $\alpha := |s|^{-1}s$:

$$I_{kl}^s = \int_\Gamma \tau_{kl}(\omega) \int_\rho^R \big(e^{-i\rho|s|\alpha} - e^{-\rho|s|}\big) \rho^{-1}\, d\rho\, d\omega.$$

Durch geeignete Aufspaltung des Integrationsintervalls und Reihenentwicklung lässt sich das Integral

$$\int_0^R \big(e^{-i\rho|s|\alpha} - e^{-\rho|s|}\big)\rho^{-1}\, d\rho$$

im wesentlichen auf das Dirichletsche Integral

$$\Big|\int_1^\infty e^{-it} t^{-1}\, dt\Big| < \infty$$

zurückführen und erweist sich so als gleichmäßig beschränkt bzgl. $s \in \mathbb{Z}^3$. Damit folgt schließlich (3.2.69), was den Beweis vervollständigt. Q.E.D.

3.2.4 Inkompressible Materialien

Einige elastische Materialien wie z. B. Gummi verhalten sich unter Deformation „inkompressibel“, d. h.: Die Deformation erfolgt so, dass materielle Volumina praktisch nicht zusammengedrückt werden. Dies wird wieder durch die lineare Differentialgleichungsnebenbedingung

$$\nabla \cdot u = 0 \tag{3.2.71}$$

ausgedrückt. Zur Berücksichtigung dieser Zusatzbedingung betrachten wir wieder das Energiefunktional des linear-elastischen Körpers

$$E(u) := \tfrac{1}{2}(C\epsilon(u), \epsilon(u))_\Omega - (f, u)_\Omega - (n \cdot \sigma^\partial, u)_{\partial\Omega_\sigma}$$

und minimieren es nun auf der Mannigfaltigkeit $u^\partial + V_0^{div}$, mit

$$V_0^{div} := \{v \in V_0 = H_0^1(\partial\Omega_u; \Omega)^3 | \nabla \cdot v = 0\} \subset V_0,$$

der kinematisch zulässigen Verschiebungsfelder, welche zusätzlich „divergenz-frei“ sind. Die Lösung ist dann charakterisiert durch

$$E(u) = \min_{v \in u^\partial + V_0^{div}} E(v).$$

Die Existenz eines eindeutig bestimmten Minimums zeigt man mit demselben Argument wie im obigen Fall. Das restringierte Minimierungsproblem lässt sich mit Hilfe des sog Euler-Lagrange-Ansatzes in ein unrestringiertes umformen. Dazu betrachten wir das „Lagrange-Funktional“

$$L(u, p) := \tfrac{1}{2}(C\epsilon(u), \epsilon(u))_\Omega - (f, u)_\Omega - (n \cdot \sigma^\partial, u)_{\partial\Omega_\sigma} - (p, \nabla \cdot u)_\Omega$$

mit dem „Lagrange-Multiplikator“ $p \in H := L^2(\Omega)$. Das Minimum u von $E(\cdot)$ auf $u^\partial + V_0^{div}$ ist dann charakterisiert als stationärer Punkt von $L(u, p)$, d. h. als Lösung des Sattelpunkt-Systems

$$\begin{aligned} \nabla_u L(u, p)(\delta u) &= 0 \quad \forall \delta u \in V_0, \\ \nabla_p L(u, p)(\delta p) &= 0 \quad \forall \delta p \in H, \end{aligned}$$

bzw. ausgeschrieben:

$$(C\epsilon(u), \epsilon(\varphi))_\Omega - (p, \nabla \cdot \varphi)_\Omega = (f, \varphi)_\Omega + (n \cdot \sigma^\partial, \varphi)_{\partial\Omega_\sigma} \quad \forall \varphi \in V_0, \tag{3.2.72}$$

$$(\nabla \cdot u, \chi)_\Omega = 0 \quad \forall \chi \in H. \tag{3.2.73}$$

Der Lagrange-Multiplikator p kann hier als ein „Druck“ interpretiert werden, den man auch über den Stokesschen Materialansatz

$$\sigma = -pI + 2\mu\epsilon + \lambda\,\mathrm{spur}(\epsilon)I$$

erhalten hätte. Die Existenz dieses Druckes ergibt sich aus der allgemeinen „inf-sup-Abschätzung“ für $\partial\Omega_u \neq \partial\Omega$:

$$\inf_{q \in L^2(\Omega)} \sup_{v \in V_0} \frac{(q, \nabla \cdot v)_\Omega}{\|q\|_\Omega \|\nabla v\|_\Omega} \geq \beta > 0, \tag{3.2.74}$$

oder deren speziellen Variante im Fall $\partial\Omega_u = \partial\Omega$:

$$\inf_{q \in L_0^2(\Omega)} \sup_{v \in H_0^1(\Omega)^3} \frac{(q, \nabla \cdot v)_\Omega}{\|q\|_\Omega \|\nabla v\|_\Omega} \geq \beta > 0, \tag{3.2.75}$$

mit dem Funktionenraum $L_0^2(\Omega) := \{q \in L^2(\Omega) : (q, 1)_\Omega = 0$. Diesen Zusammenhang und insbesondere den Beweis der „inf-sup-Abschätzung“ werden wir noch im Zusammenhang mit inkompressiblen Strömungen näher diskutieren.

3.2.5 Die Lamé-Naviersche Schwingungsaufgabe

Wir betrachten nun die volle instationäre Variante der Grundaufgabe der linearen Elastizitätstheorie bestehend aus dem Differentialgleichungssystem

$$\partial_t^2 u - \nabla \cdot C\varepsilon(u) = f \quad \text{in } \Omega \times (0,T], \tag{3.2.76}$$

kombiniert mit den Randbedingungen

$$u = u^\partial \quad \text{auf } \partial\Omega_u \times (0,T], \qquad n \cdot C\varepsilon(u) = n \cdot \sigma^\partial \quad \text{auf } \partial\Omega_\sigma \times (0,T], \tag{3.2.77}$$

und den Anfangsbedingungen

$$u(\cdot,0) = u^0, \quad \partial_t u(\cdot,0) = v^0 \quad \text{in } \Omega. \tag{3.2.78}$$

Der Elastizitätstensor C wird wieder als symmetrisch und positiv definit (auf symmetrischen Dyaden) angenommen; seine genaue Gestalt (z. B. für isotropes Material) spielt für das Folgende keine Rolle. Diese Anfangs-Randwertaufgabe hat die Struktur der skalaren Wellengleichung

$$\partial_t^2 u - c\Delta u = 0 \tag{3.2.79}$$

und wird daher zur Unterscheidung auch als „Elastische Wellengleichung“ bezeichnet. Da wir jetzt nur an freien Schwingungsvorgängen interessiert sind, werden die Volumenkraft sowie die Randdaten auf Null gesetzt, d. h.: $f = 0$, $u^\partial = 0$ und $\sigma^\partial = 0$. Der ganze Prozess wird also allein durch die Anfangsdaten bestimmt.

Die Eindeutigkeit von Lösungen der elastischen Wellengleichung erschließt man wieder am leichtesten mit „Hilbertraum-Argumenten“. Sei $u(x,t)$ eine klassische Lösung der Anfangs-Randwertaufgabe (3.2.76 -3.2.78) mit endlicher „Energie“ (kinetische + potentielle Energie)

$$E(t) := \tfrac{1}{2}\|\partial_t u(t)\|_\Omega^2 + \tfrac{1}{2}(C\varepsilon(u(t)), \varepsilon(u(t)))_\Omega < \infty.$$

Multiplikation der Differentialgleichung mit $\partial_t u$, Integration über Ω und anschließende partielle Integartion ergibt

$$0 = (\partial_t^2 u - \nabla \cdot C\varepsilon(u), \partial_t u)_\Omega = d_t\left(\tfrac{1}{2}\|\partial_t u\|_\Omega^2 + \tfrac{1}{2}(C\varepsilon(u), \varepsilon(u))_\Omega\right) = d_t E(t).$$

Dies impliziert, dass

$$\begin{aligned} E(t) &= \tfrac{1}{2}\|\partial_t u(t)\|^2 + \tfrac{1}{2}(C\varepsilon(u(t)), \varepsilon(u(t)))_\Omega \\ &= \tfrac{1}{2}\|v^0\|_\Omega^2 + \tfrac{1}{2}(C\varepsilon(u^0), \varepsilon(u^0))_\Omega = E(0), \end{aligned} \tag{3.2.80}$$

d. h.: Die Lösung ist eindeutig und hängt bzgl. der natürlichen Energienorm stetig von den Anfangsdaten ab. Ferner bleibt die Gesamtenergie $E(t)$ im System in der Zeit erhalten. Dies entspricht der Vorstellung, dass bei der Schwingung eines elastischen Körpers (bei Vernachlässigung von Dämpfung) im Verlaufe der Zeit keine Energie verloren geht. Ein „gutes“ Diskretisierungsverfahren für die Wellengleichung sollte diese kritische Eigenschaft möglichst gut wiedergeben.

Zum Nachweis der Existenz von Lösungen der elastischen Wellengleichung bedienen wir uns der sog. Fourier-Methode. Der elliptische Differentialoperator $L := -\operatorname{div} C\varepsilon(\cdot)$ kann als ein linearer (unbeschränkter) Operator im Hilbert-Raum $L^2(\Omega)^3$ mit dichtem Definitionsbereich

$$D(L) := \{v \in V_0 : \; Lv \in L^2(\Omega)^3 \text{ im Distributionssinne}\}$$

definiert werden. Dieser Operator ist wegen der Symmetrie und Koerzitivität der Energieform $(C\varepsilon(v), \varepsilon(v))_\Omega$ selbstadjungiert und positiv definit und folglich injektiv. Da die stationäre Randwertaufgabe mit homogenen Randdaten $u^\partial = 0$ und $\sigma^\partial = 0$ für jede rechte Seite $f \in L^2(\Omega)^3$ eine eindeutig bestimmte „schwache" Lösung in V_0 besitzt, ist dieser Operator auch surjektiv und hat eine beschränkte Inverse $L^{-1} : L^2(\Omega)^3 \to L^2(\Omega)^3$. Wegen des Rellichschen Auswahlsatzes ist diese Inverse auch kompakt. Folglich ist die Theorie Fredholmscher Operatoren anwendbar. Insbesondere gilt das folgende Lemma:

Lemma 3.6: *Das Spektrum des selbstadjungierten, positiv definiten Differentialoperators L in $L^2(\Omega)^3$ mit kompakter Invereser besteht nur aus reelle Eigenwerte, welche positiv sind und sich nicht im Endlichen häufen können*

$$0 < \lambda_1 \leq \cdots \leq \lambda_k \leq \dots .$$

Ferner existiert ein zugehöriges Orthonormalsystem von Eigenfunktionen $\{w^{(k)} \in V_0, k \in \mathbb{N}\}$, mit Hilfe dessen sich jedes $u \in V_0$ darstellen lässt in der Form (verallgemeinerte Fourier-Reihe und Parsevalsche Identität)

$$u = \sum_{k=1}^{\infty} (u, w^{(k)})_\Omega w^{(k)}, \qquad \|u\|_\Omega^2 = \sum_{k=1}^{\infty} |(u, w^{(k)})_\Omega|^2, \tag{3.2.81}$$

wobei die Reihe bzgl. der L^2-Norm sowie der H^1-Norm konvergiert.

Satz 3.9: *Die Anfangsdaten seien $u^0 \in D(L)$ und $v^0 \in V_0$ und haben die Entwicklungen*

$$u^0 = \sum_{k=1}^{\infty} u_k^0 w^{(k)}, \qquad u^0 = \sum_{k=1}^{\infty} v_k^0 w^{(k)}.$$

Dann stellt die Reihe

$$u(\xi, t) = \sum_{k=1}^{\infty} \Big\{ u_k^0 \cos(\sqrt{\lambda_k}\, t) + \frac{1}{\sqrt{\lambda_k}} v_k^0 \sin(\sqrt{\lambda_k}\, t) \Big\} w^{(k)}(\xi) \tag{3.2.82}$$

eine Funktion dar, welche die Anfangs-Randwertaufgabe der elastischen Wellengleichung löst. Dabei konvergieren die gliedweise differenzierten Reihen für $\partial_t^2 u$ und Lu im L^2-Sinne und auch die Anfangswerte werden im L^2-Sinne angenommen.

Beweis: Wir machen den formalen Lösungsansatz (Separation der Variablen)

$$u(\xi,t) = \sum_{k=1}^{\infty} \{u_k^0 w^{(k)}(\xi)\varphi_k(t) + v_k^0 w^{(k)}(\xi)\psi_k(t)\}$$

mit gewissen Funktionen $\varphi_k(t)$ und $\psi_k(t)$. Einsetzen in die Wellengleichung ergibt die Bedingung (unter der Annahme der Konvergenz der Reihe)

$$\begin{aligned}
0 &= \partial_t^2 u - \operatorname{div}(C\nabla u)\\
&= \sum_{k=1}^{\infty} \{u_k^0 w^{(k)}\varphi_k''(t) - u_k^0 \nabla\cdot(C\nabla w^{(k)})\varphi_k(t) + v_k^0 w^{(k)}\psi_k''(t) - v_k^0\nabla\cdot(C\nabla w^{(k)})\psi_k(t)\}\\
&= \sum_{k=1}^{\infty} \{u_k^0 w^{(k)}\varphi_k''(t) + u_k^0\lambda_k w^{(k)}\varphi_k(t) + v_k^0 w^{(k)}\psi_k''(t) + v_k^0\lambda_k w^{(k)}\psi_k(t)\}.
\end{aligned}$$

Hieraus entnehmen wir die folgenden Gleichungen für die Funktionen φ_k und ψ_k:

$$\begin{aligned}
&\varphi_k''(t) + \lambda_k\varphi_k(t) = 0, \quad t\ge 0, \quad \varphi_k(0) = 1, \ \ \varphi_k'(0) = 0,\\
&\psi_k''(t) + \lambda_k\psi_k(t) = 0, \quad t\ge 0, \quad \psi_k(0) = 0, \ \ \psi_k'(0) = 1.
\end{aligned}$$

Die zugehörigen (eindeutig bestimmten) Lösungen sind

$$\varphi_k(t) = \cos(\sqrt{\lambda_k}\,t), \quad \psi_k(t) = \frac{1}{\sqrt{\lambda_k}}\sin(\sqrt{\lambda_k}\,t), \quad k\in\mathbb{N}.$$

Damit ergibt sich der Lösungsansatz

$$u(\xi,t) = \sum_{k=1}^{\infty} \{u_k^0\cos(\sqrt{\lambda_k}\,t) + \frac{1}{\sqrt{\lambda_k}} v_k^0\sin(\sqrt{\lambda_k}\,t)\}w^{(k)}(\xi). \tag{3.2.83}$$

Wenn $u^0\in D(L)$ und $v\in V_0$ ist, gilt:

$$\begin{aligned}
\|u(t)\|_\Omega^2 &= \sum_{k=1}^{\infty} |u_k^0\cos(\sqrt{\lambda_k}\,t)|^2 + \sum_{k=1}^{\infty}\frac{1}{\lambda_k}|v_k^0\sin(\sqrt{\lambda_k}\,t)|^2 \le \|u^0\|_\Omega^2 + \frac{1}{\lambda_1}\|v^0\|_\Omega^2,\\
\|\partial_t u(t)\|_\Omega^2 &= \sum_{k=1}^{\infty}\lambda_k|u_k^0\sin(\sqrt{\lambda_k}\,t)|^2 + \sum_{k=1}^{\infty}|v_k^0\cos(\sqrt{\lambda_k}\,t)|^2 \le \alpha\|\nabla u^0\|_\Omega^2 + \|v^0\|_\Omega^2,\\
\|\partial_t^2 u(t)\|_\Omega^2 &= \sum_{k=1}^{\infty}\lambda_k^2|u_k^0\sin(\sqrt{\lambda_k}\,t)|^2 + \sum_{k=1}^{\infty}\lambda_k|v_k^0\cos(\sqrt{\lambda_k}\,t)|^2 \le \|Lu^0\|_\Omega^2 + \alpha\|\nabla v^0\|_\Omega^2,\\
\|Lu(t))\|_\Omega^2 &= \sum_{k=1}^{\infty}\lambda_k^2|u_k^0\sin(\sqrt{\lambda_k}\,t)|^2 + \sum_{k=1}^{\infty}\lambda_k|v_k^0\cos(\sqrt{\lambda_k}\,t)|^2 \le \|Lu^0\|_\Omega^2 + \alpha\|\nabla v^0\|_\Omega^2.
\end{aligned}$$

Insbesondere sind alle diese Reihen im L^2-Sinne konvergent. Die konstruierte Funktion u erfüllt also die elastische Wellengleichung und die zugehörigen Anfangsbedingungen. Die Überlegung am Anfang zeigt auch, dass sie eindeutig bestimmt ist. Q.E.D.

3.3 Theorie der Biegung dünner Platten

Unter eine „dünnen Platte“ wird ein elastischer Körper verstanden, der eine ausgezeichnete Mittelfläche Ω in der (x_1, x_2)-Ebene besitzt und dessen x_3-Dicke d klein gegenüber den anderen Abmessungen ist. Der Einfachheit halber sei hier angenommen, dass das Material homogen und isotrop und dass die Dicke konstant ist.

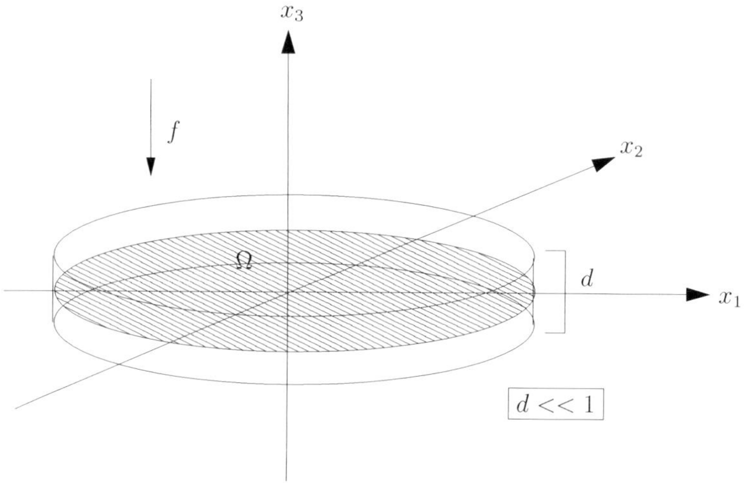

Abbildung 3.5: Konfiguration einer „dünnen“ Platte

Auf die Platte wirke in x_3-Richtung eine Belastung mit Dichte $f = f(x_1.x_2)$. Die dadurch hervorgerufenen Verzerrungen sollen wieder so klein sein, $\|\varepsilon\| \ll 1$, dass die lineare Theorie herangezogen werden kann. Dazu definieren wir die Größen

$$N_{ij} := \int_{-d/2}^{d/2} \sigma_{ij}\, dx_3, \quad i,j = 1,2 \qquad \text{(Schnittkräfte)},$$

$$Q_{i3} := \int_{-d/2}^{d/2} \sigma_{i3}\, dx_3, \quad i = 1,2,3 \qquad \text{(Querkräfte)},$$

$$M_{ij} := \int_{-d/2}^{d/2} \sigma_{ij} x_3\, dx_3, \quad i,j = 1,2 \qquad \text{(Momente)}.$$

Die äußere Belastung p wird als in x_3-Richtung konstante Volumenkraft $K = (0,0,p/d)^T$ interpretiert. Damit weichen wir etwas von der ingenieurwissenschaftlichen Literatur ab, wo f gewöhnlich als Oberflächenkraft aufgefasst wird, was jedoch zu gewissen Ungereimtheiten der Theorie führt. Zu den typischen Eigenschaften einer Platte gehören ferner die statischen Randbedingungen

$$n \cdot \sigma = 0 \quad \text{auf } \partial\Omega \times \{x_3 = \pm d/2\} \qquad \text{(„freier“ Rand)} \tag{3.3.84}$$

und die kinematischen Randbedingungen

$$u = 0 \quad \text{auf } \partial\Omega \times [-d/2, d/2] \qquad (\text{„eingespannter“ Rand}) \tag{3.3.85}$$

$$u = 0 \quad \text{auf } \partial\Omega \times \{x_3 = 0\} \qquad (\text{„gelenkig gelagerter“ Rand}). \tag{3.3.86}$$

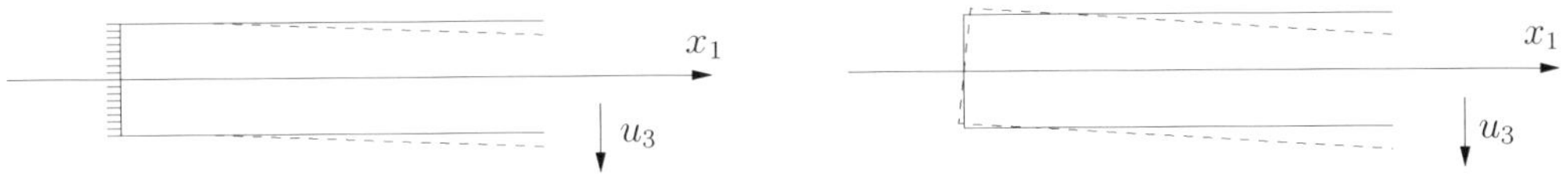

Abbildung 3.6: Randbedingungen der dünnen Platte: „eingespannter“ Rand (links) und „gelenkig gelagerter“ Rand (rechts)

Die Auswertung der statischen Bedingungen (3.3.84) und $\operatorname{div}\sigma + f = 0$ ergibt

$$\sigma_{3i|x_3=\pm d/2} = 0, \quad i = 1,2,3,$$

$$\int_{-d/2}^{d/2} \{\partial_1\sigma_{1i} + \partial_2\sigma_{2i} + \partial_3\sigma_{3i}\} x_3\, dx_3 = 0, \quad i = 1,2,$$

$$\int_{-d/2}^{d/2} \{\partial_1\sigma_{13} + \partial_2\sigma_{23} + \partial_3\sigma_{33}\}\, dx_3 + \frac{1}{d}\int_{-d/2}^{d/2} f\, dx_3 = 0.$$

Folglich ist

$$\begin{aligned} \partial_1 M_{11} + \partial_2 M_{12} - Q_{13} &= 0, \\ \partial_1 M_{12} + \partial_2 M_{22} - Q_{23} &= 0, \\ \partial_1 Q_{13} + \partial_2 Q_{23} + p &= 0, \end{aligned}$$

und bei Kombination dieser Identitäten für $M = (M_{ij})_{i,j=1}^3$:

$$\nabla^2 : M = \partial_1^2 M_{11} + 2\partial_1\partial_2 M_{12} + \partial_2^2 M_{22} = -f. \tag{3.3.87}$$

Für die weitere Betrachtung wird der Ansatz gemacht

$$\epsilon_{33} = \partial_3 u_3 = 0 \qquad \text{und} \qquad \sigma_{i3} = 0 \quad (i = 1,2,3), \tag{3.3.88}$$

welcher mit den statischen Randbedingungen (3.3.84) verträglich ist und durch die geringe Dicke d der Platte motiviert wird. Dies führt über das Hookesche Gesetz

$$\epsilon = (1+\nu)E^{-1}\sigma - \nu E^{-1}\operatorname{spur}(\sigma) I$$

zu den Beziehungen

$$\epsilon_{i3} = \tfrac{1}{2}(\partial_i u_3 + \partial_3 u_i) = 0, \quad i = 1,2,3, \tag{3.3.89}$$

und

$$\epsilon_{11} = \frac{1}{E}\sigma_{11} - \frac{\nu}{E}\sigma_{22}, \quad \epsilon_{22} = \frac{1}{E}\sigma_{22} - \frac{\nu}{E}\sigma_{11}, \quad \epsilon_{12} = \frac{1+\nu}{E}\sigma_{12}, \tag{3.3.90}$$

bzw.

$$\sigma_{11} = \frac{E}{1-\nu^2}(\epsilon_{11} + \nu\epsilon_{22}), \quad \sigma_{22} = \frac{E}{1-\nu^2}(\epsilon_{22} + \nu\epsilon_{11}), \quad \sigma_{12} = \frac{E}{1+\nu}\epsilon_{12}. \tag{3.3.91}$$

Wir bezeichnen nun mit $u^M = u^M(x_1, x_2)$ die Verschiebung der Mittelfläche der Platte und finden

$$u_i(x_1, x_2, x_3) = u_i^M(x_1, x_2) + \int_0^{x_3} \partial_3 u_i(x_1, x_2, \eta)\, d\eta \quad (i = 1, 2).$$

Wegen $d \ll 1$ und $\partial_3 u_i = -\partial_i u_3$ kann daher näherungsweise gesetzt werden:

$$u_i = u_i^M - x_3 \partial_i u_3^M \quad (i = 1, 2), \qquad u_3 = u_3^M. \tag{3.3.92}$$

Die zugehörigen Verzerrungen ergeben sich dann unter Verwendung von (3.3.89) zu

$$\epsilon_{ij} = \tfrac{1}{2}(\partial_i u_j + \partial_j u_i) = \epsilon_{ij}^M - \tfrac{1}{2}x_3(\partial_i\partial_j u_3^M + \partial_j\partial_i u_3^M) = \epsilon_{ij}^M - x_3\partial_i\partial_j u_3^M \tag{3.3.93}$$

für $i, j \in \{1, 2\}$ mit

$$\epsilon_{ij}^M := \tfrac{1}{2}(\partial_i u_j^M + \partial_j u_i^M).$$

Zur Abkürzung wird im Folgenden $u := u_3^M(x_1, x_2)$ gesetzt, d. h.: *Die Durchbiegung der Platte wird durch die Durchbiegung ihrer Mittelfläche beschrieben.*

3.3.1 Das Kirchhoffsche Plattenmodell

Wir entwickeln nun zunächst die auf Kirchhoff (1850) zurückgehende Theorie „(relativ) kleiner Durchbiegungen“ $|u| \ll d$. Dabei wird angenommen, dass die Verzerrungen der Mittelfläche gegenüber den anderen Größen vernachlässigt werden können:

$$\epsilon_{ij}^M = 0 \quad (i, j = 1, 2). \tag{3.3.94}$$

Dies führt mit (3.3.93) zu dem Ansatz (beachte $u := u_3^M$)

$$\epsilon_{ij} = -x_3\partial_i\partial_j u \quad (i, j = 1, 2)$$

sowie

$$\begin{aligned}
\sigma_{11} &= -\frac{E}{1-\nu^2}x_3(\partial_1^2 u + \nu\partial_2^2 u), \\
\sigma_{22} &= -\frac{E}{1-\nu^2}x_3(\partial_2^2 u + \nu\partial_1^2 u), \\
\sigma_{12} &= -\frac{E}{1+\nu}x_3\partial_1\partial_2 u.
\end{aligned}$$

Für die Momente M_{ij} erhalten wir also die Darstellung

$$\begin{aligned} M_{11} &= -D(\partial_1^2 u + \nu \partial_2^2 u), \\ M_{22} &= -D(\partial_2^2 u + \nu \partial_1^2 u), \\ M_{12} &= -(1-\nu) D \partial_1 \partial_2 u, \end{aligned} \tag{3.3.95}$$

mit der „Plattensteifigkeit“

$$D := \frac{E}{1-\nu^2} \int_{-d/2}^{d/2} x_3^2 \, dx_3 = \frac{E}{1-\nu^2} \frac{d^3}{12}.$$

Kombination von (3.3.95) und der Momentengleichung(3.3.87) ergibt dann die bekannte Plattengleichung, der die Durchbiegung $u = u(x_1, x_2)$ der „Kirchhoffschen Platte“ notwendig genügt:

$$D\Delta^2 u = f \quad \text{in } \Omega. \tag{3.3.96}$$

Die zugehörigen „kinematischen“ Randbedingungen sind

i) eingespannter Rand: $u = \partial_i u = 0 \ (i = 1, 2)$ bzw. $u = \partial_n u = 0$ auf $\partial\Omega$.

ii) gelenkig gelagerter Rand: $u = 0$ auf $\partial\Omega$.

Weitere „statische“ Randbedingungen, insbesondere am „freien“ Rand, werden weiter unten im Rahmen eines variationellen Ansatzes abgeleitet werden.

Bemerkung 3.6: Die Herleitung brauchbarer Gleichungen für die Durchbiegung der dünnen Platte wurde erstmals auf direktem Wege von Sophie Germain[20] (1811) und Navier (1823) geleistet, allerdings noch unter Verwendung etwas zweifelhafter Annahmen. Eine fundierte Ableitung aus den Grundgleichungen der linearen Elastizitätstheorie, wie hier durchgeführt, erreichten erstmals Poisson und Cauchy (1830). Wir werden weiter unten die Plattengleichung (3.3.96) über den auf Green (1830) und vor allem Kirchhoff (1850) zurückgehenden Variationsansatz herleiten. Dies ist weitgehend äquivalent zu dem Weg über die statischen Gleichgewichtsbeziehungen (3.3.87) für die Momente, gestattet jedoch eine zwingendere Bestimmung der adäquaten natürlichen „statischen“ Randbedingungen. Ferner ist dadurch ein natürlicher Ansatzpunkt für eine nichtlineare Erweiterung der Theorie gegeben.

[20]Sophie Germain (1776–1831): Französische Mathematikerin; Kaufmannstochter in Paris, erwarb mathematische Kenntnisse im Selbststudium, Briefwechsel mit Joseph-Louis Lagrange an der École Polytechnique in Paris und ab 1804 mit Carl Friedrich Gau; arbeitete u. a. an der letzten Fermat'schen Vermutung und bewies, dass diese für eine Reihe von Primzahlen (den nach ihr benannten „Sophie-Germain-Primzahlen“) zutrifft.; ab 1809 beschftigte sie sich mit der Beschreibung der Schwingungen elastischer Platten. ihr Lösungsansatz von 1811 war noch fehlerbehaftet, wurde aber später von anderen weiterverfolgt.

Zum Nachweis der Existenz von Lösungen des Kirchhoffschen Plattenmodells gehen wir wieder vom „Prinzip vom Minimum der potentiellen Energie"

$$E(u) := \frac{1}{2}\int_\Omega \sigma : \epsilon\, dx - \int_\Omega fu\, dx$$

aus, wie es oben für das allgemeine Grundproblem der (linearen) Elastizitätstheorie diskutiert worden ist. Dieser Ansatz führt zu der Dehnungs- bzw. Spannungsenergie der dünnen Platte mit kleiner Durchbiegung

$$\begin{aligned} U &= \frac{1}{2}\int_\Omega \int_{-d/2}^{d/2} \big\{\sigma_{11}\epsilon_{11} + 2\sigma_{12}\epsilon_{12} + \sigma_{22}\epsilon_{22}\big\}\, dx_3\, d\Omega \\ &= \frac{1}{2}\int_\Omega \int_{-d/2}^{d/2} \big\{\sigma_{11}\partial_1^2 u + 2\sigma_{12}\partial_{12} u + \sigma_{22}\partial_2^2 u\big\}\, dx_3\, d\Omega \\ &= \frac{1}{2}\int_\Omega \big\{M_{11}\partial_1^2 u + 2M_{12}\partial_{12} u + M_{22}\partial_2^2 u)\big\}\, d\Omega \end{aligned}$$

bzw.

$$\begin{aligned} U &= \frac{D}{2}\int_\Omega \big\{(\partial_1^2 u + \nu\partial_2^2 u)\partial_1^2 u + 2(1-\nu)\partial_1\partial_2 u^2 + (\partial_2^2 u + \nu\partial_1^2 u)\partial_2^2 u\big\}\, d\Omega \\ &= \frac{D}{2}\int_\Omega \big\{\Delta u^2 - 2(1-\nu)(\partial_1^2 u \partial_2^2 u - \partial_1\partial_2 u^2\big\}\, d\Omega. \end{aligned}$$

Das Prinzip vom Minimum der potentiellen Energie postuliert dann, dass das Funktional

$$E(u) = \frac{D}{2}\int_\Omega \big\{\Delta u^2 - 2(1-\nu)(\partial_1^2 u\partial_2^2 u - \partial_1\partial_2 u^2)\big\}\, d\Omega - \int_\Omega fu\, d\Omega$$

von der tatsächlichen Durchbiegung u zum Minimum gemacht wird bzgl. aller kinematisch zulässigen Funktionen (hier: $u \in H^2(\Omega)$ mit $u = \partial_n u = 0$ oder $u = 0$ auf $\partial\Omega$). Die Eulersche Differentialgleichung dieser Variationsaufgabe ist dann gerade die Kirchhoffsche Plattengleichung

$$D\Delta^2 u = f \quad \text{in } \Omega. \tag{3.3.97}$$

Dies liegt daran, dass

$$\int_\Omega \{\partial_1^2 u\partial_2^2 v + \partial_2^2 u\partial_1^2 v - 2\partial_1\partial_2 u\partial_1\partial_2 v\}\, d\Omega = 0,$$

was man für hinreichend glatte Funktionen leicht durch partielle Integration sieht. Durch Nullsetzen der ersten Variation, d. h.

$$\frac{d}{ds}E(u+sv)_{|s=0} = 0$$

erhält man wie üblich die „schwache Formulierung" der Plattengleichung

$$a(u,v) = l(v) \quad \forall v \in V_0 \tag{3.3.98}$$

mit der Bilinearform $a(\cdot,\cdot)$ und der Linearform $f(\cdot)$,

$$a(u,v) := D\int_\Omega \big\{\Delta u\Delta v - (1-\nu)(\partial_1^2 u\partial_2^2 v + \partial_2^2 u\partial_1^2 v - 2\partial_1\partial_2 u\partial_1\partial_2 v)\big\}\, d\Omega,$$

$$l(v) := \int_\Omega f v\, dx,$$

und dem Raum $V_0 \subset V := H^2(\Omega)$ aller zulässigen Variationen,

$$V_0 := \{v \in V|\ v = \partial_n v = 0 \text{ auf } \Gamma_c,\ v = 0 \ \text{ auf } \Gamma_s\}.$$

Dabei ist $\partial\Omega = \Gamma_c \cup \Gamma_s \cup \Gamma_f$ mit den (abgeschlossenen) Randteilen Γ_c, Γ_s und Γ_f, entlang derer die Platte eingespannt („clamped"), gelenkig gelagert („simply supported") bzw. frei („free") ist. Hier und im Folgenden nehmen wir der Einfachheit halber an, dass die kinematischen Randvorgaben auf Γ_c und Γ_s homogen (d. h. gleich Null) sind. In den Berührungspunkten der Randkomponenten bleiben die Randwerte zunächst unbestimmt und ergeben sich dann aus den Eigenschaften der erhaltenen Lösung.

Satz 3.10: *Die einzige lineare Funktion in V_0 sei die Nullfunktion, und $0 \le \nu \le 1$. Dann existiert für jedes Funktional $l(\cdot) \in V_0^*$ eine eindeutige Lösung $u \in V_0$ des variationellen Plattenproblems (3.3.98), und es gilt die a priori Abschätzung*

$$\|v\|_{H^2} \le c\|l\|_{H^{-2}}, \qquad \|l\|_{H^{-2}} := \sup_{\varphi\in H_0^2(\Omega)} \frac{|l(\varphi)|}{\|\nabla^2\varphi\|}. \tag{3.3.99}$$

Beweis: Der Beweis basiert auf der Anwendung des Rieszschen Darstellungssatzes für Funktionale auf dem Hilbert-Rauzm V. Für den Parameterbereich $0 \le \nu < 1$ ist die offensichtlich symmetrische Bilinearform $a(\cdot,\cdot)$ ein Skalarprodukt. Allgemein gilt für jedes feste $\nu \in [0,1)$:

$$a(v,v) \ge c(\nu)\|\nabla^2 v\|^2, \quad v \in V_0.$$

Da V_0 keine lineare Funktion außer der Nullfunktion enthält, ergibt eine Variante der Poincaréschen Ungleichung

$$a(v,v) \ge c(\nu)\|\nabla^2 v\| \ge c(\nu,\Omega)\|v\|_{H^2}, \quad v \in V_0.$$

Der Beweis wird üblicherweise mit Hilfe eines Widerspruchsarguments geführt und sei als Übungsaufgabe gestellt. Mit dieser Abschätzung ergibt sich u. a., dass ein lineares Funktional der speziellen Form $l(\varphi) := (f,\varphi)$, $\varphi \in V_0$, bzgl. des Skalarprodukts $a(\cdot,\cdot)$ beschränkt ist. Nach dem Satz von Riesz gibt es dann für jedes Funktional $l \in V_0^*$ ein eindeutig bestimmtes Element $u \in V_0$, so dass die variationelle Gleichung (3.3.98) erfüllt ist. Ferner gilt die a priopri Abschätzung (3.3.99). Q.E.D.

Bemerkung 3.7: Im zugelassenen Grenzfall $\nu = 0$ gilt

$$a(u,v) = D\int_\Omega \nabla^2 u : \nabla^2 v\, dx, \quad D = \frac{Ed^3}{24}.$$

Der andere (ausgeschlossene) Grenzfall $\nu \to 1$ führt zu einer singulär werdende Plattensteifigkeit $D(\nu) \to \infty$ $(\nu \to 1)$, während der reine Integralterm die folgende einfache Gestalt annimmt:

$$\int_\Omega \Delta u \Delta v \, dx.$$

Dieser speziellen Situation werden wir wieder begegnen im Zusammenhang mit der sog. „Stromfunktionsformulierung" der Navier-Stokes-Gleichungen für inkompressible Newtonsche Flüssigkeiten.

„Natürliche" statische Randbedingungen

Wir wollen nun die in der variationellen Formulierung (3.3.98) der Plattengleichung implizit enthaltenen „natürlichen (statischen) Randbedingungen" entlang der Randkomponenten Γ_s und Γ_f bestimmen. Sei dazu die Lösung $u \in V$ von (3.3.98) hinreichend regulär, etwa $u \in H^4(\Omega)$. Zweimalige Anwendung der Greenschen Formeln ergibt

$$\begin{aligned}\int_\Omega \Delta u \Delta v \, dx &= \int_{\partial\Omega} \Delta u \partial_n v \, do - \int_\Omega \nabla \Delta u \cdot \nabla v \, dx \\ &= \int_{\partial\Omega} \big\{ \Delta u \partial_n v - \partial_n \Delta u v \big\} \, do + \int_\Omega \Delta^2 u v \, dx\end{aligned}$$

mit dem äußeren Normaleneinheitsvektor $n = (n_1, n_2)^T$ zu $\partial\Omega$ und der Ableitung in Normalenrichtung $\partial_n = n \cdot \nabla = n_1 \partial_1 + n_2 \partial_2$. Der zugehörige Tangenteneinheitsvektor (positiver Umlaufsinn) ist dann gerade $\tau = (\tau_1, \tau_2)^T = (n_2, -n_1)^T$ und die Ableitung in Tangentenrichtung $\partial_\tau = \tau \cdot \nabla = n_2 \partial_1 - n_1 \partial_2$. Ferner gelten in jedem Punkt auf $\partial\Omega$ die Identitäten

$$\partial_1 v = n_1 \partial_n v + n_2 \partial_\tau v, \quad \partial_2 v = n_2 \partial_n v - n_1 \partial_\tau v,$$

was man leicht mit Hilfe von $n \cdot n = 1$ verifiziert. Mit dem Vektorfeld

$$\vec{w} := \begin{pmatrix} -\partial_2 v \partial_1 \partial_2 u + \partial_1 v \partial_2^2 u \\ -\partial_1 v \partial_1 \partial_2 u + \partial_2 v \partial_1^2 u \end{pmatrix}$$

lässt sich schreiben

$$\int_\Omega \big\{ \partial_1^2 u \partial_2^2 v + \partial_2^2 u \partial_1^2 v - 2 \partial_1 \partial_2 u \partial_1 \partial_2 v \big\} \, dx = \int_\Omega \operatorname{div} \vec{w} \, dx = \int_{\partial\Omega} n \cdot \vec{w} \, do.$$

Unter Verwendung der obigen Beziehungen für $\partial_i v, \partial_n v, \partial_\tau v$ folgt

$$\begin{aligned}\int_{\partial\Omega} n \cdot \vec{w} \, do &= \int_{\partial\Omega} \big\{ \partial_2 v (-n_1 \partial_2 + n_2 \partial_1) \partial_1 u - \partial_1 v (-n_1 \partial_2 + n_2 \partial_1) \partial_2 u \big\} \, do \\ &= \int_{\partial\Omega} \big\{ \partial_2 v \partial_\tau \partial_1 u - \partial_1 v \partial_\tau \partial_2 u \big\} \, do = \int_{\partial\Omega} \big\{ (n_2 \partial_n v - n_1 \partial_\tau v) \partial_\tau (n_1 \partial_n v + n_2 \partial_\tau v) \\ &\qquad - (n_1 \partial_n v + n_2 \partial_\tau v) \partial_\tau (n_2 \partial_n v - n_1 \partial_\tau v) \big\} \, do \\ &= \int_{\partial\Omega} \big\{ \partial_n v \partial_\tau^2 u - \partial_\tau v \partial_\tau \partial_n u \big\} \, do.\end{aligned}$$

Partieller Integration nach τ ergibt schließlich

$$\int_{\partial\Omega} n \cdot \vec{w}\, do = \int_{\partial\Omega} \{\partial_\tau^2 u \partial_n v + \partial_n \partial_\tau^2 u v\}\, do.$$

Wir fassen nun die gefundenen Identitäten für die Integrale in (3.3.98) zusammen zu

$$\begin{aligned} \int_\Omega \{\Delta^2 u - D^{-1} p\} v\, dx + \int_{\partial\Omega} \{\Delta u - (1-\nu)\partial_\tau^2 u\}\partial_n v\, do \\ - \int_{\partial\Omega} \{\partial_n \Delta u - (1-\nu)\partial_n \partial_\tau^2 u\} v\, do = 0. \end{aligned}$$

Da dies für beliebige zulässige Funktionen v gelten soll, ergeben sich notwendig die Differentialgleichung („Plattengleichung")

$$D\Delta^2 u = p \quad \text{in } \Omega, \tag{3.3.100}$$

und zusätzlich zu den erzwungenen („kinetischen") Randbedingungen

$$\begin{aligned} u &= 0 \quad \text{auf } \Gamma_c \cup \Gamma_s, \\ \partial_n u &= 0 \quad \text{auf } \Gamma_c, \end{aligned} \tag{3.3.101}$$

die natürlichen („statischen") Randbedingungen

$$\begin{aligned} \Delta u - (1-\nu)\partial_\tau^2 u &= 0 \quad \text{auf } \Gamma_s \cup \Gamma_f, \\ \partial_n \Delta u - (1-\nu)\partial_\tau^2 \partial_n u &= 0 \quad \text{auf } \Gamma_f. \end{aligned} \tag{3.3.102}$$

Regularität der „schwachen" Lösung

Im Allg. besitzt die „schwache" Lösung $u \in V_0$ des Kirchhoffschen Plattenmodells höhere Regularität. Aus der Fülle der entsprechenden Resultate zitieren wir nur diejenigen für den Spezielfall der „eingespannten" Platte, d. h.: für die Randbedingungen $u = 0$ und $\partial_n u = 0$ entlang des ganzen Randes $\Gamma_C = \partial\Omega$:

- Auf konvexen Polygongebieten ist $u \in H^3(\Omega)$, und es gilt die a priori Abschätzung

$$\|u\|_{H^3} \le c(\Omega)\|f\|_{H^{-1}}, \quad \|f\|_{H^{-1}} := \sup_{\varphi \in H_0^1(\Omega)} \frac{|(f,\varphi)|}{\|\nabla\varphi\|}. \tag{3.3.103}$$

- Auf konvexen Polygongebieten mit maximalem inneren Winkel $\omega \le 126^o$ ist $u \in H^4(\Omega)$, und es gilt die a priori Abschätzung

$$\|u\|_{H^4} \le c(\Omega)\|f\|_{L^2}. \tag{3.3.104}$$

- Die obigen beiden Aussagen gelten auch, wenn der Rand $\partial\Omega$ „glatt" ist, d. h. mindestens zweimal stetig differenzierbar parametrisierbar.

– Im Fall nichtkonvexer Polygongebiete ist i. Allg. $u \notin H^3(\Omega)$, sondern weist in der Umgebung der einspringenden Ecken mit Innenwinkel $\omega > 2\pi$ ein wohl definiertes singuläres Verhalten auf. Dieses lässt sich mit den entsprechenden Polarkoordinate wie folgt ausdrücken:

$$u(r,\theta) = Ar^{\alpha}\psi(\omega) + \tilde{u}(r,\theta), \tag{3.3.105}$$

mit dem sog. „Spannungsintensitätsfaktor" $A \in \mathbb{R}$, einem „singulären" Exponenten $1/2 \le \alpha = \alpha(\Omega) < 1$, einer glatten Winkelfunktion $\psi(\theta)$ und einem „regulären" Anteil $\tilde{u} \in H^3(\Omega)$. Es gilt dann die a priori Abschätzung

$$|A| + \|\tilde{u}\|_{H^3} \le c(\Omega)\|f\|_{H^{-1}}. \tag{3.3.106}$$

– Die obigen Aussagen gelten auch im Fall der rein „gelenkig gelagerten" Platte, d. h. für die Randbedingung $u = 0$ und $\Delta u - (1-\nu)\partial_\tau^2 u = 0$ auf $\Gamma_s = \partial\Omega$. Die vollständig „freie" Platte, $\Gamma_f = \partial\Omega$, ist in Satz 3.10 nicht zugelassen (Eindeutigkeitsproblem). Im Fall von wechselnden Randbedingungen treten lokale Singularitäten analog zu denen bei einspringenden Ecken auf, welche die Regularität der Lösung reduzieren. Hierzu gibt es in der Literatur eine vollständige Theorie (s. Grisvard [10] und [25]).

3.3.2 Das nichtlineare von Kármánsche Plattenmodell

Bei der Betrachtung dünner Platten mit relativ „großer" Durchbiegung $|u| \approx d$ dürfen die Verzerrungen ϵ_{ij}^M der Mittelfläche nicht mehr vernachlässigt werden. Die zugehörige Theorie geht auf von Kármán[21] (1910) zurück. Dabei werden zusätzlich noch gewisse quadratische Terme im Verzerrungsansatz berücksichtigt (geometrisch semi-lineare Theorie), während alle anderen aus der Annahme $d \ll 1$ begründeten Ansätze der Kirchhoffschen Theorie beibehalten werden:

$$\begin{aligned}
&\sigma_{i3} = \epsilon_{i3} = 0 \quad (i = 1,2,3),\\
&\sigma_{11} = \frac{E}{1-\nu^2}(\epsilon_{11} + \nu\epsilon_{22}), \quad \sigma_{22} = \frac{E}{1-\nu^2}(\epsilon_{22} + \nu\epsilon_{11}), \quad \sigma_{12} = \frac{E}{1+\nu}\epsilon_{12},
\end{aligned}$$

sowie mit $u := u_3^M$:

$$\begin{aligned}
u_i &= u_i^M - x_3\partial_i u \quad (i = 1,2),\\
\epsilon_{ij} &= \epsilon_{ij}^M - x_3\partial_i\partial_j u \quad (i,j = 1,2).
\end{aligned}$$

Für die Verzerrungen der Mittelfläche wird der nicht-lineare Ansatz gemacht

$$\epsilon_{ij}^M = \tfrac{1}{2}(\partial_i u_j^M + \partial_j u_i^M) + \tfrac{1}{2}\partial_i u_3^M \partial_j u_3^M \quad (i,j = 1,2), \tag{3.3.107}$$

[21] Theodore von Kármán (1881–1963): Ungarischer Physiker und Luftfahrttechniker; gilt als Pionier der modernen Aerodynamik und der Luftfahrt- und Raketenforschung; nach Studium in Budapest und Göttingen 1910 Habilitation, ab 1913 Prof. in Aachen, nach 1929 Teiltätigkeit am California Institute of Technology (USA) und schließlich 1934 Emigration in die USA; nach dem Krieg ab 1956 Institutsleiter des später nach ihm benannten „Von Kármán Institut fr Strömungsmechanik" in Belgien; bekannteste Arbeit 1911/1912 ber die nach ihm benannten „Kármánsche Wirbelstraen", grundlegende Beiträge zur Plastizitts- und Plattentheorie.

wobei die anderen quadratischen Terme $\partial_i u_k^M \partial_j u_k^M$ $(k = 1, 2)$ vernachlässigt werden. Die Dehnungsenergie ist dann

$$\begin{aligned} U(\epsilon) &= \frac{E}{1-\nu^2}\int_\Omega\int_{-d/2}^{d/2}\left\{(\epsilon_{11}+\epsilon_{22})^2 - 2(1-\nu)(\epsilon_{11}\epsilon_{22}-\epsilon_{12}^2)\right\} dx_3 d\Omega \\ &= \frac{Ed}{1-\nu^2}\int_\Omega\left\{(\epsilon_{11}^M+\epsilon_{22}^M)^2 - 2(1-\nu)(\epsilon_{11}^M\epsilon_{22}^M - \epsilon_{12}^{M2})\right\} d\Omega \\ &+ \frac{D}{2}\int_\Omega\left\{\Delta u^2 - 2(1-\mu)(\partial_1^2 u \partial_2^2 u - \partial_1\partial_2 u^2)\right\} d\Omega. \end{aligned}$$

Dabei wurde berücksichtigt, dass die gemischten Terme vom Ausquadrieren alle den Faktor x_3 haben und folglich bei Integration $\int_{-d/2}^{d/2} \ldots\, dx_3$ keinen Beitrag liefern.

Es sei darauf hingewiesen, dass zwar für die Verzerrungen ein nichtlinearer Ansatz gemacht wurde, aber trotzdem weiterhin in Langrangeschen Koordinaten gerechnet wird. Es handelt sich also nur um eine kleine *nichtlineare Korrektur.*

Für das Folgende wird angenommen, dass das Prinzip vom Minimum der potentiellen Energie auch in der geometrisch nichtlinearen Theorie gilt. Wir haben es nun jedoch mit *drei* unbekannten Funktionen zu tun: u_i^M $(i = 1, 2, 3)$. Nullsetzen der ersten Variationen bzgl. u_i^M

$$\frac{d}{ds}\left[U(\epsilon[u+sv]) - \int_\Omega p(u+sv)\, d\Omega\right]_{|s=0} = 0 \quad \forall v \text{ „zulässig“} \quad (i = 1, 2, 3)$$

führt auf die notwendigen Beziehungen

$$\begin{aligned} &D\int_\Omega\left\{\Delta u\Delta v - (1-\nu)(\partial_1^2 u\partial_2^2 v + \partial_2^2 u\partial_1^2 v - 2\partial_1\partial_2 u\partial_1\partial_2 v)\right\} d\Omega \\ &+ \frac{2Ed}{1-\nu^2}\int_\Omega\left\{(\epsilon_{11}^M+\epsilon_{22}^M)(\partial_2 u\partial_1 v + \partial_2 u\partial_2 v) - (1-\nu)\{\epsilon_{11}^M\partial_2 u\partial_2 v + \epsilon_{22}^M\partial_1 u\partial_1 v \right. \\ &\left. - \epsilon_{12}^M(\partial_1 u\partial_2 v + \partial_2 u\partial_1 v)\}\right\} d\Omega = \int_\Omega pv\, d\Omega \end{aligned}$$

und

$$\begin{aligned} \int_\Omega\left\{(\epsilon_{11}^M+\epsilon_{22}^M)\partial_1 v - (1-\nu)(\epsilon_{22}^M\partial_1 v - \epsilon_{12}^M\partial_2 v)\right\} d\Omega = 0, \\ \int_\Omega\left\{(\epsilon_{11}^M+\epsilon_{22}^M)\partial_2 v - (1-\nu)(\epsilon_{11}^M\partial_2 v - \epsilon_{12}^M\partial_1 v)\right\} d\Omega = 0, \end{aligned}$$

für alle „zulässigen“ Variationen v. Der Einfachheit halber beschränken wir uns hier auf den Fall der eingespannten Platte

$$u^M = \partial_i u^M = 0 \quad \text{auf} \quad (i = 1, 2, 3).$$

Durch partielle Integration gewinnt man dann auf die übliche Weise die zugehörigen Eulerschen Differentialgleichungen

$$\begin{aligned} \Delta^2 u &= \frac{p}{D} + \frac{12}{d^2}\left\{(\epsilon_{11}^M + \nu\epsilon_{22}^M)\partial_1^2 u + (\epsilon_{22}^M + \nu\epsilon_{11}^M)\partial_2^2 u + 2(1-\nu)\epsilon_{12}^M\partial_1\partial_2 u\right\} \\ &+ \frac{12}{d^2}\left\{\partial_1(\epsilon_{11}^M + \nu\epsilon_{22}^M) + (1-\nu)\partial_2\epsilon_{12}^M\right\}\partial_1 u + \frac{12}{d^2}\left\{\partial_2(\epsilon_{22}^M + \nu\epsilon_{11}^M) + (1-\nu)\partial_1\epsilon_{12}^M\right\}\partial_2 u\,. \end{aligned}$$

und

$$\partial_1(\epsilon_{11}^M + \nu\epsilon_{22}^M) + (1-\nu)\partial_1\epsilon_{12}^M = 0,$$
$$\partial_2(\epsilon_{22}^M + \nu\epsilon_{11}^M) + (1-\nu)\partial_2\epsilon_{12}^M = 0.$$

Während in der (linearen) Kirchhoffschen Theorie die Schnittkräfte N_{ij} verschwanden, haben wir nun

$$N_{11} = \int_{-d/2}^{d/2} \sigma_{11}\,dx_3 = \frac{Ed}{1-\nu^2}(\epsilon_{11}^M + \nu\epsilon_{22}^M),$$
$$N_{22} = \int_{-d/2}^{d/2} \sigma_{22}\,dx_3 = \frac{Ed}{1-\nu^2}(\epsilon_{22}^M + \nu\epsilon_{11}^M),$$
$$N_{12} = \int_{-d/2}^{d/2} \sigma_{12}\,dx_3 = \frac{Ed}{1+\nu}\epsilon_{12}^M.$$

Mit diesen Bezeichnungen schreiben sich die drei gefundenen Differentialgleichungen als

$$\Delta^2 u = \frac{p}{D} + \frac{1}{D}(N_{11}\partial_1^2 u + N_{22}\partial_2^2 + 2(1-\nu)N_{12}\partial_1\partial_2 u), \tag{3.3.108}$$
$$\partial_1 N_{11} + \partial_2 N_{12} = 0, \tag{3.3.109}$$
$$\partial_1 N_{11} + \partial_1 N_{12} = 0. \tag{3.3.110}$$

Für die allgemeine Lösung der letzten beiden Gleichungen macht man mit einer „Spannungsfunktion“ Ψ den Ansatz

$$N_{11} = \partial_2^2\Psi, \quad N_{22} = \partial_1^2\Psi, \quad N_{12} = -\partial_1\partial_2\Psi.$$

Die Definitionsgleichungen für die Schnittkräfte ergeben dann

$$\epsilon_{11}^M = \frac{1}{Ed}(\partial_2^2\Psi - \nu\partial_1^2\Psi), \quad \epsilon_{22}^M = \frac{1}{Ed}(\partial_1^2\Psi - \nu\partial_2^2\Psi), \quad \epsilon_{12}^M = -\frac{1+\nu}{Ed}\partial_1\partial_2\Psi,$$

während die kinematischen Gleichungen (6.13) für ϵ_{ij}^M erfordern

$$\begin{aligned}\partial_2^2\epsilon_{11}^M + \partial_1^2\epsilon_{22}^M - 2\partial_1\partial_2\epsilon_{12}^M &= \partial_1\partial_2^2 u_1^M + \partial_1 u^M\partial_1\partial_2^2 u + \partial_1^2\partial_2 u_2^M + \partial_2 u\partial_1^2\partial_2 u - \partial_1^2\partial_2 u_2^M \\ &\quad - \partial_1\partial_2^2 u_1^M - \partial_1 u\partial_1\partial_2^2 u - \partial_1^2\partial_2 u\partial_2 u + \partial_1\partial_2 u^2 - \partial_1^2 u\partial_2^2 u \\ &= \partial_1\partial_2 u^2 - \partial_1^2 u\partial_2^2 u.\end{aligned}$$

Kombination dieser Beziehungen ergibt

$$\frac{1}{Ed}(\partial_2^4\Psi - \nu\partial_1^2\partial_1^2\Psi + \partial_1^4\Psi + 2(1+\nu)\partial_1^2\partial_2^2\Psi - \nu\partial_1^2\partial_2^2\Psi) = \partial_1\partial_2 u^2 - \partial_1^2 u\partial_2^2 u.$$

Damit haben wir die grundlegenden Gleichungen der Von Kármánschen Plattentheorie gefunden:

$$\Delta^2 u = \frac{p}{D} + \frac{1}{D}(\partial_2^2\Psi\partial_1^2 u + \partial_1^2\Psi\partial_2^2 u - 2\partial_1\partial_2\Psi\partial_1\partial_2 u), \tag{3.3.111}$$
$$\Delta^2\Psi = Ed(\partial_1\partial_2 u^2 - \partial_1^2 u\partial_2^2 u). \tag{3.3.112}$$

Dies ist ein System semi-linearer Differentialgleichungen für die Normaldurchbiegung $u := u_3^M$ der Mittelfläche der Platte und für die Spannungsfunktion Ψ, aus der sich dann die Mittelflächenverschiebungen $u_i^M\ (i = 1, 2)$ zurückgewinnen lassen. Die zugehörigen Randbedingungen der eingespannten Platte sind

$$u = \partial_n u = 0 \quad \text{auf } \partial\Omega, \tag{3.3.113}$$

und (willkürliche Festlegung!)

$$\Psi = \partial_n \Psi = 0 \quad \text{auf } \partial\Omega. \tag{3.3.114}$$

3.3.3 Physikalisch nichtlineare Plattentheorie

Wir verwenden wieder die Bezeichnungen

$$\sigma_0 := \tfrac{1}{3}\text{spur}(\sigma), \quad \epsilon_0 := \tfrac{1}{3}\text{spur}(\epsilon)$$

für die mittleren Normalspannungen und Mitteldehnungen und $\sigma' = \sigma - \sigma_0 I$, $\epsilon' = \epsilon - \epsilon_0 I$. für die zugehörigen Deviatoren. Es sei daran erinnert, dass ϵ_0 die (lokale) Volumenänderung und ϵ' die Gestaltänderung beschreiben. Letztere wird mit Hilfe des Schermaßes

$$\psi_0^2 := \frac{2}{\sqrt{3}}\{(\epsilon_{11} - \epsilon_0)^2 + (\epsilon_{22} - \epsilon_0)^2 + \tfrac{1}{2}\epsilon_{12}^2\}$$

gemessen. Das nichtlineare Materialverhalten wird nun mit Hilfe der Dehnungsfunktion

$$\kappa(\epsilon_0) \to 1 \quad (\epsilon_0 \to 0)$$

und der Scherungsfunktion

$$\gamma(\psi_0^2) \to 1 \quad (\psi_0 \to 0)$$

in einem verallgemeinerten Hookeschen Ansatz beschrieben:

$$\sigma = 3K\kappa(\epsilon_0)\epsilon_0 I + 2\mu\gamma(\psi_o^2)\epsilon', \tag{3.3.115}$$

mit dem Kompressionsmodul $K = \lambda + \frac{2}{3}\mu$.

Wir definieren nun die „verallgemeinerte Querkontraktionszahl"

$$\nu(\epsilon_0, \psi_0) := \frac{1}{2}\frac{3K\kappa(\epsilon_0) - 2\mu\gamma(\psi_0^2)}{3K\kappa(\epsilon_0) + \mu\gamma(\psi_0^2)} \to \nu_0 \quad (\epsilon_0, \psi_0 \to 0)$$

sowie den „verallgemeinerten Youngschen Modul"

$$E(\epsilon_0, \psi_0) := 2\mu\{1 - \nu(\epsilon_0, \psi_0)\} \to E_0 \quad (\epsilon_0, \psi_0 \to 0),$$

welche nichtlinear von der Mitteldehnung ϵ_0 und dem Schermaß ψ_0 abhängen. Dann lassen sich unter den obigen Annahmen der geometrisch linearen Kirchhoffschen Plattentheorie die Spannungen wieder schreiben als

$$\sigma_{11} = -\frac{E\gamma}{1-\nu^2}(\partial_1^2 u + \nu\partial_2^2 u)x_3,$$

$$\sigma_{22} = -\frac{E\gamma}{1-\nu^2}(\partial_2^2 u + \nu\partial_1^2)x_3,$$

$$\sigma_{12} = -\frac{E\gamma}{1+\nu}\partial_1\partial_2 u x_3.$$

Für die Mitteldehnung und das Schermaß gewinnt man analog zur linearen Theorie

$$\epsilon_0 = -\frac{1}{3}\frac{1-2\nu_0}{1-\nu_0}x_3\Delta u,$$
$$\psi_0^2 = \frac{8}{9}\{\nu_1(\partial_1^2 u^2 + \partial_2^2 u^2) + \nu_2\partial_1^2 u\partial_2^2 u + 3\partial_1\partial_2 u^2\}x_3^2$$

mit den Konstanten

$$\nu_1 := \frac{\nu_0}{(1-\nu_0)^2} + 1, \quad \nu_2 := \frac{2\nu_0}{(1-\nu_0)^2} - 1.$$

Aus der Gleichung (3.3.87) für die Momente ergibt sich nun die folgende quasilineare Plattengleichung

$$\sum_{i,j,k,l=1}^{2} \partial_k\partial_l(a_{ijkl}\partial_i\partial_j u) = p \quad \text{in } \Omega, \tag{3.3.116}$$

mit den Randbedingungen der eingespannten Platte

$$0 = \partial_n u = 0 \quad \text{auf } \partial\Omega \tag{3.3.117}$$

und den Koeffizientenfunktionen

$$a_{1111} := \int_{-d/2}^{d/2} \frac{E\gamma}{1-\nu^2}\, x_3^2\, dx_3 = a_{2222}, \quad a_{1122} := \int_{-d/2}^{d/2} \frac{E\gamma}{1-\nu^2}\, x_3^2\, dx_3,$$
$$a_{1212} := \int_{-d/2}^{d/2} \frac{E\gamma}{1+\nu} x_3^2\, dx_3, \quad a_{ijkl} = 0 \quad \text{sonst.}$$

Die teilweise etwas aufwendigen Zwischenrechnungen dieses Paragraphen findet man im Buch von Kauderer (S. 143ff) ausgeführt.

3.3.4 Extremalprinzipien

Für den Ansatz numerischer Näherungsverfahren zur Lösung der Plattengleichung (3.3.96) bzw. ihrer nichtlinearen Erweiterungen (3.3.108), (3.3.110) und (3.3.116) sind besonders die variationellen Formulierungen geeignet. Eine erste haben wir bereits in Gestalt des Prinzips vom Minimum der potentiellen Energie kennengelernt. Wir betrachten hier nur die eingespannte Platte mit hinreichend glatt berandeter Mittelfläche Ω. Ferner werden die folgenden Bezeichnungen verwendet:

$$\nabla^2 = (\partial_i\partial_j)_{i,j=1}^2 \quad \text{Matrix-Differentialoperator 2. Ordnung,}$$
$$\nabla^2 u = (\partial_i\partial_j u)_{i,j=1}^2 \quad \text{Matrix der zweiten Ableitungen,}$$
$$M = (M_{ij})_{i,j=1}^2 \quad \text{Matrix der Biegemomente,}$$
$$(u,v) = \int_\Omega uv\, dx \quad L^2\text{-Skalarprodukt,}$$
$$(M,N) = (M_{ij}, N_{ij}), \quad D(u,M) := (\partial_i u, \partial_j M_{ij}),$$
$$H^1(\Omega)^{2\times 2}_{\text{sym}} := \{M = (M_{ij})_{i,j=1}^2 |\, M_{ij} \in H^1(\Omega), M_{ij} = M_{ji}\}.$$

Damit kann die Gleichgewichtsbedingung (3.3.87) geschrieben werden als

$$\nabla^2 : M = -p \quad \text{in } \Omega \tag{3.3.118}$$

und das Elastizitätsgesetz als

$$M = M[u] := -\nu D \Delta u I - (1-\nu) D \nabla^2 u \tag{3.3.119}$$

bzw.

$$\nabla^2 u = G[M] := \frac{\nu}{D(1-\nu^2)} \mathrm{spur}(M) I - \frac{1}{D(1-\nu)} M. \tag{3.3.120}$$

Kombination dieser Gleichungen ergibt dann wieder die übliche Plattengleichung (3.3.96)

$$\Delta^2 u = -D^{-1} p \quad \text{in } \Omega.$$

Das Prinzip vom Minimum der potentiellen Energie besagte dann, dass die Lösung u charakterisiert werden kann als Lösung von

$$E(u) = \tfrac{1}{2}(M[u], \nabla^2 u) - (p, u) \to \text{min!} \quad \text{auf } H_0^2(\Omega). \tag{3.3.121}$$

mit der zugehörigen Variationsgleichung

$$a(u, \varphi) := (M[u], \nabla^2 \varphi) + (M[\varphi], \nabla^2 u) = (p, \varphi) \quad \forall \varphi \in H_0^2(\Omega). \tag{3.3.122}$$

Die Bilinearform $a(\cdot,\cdot)$ hat auch die vertrautere Darstellung

$$a(u, \varphi) = \int_\Omega \big\{ \Delta u \Delta \varphi - (1-\nu)(\partial_1^2 u \partial_2^2 \varphi + \partial_2^2 u \partial_1^2 \varphi - 2\partial_1\partial_2 u \partial_1 \partial_2 \varphi \big\}\, dx.$$

Analog zu den Existenzsätzen in Abschnitt 3.2.3 zeigt man mit Hilfe des Darstellungssatzes von Riesz, dass die Variationsgleichung (3.3.122) für jedes $p \in L^2(\Omega)$ eine eindeutig bestimmte „schwache“ Lösung $u \in H_0^2(\Omega)$ besitzt. Der relativ einfache Beweis sei dem Leser als Übungsaufgabe überlassen.

Eine weitere Charakterisierung der Lösung der Plattengleichung stellt das folgende Sattelpunktprinzip dar. Dazu wird ein „stationärer“ Punkt $\{M, u\} \in H^1(\Omega)^{2\times 2}_{\mathrm{sym}} \times H_0^1(\Omega)$ des Funktionals

$$J(M, u) := \tfrac{1}{2}(G[M], M) + D(u, M) + (u, p)$$

gesucht. Durch Auswertung von

$$\frac{d}{ds} J(M + s\Psi, u)_{|s=0} = \frac{d}{ds} J(M, u + s\varphi)_{|s=0} = 0$$

für zulässige Variationen $\Psi \in H^1(\Omega)^{2\times 2}_{\mathrm{sym}}$ und $\varphi \in H_0^1(\Omega)$ gewinnt man die zugehörigen variationsgleichungen

$$D(\varphi, M) = (\varphi, p) \quad \forall \varphi \in H_0^1(\Omega), \tag{3.3.123}$$
$$D(u, \Psi) = (G[M], \Psi) \quad \forall \Psi \in H^1(\Omega)^{2\times 2}_{\mathrm{sym}}. \tag{3.3.124}$$

Durch partielle Integration und Anwendung des Fundamentalsatzes der Variationsrechnung überlegt man sich leicht, dass jede hinreichend reguläre Lösung $\{M, u\}$ von (3.3.123), (3.3.124) notwendig die folgenden Eigenschaften hat:

$$\Delta^2 u = p \quad \text{in } \Omega,$$
$$u \in H_0^2(\Omega), \quad M := M[u] \quad \text{in } \Omega,$$

d. h.: u ist eine Lösung der Plattengleichung. Umgekehrt erhält man zu jeder Lösung $u \in H_0^2(\Omega) \cap H^3(\Omega)$ der Plattengleichung durch $\{M, u\} := \{\nabla^2 u, u\}$ eine Lösung des Systems (3.3.123) - (3.3.124). Da zumindest im Fall, dass Ω ein konvexes Polygongebiet oder hinreichend glatt berandet ist, die schwache Lösung der Plattengleichung stets in $H^3(\Omega)$ liegt, kann man die Problemformulierungen (3.3.122) und (3.3.123) - (3.3.124) als weitgehend äquivalent bezeichnen. Der Vorteil von (3.3.123) - (3.3.124) ist, dass die in der Praxis vor allem gesuchten Biegemomente M_{ij} explizit als Unbekannte erscheinen und folglich bei einem Approximationsverfahren auch unabhängig von u berechnet werden. Auf diesen Aspekt wird unten noch näher eingegangen werden.

4 Incompressible und schwach-kompressible Fluide

4.1 Inkompressible Fluide (Navier-Stokes-Gleichungen)

Im Gegensatz zu Gasen lassen sich Flüssigkeiten nur unter Aufwendung von sehr großen Kräften zusammendrücken. Dies bedeutet, dass sich der Inhalt materieller Volumina $V = V(t)$ mit der Zeit praktisch nicht ändert, d. h.:

$$\frac{d}{dt}\int_V dx = 0\,.$$

Nach dem Reynolds'schen Transporttheorem ergibt dies mit $\Phi = 1$:

$$\int_V \nabla \cdot v\, dx = 0 \quad \Rightarrow \quad \nabla \cdot v = 0\,. \tag{4.1.1}$$

Die Kontinuitätsgleichung wird in diesem Fall zu einer Transportgleichung für die (möglicherweise variable) Dichte:

$$\partial_t \rho + v \cdot \nabla \rho = 0\,, \tag{4.1.2}$$

Wegen $\mu =$ konst. und $\nabla \cdot v = 0$ reduziert sich die Impulsgleichung zu

$$\rho \partial_t v + \rho v \nabla v - \mu \Delta v + \nabla p = \rho f\,. \tag{4.1.3}$$

In *homogenen* inkompressiblen Medien ist die Dichteverteilung im Ort (und damit notwendig auch in der Zeit) konstant:

$$\rho(x,t) \equiv \rho_0 = \text{konst.}$$

In diesem Fall ist dann die Kontinuitätsgleichung (4.1.2) trivialerweise erfüllt und es bleibt die Inkompressibilitätsbedingung (4.1.1). Mit der sog. „kinematische Viskosität" $\nu := \mu/\rho_0$ erhalten wir schließlich die klassischen (inkompressiblen) „Navier-Stokes-Gleichungen":

$$\partial_t v + v \cdot \nabla v - \nu \Delta v + \rho_0^{-1} \nabla p = f\,. \tag{4.1.4}$$

Diese repräsentieren zusammen mit der Inkompressibilitätsbedingung (4.1.1) Masse- und Impulserhaltung in einem homogenen inkompressiblen Newtonschen Fluid. Der Faktor $1/\rho_0$ im Druckterm wird explizit beibehalten, da zunächst die Gleichungen noch dimensionsbehaftet sind und p die Bedeutung eines „Druckes" behalten soll. Zu den Gleichungen (4.1.1) und (4.1.4) kommen noch die Randbedingungen hinzu. Die Beobachtung zeigt, dass reibungsbehaftete Flüssigkeiten an festen Wänden Γ_{fest} „haften". Man stellt also üblicherweise die (physikalischen) Randbedingungen

$$v_{|\Gamma_{\text{fest}}} = 0, \qquad \lim_{|x|\to\infty} v(x) = V_\infty\,.$$

Im Fall sehr großer Viskosität (wie gewöhnlich in biologischen Fluiden) können die Beschleunigungsterme $\partial_t v + (v \cdot \nabla) v$ vernachlässigt werden, und man erhält die sog. „Stokes-Gleichung“ für inkompressible Flüssigkeiten

$$-\nu \Delta v + \rho_0^{-1} \nabla p = f\,. \tag{4.1.5}$$

In einer sog. „idealen“ Flüssigkeit wird der Einfluss der Reibung vernachlässigt, d. h.: Man setzt $\mu = 0$ und beschreibt den Spannungstensor allein durch den Druck p. Die Bewegungsgleichung reduziert sich so auf die sog. „Euler-Gleichungen“ für inkompressible Flüssigkeiten

$$\partial_t v + v \cdot \nabla v + \rho_0^{-1} \nabla p = f\,. \tag{4.1.6}$$

Da Haftung entlang fester Wände wegen fehlender Reibung nicht erwartet werden kann, wird in diesem Modell nur die reduzierte Randbedingung

$$n \cdot v_{|\Gamma_{\text{fest}}} = 0$$

gefordert. Dies besagt, dass keine Flüssigkeitsteilchen den festen Rand durchdringen können. Zur Beschreibung realer Flüssigkeiten ist die „ideale“ Flüssigkeit in der Nähe fester Wände ungeeignet; sie stellt jedoch ein einfaches Modell für sogenannte „Außenströmungen“ dar. Bei Vernachlässigung der Reibung kann auch die Produktion von Wirbeln in der Strömung vernachlässigt werden, d. h.: $\nabla \times v = 0$. Mit Hilfe der Identität

$$v \cdot \nabla v = \tfrac{1}{2} \nabla |v|^2 - v \times (\nabla \times v)$$

folgt damit aus den Euler-Gleichungen im Fall $f = 0$:

$$\nabla \big(\tfrac{1}{2} |v|^2 + \rho_0^{-1} p \big) \equiv 0\,. \tag{4.1.7}$$

Dies impliziert, dass im gesamten Strömungsgebiet das sog. „Bernoulli-Gesetz“ gilt:

$$\tfrac{1}{2} |v|^2 + \rho_0^{-1} p \equiv \text{konst.}\,, \tag{4.1.8}$$

d. h.: *Eine lokale Erhöhung der Geschwindigkeit geht notwendig mit einer Verminderung des Drucks einher. Dieser fundamentale Zusammenhang besteht auch in allgemeinen, leicht rotationsbehafteten und zähen Strömungen.*

Zur Illustration betrachten wir die „Lenzpumpe“ („Venturi[1]-Düse“) eines Segelboots (s. Abb. 4.1). Die „Lenzpumpe“ ist ein im Bootsboden installierte Vorrichtung zum Auspumpen von Wasser während der Fahrt. Sie besteht aus einem in Fahrtrichtung ausgerichteten Rohr, welches sich zunächst verengt und dann wieder weitet. An der engsten Stelle führt eine Rohrverbindung ins Boot, durch welche bei ausreichend schneller Fahrt das eingedrungene Wasser nach unten abgesaugt wird. Die dies bewirkende Kraft ist die

[1]Giovanni Battista Venturi (1746–1822): Italienischer Physiker; Prof. für Geometrie und Philosophie an der Universität von Modena und Reggio Emilia; Entdecker des nach ihm benannten „Venturi-Effekts“ (1797) als Grundlage von hydrodynamisxhen Berechnungen auf Basis der Bernoulli-Gleichung („Venturi-Pumpe“).

Druckdifferenz zwischen dem von oben wirkenden Luftdruck und dem in der Pumpe bestehenden, verminderten Wasserdruck. Diese Druckverminderung in der Pumpe kommt wie folgt zustande: Zunächst wird wegen der Inkompressibilität das in die Pumpe strömende Wasser durch die Verengung des Rohres ($|\Gamma_{\text{innen}}| \leq |\Gamma_{\text{in}}|$) beschleunigt:

$$|\Gamma_{\text{innen}}|\,\bar{v} = \int_{\Gamma_{\text{innen}}} v\,ds = \int_{\Gamma_{\text{in}}} v\,ds = |\Gamma_{\text{in}}|\,\bar{v}_{\text{in}}\,.$$

Dies bewirkt dann nach obigem Bernoulli-Gesetz (4.1.8) in der Pumpe die Verminderung des Drucks.

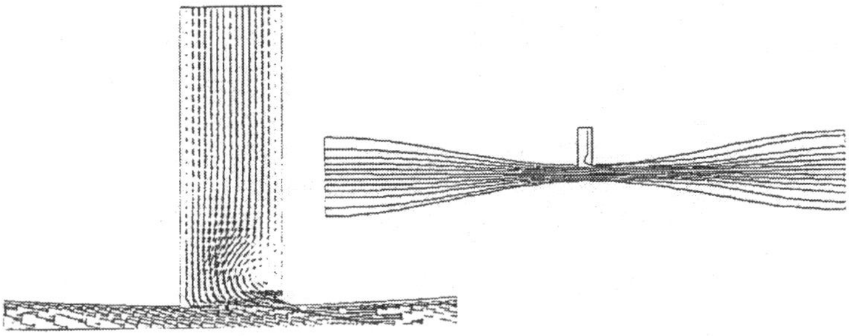

Abbildung 4.1: Schematisches Bild der Strömung durch die Lenzpumpe („Venturi-Düse") eines Segelboots; s. Turek [145].

Eine ähnliche Situation liegt bei der Umströmung eines Hindernisses vor, z. B. eines Zylinders in einer Kanalströmung (s. Abb. 4.2). Die Verengung des Strömungbereichs ober- und unterhalb des Zylinders bewirkt dort eine lokale Erhöhung der Geschwindigkeit, welche wiederum mit einer Absenkung des Drucks einhergeht. Dazu kommt als weiterer Effekt der Übergang der parallelen Anströmung in eine vertikal oszillierende Strömungsform (sog. „von Kármánsche Wirbelstraße"). Die *stationäre* Anströmung wird aufgrund des Hindernisses und der dadurch bedingten Beschleunigung „instabil" und stromwärts *instationär*.

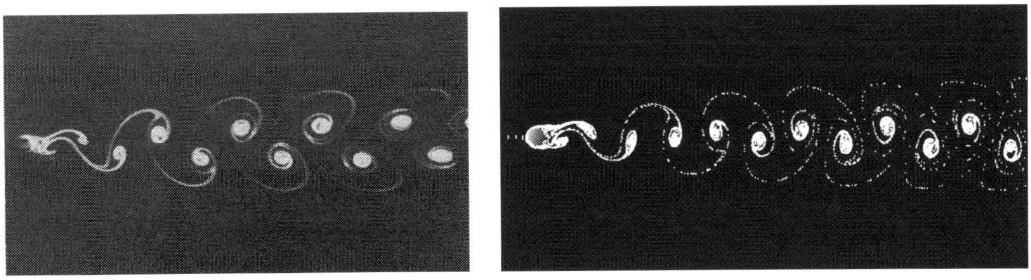

Abbildung 4.2: Umströmung eines Zylinders in einem Kanal („von Kármánsche Wirbelstraße"): 2-d Strömung im Experiment und in der Simulation (Was ist was?); s. Van Dyke [66] für Experimente und Kilian/Turek [120] für Simulationen.

Im Falle der Rotationsfreiheit lässt sich die Zustandsgleichung weiter vereinfachen durch Einführung eines skalaren Potentials Φ mit $v = \nabla\Phi$ (in einem einfach zusammenhängenden Strömungsgebiet). Aufgrund der angenommenen Divergenzfreiheit genügt dieses Potential dann der „Potentialgleichung“

$$\Delta\Phi = 0. \tag{4.1.9}$$

Die zugehörigen Randbedingungen für Φ werden aus der Impulsgleichung abgeleitet.

4.1.1 Ähnlichkeitslösungen (Reynolds-Zahl)

Schwierige technische Strömungen werden meist durch Modellversuche im Wasser- oder Windkanal untersucht. Dabei müssen Original- und Modellproblem so dimensioniert sein, dass beide den gleichen physikalischen Sachverhalt wiedergeben. Die zugehörigen Lösungen sollten „ähnlich“ sein, d. h. durch einfache Skalierungen der Koordinaten und Geschwindigkeiten auseinander hervorgehen. Dies ist gleichbedeutend mit einer Normalisierung der Navier-Stokes-Gleichungen durch Einführung dimensionsloser Größen. Die kinematischen Größenverhältnisse des Problems sind bestimmt durch eine „charakteristische Länge“ L (Maßeinheit Meter m) und eine „charakteristische Geschwindigkeit“ U (skalare Größe; Maßeinheit $\mathrm{m\,s^{-1}}$). Für L würde man etwa die Länge des zu untersuchenden Gegenstands wählen und für U den (maximalen) Betrag der Anströmgeschwindigkeit. Für die normalisierten (dimensionslosen) Größen

$$x^* = \frac{1}{L}x, \quad v^* = \frac{1}{U}v, \quad t^* = \frac{U}{L}t, \quad p^* = \frac{1}{U^2}\frac{p}{\rho_0},$$

gilt dann

$$\frac{\partial v^*}{\partial t^*} = \frac{L}{U^2}\frac{\partial v}{\partial t}, \quad \Delta^* v^* = \frac{L^2}{U}\Delta v, \quad (v^*\cdot\nabla^*)v^* = \frac{L}{U^2}(v\cdot\nabla)v, \quad \nabla^* p^* = \frac{L}{U^2\rho_0}\nabla p.$$

(Man beachte, dass der Druck die Dimension „Kraft/Fläche“ $\sim \mathrm{kg\,m\,s^{-2}m^{-2}} = \mathrm{kg\,s^{-2}\,m^{-1}}$ und die Dichte die Dimension „Masse/Volumen“ $\sim \mathrm{kg\,m^{-3}}$ haben.) Durch Einsetzen ergeben sich die *normalisierten* Navier-Stokes-Gleichungen

$$\frac{\partial v^*}{\partial t^*} + (v^*\cdot\nabla^*)v^* = \frac{\nu}{UL}\Delta^* v^* - \nabla^* p^* + \frac{L}{U^2}g, \tag{4.1.10}$$

wobei als Volumenkraft die Schwerkraft mit Beschleunigung g berücksichtigt wird. In dieser Gleichung stehen links die im Fluid wirkenden Beschleunigungen durch „Trägheitskräfte“ und rechts die durch „Reibungskräfte“ und Schwerkraft. Diese nunmehr dimensionslose (d. h. nicht mit physikalischen Dimensionen behaftete) Gleichung wird durch zwei charakteristische Zahlen bestimmt, der „Reynolds-Zahl“

$$\mathrm{Re} := \frac{LU}{\nu} = \frac{\rho_0 LU}{\mu},$$

die das Verhältnis von Reibungs- zu Trägheitskräften beschreibt, sowie der „Froude[2]-Zahl"

$$\mathrm{Fr} := \frac{U^2}{Lg},$$

die das Verhältnis von Schwerkraft zu Trägheitskraft beschreibt. In den meisten praktischen Anwendungen spielt die Schwerkraft keine entscheidende Rolle, so dass oft die „Reynolds-Zahl" wichtigster Parameter ist. Die Bedeutung dieser charakteristischen Zahlen soll im Folgenden erklärt werden.

Damit der oben angesprochene Modellversuch die wirklichen Strömungsverhältnisse wiedergibt, sollten die beiden Strömungsgebiete geometrisch ähnlich sein und die realisierten charakterischen Zahlen Re und Fr denen des Originalproblems entsprechen. Dann sind die zugehörigen Lösungen $\{v^*, p^*\}$ und $\{v, p\}$ ähnlich (sog. „Ähnlichkeitslösungen"):

$$v(x,t) = Uv^*(L^{-1}x, L^{-1}Ut), \quad p(x,t) = U^2\rho_0 p^*(L^{-1}x, L^{-1}Ut).$$

Jede im Modell (oder durch numerische Rechnung) für $\{v^*, p^*\}$ gefundene Eigenschaft überträgt sich so auf die reale Lösung $\{v, p\}$, etwa die an einem in einer Strömung bewegten Körper wirkende Widerstandskraft.

Beispiel: Sei z. B. S die Oberfläche eines querangeströmten Kreiszylinders mit Durchmesser D in einem Kanal der Breite H (siehe Abb. 4.3). Die Anströmung sei konstant in x_1-Richtung von der Größe U, und die Schwerkraft wirke in x_2-Richtung. Die zugehörigen Richtungseinheitsvektoren seien e^1 bzw. e^2. Die Reynolds-Zahl ist gebildet als $Re = UD/\nu$ mit der Viskosität von Wasser.

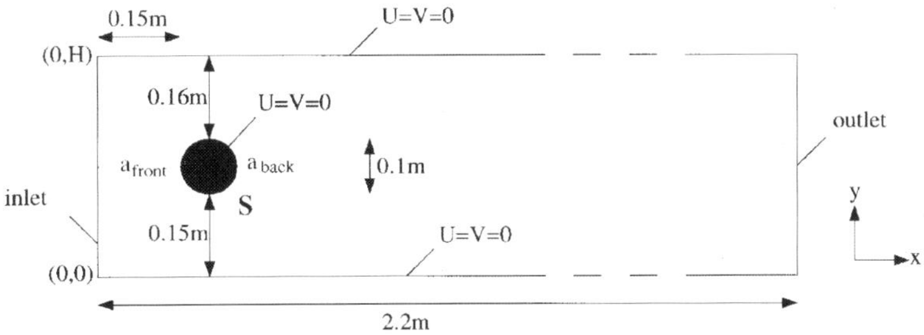

Abbildung 4.3: Konfiguration der Umströmung eines Kreises in einem ebenen Kanal.

Die „Widerstandskraft" ist gegeben als die totale in x_1-Richtung auf den Körper wirkende (Oberflächen)-Kraft ($v_\tau = \tau \cdot v$ die „tangentiale" Komponente von v)

$$K_w(S) = -\int_S n \cdot \sigma \cdot e^1\, do = -\int_S \{\mu\partial_n v_\tau n_2 - pn_1\}\, do.$$

[2]William Froude (1810–1879): Englischer Schiffbauingenieur und Hydrodynamiker, ab 1870 Mitglied der Royal Society; leitete erstmals eine brauchbare Formel zur Bestimmung des Widerstands eines Schiffes in einer Wasserströmung und seiner Stabilität.

Diese Darstellungen ergeben sich bei Transformation auf das lokale (n, τ)-Koordinatensystem aus der Identität

$$
\begin{aligned}
n \cdot \sigma \cdot e_1 &= (1,0)\begin{pmatrix} \sigma_{nn} & \sigma_{n\tau} \\ \sigma_{\tau n} & \sigma_{\tau\tau} \end{pmatrix}(n_1, n_2)^T = \sigma_{nn} n_1 + \sigma_{n\tau} n_2 \\
&= 2\mu \partial_n v_n n_1 + \mu\{\partial_n v_\tau + \partial_\tau v_n\} n_2 - p n_1
\end{aligned}
$$

unter Beachtung der Inkompressibilitätsrelation $\partial_n v_n = -\partial_\tau v_\tau$ zusammen mit der Haftrandbedingung $v_{|\partial\Gamma_{\text{fest}}} = 0$. Die zugehörigen (dimensionslosen) Beiwert („drag coefficient") ist gegeben durch (in 2D):

$$
K_w(S) = -\int_S \{\mu \partial_n v_\tau n_2 - p n_1\}\, do, \qquad c_w(S) := \frac{2K_w(S)}{\rho_0 U^2 D}.
$$

Entsprechend ist der „Auftrieb" („lift") die totale in x_2-Richtung wirkende (Oberflächen)-Kraft gegeben durch

$$
K_a(S) = -\int_S \{\mu \partial_n v_\tau n_1 - p n_2\}\, do, \qquad c_a(S) := \frac{2K_a(S)}{\rho_0 U^2 D}.
$$

Der „Ähnlichkeitssatz" der Hydrodynamik besagt dann, dass c_w und c_a geometrisch ähnlicher Körper in Strömungen mit gleicher Reynolds-Zahl gleich sind. Diese Aussage gilt allgemein für alle aus den Strömungsgrößen gebildeten dimensionslosen Größen.

Die Realisierung relevanter Reynolds- und Froude-Zahlen im Experiment ist aber oft nicht möglich, wie das folgende Beispiel illustriert:

Beispiel: Es sei die Umströmung eines Schiffskörpers im Wasser im Hinblick auf den zu erwartenden Reibungswiderstand zu untersuchen. Im Experiment (gesternte Größen) erfordert dann Gleichheit von Froude- und Reynolds-Zahl,

$$
\frac{U^{*2}}{L^*} = \frac{U^2}{L}, \qquad \frac{L^* U^*}{\nu^*} = \frac{LU}{\nu},
$$

die Verwendung einer Flüssigkeit mit wesentlich kleinerer Viskosität $\nu^* \ll \nu$. Sind z. B. die Größenverhältnisse $L_{\text{Modell}} : L_{\text{Schiff}} = 1:25$, muss notwendig $U_{\text{Modell}} : U_{\text{Schiff}} = 1:5$ sein. Dies wiederum impliziert notwendig $\nu_{\text{Modell}} : \nu_{\text{Schiff}} = 1:125$. Bei großen Schiffen (Tankern) kann die Reynolds-Zahl in der Größenordnung von $10^7 - 10^8$ liegen, während im Wasserkanal maximal $Re \sim 5 \cdot 10^6$ erreichbar ist. Dies zeigt, wie wichtig eine numerische Simulation der Navier-Stokes-Gleichungen gerade für große Reynolds-Zahlen ist.

Wir weisen daraufhin, dass in der quantitativen Festlegung der Reynolds-Zahl für eine reale Strömungskonfiguration eine gewisse Willkür liegt. Häufig lassen sich nicht „die" charakteristische Geschwindigkeit U oder „die" charakteristische Länge L angeben; z. B. gibt es bei der Umströmung einer Kugel in einem Kanal mehrere Möglichkeiten, die charakteristische Länge zu definieren, etwa als Kanaldurchmesser, Kugeldurchmesser oder auch als der obere bzw. untere Abstand der Kugel von der Wand. Als charakteristische Geschwindigkeit kann man die maximale Einströmung, aber auch die mittlere Einströmung wählen. Entsprechend können sich sehr unterschiedliche Werte für die Reynolds-Zahl ergeben. Zu deren Bewertung muss man sich in jedem Einzelfall die Bedeutung der zugehörigen „Ähnlichkeitslösungen“ vergegenwärtigen. Beispiele praxis-relevanter Reynolds-Zahlen sind:

i) Wasser: $\mu \approx 1{,}238{\cdot}10^{-3}\, kg/ms$, $\nu \approx 1{,}238{\cdot}10^{-6}\, m^2/s$ (bei 12^oC), $\rho \approx 1{,}00{\cdot}10^3\, m^2/s$.
- Für ein U-Boot mit $L = 50\, m$ und $U = 10\, m/s$ ist $\mathrm{Re} \approx 4 \cdot 10^8$.
- Für einen Schwimmer mit $L = 2\, m$ und $U = 0{,}5\, m/s$ ist $\mathrm{Re} \approx 8 \cdot 10^5$.

ii) Luft: $\mu \approx 1{,}79 \cdot 10^{-5}\, kg/ms$, $\nu \approx 1{,}46 \cdot 10^{-5}\, m^2/s$, $\rho \approx 1{,}2\, m^2/s$.
- Für einen Gleiter mit $L = 1\, m$ und $U = 1\, m/s$ ist $\mathrm{Re} \approx 7 \cdot 10^4$.
- Für ein Auto mit $L = 4\, m$ und $U = 50\, m/s$ ist $\mathrm{Re} \approx 1{,}4 \cdot 10^7$.
- Für ein Flugzeug mit $L = 30\, m$ und $U = 200\, m/s$ ist $\mathrm{Re} \approx 4{,}2 \cdot 10^8$.

(In astrophysikalischen Modellen kommen wegen der enormen räumlichen Dimensionen Reynolds-Zahlen der Größenordnung $Re \approx 10^{13}$ vor.)

iii) Blut: $\mu \approx 4 \cdot 10^{-3}\, kg/ms$, $\nu \sim 4 \cdot 10^{-6}\, m^2/s$, $\rho \approx 1{,}06 \cdot 10^3\, m^2/s$.
- An einer Herzklappe mit $L \approx 0{,}02\, m$ und $U = 0{,}1\, m/s$ ist $\mathrm{Re} \approx 5 \cdot 10^2$.

iv) Honig: $\mu \approx 10\, kg/ms$, $\nu \approx 7{,}14 \cdot 10^{-3}\, m^2/s$, $\rho \approx 1{,}4 \cdot 10^3\, m^2/s$.
- Für eine Honigströmung von einem Löffel mit $L \approx 0{,}01\, m$ und $U = 0{,}01\, m/s$ ist $\mathrm{Re} \approx 1{,}4 \cdot 10^{-2}$.

Der besondere Charakter von Strömungsproblemen mit hoher Reynolds-Zahl zeigt sich auch in der Gleichung (4.1.10): Der Koeffizient des „Reibungsterms“ Δv ist dann sehr klein. Er ist von höherer Differentiationsordnung als die anderen Terme und darf besonders in der Nähe fester Ränder nicht vernachlässigt werden, da sich nur bei seiner Gegenwart die „Haftrandbedingung“ $v_{|\Gamma_{\text{fest}}} = 0$ realisieren lässt. Bei großen Reynolds-Zahlen entsteht durch die relativ geringe Reibungskraft ein „Sprung“ zwischen $v = 0$ an der festen Wand und dem „Hauptstrom“ mit $|v| \sim U$ in geringer Entfernung zur Wand. Dies bedingt in dieser schmalen sog. „Grenzschicht“ einen großen Geschwindigkeitsgradienten normal zur Wand. Dort wirken einige für die Dynamik der Strömung wesentliche Mechanismen, welche sich durch das Modell der „idealen“ (reibungsfreien) Strömung nicht erfassen lassen.

4.1.2 Beispiele: Couette- und Poiseuille-Strömung

Wir betrachten zwei einfache Strömungskonfigurationen, für welche Lösungen der Navier-Stokes-Gleichungen explizit angegeben werden können.

1) Scherströmung („Couette[3]-Strömung“): Wir betrachten die Strömung im Spalt zwischen zwei unendlich ausgedehnten Platten konstanten Abstands $L = 1$, welche sich mit konstanter Geschwindigkeit $U = 1$, gegeneinander bewegen. Die Wirkung der Schwerkraft wird vernachlässigt. Wir legen fest, dass die untere Platte in der (x_1, x_2)-Ebene in Ruhe ist, und die obere sich in x_1-Richtung bewegt. Die Richtung normal zur Platte

[3]Maurice Couette (1858–1943): Französischer Physiker; studierte u. a. bei dem Kontinuumsmechaniker Joseph Boussinesq und dem Experimentalphysiker Gabriel Lippmann an der Sorbonne in Paris, Promotion 1890 über Reibung in Flüssigkeiten; später Prof. an der Katholischen Univ. in Angers; arbeitete über Fragen der Rheologie (Fließverhalten von Materie).

ist die x_3-Richtung. Die Reynolds-Zahl Re sei durch Wahl von ν beliebig gegeben. Das Geschwindigkeitsfeld $v = (v_1, v_2, v_3)$ mit den Komponenten

$$v_1(x) = x_3, \quad v_2(x) = v_3(x) = 0\,,$$

ist divergenzfrei, $\nabla \cdot v = 0$, und erfüllt die Haftrandbedingung $v(x_1, x_2, 0) = 0$ und $v_1(x_1, x_2, 1) = 1$. Zusammen mit der trivialen Druckfunktion $p = 0$ genügt v automatisch für jede Reynolds-Zahl Re den stationären Navier-Stokes-Gleichungen:

$$-\mathrm{Re}^{-1}\Delta v + v \cdot \nabla v + \nabla p = 0\,.$$

Diese spezielle Lösung wird „Couette-Strömung“ genannt.

Abbildung 4.4: Geschwindigkeitsvektoren der ebenen Scherströmung („Couette-Strömung“)

2) Kanalströmung („Poiseuille[4]-Strömung“):
Wir betrachten die Strömung durch einen (unendlich langen) Kanal $\Omega \subset \mathbb{R}^3$ mit kreisförmigen Querschnitt Q mit Radius $L = 1$. Die Wirkung der Schwerkraft wird wieder vernachlässigt. Das Koordinatensystem sei so gelegt, dass die x_1-Achse mit der Kanalmittelachse zusammenfällt. Die Reynolds-Zahl Re sei wieder beliebig gegeben. Das Geschwindigkeitsfeld $v = (v_1, v_2, v_3)$ mit den Komponenten

$$v_1(x) = 1 - (x_2^2 + x_3^2), \quad v_2 = v_3 = 0\,,$$

erfüllt die Haftrandbedingung $v_{|\Gamma_{\text{fest}}} = 0$, und es ist

$$v \cdot \nabla v \equiv 0, \quad \Delta v_1 = -4\,.$$

Folglich gilt mit der „Druckfunktion“ $p(x) := -4\mathrm{Re}^{-1}x_1$:

$$-\mathrm{Re}^{-1}\Delta v + v \cdot \nabla v + \nabla p = 0\,,$$

d. h.: Das Paar $\{v, p\}$ ist eine Lösung der (stationären) Navier-Stokes-Gleichungen zur gegebenen Reynolds-Zahl Re. Diese spezielle Lösung wird (drei-dimensionale) „Poiseuille-Strömung“ genannt.

[4]Jean Léonard Marie Poiseuille (1797–1869): Französischer Physiker und Physiologe; Studium der Physik und Mathematik an der École Polytechnique in Paris, Promovierte 1828 mit einer Arbeit über die Physiologie des Blutkreislaufs, weitere Arbeiten zu diesem Thema und u. a. zu Rohrströmungen; beruflicher Werdegang unbekannt.

Abbildung 4.5: Ebene Kanalströmung („Poiseuille-Strömung“)

Diese beiden Beispiele gehören zu den ganz wenigen, für welche Lösungen der Navier-Stokes-Gleichungen in geschlossener Form (ohne Zuhilfenahme von Reihenentwicklungen) angegeben werden können. Sie zeigen, dass es unter Umständen zu jeder beliebig großen Reynolds-Zahl stationäre Lösungen der Navier-Stokes-Gleichungen geben kann. Wir werden später sehen, dass diese theoretisch wichtige Aussage auch in allgemeinen Situationen gilt. Allerdings sind oberhalb einer problemabhängigen „kritischen“ Reynolds-Zahl diese „mathematischen“ Lösungen instabil und in der Natur nicht realisiert. Wir werden auf diesen kritischen Aspekt der Lösungstheorie für die Navier-Stokes-Gleichungen später noch zurückkommen.

4.1.3 Laminare Grenzschichten

In viskosen Strömungen findet der Übergang von der inneren Hauptströmung v zur Haftrandbedingung $v_{|\Gamma_{\text{fest}}} = 0$ innerhalb einer schmalen Schicht, der sog. „Grenzschicht“ statt. Die relative Breite $\delta = \delta_{\text{Grenz}}$ dieser Grenzschicht hängt von der Viskosität der Flüssigkeit, genauer von der Reynolds-Zahl $\text{Re} = UL/\nu$ ab. Zur Bestimmung dieser Abhängigkeit diskutieren wir die „Phänomenologie“ der Strömungsgrenzschicht.

Wir betrachten die Umströmung eines schlanken Körpers (siehe Abb. 4.6) der Länge L mit (konstanter) Anströmgeschwindigkeit U. Die Reynolds-Zahl $Re = UL/\nu$ sei groß. Wir verwenden eine zweidimensionaler Näherung im der (x, y)-Ebene, wobei die x-Richtung die Anströmrichtung ist. Der Geschwindigkeitsvektor hat die Komponenten (u, v). In Konturnähe besteht ein großer Geschwindigkeitsgradient normal zur Kontur (d. h. in y-Richtung):

$$\partial_y u \sim \frac{U}{\delta} \gg 1 .$$

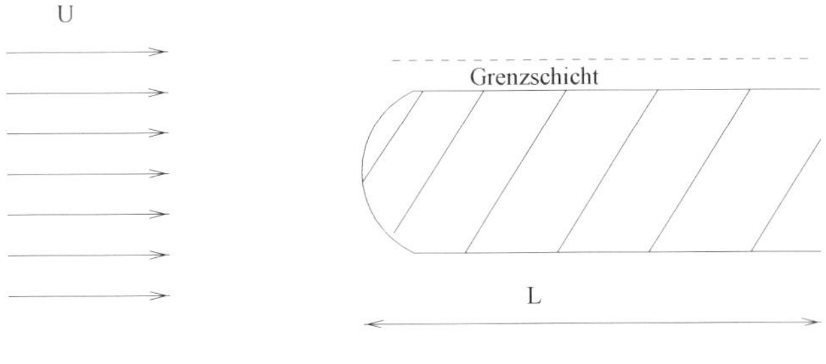

Abbildung 4.6: Schema der Umströmung eines Körpers

Das Auftreten der Grenzschicht kann anhand eines einfachen Beispiels illustriert werden. Das eindimensionale *lineare* Randwertproblem

$$-\nu w'' + w' = 0 \quad \text{in } (-\infty, 0), \qquad \lim_{y\to-\infty} w(y) = 1,\; w(0) = 0,$$

besitzt die exakte Lösung

$$w(y) = 1 - e^{y/\nu}\,.$$

Deren Grenzschicht, innerhalb welcher die Lösung vom Randwert $v(0) = 0$ auf die Hälfte des Maximalwertes $w = 1$ anwächst, ist $\{y|\,\nu\ln(\frac{1}{2}) \le y < 0\}$. Also ist

$$\delta \sim \nu, \qquad |w'(y)| \le 1/\nu,\; -\delta \le y < 0\,.$$

Geeigneter als Modell für das Grenzschichtverhalten einer viskosen Strömung wäre aber die *nichtlineare* Randwertaufgabe (stationäre „Burgers[5]-Gleichung“)

$$-\nu w'' + ww' = 0 \quad \text{in } (-\infty, 0), \qquad \lim_{y\to-\infty} w(y) = 1,\; w(0) = 0.$$

Deren Lösung lässt sich ebenfalls explizit angeben (siehe Abbildung 4.7):

$$w(y) = \frac{e^{-y/2\nu} - e^{y/2\nu}}{e^{-y/2\nu} + e^{y/2\nu}}\,.$$

Die zugehörige Grenzschicht ist also charakterisiert durch

$$\delta \sim \sqrt{\nu}, \qquad |w'(y)| \le 1/\sqrt{\nu},\; -\delta \le y < 0\,.$$

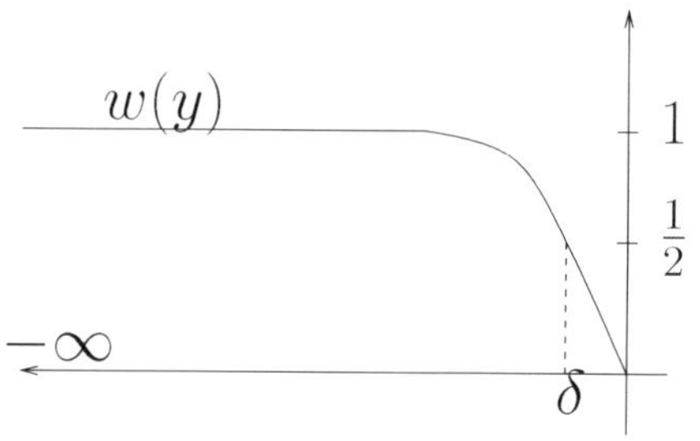

Abbildung 4.7: Schema einer diffusiven Grenzschicht

Überträgt man dieses Resultat auf die reale Strömungssituation, so wäre in einer numerischen Berechnung zur Erfassung der für den Widerstand entscheidenden Grenzschicht etwa bei $Re \sim 10^8$ eine Gitterweite von $h \sim 10^{-4}$ normal zum Rand erforderlich. Dies bedingt auf jeden Fall die Verwendung von stark „anisotropen“ Rechengittern.

[5]Johannes Martinus Burgers (1895–1981): Niederländischer Physiker; Studium der Physik in Leiden, bereits 1918 Prof. an der TU Delft, 1955 Emigration in die USA zur Univ. of Maryland; Arbeiten zur Strömungs- und Festkrpermechanik und zur Materialtheorie (Versetzungen in Kristallgittern).

Beispiel: Die Strömung in derselben geometrischen Konfiguration kann zu verschiedenen Reynolds-Zahlen sehr unterschiedlich aussehen. In Abb. 4.8 ist die Strömung in einer quadratischen Nische (sog. "lid-driven cavity"-Strömung) für Re = 1, Re = 1000 und Re = 9000 gezeigt. Ab Re = 10000 wird die Strömung instationär. Zur Berechnung dieser Strömung werden in der Regel anisotrope Gitter verwendet, deren maximaler Streckungsgrad (sog. „aspect ratio") mit wachsender Reynolds-Zahl zunimmt (s. Abb. 4.9); s. Turek [145] für weitere Details.

Abbildung 4.8: Stationäre Nischenströmung für Re = 1, 1000, 9000 (von links nach rechts); s. Turek [145].

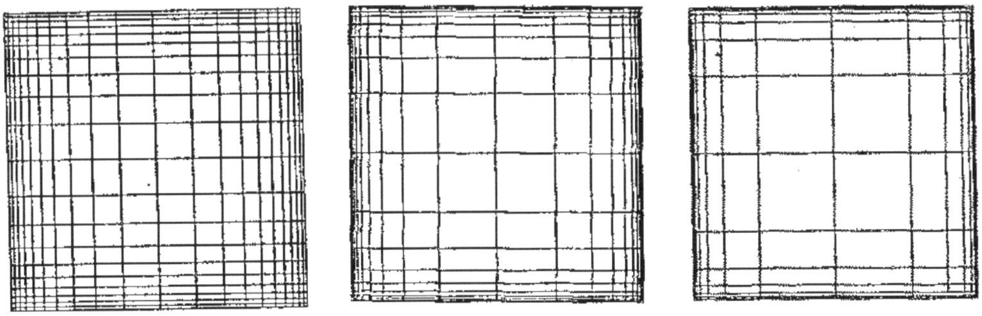

Abbildung 4.9: Rechengitter für stationäre Nischenströmung für Re = 1, 1000, 9000 (von links nach rechts); s. Turek [145].

Häufig sind ausreichend feine Rechengitter aber nicht erreichbar. In diesem Fall behilft man sich mit zwei getrennten Rechnungen, eine auf gröberen Gittern für die Hauptströmung außerhalb der Grenzschicht und eine spezielle „Grenzschichtrechnung". Dazu muss man die ungefähre Lage und das Verhalten der Grenzschicht kennen; gefragt ist also eine Phänomenologie der Grenzschicht.

Die parallele Anströmung U erreicht vor dem Kopf des Körpers den sog. „Staupunkt", in dem die Stromlinien sich zerteilen. Längs der Vorderseite wird die Flüssigkeit beschleunigt, was mit einem Druckabfall einhergeht. In der Grenzschicht längs der Körperoberfläche gilt

$$\partial_y u \gg \partial_x v\,.$$

Im Gegensatz zur nahezu rotationsfreien Außenströmung gilt in der Grenzschicht naturgemäß $\nabla\times(\vec{v}) = \partial_x v - \partial_y u \neq 0$. Ab der höchsten Stelle der Körperkontur entsteht mit der Abbremsung der Strömung ein Druck gegen die Strömungsrichtung, so dass sich die Grenzschicht am hinteren Ende des Körpers verdickt und schließlich ablöst. Der Wirbelfluss der Grenzschicht gelangt damit in die bisher als rotationsfrei angenommene Außenströmung. Die Trennfläche zwischen Grenzschicht und Außenströmung rollt sich hinter dem Körper mehr oder weniger regelmäßig zu Einzelwirbeln zusammen, welche sich ablösen und aufgrund des Energieverlustes durch Reibung langsam abklingen (sog. „von Kármánsche Wirbelstraße“). Hinter dem Körper entsteht nach Ablösung der Grenzschicht ein Bereich nahezu ruhender Flüssigkeit mit negativem Druck, das sog. „Totwasser“. Der negative Druck im Totwasser bewirkt einen Sog nach hinten, welcher die eigentliche Ursache für den Körperwiderstand in der zähen Flüssigkeit ist. Diese Vorgänge können in zweidimensionaler Approximation für einfache Geometrien relativ kleine Reynolds-Zahlen ($\mathrm{Re} \leq 10^3$) auch numerisch nachvollzogen werden. Für größere Reynolds-Zahlen ($\mathrm{Re} \geq 10^3$) übersteigt die direkte numerische Berechnung echt dreidimensionaler Grenzschichtströmungen meist noch die Kapazität der verfügbaren Rechenanlagen.

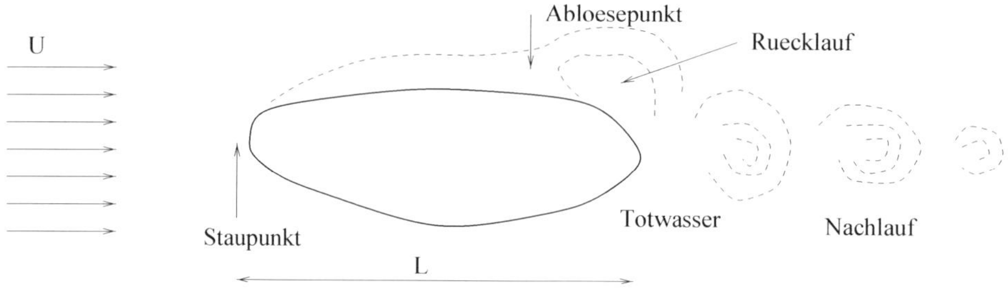

Abbildung 4.10: Schema der Grenzschicht einer viskosen Körperumströmung

Als Ausweg aus diesem Dilemma wird traditionell eine analytische Näherungsmethode, verwendet, die „Grenzschichttheorie“ nach L. Prandtl (1904). Innerhalb der Grenzschicht der Breite δ werden dimensionslose Koordinaten eingeführt durch

$$\xi = \frac{x}{L}, \quad \eta = \frac{y}{\delta}$$

und die Navier-Stokes-Gleichungen entsprechend normalisiert:

$$\partial_x u = \frac{1}{L}\partial_\xi u \sim \frac{U}{L}, \quad \partial_y u = \frac{1}{\delta}\partial_\eta u \sim \frac{U}{\delta}\,.$$

Die Kontinuitätsgleichung $\partial_x u + \partial_y v = 0$ ergibt dann

$$\partial_x v \sim \frac{U}{L^2}\delta \quad \partial_y v \sim \frac{U}{L}\,,$$

denn für $0 \leq y \leq \delta$ gilt ja

$$v = -\int_0^y \partial_x u \, dy \sim \frac{U}{L}\delta .$$

In den Navier-Stokes-Gleichungen sind damit die einzelnen Summanden von den folgenden Größenordnungen

$$\underbrace{u\partial_x u}_{\frac{U^2}{L}} + \underbrace{v\partial_y u}_{\frac{U^2}{L}} - \underbrace{\nu(\partial_x^2 u + \partial_y^2 u)}_{\frac{U}{L^2}} + \underbrace{\rho_0^{-1}\partial_x p}_{\frac{U}{\delta^2}} = 0 ,$$

und

$$\underbrace{u\partial_x v}_{\frac{U^2}{L}} + \underbrace{v\partial_y v}_{\frac{U^2}{L}} - \underbrace{\nu(\partial_x^2 v + \partial_y^2 v)}_{\frac{U}{L^2}} + \underbrace{\rho_0^{-1}\partial_y p}_{\frac{U}{\delta^2}} = 0 .$$

Da wir den „kleinen" Term $\partial_x^2 u$ vernachlässigen können und wegen des Kräftegleichgewichts der Reibungsterm $\nu\partial_y^2 u$ und der Beschleunigungsterm $u\partial_x u + v\partial_y u$ von gleicher Größenordnung sein müssen, folgt

$$\nu\frac{U}{\delta^2} \sim \frac{U^2}{L}$$

und damit die „Grenzschichtformel"

$$\delta \sim \frac{L}{\sqrt{Re}}. \tag{4.1.11}$$

Für den Druck ergibt sich

$$\partial_y p \sim \nu\rho_0\frac{U}{L\delta} \sim \frac{U^2}{L\sqrt{Re}} \ll 1 .$$

Wir können daher p als konstant in y-Richtung betrachten und erhalten die folgende sog. „Grenzschichtgleichung":

$$u\partial_x u + v\partial_y u - \nu\partial_y^2 u + \rho_0^{-1}\partial_x p = 0 . \tag{4.1.12}$$

Diese Gleichung ist vom parabolischen Typ in der (x, y)-Ebene; kann das Geschwindigkeitsprofil als nahezu konstant in x-Richtung angenommen werden, reduziert sie sich auf eine leicht lösbare gewöhnliche Differentialgleichung.

4.2 Thermisch getriebene Stömungen

Ein wichtiger Sonderfall *kompressibler* Strömungen sind die sog. „temperaturgetriebenen" Strömungen, bei denen Dichteänderungen durch örtliche Temperaturänderungen hervorgerufen wird, und die Strömungsgeschwindigkeit klein gegenüber der Schallgeschwindigkeit ist. In diesem Fall kann die Wärmeerzeigung durch mechanische Effekte vernachlässigt werden. Ferner ist eine korrekte Beschreibung der diffusiven Effekte wesentlich, so dass sich die Verwendung *primitiver* Variablen anbietet. In viskos-bestimmten Strömungen können keine Unstetigkeiten in der Lösung entstehen (nur Grenzschichten am Rand und bei steilen Temperaturgradienten), und die Viskosität μ hängt von den „primitiven" Variablen ρ, T, v ab. Ebenso sind für diese die Randbedingungen formuliert. Daher bietet sich die Verwendung der Formulierung in primitiven Variablen an. In den meisten praktischen Anwendungen ist der Volumenkraftterm ρf gegeben durch die Gravitation gemäß $\rho f = \rho g$. Das System der Zustandsgleichungen viskoser Fluide („kompressible" Navier-Stokes-Gleichungen) in nicht-konservativer Form:

$$\partial_t \rho + \nabla \cdot (\rho v) = 0, \tag{4.2.13}$$

$$\rho\partial_t v + \rho v \cdot \nabla v - \nabla \cdot \big(\mu\{\nabla v + \nabla v^T\} - \tfrac{2}{3}\mu \nabla \cdot v I\big) + \nabla p = \rho f, \tag{4.2.14}$$

$$\rho c_p \partial_t \theta + \rho c_p v \cdot \nabla \theta - \nabla \cdot (\kappa \nabla \theta) - \partial_t p - v \cdot \nabla p - \sigma : \nabla v = \rho h\,. \tag{4.2.15}$$

Ferner wird ein „ideales" Gas angenommen, so dass

$$\rho = \frac{p}{R\theta}, \tag{4.2.16}$$

mit der Gaskonstante $R > 0$. Mit Hilfe der Gasgleichung kann man die Kontinuitätsgleichung umschreiben zu

$$\nabla \cdot v + p^{-1}(\partial_t p + v \cdot \nabla p) - \theta^{-1}(\partial_t \theta + v \cdot \nabla \theta) = 0. \tag{4.2.17}$$

Für großen Druck $|p| \gg 1$ und Temperatur $\theta \gg 1$ erscheint dies wie eine kleine Störung der Inkompressibilitätsbedingung in einer inkompressiblen Strömung. Wir wollen diesem Gedanken weiter nachgehen. Für mehr Details sei auf Braack/Rannacher [101] verwiesen.

4.2.1 Der Grenzprozess Ma $\to 0$

Wir betrachten das vereinfachte Modell der isothermen Strömung eines nicht-viskosen, barotropen Gases ohne äußere Einflüsse:

$$\partial_t \rho + \nabla \cdot (\rho v) = 0, \tag{4.2.18}$$

$$\rho\partial_t v + \rho v \cdot \nabla v + \nabla p = 0, \tag{4.2.19}$$

$$p = \alpha \rho^\gamma, \,, \tag{4.2.20}$$

mit Anfangsdaten $\rho_{|t=0} = \rho^0$ und $v_{|t=0} = v^0$. Mit der Schallgeschwindigkeit

$$c^2 = \frac{dp}{d\rho} = \alpha\gamma\rho^{\gamma-1} \approx \alpha\gamma(\rho^0)^{\gamma-1}, \tag{4.2.21}$$

wird die Mach-Zahl als klein angenommen:

$$\text{Ma} := \frac{|v|}{c} \approx \frac{|v^0|}{c} \ll 1\,,$$

Zum Beispiel ist die die Mach-Zahl in Luft bei Raumtemperatur bei einer mittleren Strömungsgeschwindigkeit von $5m/s$ etwa Ma ≈ 0.015.

Mit Hilfe des Gasgesetzes und der Kontinuitätsgleichung erschließen wir, dass

$$\partial_t p = \alpha\gamma\rho^{\gamma-1}\partial_t\rho = -\alpha\gamma\rho^{\gamma-1}\nabla\cdot(\rho v) \tag{4.2.22}$$
$$= -\alpha\gamma\rho^{\gamma-1}\{v\cdot\nabla\rho + \rho\nabla\cdot v\} \tag{4.2.23}$$
$$= -\rho c^2\nabla\cdot v - v\cdot\nabla p\,, \tag{4.2.24}$$

bzw.

$$\rho^{-1}c^{-2}\{\partial_t p + v\cdot\nabla p\} + \nabla\cdot v = 0. \tag{4.2.25}$$

Für $c \gg 1$ reduziert sich also die Kontinuitätsgleichung formal zu einer kleinen Störung der Inkompressibilitätsbedingung $\nabla\cdot v = 0$. Wir wollen diesen Gedanken weiter verfolgen. Dazu schreiben wir das ganze System der Euler-Gleichungen für das Tripel $\{\rho, v, p\}$ in der Form

$$\partial_t\rho + v\cdot\nabla\rho + \rho\cdot\nabla v = 0, \tag{4.2.26}$$
$$\partial_t v + v\cdot\nabla v + \rho^{-1}\nabla p = 0, \tag{4.2.27}$$
$$\partial_t p + c^2\rho\nabla\cdot v + v\cdot\nabla p = 0. \tag{4.2.28}$$

In einer Raumdimension schreibt sich dies für $u := \{\rho, v, p\}$ in der Form:

$$\partial_t u + A(u)\partial_x u \;=\; 0,$$

mit der Matrix

$$A(u) = \begin{pmatrix} v & \rho 0 & \\ 0 & v\rho^{-1} & \\ 0 & c^2\rho & v \end{pmatrix}.$$

Die Eigenwerte von $A(u)$ sind $\lambda_1 = v$ and $\lambda_{2,3} = v \pm c$. Sie entsprechen Konvektions- bzw. Schallwellen. Für kleine Mach-Zahl wird $A(u)$ schlecht konditioniert aufgrund des großen Unterschieds zwischen der Schallgeschwindigkeit und der charakteristischen Strömunsggeschwindigkeit. Im singulären Limes $c \to \infty$ pflanzen sich die Schallwellen unendlich schnell fort, und das Gas wird „hydrodynamisch“ inkompressibel. In diesem Fall führen nur thermodynamische Effekte (etwa Wärmequellen) zu kompressibilität.

Als nächstes führen wir unter Verwendung der Referenzgeschwindigkeit v^0, der Referenzdichte ρ^0 und der charakteristischen Länge L dimensionslose Variablen ein durch:

$$\tilde v := \frac{v}{\|v^0\|_\infty}, \qquad \tilde\rho := \frac{\rho}{\|\rho^0\|_\infty}, \qquad \tilde t := \frac{\|v^0\|_\infty}{L}\,t, \qquad \tilde x := L^{-1}x\,.$$

Dies resultiert in der folgenden dimensionslosen Form der Kontinuitätsgleichung

$$\partial_{\tilde t}\tilde\rho + \tilde\nabla\cdot(\tilde\rho\tilde v) = 0,$$

und der Impulsgleichung

$$\tilde\rho\partial_{\tilde t}\tilde v + \tilde\rho\tilde v\cdot\nabla\tilde v + \|\rho^0\|_\infty^{\gamma-1}\|v^0\|_\infty^{-2}\,\tilde\nabla p(\tilde\rho) = 0,$$

wobei

$$p(\tilde\rho) = \alpha\tilde\rho^\gamma. \tag{4.2.29}$$

Unter Beachtung der Beziehung (4.2.21) kann die Impulsgleichung in der Form

$$\tilde\rho\partial_{\tilde t}\tilde v + \tilde\rho\tilde v\cdot\nabla\tilde v + \lambda^{-2}\,\tilde\nabla p(\tilde\rho) = 0, \tag{4.2.30}$$

geschrieben werden mit der dimensionslosen Größe

$$\lambda^2 = \frac{\|v^0\|^2}{\|\rho^0\|^{\gamma-1}} = \frac{\alpha\gamma\|v^0\|^2}{\alpha\gamma\|\rho^0\|^{\gamma-1}} = \frac{\alpha\gamma\|v^0\|^2}{c^2} = \alpha\gamma\,\mathrm{Ma}^2\,.$$

Im Limes $\mathrm{Ma}\to 0$ wird der Faktor vor dem Druckgradienten in der Impulsgleichung (4.2.30) immer größer. Daher ist es bei der numerischen Approximation nicht sinnvoll, den Druck aus der algebraischen Gasgleichung (4.2.29) zu bestimmen.

Wir lassen jetzt die „$\sim$" weg und betrachten (formale) asymptotische Entwicklungen nach Potenzen von λ:

$$\begin{aligned} p &= p_0 + \lambda p_1 + \lambda^2 p_2 + O(\lambda^3)\,,\\ v &= v_0 + \lambda v_1 + \lambda^2 v_2 + O(\lambda^3)\,, \end{aligned}$$

mit gewissen Koeffizientenfunktionen p_j and v_j. Einsetzen dieser Entwicklung in die Impulsgleichung (4.2.30) und Sortieren nach Potenzen von λ ergibt dann

$$\lambda^{-2}(\nabla p_0 + \lambda\nabla p_1) + \rho\partial_t v_0 + \rho v_0\cdot\nabla v_0 + \nabla p_2 \;=\; O(\lambda)\,.$$

Unter der (heuristischen) Annahme, dass die obigen Entwicklungen in einem geeigneten Sinne konvergieren, erhalten wir hieraus mit Hilfe des Grenzübergangs $\lambda\to 0$:

$$\nabla p_0 = \nabla p_1 = 0, \tag{4.2.31}$$

$$\rho\partial_t v_0 + \rho v_0\cdot\nabla v_0 + \nabla p_2 = 0\,, \tag{4.2.32}$$

d. h.: Die Druckbestandteile p_0, p_1 sind konstant im Ort, und das Tripel $\{\rho, v_0, p_2\}$ ist verknüpft durch die Impulsgleichung. Durch Weiterführung des Koeffizientenvergleichs anhand der Kontinuitätsgleichung und Impulsgleichung ließen sich auch Gleichungen für die Entwicklungsterme höherer Ordnung gewinnen:

$$\partial_t\rho + \nabla\cdot(\rho v_0) = 0, \tag{4.2.33}$$

$$\partial_t\rho_1 + \nabla\cdot(\rho v_1 + \rho_1 v_0) = 0, \tag{4.2.34}$$

sowie

$$\rho\partial_t v_1 + \rho v_0\cdot\nabla v_1 + \rho v_1\cdot\nabla v_0 + \nabla p_3 = 0. \tag{4.2.35}$$

Wir fassen die ersten beiden (ortsunabhängigen) Druckkomponenten zum sog. „thermodynamischen" Druck zusammen:

$$p_{\mathrm{th}}(t) := p_0(t) + \lambda^{-1}p_1(t)\,.$$

Die sog. "low-Mach-number"-Approximation besteht nun in der vernachlässigung der weiteren Druckentwicklungsterme $p_2,\ p_3, \dots$ im Gasgesetz, d. h.: Die Dichte wird als Funktion allein des thermodynamischen Drucks angesetzt gemäß:

$$\rho = (\alpha^{-1} p_{\rm th})^{1/\gamma}\,.$$

Es kann gezeigt werden (Majda [47]), dass unter gewissen Kleinheitsannahmen an die Anfangsdaten für Ma $\to 0$ die Lösung $\{v, p\}$ der (isothermen) *kompressiblen* Euler-Gleichungen gegen die Lösung $\{v_0, p_2\}$ der *inkompressiblen* Euler-Gleichungen konvergiert:

$$\begin{aligned} \nabla\cdot v_0 &= 0\,,\\ \rho\partial_t v_0 + \rho v_0\cdot\nabla v_0 + \nabla p_2 &= 0\,,\\ \rho &= (\alpha^{-1} p_{\rm th})^{1/\gamma}\,. \end{aligned}$$

Die Konvergenz ist in gewissen „schwachen" Normen auf einem festen Zeitintervall $[0, T_0]$. Den thermodynamischen Druck $p_{\rm th}$ bestimmt man aus den Anfangsdaten $\{\rho^0, v^0\}$. Dies werden wir im nächsten Abschnitt genauer diskutieren.

4.2.2 Die „low-Mach-number"-Approximation

Wir betrachten jetzt wieder die allgemeinen Zustandsgleichungen in nicht-konservativer Form. Unter der Annahme einer Strömung kleiner Mach-Zahl,

$$\mathrm{Ma} = \frac{|v|}{c} \ll 1, \quad c^2 := \frac{\partial p}{\partial \rho},$$

lässt sich der Druck aufspalten gemäß

$$p(x,t) = p_{\rm th}(t) + p_{\rm hyd}(x,t)$$

in einen im Ort konstanten „thermodynamischen" Anteil $p_{\rm th}(t)$, und einen „hydrodynamischen" Anteil $|p_{\rm hyd}(x,t)| \ll p_{\rm th}$. Das Gasgesetz wird entsprechend vereinfacht zu

$$\rho = \frac{p_{\rm th}}{R\theta}. \tag{4.2.36}$$

Das System der Navier-Stokes-Gleichungen schreibt sich dann in Anlehnung an (4.2.17) in der sog. „low-mach-number"-Approximation wie folgt:

$$\nabla\cdot v - \theta^{-1}\partial_t\theta - \theta^{-1} v\cdot\nabla\theta \;=\; -p_{\rm th}^{-1}\partial_t p_{\rm th}, \tag{4.2.37}$$

$$\rho\partial_t v + \rho v\cdot\nabla v - \nabla\cdot\big(\mu\{\nabla v + \nabla v^T\} - \tfrac{2}{3}\mu\nabla\cdot vI\big) + \nabla p_{\rm hyd} \;=\; \rho g, \tag{4.2.38}$$

$$\rho c_p\partial_t\theta + \rho c_p v\cdot\nabla\theta - \nabla\cdot(\kappa\nabla\theta) - \partial_t p_{\rm th} - \partial_t p_{\rm hyd} - v\cdot\nabla p_{\rm hyd} - \sigma{:}\nabla v = \rho h\,, \tag{4.2.39}$$

Wir nehmen wieder an, dass keine Wärmeentwicklung durch mechanische Effekte erfolgt. Die Temperaturgleichung reduziert sich so auf

$$\rho c_p\partial_t\theta + \rho c_p v\cdot\nabla\theta - \nabla\cdot(\kappa\nabla\theta) = \partial_t p_{\rm th} + \rho h\,. \tag{4.2.40}$$

Die zeitliche Ableitung des thermodynamischen Drucks $\partial_t p_{\rm th}$ kann man über eine algebraische Beziehung auf die Anfangsdaten zurückführen.

Bestimmung des thermischen Drucks:

Da der thermische Druck $p_{\rm th}$ örtlich konstant ist, erhalten wir durch Mittelwertbildung von (4.2.37) über Ω und Verwendung der Energiegleichung:

$$\begin{aligned}\partial_t p_{\rm th} &= -p_{\rm th}|\Omega|^{-1}\int_\Omega \big\{\nabla\cdot v - \theta^{-1}(\partial_t\theta + v\cdot\nabla\theta)\big\}\,dx\\ &= -p_{\rm th}|\Omega|^{-1}\left\{\int_{\partial\Omega} v\cdot n\,ds - c_p^{-1}\int_\Omega \theta^{-1}\rho^{-1}\{\nabla\cdot(\kappa\nabla\theta)+\rho h\}\,dx\right\}.\end{aligned}$$

Mit Hilfe des Gasgesetzes $p_{\rm th}\theta^{-1} = R\rho$ folgt weiter

$$\partial_t p_{\rm th} = -p_{\rm th}|\Omega|^{-1}\int_{\partial\Omega} v\cdot n\,ds - c_p^{-1}R\,|\Omega|^{-1}\int_\Omega\{\nabla\cdot(\kappa\nabla\theta)+\partial_t p_{\rm th}+\rho h\}\,dx$$

bzw,

$$\partial_t p_{\rm th} = -\frac{p_{\rm th}}{(1+c_p^{-1}R)|\Omega|}\int_{\partial\Omega} v\cdot n\,ds - \frac{R}{(c_p+R)|\Omega|}\int_\Omega\{\nabla\cdot(\kappa\nabla\theta)+\rho h\}\,dx$$

Wir unterscheiden nun zwei Spezialfälle:

Fall 1: Die Strömung befindet sich in einem geschlossenen Behälter, so dass wegen der Randbedingung $v_{|\partial\Omega}=0$:

$$\partial_t p_{\rm th} = -\frac{R}{(c_p+R)|\Omega|}\int_\Omega\{\nabla\cdot(\kappa\nabla\theta)+\rho h\}\,dx\,.$$

Im Fall thermisch isolierter Wände, $\partial_n\theta_{|\partial\Omega}=0$, folgt weiter durch partielle Integration:

$$\partial_t p_{\rm th} = -\frac{R}{(c_p+R)|\Omega|}\int_\Omega \rho h\,dx.$$

Im Fall von geheizten Wänden, d. h. $\theta_{|\Gamma_D}=\theta_D$ und $\partial_n\theta_{|\Gamma_N}=0$, verbleibt ein Kopplungsterm auf der rechten Seite der Kontinuitätsgleichung:

$$\partial_t p_{\rm th} = -\frac{R}{(c_p+R)|\Omega|}\int_{\Gamma_D}\kappa\partial_n\theta\,ds - \frac{R}{(c_p+R)|\Omega|}\int_\Omega \rho h\,dx.$$

Fall 2: Wenn das Strömungsgebiet Ω „offen" ist (z. B. bei einer Kanalströmung), muss der thermische Druck entlang des „Ausströmrandes" vorgegeben werden, so dass er insgesamt als bekannt angenommen werden kann:

$$p_{\rm th}(t) \equiv p_{{\rm th}|\Gamma_{\rm aus}}(t).$$

4.2.3 Thermische „Konvektionsströmung" (Boussinesq-Approximation)

Wenn die Temperatur θ nur wenig um eine konstante Referenztemperatur θ_0 variiert, kann auch von nur geringen Dichtevariationen ausgegangen werden,

$$|\theta - \theta_0| \ll 1, \qquad |\rho - \rho_0| \ll 1.$$

In diesem Fall kann die Viskosität $\mu \sim \mu(\theta_0)$ als Konstante angenommen werden, so dass der Diffusionsterm die Form erhält

$$\nabla \cdot \tau = \nabla \cdot (\mu\{\nabla v + \nabla v^T\} - \tfrac{2}{3}\mu \nabla \cdot vI) = \mu \Delta v + \tfrac{1}{3}\nabla \cdot v.$$

Wenn keine externen Wärmequellen vorliegen, kann der thermische Druck p_{th} als zeitlich konstant angenommen werden. Die Wärmekapazität c_p sowie die Diffusionskonstante κ sind sehr viel größer als eins. Unter diesen Annahmen reduziert die sog. „Boussinesq[6]-Approximation" das „low-Mach-number"-Modell zunächst auf die Form

$$\nabla v = 0, \tag{4.2.41}$$

$$\rho_0 \partial_t v + \rho_0 v \cdot \nabla v - \mu \Delta v + \nabla p_{\text{hyd}} = \rho g, \tag{4.2.42}$$

$$c_p \rho_0 \partial_t \theta + c_p \rho_0 v \cdot \nabla \theta - \nabla \cdot (\kappa \nabla \theta) = 0, \tag{4.2.43}$$

wobei im Kraftterm der Impulsgleichung noch die variable Dichte ρ beibehalten wird. Im reduzierten Gasgesetz wird nun die Temperatur um den Grundzustand θ_0 entwickelt:

$$\rho = \frac{p_{\text{th}}}{R\theta} = \frac{p_{\text{th}}}{R\theta_0} - \frac{p_{\text{th}}}{R\theta_0^2}(\theta - \theta_0) + \mathcal{O}(|\theta - \theta_0|^2).$$

Dies ergibt bei Vernachlässigung des quadratischen Terms unter Verwendung des Gravitationspotentials Φ:

$$\rho g \sim \frac{p_{\text{th}}}{R\theta_0}\nabla\Phi - \frac{p_{\text{th}}}{R\theta_0^2}(\theta - \theta_0) g$$

Mit der neuen „Druckfunktion" $p := p_{\text{hyd}} - \frac{p_{\text{th}}}{R\theta_0}\Phi$ erhalten wir so die Gleichungen der „Boussinesq-Approximation":

$$\nabla \cdot v = 0, \tag{4.2.44}$$

$$\rho_0 \partial_t v + \rho_0 v \cdot \nabla v - \mu \Delta v + \nabla p = -\frac{p_{\text{th}}}{R\theta_0^2}(\theta - \theta_0) g, \tag{4.2.45}$$

$$c_p \rho_0 \partial_t \theta + c_p \rho_0 v \cdot \nabla \theta - \nabla \cdot (\kappa \nabla \theta) = 0, \tag{4.2.46}$$

Dieses Modell wird verwendet für (langsame) temperatur-getriebene Strömungen, wenn der Temperaturgradient und damit die Dichteänderungen relativ klein sind.

[6] Joseph Valentin Boussinesq (1842–1929): Franzsischer Mathematiker und Physiker, Promotion 1867, 1872–1886 Prof. für Differential- und Integralrechnung in Lille und ab 1886 Prof. für Physik und Mechanik an der Pariser Sorbonne; fundamentale Beiträge zum Verständnis der Turbulenz und der hydrodynamischen Grenzschicht sowie zu anderen Problemen der Mechanik („Boussinesq-Gleichungen" für Flachwasserwellen).

4.2.4 Ähnlichkeit kompressibler Strömungen

Wir betrachten wieder die Strömung eines „perfekten“, viskosen Gases. Es werden die folgenden grundlegenden Referenzgrößen eingeführt:

$$\text{Länge } L, \quad \text{Geschwindigkeit } U, \quad \text{Dichte } \rho^*, \quad \text{Temperatur } \theta^*,$$

sowie Referenzwerte μ^*, κ^* für die Viskosität und die Wärmeileitfähigkeit. Alle anderen Referenzgrößen können von diesen abgeleitet werden gemäß:

$$\bar{t} := \frac{L}{U}, \quad p^* := \rho^* U^2, \quad e^* := U^2, \quad q^* := \frac{U^3}{L}.$$

Mit diesen Bezeichnungen sind die Reynolds-Zahl und Froude-Zahl definiert durch

$$\mathrm{Re} := \frac{\rho^* L U}{\mu^*}, \qquad \mathrm{Fr} := \frac{U^2}{L}.$$

Wir definieren weiter die sog. „Prandtl-Zahl“

$$\mathrm{Pr} := \frac{c_p \mu^*}{\kappa^*}$$

und die „charakteristische Mach-Zahl“

$$\mathrm{Ma}^* := \frac{U^*}{\sqrt{\kappa R \theta^*}}.$$

Die „Rayleigh[7]-Zahl“ ist definiert durch

$$\mathrm{Ra} := c_p \frac{\rho^* L U}{\kappa^*} = \frac{\rho^* L U}{\mu^*} \frac{c_p \mu^*}{\kappa^*} = \mathrm{Re}\,\mathrm{Pr}.$$

Definition der „Péclet[8]-Zahl“:

$$\mathrm{Pe} := \frac{UL}{\kappa} = \mathrm{Re}\,\mathrm{Pr}.$$

Das Boussinesq-Modell lautet in dimensionsloser Form:

$$\nabla \cdot v = 0, \tag{4.2.47}$$

$$\rho_0 \partial_t v + v \cdot \nabla v - \mathrm{Re}^{-1} \Delta v + \nabla p = \frac{\mathrm{Ra}}{\mathrm{Re}^2\,\mathrm{Pr}} (\theta - \theta_0) g, \tag{4.2.48}$$

$$\partial_t \theta + v \cdot \nabla \theta - \mathrm{Ra}^{-1/2} \Delta \theta = 0, \tag{4.2.49}$$

Wenn die Strömung allein durch den Temperaturgradienten getrieben ist, gibt es a priori keine „charakteristische“ Geschwindigkeit, so dass die Reynolds-Zahl durch die anderen, temperaturabhängigen Zahlen ausgedrückt wird: $\mathrm{Re} = \mathrm{Ra}^{1/2}/\mathrm{Pr}$.

[7]John William Strutt, 3. Baron Rayleigh (1842–1919): Englischer Physiker, Studium der Mathematik in Cambridge, ab 1879 Prof. für Experimentalphysik in Cambridge; zunächst theoretische Arbeiten zur Optik und der Schwingungslehre, später zu praktisch allen damaligen Gebieten der Physik: Elektrizitt, Thermodynamik, Wellentheorie und Statistische Physik; bekannt u. a. durch das „Rayleighsche Streugesetz“, 1904 Nobelpreis für Physik

[8]Jean Claude Eugène Péclet (1793–1857): Französischer Physiker, 1816 Prof. am College de Marseille, ab 1827/1829 Prof. für Physik an der neu gegründeten heutigen École Centrale Paris; Beiträge u. a. zur theoretischen Strömungsmechanik.

4.2.5 Beispiel "heat-driven cavity"

Zur Illustration der Diskussion in den letzten Abschnitten betrachten wir als konkretes Beispiel die wärmegetriebenen Strömung in einer quadratischen Box mit Seitenlänge $L = 1$ (sog. „heat-driven cavity") in zweidimensionaler Näherung. Die Strömung wird durch eine Temperaturdifferenz $\Delta\theta = \theta_{\text{hot}} - \theta_{\text{cold}}$ zwischen „heißem" Rand Γ_{hot} und „kaltem" Rand Γ_{cold} und der Gravitation g in negativer y-Richtung getrieben. Für Details und die numerischen Ergebnisse verweisen wir auf den Artikel Becker/Braack [97].

Die Randbedingungen sind für die Geschwindigkeit die übliche „Haftbedingung" entlang des gesammten Randes, $v_{|\partial\Omega} = 0$, und für die Temperatur eine Neumann-Bedingung (perfekte Wärmeisolation) entlang des oberen und unteren Randes, $\partial_n \theta_{|\Gamma_N} = 0$, sowie eine Dirichlet-Bedingung entlang des geheizten bzw. gekühlten Randes $\theta_{|\Gamma_D} = \hat{T}$.

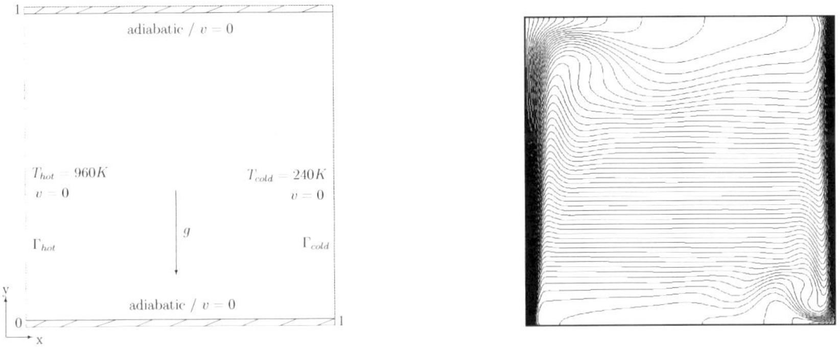

Abbildung 4.11: Konfiguration der „heat-driven cavity" und Temperatur-Isolinien.

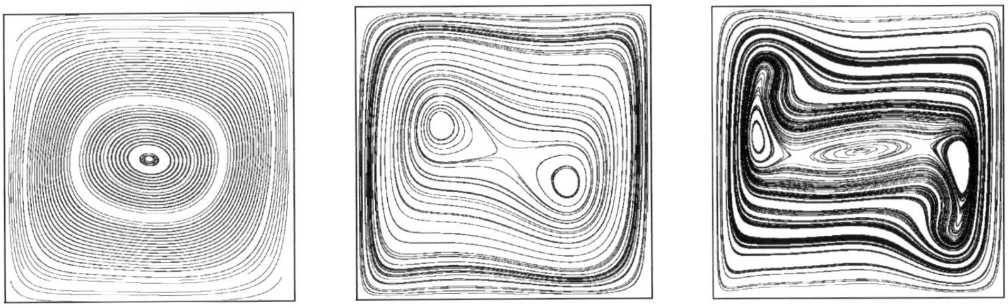

Abbildung 4.12: Sequenz von Stromlinien in der „heat-driven cavity" für wachsende Temperaturdifferent $\Delta\theta = \theta_{\text{hot}} - \theta_{\text{cold}}$ bzw. Rayleigh-Zahl $\text{Ra} = 10^4,\ 10^5,\ 10^6$.

Für die Viskosität μ wird hier das sog. „Sutherland[9]-Gesetz",

$$\mu(\theta) = \mu^* \Big(\frac{\theta}{\theta^*}\Big)^{1/3} \frac{\theta^* + S}{\theta + S},$$

verwendet, wobei $\mathrm{Pr} = 0,71$ die Prandtl-Zahl, $S := 110,5\,K$ und $\theta^* = 273\,K$ sowie $\mu^* = 1.68 \cdot 10^{-5}\mathrm{kg/ms}$ gewisse Refrenzwerte sind. Die Wärmeleitfähigkeit ist bestimmt durch $\kappa(T) = \mu(T)/\mathrm{Pr}$. Im stationären Fall ist der hydrodynamische Druck gegeben durch

$$p_{\mathrm{th}} = P_0\Big(\int_\Omega \theta_0^{-1}\,dx\Big)\Big(\int_\Omega \theta^{-1}\,dx\Big)^{-1},$$

wobei $\theta_0 = 600\,K$ eine Referenztemperatur ist und $P_0 = 101,325\,\mathrm{Pa}$. Entsprechend ist die Rayleigh-Zahl bestimmt als

$$\mathrm{Ra} = \mathrm{Pr}\, g\Big(\frac{\rho_0 L}{\mu_0}\Big)^2 \frac{\theta_h - \theta_c}{\theta_0} \approx 10^6, \qquad \varepsilon = \frac{\theta_h - \theta_c}{\theta_h + \theta_c} = 0.6\,,$$

wobei $\mu_0 := \mu(\theta_0)$, $\rho_0 := P_0/R\theta_0$, und $R = 287\,\mathrm{J/kgK}$.

In diesem Testproblem ist eine der zu berechnenden Größen der mittlere Wärmefluss durch den kalten Rand, welcher über die sog. „Nusselt[10]-Zahl" definiert ist durch

$$\mathrm{Na} := c\int_{\Gamma_{\mathrm{kalt}}} \kappa\partial_n\theta\,ds, \quad c := \frac{\mathrm{Pr}}{2\mu_0 T_0 \varepsilon}.$$

Tabelle 4.1: Berechnung der Nusselt-Zahl auf adaptierten Gittern: „glattheits-orientierte" Verfeinerung (links), „sensitivitäts-basierte" Verfeinerung (rechts), $J(e)$ Approximationsfehler in der Nusselt-Zahl.

N	$\langle Nu\rangle_c$	$J(e)$
945	-8.67201	1.5e-2
1708	-8.49286	1.9e-1
3108	-8.58359	1.0e-1
5656	-8.59982	8.7e-2
18204	-8.64775	3.9e-2
32676	-8.66867	1.8e-2

N	$\langle Nu\rangle_c$	$J(e)$
945	-8.71941	3.3e-2
1717	-8.66898	1.8e-2
5530	-8.67477	1.2e-2
9728	-8.68364	3.0e-3
17319	-8.68744	8.5e-4
31466	-8.68653	6.9e-5

[9]William Sutherland (1859–1911): Australischer Physiko-Chemiker; Studium der Naturwissenschaften in Melbourne, 1899 Prof. für Physik an der Univ. von Sydney; Arbeiten zur kinetischen Gastheorie (sog. „Sutherland-Modell")

[10]Ernst Kraft Wilhelm Nusselt (1882–1957): Deutscher Physiker, Studium der Maschinenlehre in Berlin und München, 1907 Promotion mit einem Thema über Wärmeleitfähigkeit von Isoliermaterialien, wichtige Arbeit „Das Grundgesetz des Wärmeübergangs" (1915), 1920 Prof. an der TH Karlsruhe, ab 1925 Prof. für Thermodynamik an der TH München.

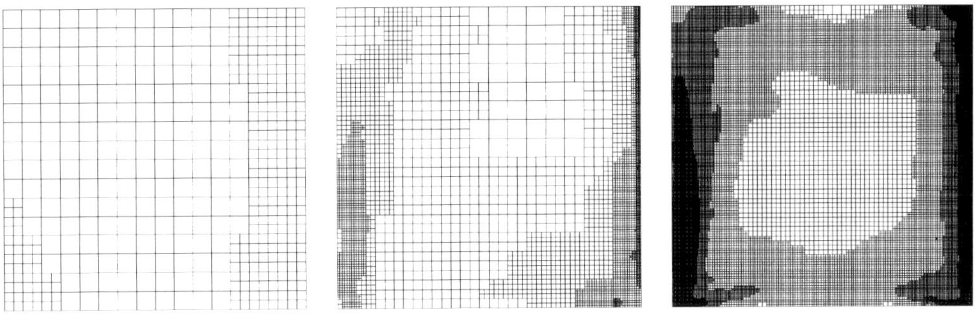

Abbildung 4.13: Sequenz von verfeinerten Gittern für die „heat-driven cavity“ mit $N = 523, 5530, 56077$ Zellen.

4.2.6 Chemisch regierende Strömungen

Als nächstes erweitern wir das „low-Mach-number“-Strömungsmodell (4.2.37) – (4.2.39) zu einem „Mehrkomponentenmodell“ zur Beschreibung von chemisch-regierenden Strömungen. Dazu werden die Erhaltungsgleichungen für Masse, Impuls und Energie ergänzt um Gleichungen für die Erhaltung der Speziemassen:

$$\nabla \cdot v - T^{-1} v \cdot \nabla T - M^{-1} v \cdot \nabla M = 0, \tag{4.2.50}$$

$$(\rho v \cdot \nabla) v + \nabla \cdot \tau + \nabla p = \rho f_e, \tag{4.2.51}$$

$$\rho v \cdot \nabla T - c_p^{-1} \nabla \cdot (\lambda \nabla T) = c_p^{-1} f_t(T, w), \tag{4.2.52}$$

$$\rho v \cdot \nabla w_i - \nabla \cdot (\rho D_i \nabla w_i) = f_i(T, w), \quad i = 1, \dots, n. \tag{4.2.53}$$

In diesem Fall erhält das Gasgesetz die Form

$$\rho = \frac{p_{\text{th}} M}{RT}, \tag{4.2.54}$$

mit der „mittleren Molmasse“ $M := (\sum_{i=1}^n w_i / M_i)^{-1}$ und den Spezies-Molmassen M_i. Wegen ihrer exponentiellen Abhängigkeit von der Temperatur („Arrhenius[11]-Gesetz“) und polynomialen Abhängigkeit von w sind die Quellterme $f_i(T, w)$ hochgradig nichtlinear. Im allgemeinen führen diese „Reaktionsterme“ zu einer Kopplung zwischen allen Spezies-Molanteilen w_i.

[11] Svante Arrhenius (1859–1927): Schwedischer Physiker und Chemiker; Studium der Mathematik und Naturwissenschaften in Uppsala und Stockholm, lange wissenschaftliche Wanderjahre durch Europa, ab 1891 „Laborator für Physik“ und später Prof. an der Univ. Stockholm, 1905 Prof. am Nobelinstitut für Physikalische Chemie, fundamentale Beiträge zur elektrolytischen Dissoziation und zur chemischen Reaktionskinetik, 1903 Nobelpreis fr Chemie.

4.2.7 Beispiel "chemischer Strömungsreaktor"

Als ein praxis-relevantes Beispiel betrachten wir einen chemischen Strömungsreaktor (s. Abb. 4.14), in dem durch Vergleich von Experiment und Simulation die kritischen Parameter (z. B. Reaktionsgeschwindigkeiten) in den chemischen Reaktionsgleichungen bestimmt werden sollen. Ein einfaches Beispiel ist der Austausch von Schwingungsenergie zwischen Wasserstoff und Deuterium (für Details s. Waguet [146] und Carraro et al. [104]):

$$H_2^{(1)} + D_2^{(0)} \;\rightarrow\; H_2^{(0)} + D_2^{(1)}.$$

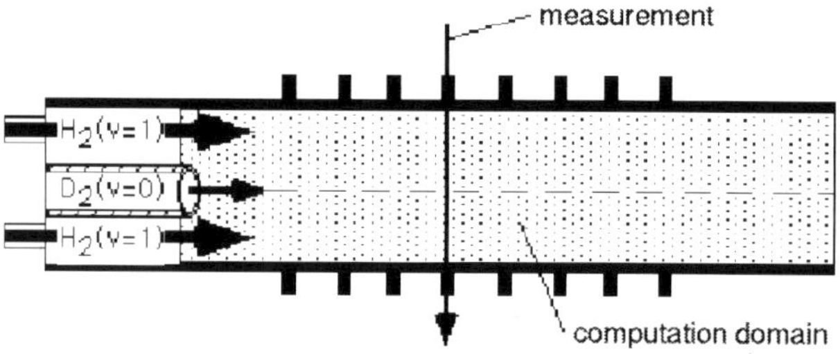

Abbildung 4.14: Konfiguration des chemischen Strömungsreaktors.

Das Experiment liefert sog. „CARS-Signale" (**C**oherent **A**nti-Stokes **R**aman **S**pectroscopy) der Form

$$J(c) = \kappa \int_{-R}^{R} \sigma(s) c(r-s)^2 \,\mathrm{ds},$$

wobei $c(r)$ etwa die Konzentration von $D_2^{(1)}$ entlang der Messstrecke ist. Tab. 4.2 zeigt Resultate der Berechnung des Massenanteils von $D_2^{(1)}$ und $D_2^{(0)}$ auf Folgen von gleichmäßig verfeinerten Tensorproduktgittern sowie lokal lösungsangepasster Gitter. Auf den lösungsangepassten Gittern beobachten wir neben einer höheren Genauigkeit auch eine monotone Konvergenz der interessierenden Größe.

Tabelle 4.2: Resultate der Simulation im Strömungsreaktor.

Heuristische Verfeinerung				Adaptive Verfeinerung			
L	N	$D_2^{(\nu=0)}$	$D_2^{(\nu=1)}$	L	N	$D_2^{(\nu=0)}$	$D_2^{(\nu=1)}$
2	481	0.742228	0.002541	2	244	0.738019	0.004020
3	1793	0.780133	0.002531	3	446	0.745037	0.002600
4	1923	0.782913	0.002729	4	860	0.756651	0.002010
5	2378	0.785116	0.001713	5	1723	0.780573	0.001390
6	3380	0.791734	0.001162	6	3427	0.785881	0.001130
7	5374	0.791627	0.001436	7	7053	0.799748	0.001090

4.3 Mathematische Theorie der Navier-Stokes-Gleichungen

Von den Gleichungen der Strömungsmechanik gibt es für die (inkompressiblen) Navier-Stokes-Gleichungen die vollständigste mathematische Theorie. Dies betrifft die Grundfragen nach der Existenz und Eindeutigkeit von Lösungen sowie nach ihrer Regularität und Stabilität. Für die allgemeinen (kompressiblen) Zustandsgleichungen bzw. die Gasdynamische Gleichung gibt es deutlich weniger starke theoretische Resultate und meist auch nur für spezielle Konfigurationen. Da diese Resultate nur geringere praktische Bedeutung haben, wird in diesem Rahmen nicht darauf eingegangen.

4.3.1 Die stationären Navier-Stokes-Gleichungen

Wir beginnen mit den *stationären* Navier-Stokes-Gleichungen und der zugehörigen Inkompressibilitätsbedingung

$$-\nu\Delta v + v\cdot\nabla v + \nabla p = f, \qquad \nabla\cdot v = 0\,. \tag{4.3.55}$$

Die Dichte ρ_0 ist hier zu Eins normiert. Das Strömungsgebiet Ω sei ein beschränktes Gebiet des $\mathbb{R}^d$ $(d = 2$ oder $3)$. Für den Rand $\partial\Omega$ nehmen wir an, dass er stückweise „glatt“ ist; in der Umgebung von irregulären Stellen (z. B. Knicken oder Ecken) des Randes sei Ω (lokal) konvex. Der Rand $\partial\Omega$ besteht aus einem „festen“ Randstück Γ_{fest}, einem „Einströmrand“ Γ_{ein} und einem „Ausströmrand“ Γ_{aus} (s. Abb, 4.15):

$$\partial\Omega = \Gamma_{\text{fest}} \cup \Gamma_{ein} \cup \Gamma_{\text{aus}}.$$

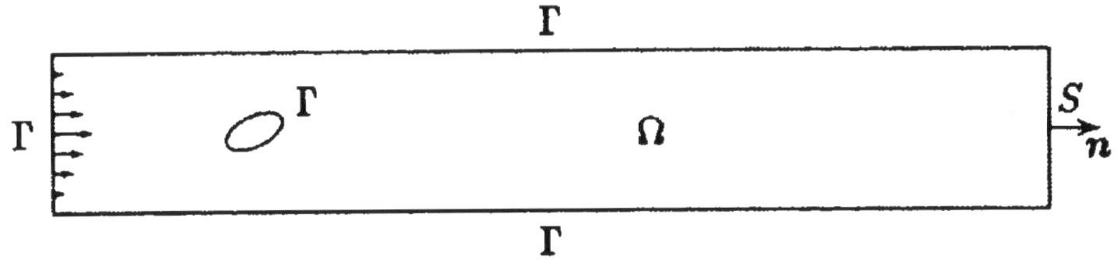

Abbildung 4.15: Konfiguration der ebenen Umströmung eines Hindernisses im Kanal

Entlang der Randkomponente $\Gamma_D = \Gamma_{\text{fest}} \cup \Gamma_{\text{ein}}$ werden Dirichletsche Randbedingungen gestellt:

$$v_{|\Gamma_{\text{fest}}} = 0, \quad v_{|\Gamma_{\text{ein}}} = v^{\text{ein}}.$$

Dabei sei v^{ein} auf Γ_{ein} als „Spur“ einer global auf ganz Ω definierten Funktion $v^{\text{ein}} \in H^1(\Omega)^d$ gegeben. Die „richtige“ Randbedingung entlang Γ_{aus} muss noch bestimmt werden. Zur Vereinfachung der Analyse setzen wir im Folgenden aber häufig $\partial\Omega = \Gamma_{\text{fest}}$, d. h.: Die Strömung ist in einem festen Kasten eingeschlossen und wird allein durch die Volumenkraft f getrieben.

Zur Aufstellung einer variationellen Formulierung von (4.3.55) führen wir die folgenden Funktionenräume ein:

$$H_0^1(\Omega;\Gamma_D)^d := \{v \in H^1(\Omega)^d |\, v = 0 \ \text{ auf}\, \Gamma_D\}\,, \quad L_0^2(\Omega) := \{q \in L^2(\Omega) |\, (q,1)_\Omega = 0\}.$$

Mit $H := H_0^1(\Omega;\Gamma_D)^d$ und $L := L^2(\Omega)$ lautet die variationelle Formulierung des obigen Problems wie folgt: Finde $v \in v^{ein} + H$ und $p \in L$, so dass

$$\nu(\nabla v, \nabla\varphi) + (v\cdot\nabla v, \varphi) - (p, \nabla\cdot v) = (f,\varphi) \quad \forall \varphi \in H, \tag{4.3.56}$$

$$(\nabla\cdot v, \chi) = 0 \quad \forall \chi \in L. \tag{4.3.57}$$

Nehmen wir zunächst einmal an, dass dieses Problem eine Lösung besitzt, welche hinreichend regulär ist, um auch „klassische" Lösung zu sein. Durch partielle Integration in (4.3.56) und Ausnutzung der Randbedingung $\varphi_{|\Gamma_D} = 0$ erhält man dann

$$\int_\Omega \{-\nu\Delta v + v\cdot\nabla v + \nabla p - f\}\varphi\, dx + \int_{\Gamma_{\text{aus}}} \{\nu\partial_n v - pn\}\varphi\, do = 0, \quad \varphi \in H.$$

Folglich genügt jede (klassische) Lösung des variationellen Problems auch der Momentengleichung; ihre Divergenzfreiheit ist evident. Weiter sehen wir, dass zusätzlich eine „natürliche" Randbedingung entlang Γ_{aus} erfüllt ist:

$$\nu\partial_n v - pn_{|\Gamma_{\text{aus}}} = 0. \tag{4.3.58}$$

Diese Randbedingung vom Neumann[12]-Typ ergibt sich zwangsläufig aus der gewählten variationellen Formulierung des Problems, in der entlang Γ_{aus} keine expliziten Vorgaben für die Lösung und die Testfunktionen gemacht werden; daher die suggestive Bezeichnung „do nothing"- oder auch „freie" Ausströmrandbedingung. Dies erscheint als die natürlichste Vorgehensweise, solange keine weiteren Informationen über das Verhalten der Strömung „hinter" Γ_{aus} vorliegen. Für eine detaillierte Diskussion und numerische Tests siehe Heywood et al. [39].

Insbesondere wird (4.3.58) im geraden Kanal von der Poiseuille-Strömung erfüllt, wenn p auf Γ_{aus} auf Null gesetzt wird. In diesem Fall (gerader Kanal) folgt aus (4.3.58) entlang des geraden Randstückes Γ_{aus} wegen der Divergenzfreiheit $\nabla\cdot v = \partial_n v_n + \partial_\tau v_\tau = 0$ (v_n, v_τ Komponenten von v in Normalen- und Tangentenrichtung und $\partial_n, \partial_\tau$ die zugehörigen Richtungsableitungen) und der Haftrandbedingung $v_{|\Gamma_D} = 0$ notwendig, dass

$$\int_{\Gamma_{\text{aus}}} pn\, do = \nu\int_{\Gamma_{\text{aus}}} \partial_n v\, do = \nu\int_{\Gamma_{\text{aus}}} \partial_n v_n\, do = -\nu\int_{\Gamma_{\text{aus}}} \partial_\tau v_\tau\, do = 0.$$

Also enthält die variationelle Formulierung (4.3.56) offensichtlich noch die zusätzliche „natürliche" Randbedingung

$$\int_{\Gamma_{\text{aus}}} p\, do = 0\,. \tag{4.3.59}$$

[12]Carl Gottfried Neumann (1832–1925): Deutscher Mathematiker; seit 1858 Privatdozent und seit 1863 apl. Prof. in Halle. Nach Professuren in Basel und Tübingen ab 1868 in Leipzig; lieferte Beiträge zur Theorie der (partiellen) Differential- und Integralgleichungen, insbesondere zum Dirichlet-Problem. Die „Neumann-Randbedingungen" sowie die „Neumann-Reihe" sind nach ihm benannt; gründete zusammen mit Alfred Clebsch die Zeitschrift Mathematische Annalen.

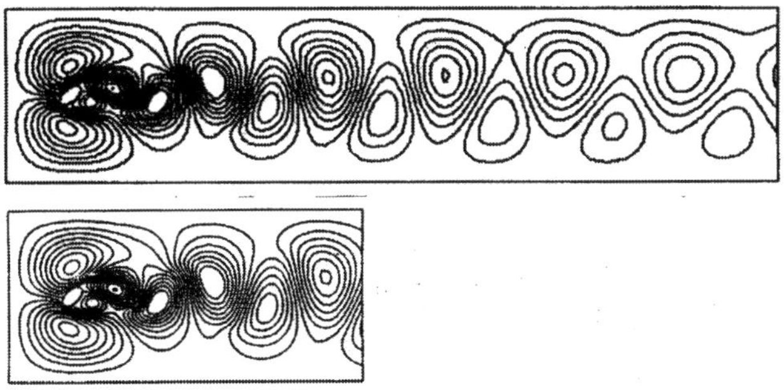

Abbildung 4.16: Der Effekt der „do nothing"-Ausströmbedingung anhand der Druckisobaren einer instationären Strömung um eine schräg stehende Ellipse bei Re = 500: Vergleich der Lösung auf einem langen mit der auf einem kurzen Kanal.

Bei der Verwendung dieses Ansatzes zur Realisierung von Ausströmrandbedingungen ist also zu prüfen, ob (4.3.59) für die vorliegende physikalische Problemstellung sinnvoll ist. Probleme können sich z. B. bei der Betrachtung von Strömungskonfigurationen mit mehreren „Ausgängen" ergeben, da hier die Festlegung der Druckmittelwerte über alle Komponenten des Ausströmrandes auf Null nicht sinnvoll sein könnte. In diesem Fall muss die Randbedingung (4.3.59) als inhomogene Bedingung für jede Ausströmkomponente $\Gamma_{\text{aus}}^{(i)}$ getrennt formuliert werden:

$$\int_{\Gamma_{\text{aus}}^{(i)}} p\,do = P_i \quad (i = 1, ..., s).$$

Wie in Abb. 4.17 zu sehen ist, kann die unkritische Verwendung der „do nothing"-Randbedingung bei Rohrverzweigungen zur Wiedergabe eines verflschtem Strömungsverhaltens führen.

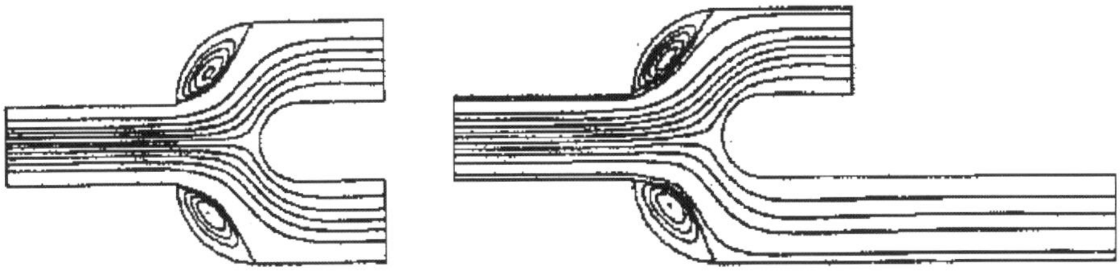

Abbildung 4.17: Test für den Effekt der „do nothing"-Randbedingung: Rohrverzweigung bei Re = 20.

In der Navier-Stokes-Gleichung erscheint der Druck p nur unter dem Gradienten, so dass eine zusätzliche (skalare) Bedingung notwendig ist, um ihn eindeutig festzulegen. Für Probleme mit „freiem" Ausströmrand $\Gamma_{\text{aus}} \neq \emptyset$ wird dies gerade durch die Zusatzbedingung (4.3.59) erreicht. Im Fall $\Gamma_{\text{aus}} = \emptyset$ wird stattdessen explizit verlangt, dass p den globalen Mittelwert Null hat, d. h.: $p \in L_0^2(\Omega)$. Wir wollen als nächstes zeigen, dass die variationelle Form der Navier-Stokes-Gleichungen wenigstens im Fall $\partial\Omega = \Gamma_D$ stets eine Lösung besitzt.

Der Stokes-Operator

Wir betrachten zunächst das lineare Stokes-Problem mit normalisierter Reynolds-Zahl bzw. $\nu = 1$ und homogenen Dirichlet-Randbedingungen ($v_{|\partial\Omega} = 0$). Entsprechend setzen wir $H := H_0^1(\Omega)^d$ und $L := L_0^2(\Omega)$. Das Problem lautet dann:
Finde $\{v, p\} \in H \times L$, *so dass*

$$(\nabla v, \nabla \varphi) - (p, \nabla \cdot \varphi) = (f, \varphi) \quad \forall \varphi \in H, \tag{4.3.60}$$

$$(\nabla \cdot v, \chi) = 0 \quad \forall \chi \in L. \tag{4.3.61}$$

Wir führen nun die folgenden Räume ein:

$$J_1(\Omega) := \{v \in H_0^1(\Omega)^d |\ \nabla \cdot v = 0\},$$

$$J_0(\Omega) := \{v \in L^2(\Omega)^d |\ \nabla \cdot v = 0,\ n \cdot v_{|\partial\Omega} = 0 \text{ im „schwachen" Sinne}\}.$$

Der Raum $J_1(\Omega)$ ist versehen mit dem Skalarprodukt $(\nabla \cdot, \nabla \cdot)$ ein Hilbert-Raum, also insbesondere vollständig. Ebenso ist der Teilraum $J_0(\Omega) \subset L^2(\Omega)^d$ abgeschlossen bzgl. des üblichen L^2-Skalarprodukts. Die orthogonale Projektion in $L^2(\Omega)^d$ auf $J_0(\Omega)$ sei mit P bezeichnet. Der Teilraumes $\Phi := \{\varphi \in C_0^\infty(\Omega)^d |\ \nabla \cdot \varphi = 0\}$ ist dicht in $J_0(\Omega)$ enthalten. Mit Hilfe dieser Notation lässt sich Problem (4.3.60) in der folgenden kompakten Form schreiben: Finde $v \in J_1(\Omega)$, so dass

$$(\nabla v, \nabla \varphi) = (Pf, \varphi) \quad \forall \varphi \in J_1(\Omega). \tag{4.3.62}$$

Für $f \in L^2(\Omega)^d$ stellt die rechte Seite in (4.3.62) ein beschränktes lineares Funktional auf $J_1(\Omega)$ dar. Nach dem Darstellungssatz von Riesz existiert also eine eindeutige Lösung $v \in J_1(\Omega)$ von (4.3.62). Die Beziehung (4.3.62) definiert einen Operator

$$S : D(S) \subset J_1(\Omega) \subset J_0(\Omega) \to J_0(\Omega),$$

den sog. „Stokes-Operator". Als Operator in $J_0(\Omega)$ hat er die Darstellung $S = -P\Delta$ und ist offensichtlich symmetrisch und positiv-definit. Weiter ist er surjektiv und folglich „selbst-adjungiert". Wegen der Kompaktheit der Einbettung $H^1(\Omega) \hookrightarrow L^2(\Omega)$ bzw. $J_1(\Omega) \hookrightarrow J_0(\Omega)$ ist die Inverse $S^{-1} : J_0(\Omega) \to J_0(\Omega)$ kompakt. Die allgemeine Spektraltheorie selbstadjungierter (positiv-definiter) Operatoren mit kompakter Inverser besagt, dass ihr Spektrum nur aus reellen (positiven) Eigenwerten besteht, welche endliche Vielfachheiten haben und sich im Endlichen nicht häufen können:

$$0 < \lambda_1 \leq \ldots \leq \lambda_k \leq \ldots .$$

Ferner existiert ein zugehöriges System von L^2-orthonormierten Eigenvektoren $\{w_k\}_{k\in\mathbb{N}}$, welches vollständig ist sowohl in $J_0(\Omega)$ als auch in $J_1(\Omega)$, d. h.: Jedes $v \in J_0(\Omega)$ lässt sich entwickeln gemäß:

$$v = \sum_{k=1}^{\infty} \alpha_k w_k, \quad \alpha_k = (v, w_k).$$

Wir werden diese Eigenschaft noch weiter unten verwenden.

Allgemeiner Existenzsatz für das Navier-Stokes-Problem

Wir betrachten wieder den Fall reiner Dirichlet-Daten: $H := H_0^1(\Omega)^d$, $L := L_0^2(\Omega)$. Es wird angenommen, dass die Einströmrandbedingung durch die Spur einer Funktion $v^{ein} \in H^1(\Omega)^d$ mit $\nabla \cdot v = 0$ gegeben ist. Unter Verwendung des Raumes $J_1(\Omega)$ lässt sich das stationäre Navier-Stokes-Problem (4.3.56) in einer kompakten Form schreiben, in welcher der Druck eliminiert ist. Es wird ein $v \in v^{\text{ein}} + J_1(\Omega)$ gesucht, so dass

$$\nu(\nabla v, \nabla \varphi) + (v \cdot \nabla v, \varphi) = (f, \varphi) \quad \forall \varphi \in J_1(\Omega). \tag{4.3.63}$$

Dies wird Ausgangspunkt zum Nachweis der Existenz von Lösungen der Navier-Stokes-Gleichungen sein.

Die spezielle Struktur der Nichtlinearität in den Navier-Stokes-Gleichungen ist entscheidend für deren Analyse. Für Funktionen $u, v, w \in J_1(\Omega)$ gilt

$$(u \cdot \nabla v, w) = (v, \nabla(vw)) - (u \cdot \nabla w, v) = -(\nabla \cdot u, vw) - (u \cdot \nabla w, v) = -(u \cdot \nabla w, v).$$

Setzt man hier $v = w$, ergibt sich die wichtige Identität

$$(u \cdot \nabla v, v) = 0. \tag{4.3.64}$$

Zur präzisen Beschreibung der Regularität der rechten Seite führen wir die sog. „negative" Sobolev-Norm

$$\|f\|_{-1} := \sup_{\varphi \in H} \frac{\langle f, \varphi \rangle}{\|\nabla \varphi\|}$$

ein als natürliche Norm des Dualraums $H^{-1}(\Omega)$ von H (Raum der stetigen, linearen Funktionale auf H). Offenbar gilt für Funktionen $f \in L^2(\Omega)^d$

$$\|f\|_{-1} \leq \kappa \|f\|,$$

mit der Konstante $\kappa > 0$ in der Poincaréschen Ungleichung

$$\|\varphi\| \leq \kappa \|\nabla \varphi\|, \quad \varphi \in H.$$

Satz 4.1 (Existenzsatz): *Das stationäre Navier-Stokes-Problem (4.3.56) besitzt im Fall* $\partial\Omega = \Gamma_{\text{fest}}$ *für beliebige Reynolds-Zahl* $Re = 1/\nu$ *eine Lösung* $\{v, p\} \in H \times L$. *Für hinreichend kleine Daten* $c_*^2 \nu^{-2} \|f\|_{-1} < 1$ *ist diese Lösung eindeutig.*

Beweis: *i) Existenz:* Wir verwenden die Technik der „Galerkin[13]-Approximation". Mit den Eigenfunktionen $\{w_i\}_{i \in \mathbb{N}}$ des Stokes-Operators definieren wir die endlich dimensionalen Teilräume $H_m := \text{span}\langle w_1, ..., w_m \rangle \subset H$. Problem (4.3.56) wird nun approximiert durch die folgenden endlich dimensionalen Probleme: Finde $v_m \in H_m$, so dass

$$\nu(\nabla v_m, \nabla \varphi) + (v_m \cdot \nabla v_m, \varphi) = (f, \varphi) \quad \forall \varphi \in H_m. \tag{4.3.65}$$

[13] Boris Grigorievich Galerkin (1871–1945): Russischer Bauingenieur und Mathematiker; Prof. in St. Petersburg; Beiträge zur Struktur-Mechanik, insbesondere zur Plattentheorie.

Wir wollen zeigen, dass diese endlich dimensionalen (nichtlinearen) Probleme Lösungen besitzen, welche gleichmäßig beschränkt in H sind. Mit Hilfe eines Kompaktheitsarguments wird dann auch die Existenz einer Lösung des (unendlich dimensionalen) Problems folgen. Jedem $v \in H_m$ wird ein Element $Q_m(v) \in H_m$ zugeordnet als Lösung der *linearen* Aufgabe

$$\nu(\nabla Q_m(v), \nabla\varphi) + (v \cdot \nabla Q_m(v), \varphi) = (f, \varphi) \quad \forall \varphi \in H_m.$$

Da H_m endlich dimensional ist, folgt nach einem Resultat der Linearen Algebra die Existenz einer solchen Lösung aus der Eindeutigkeit möglicher Lösungen des homogenen Problems

$$\nu(\nabla w, \nabla\varphi) + (v \cdot \nabla w, \varphi) = 0 \quad \forall \varphi \in H_m.$$

Sei $w \in H_m$ eine solche Lösung. Wahl von $\varphi_m := w$ ergibt dann

$$0 = \|\nabla w\|^2 + (v \cdot \nabla w, w) = \|\nabla w\|^2,$$

und folglich $w = 0$. Also existiert zu jedem $v \in H_m$ ein $Q_m(v) \in H_m$, wodurch eine Abbildung $Q_m : H_m \to H_m$ definiert ist. Für diese erhalten wir durch Setzen von $\varphi := Q_m(v)$ in der Definitionsgleichung:

$$\nu\|\nabla Q_m(v)\|^2 = (f, Q_m(v)) \leq \|f\|_{-1}\|\nabla Q_m(v)\|$$

und folglich

$$\|\nabla Q_m(v)\| \leq \frac{\|f\|_{-1}}{\nu} := R.$$

Die Abbildung Q_m bildet also die Kugel $H_m \cap B_R := \{v \in H_m | \, \|\nabla v\| \leq R\}$ in sich ab. Sie ist außerdem stetig (sogar Lipschitz-stetig), denn für beliebige zwei $v, w \in H_m \cap B_R$ ist

$$\begin{aligned} 0 &= \nu(\nabla[Q_m(v) - Q_m(w)], \nabla\varphi) + (v \cdot \nabla Q_m(v) - w \cdot \nabla Q_m(w), \varphi) \\ &= \nu(\nabla[Q_m(v) - Q_m(w)], \nabla\varphi) + ((v - w) \cdot \nabla Q_m(v), \varphi) \\ &\quad + (w \cdot \nabla[Q_m(v) - Q_m(w)], \varphi) \quad \forall \varphi \in H_m. \end{aligned}$$

Wir erinnern an die in $d = 2$ sowie $d = 3$ Dimensionen gültigen Ungleichungen

$$\|w\|_{L^3} \leq c_*\|\nabla w\|, \quad \|\varphi\|_{L^6} \leq c_*\|\nabla\varphi\|, \quad w, \varphi \in H.$$

Wahl von $\varphi := Q_m(v) - Q_m(w)$ ergibt dann

$$\begin{aligned} \nu\|\nabla[Q_m(v) - Q_m(w)]\|^2 &= -((v - w) \cdot \nabla Q_m(v), Q_m(v) - Q_m(w)) \\ &\leq \|v - w\|_{L^3}\|\nabla Q_m(v)\|\|Q_m(v) - Q_m(w)\|_{L^6} \\ &\leq c_*^2\|\nabla(v - w)\|\|\nabla Q_m(v)\|\|\nabla(Q_m(v) - Q_m(w))\| \end{aligned}$$

und weiter

$$\|\nabla[Q_m(v) - Q_m(w)]\| \leq c_*^2 R\|\nabla(v - w)\|.$$

Nach dem Brouwerschen[14] Fixpunktsatz besitzt Q_m als stetige Selbstabbildung der abgeschlossenen Kugel $H_m \cap B_R$ des endlich dimensionalen Raumes H_m einen Fixpunkt v_m. Dieser erfüllt dann die Gleichung

$$\nu(\nabla v_m, \nabla\varphi) + (v_m \cdot \nabla v_m, \varphi) = (f, \varphi) \quad \forall\varphi \in H_m,$$

und ist daher Lösung des Problems (4.3.65). Für diese gilt konstruktionsgemäß die gleichmäßige Schranke $\|\nabla v_m\| \le R$. Da der Funktionenraum $J_1(\Omega)$ ein Hilbert-Raum und kompakt in $J_0(\Omega)$ eingebettet ist, folgt für die beschränkte Folge $(v_m)_{m\in\mathbb{N}} \subset J_1(\Omega)$ die Existenz einer Teilfolge $(v_{m'})_{m'\in\mathbb{N}}$, welche in $J_1(\Omega)$ „schwach" und in $J_0(\Omega)$ „stark" gegen einen Limes $v \in J_1(\Omega)$ konvergiert, d. h.:

$$(\nabla(v_{m'} - v), \nabla\varphi) \to 0 \quad \forall\varphi \in J_1(\Omega), \qquad \|v_{m'} - v\| \to 0 \quad (m' \to \infty).$$

Diese Limesfunktion $v \in J_1(\Omega)$ ist dann auch Lösung der Grenzgleichung (4.3.56). Um dies zu sehen, wählen wir ein beliebiges $\varphi \in J_1(\Omega)$ und eine Folge von $\varphi_{m'} \in H_{m'}$, so dass $\|\nabla(\varphi - \varphi_{m'})\| \to 0 \ (m' \to \infty)$. Dann konvergiert für $m' \to \infty$ (Übungsaufgabe):

$$(\nabla v_{m'}, \nabla\varphi_{m'}) \to (\nabla v, \nabla\varphi), \quad (v_{m'} \cdot \nabla v_{m'}, \varphi_{m'}) \to (v \cdot \nabla v, \varphi) \quad (m' \to \infty).$$

Folglich gilt im Limes:

$$\nu(\nabla v, \nabla\varphi) + (v \cdot \nabla v, \varphi) = (f, \varphi),$$

was zu beweisen war. Die Existenz eines zugehörigen (eindeutig bestimmten) Drucks $p \in L$ ist durch Hilfssatz 4.1 (siehe unten) gesichert.

ii) Eindeutigkeit: Zur Untersuchung der Eindeutigkeit der gefundenen Lösung von (4.3.56) nehmen wir an, dass v_1 und v_2 zwei Lösungen sind. Wegen (4.3.64) gilt zunächst

$$\nu\|\nabla v_1\|^2 = (f, v_1) \le \|f\|_{-1}\|\nabla v_1\| \qquad (4.3.66)$$

und folglich $\|\nabla v_1\| \le \nu^{-1}\|f\|_{-1}$. Für die Differenz $w := v_1 - v_2$ gilt dann

$$\begin{aligned}\nu(\nabla w, \nabla\varphi) &= (v_2 \cdot \nabla v_2 - v_1 \cdot \nabla v_1, \varphi)\\ &= ((v_2 - v_1) \cdot \nabla v_2, \varphi) - ((v_2 - v_1) \cdot \nabla(v_2 - v_1), \varphi) + (v_1\nabla(v_2 - v_1), \varphi)\\ &= (w \cdot \nabla v_1, \varphi) - (w \cdot \nabla w, \varphi + (v_1 \cdot \nabla w, \varphi),\end{aligned}$$

für beliebiges $\varphi \in J_1(\Omega)$. Wir setzen nun $\varphi = w$ und finden mit Hilfe der Identität (4.3.64), dass

$$\nu\|\nabla w\|^2 = (w \cdot \nabla v_1, w) \le \|w\|_{L^3}\|\nabla v_1\|\,\|w\|_{L^6} \le c_*^2\|\nabla w\|^2\nu^{-1}\|f\|_{-1}.$$

Für $c_*^2\nu^{-2}\|f\|_{-1} < 1$ impliziert dies notwendig, dass $w = 0$. Die Eindeutigkeit der zugehörigen Druckfunktion folgt aus deren Konstruktion gemäß Hilfssatz 4.1. Q.E.D.

[14] Luitzen Egbertus Jan Brouwer (1881–1966): Niederländischer Mathematiker und Philosoph; Begründer des Konzepts des „Mathematischen Intuitonismus", der Mathematik als Formulierung geistiger Gedanken basierend auf evidenten Gesetzen auffasst (im Gegensatz zum axiomen-basierten System von Hilbert und Russel); wichtige Beiträge zu den Grundlagen der Mengenlehre und Topologie.

Wenn eine Lösung $v \in J_1(\Omega)$ von (4.3.63) bestimmt ist, bleibt die Frage nach der Existenz einer zugehörigen Druckfunktion $p \in L$ mit der Eigenschaft

$$(p, \nabla\cdot\varphi) = (f,\varphi) + \nu(\nabla v, \nabla\varphi) - (v\cdot\nabla v, \varphi) \quad \forall\varphi \in H. \tag{4.3.67}$$

Die rechte Seite von (4.3.67) stellt offenbar ein lineares Funktional $l(\cdot)$ auf H dar mit der Eigenschaft $l(\varphi) = 0,\ \varphi \in J_1(\Omega)$. Die Existenz eines zugehörigen Druckes und dessen Stabilität wird nun durch den folgenden Hilfssatz sichergestellt.

Hilfssatz 4.1 („inf-sup"-Bedingung): *i) Zu jedem linearen Funktional $l(\cdot)$ auf H mit der Eigenschaft $l(\varphi) = 0,\ \varphi \in J_1(\Omega)$ gibt es eine eindeutig bestimmte Funktion $p \in L$, so dass*

$$(p, \nabla\cdot\varphi) = l(\varphi) \quad \forall\varphi \in H. \tag{4.3.68}$$

ii) Zu jeder Funktion $p \in L$ existiert ein $v \in H$ mit der Eigenschaft

$$p = \nabla\cdot v, \qquad \|\nabla v\| \le \gamma\|p\|, \tag{4.3.69}$$

mit einer von p unabhängigen Konstante $\gamma > 0$. Ferner gilt die Stabilitätsungleichung („inf-sup-Bedingung"):

$$\inf_{q\in L}\sup_{\varphi\in H} \frac{(q,\nabla\cdot\varphi)}{\|q\|\,\|\nabla\varphi\|} \ge \gamma > 0\,. \tag{4.3.70}$$

Beweis: Wir verwenden eine funktionalanalytische Argumentation nach Girault & Raviart [110]; ein alternativer potentialtheoretischer Beweis wird in Galdi [32] gegeben.

i) Wir betten die vorliegende Situation in einen abstrakten Rahmen ein. Ausgangspunkt sind die Hilbert-Räume $L^2(\Omega)$ und $H = H_0^1(\Omega)^d$ mit den zugehörigen Normen $\|\cdot\|$ und $\|\nabla\cdot\|$ sowie deren Dualräume $L^2(\Omega)^* \cong L^2(\Omega)$ und $H^* = H^{-1}(\Omega)^d$ (bestehend aus linearen stetigen Funktionalen). Durch

$$\langle -\mathrm{grad}(p), \varphi\rangle := (p, \mathrm{div}(\varphi)), \qquad \varphi \in H,$$

wird der Gradient (im Distributionssinne) als linearer Operator $-\mathrm{grad} : L^2(\Omega) \to H^*$ erklärt. Der zugehörige adjungierte Operator ist dann gerade der Divergenzoperator $\mathrm{div} : H \to L^2(\Omega)^* \cong L^2(\Omega)$. Für die Bildräume und Nullräume dieser Operatoren gilt aufgrund allgemeiner Prinzipien

$$\overline{B(\mathrm{grad})} = N(\mathrm{div})^0 = J_1(\Omega)^0, \qquad \overline{B(\mathrm{div})} = N(\mathrm{grad})^0 = J_0(\Omega).$$

Dabei ist $N(\mathrm{div})^0 := \{\chi \in H^* :\ \langle\chi,\varphi\rangle = 0,\ \varphi \in N(\mathrm{div})\}$. Ein tiefliegendes Resultat der Distributionentheorie (Satz von De Rham) besagt nun: *Der Bildbereich $B(grad) \subset H^*$ ist abgeschlossen.* Also ist $B(\mathrm{grad}) = J_1(\Omega)^0$. Dies impliziert die erste Behauptung (i).

ii) Weiter ist $N(\mathrm{grad}) = \mathrm{span}\{1\}$, so dass der eingeschränkte Operator

$$\widetilde{\mathrm{grad}} : L = L_0^2(\Omega) \to J_1(\Omega)^0$$

bijektiv ist. Da L und $J_1(\Omega)^0$ (vollständige) Hilbert-Räume sind, besagt ein weiteres allgemeines Resultat, dass der Operator $\widetilde{\text{grad}}$ dann auch ein Isomorphismus ist, d.h.: Der inverse Operator $\widetilde{\text{grad}}^{-1} : J_1(\Omega)^0 \to L$ existiert und ist beschränkt:

$$\|\widetilde{\text{grad}}^{-1}(v)\| \le \gamma \sup_{\varphi\in H} \frac{\langle v,\varphi\rangle}{\|\nabla\varphi\|}.$$

Hieraus ersieht man unmittelbar, dass für beliebiges $p \in L$ gilt:

$$\|p\| \le \gamma \sup_{\varphi\in H} \frac{\langle \widetilde{\text{grad}}(p),\varphi\rangle}{\|\nabla\varphi\|} \sup_{\varphi\in H} \frac{(p,\nabla\cdot\varphi)}{\|\nabla\varphi\|}.$$

Mit $\widetilde{\text{grad}}$ ist auch der adjungierte Operator

$$\widetilde{\text{div}} : (J_1(\Omega)^0)^* \to L^*$$

ein Isomorphismus. Der Raum $J_1(\Omega)^0 \subset H^*$ kann auf die übliche Weise mit dem orthogonalen Komplement von $J_1(\Omega)$ in H identifiziert werden:

$$J_1(\Omega)^0 \cong J_1(\Omega)^\perp := \{v \in H : (\nabla v, \nabla\varphi) = 0 \ \ \forall \varphi \in J_1(\Omega)\}.$$

Folglich existiert zu jedem $p \in L$ ein $v \in J_1(\Omega)^\perp$ mit

$$p = \nabla\cdot v, \quad \|\nabla v\| \le \gamma\|p\|.$$

Dies vervollständigt den Beweis. Q.E.D.

Bemerkung 4.1: Zur Illustration der wichtigen Surjektivität des Divergenzoperators, wollen wir noch ein heuristisches Argument geben. Sei $p \in L$ gegeben. Die Neumannsche Randwertaufgabe

$$\Delta z = p \ \text{ in } \Omega, \quad \partial_n v_{|\partial\Omega} = 0,$$

hat eine eindeutige Lösung $z \in H^1(\Omega) \cap L^2_0(\Omega)$, für welche (unter den obigen Voraussetzungen an das Gebiet Ω) die folgende a priori Abschätzung gilt:

$$\|\nabla^2 z\| \le \gamma\|p\|.$$

Die Funktion $v := \nabla z$ hat dann offenbar die folgenden Eigenschaften:

$$\nabla\cdot v = p, \qquad n\cdot v_{|\partial\Omega} = 0, \quad \|\nabla v\| \le \gamma\|p\|.$$

Die Behauptung wäre also bereits bewiesen, wenn zusätzlich noch $t \cdot v_{|\partial\Omega} = 0$ gelten würde mit einem beliebigen Tangentenvektor t an $\partial\Omega$.

Die durch Satz 4.1 gelieferte sog. „schwache" Lösung $\{v,p\} \in H\times L$ des Navier-Stokes-Problems hat in Abhängigkeit von den Problemdaten weitere Regularitätseigenschaften. Unter den oben formulierten Vorausetzungen an den Gebietsrand $\partial\Omega$ ist $v \in H^2(\Omega)^d$ und $p \in H^1(\Omega)$, und es gilt die a priori Abschätzung

$$\|\nabla^2 v\| + \|\nabla p\| \le c_s\{\|f\| + \|\nabla^2 v^{ein}\|\}. \tag{4.3.71}$$

Die Konstante c_s hängt dabei linear von der Reynolds-Zahl ab: $c_s \sim \text{Re} = 1/\nu$. Für die (nicht-trivialen) Beweise dieser und weitergehender Regularitätsaussagen sei auf die angegebene Literatur verwiesen.

Taylor-Problem

Es ist erstaunlich, dass die Navier-Stokes-Gleichungen trotz ihrer Nichtlinearität für beliebig große Reynolds-Zahl stets lösbar sind. Die Lösungen müssen aber anscheinend im allgemeinen nicht eindeutig sein. Tatsächlich gibt es viele Strömungskonfigurationen, bei denen für gleiche (stationäre) Daten durchaus mehr als eine stationäre Lösung existiert. Ein Beispiel ist die Strömung im Spalt zwischen zwei konzentrischen Kugelschalen („Taylor[15] -Problem"); s. Abb. 4.18.

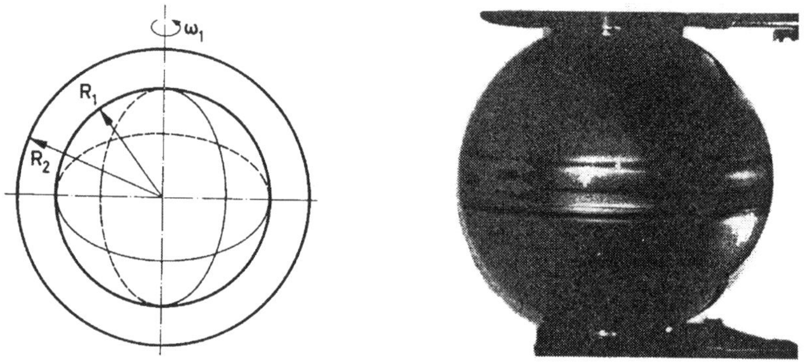

Abbildung 4.18: Konfiguration des „Taylor-Problems" (Strömung im Zylinder- oder Kugelspalt) und eine Aufnahme vom Experiment

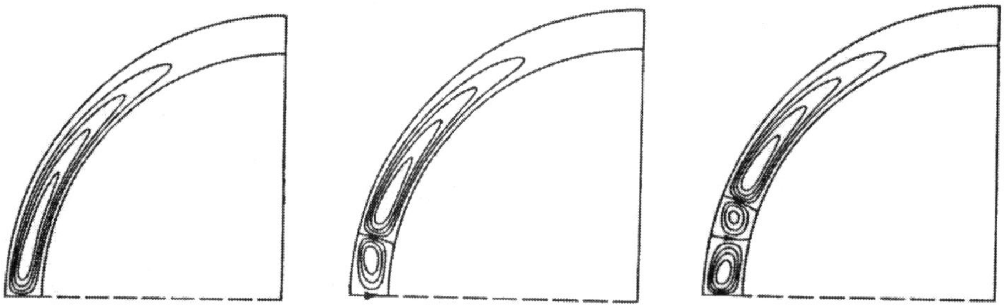

Abbildung 4.19: Verschiedene stationäre Strömungszustände im Kugelspalt zu denselben stationären Daten bei der überkritischen Reynolds-Zahl $\mathrm{Re} = R_1^2\omega_1/\nu = 2600$

Bei drehender innerer und festgehaltener äußeren Schale treten hier unterschiedliche Strömungsformen auf (s. Fig. 4.19). Für kleine Drehgeschwindigkeit liegt eine einfache (eindeutige) Grundströmung vor. Bei Erhöhung der Drehgeschwindigkeit entstehen

[15]Geoffrey Ingram Taylor (1886–1975): Englischer angewandter Mathematiker und Physiker, Studium der Mathematik und Physik in Cambridge, arbeitete theoretisch und experimentell; ab 1923 Royal Society Research Professor; Arbeitsgebiet Hydrodynamik mit Anwendungen von der Ozeanographie bis zum Überschallflug, nach ihm benannt sind u. a. die „Taylor-Zahl", "Taylor-Couette-Instabilität", „Taylor-Wirbel", „Rayleigh-Taylor-Instabilität" und „Taylor-Dispersion".

Strömungszustände mit unterschiedlicher Anzahl von „Taylor-Rollen“ in Abhängigkeit von der Art der Beschleunigung. Diese „Lösungen“ existieren gleichzeitig zu identischen stationären Daten. Bei weiterer Erhöhung der Drehgeschwindigkeit brechen die stationären Zustände zusammen, und es entsteht ein instationärer Strömungszustand (wellenartige Oszillation der Taylor-Rollen) zu nachwievor stationären Daten. Wir werden später nochmal auf diese Phänomene zurückkommen.

Ausströmrandbedingungen

Wir betrachten nun wieder den Fall allgemeiner Randbedingungen mit $\Gamma_{\text{aus}} \neq \emptyset$ und fragen nach der Existenz von Lösungen der zugehörigen variationellen Formulierung (4.3.56) im Funktionenraum $H = H_0^1(\Omega, \Gamma_D)$. Der Beweis von Hilfsatz 4.1 verwendete an entscheidender Stelle die Identität (4.3.64). Diese gilt nun aber nur noch in der Form

$$(u \cdot \nabla v, v) = \tfrac{1}{2}(n \cdot u, |v|^2)_{\Gamma_{\text{aus}}}.$$

Das Randintegral rechts muss nun nicht notwendig positiv sein, z. B. bei dominierender Einströmung durch die Randkomponente Γ_{aus}. Auf der Basis dieser Beziehung lässt sich nun mit der Argumentation des Hilfssatzes die Existenz von Lösungen nur noch unter der Annahme hinreichend kleiner Daten in einer kleinen Kugelumgebung der Null in $J_1(\Omega; \Gamma_{\text{ein}} \cup \Gamma_{\text{fest}})$ zeigen. Ferner erhält man die Eindeutigkeit dieser Lösung auch nur in dieser Kugelumgebung und nicht mehr, wie im Fall reiner Dirichlet-Randbedingungen, im ganzen Raum $J_1(\Omega; \Gamma_{\text{ein}} \cup \Gamma_{\text{fest}})$. Insbesondere ist nicht bekannt, ob die triviale Lösung $v \equiv 0$ und $p \equiv 0$ die einzige Lösung des homogenen Problems

$$\nu\Delta v + v \cdot \nabla v + \nabla p = 0, \quad \nabla \cdot v = 0 \quad \text{in } \Omega,$$

mit den Randbedingungen

$$v_{|\Gamma_{\text{ein}} \cup \Gamma_{\text{fest}}} = 0, \quad \nu\partial_n v - pn_{|\Gamma_{\text{aus}}} = 0,$$

ist. Im Fall reiner Dirichlet-Randbedingungen ist dies, wie man leicht zeigt, natürlich der Fall. Da die „do-nothing“-Randbedingung rein technischer Natur, ohne natürlichen physikalischen Gehalt ist, und insbesondere ein der Poiseuille-Strömung entsprechendes Verhalten modellieren soll, würde die Existenz nicht-trivialer, sekundärer Lösungen die risikolose Verwendung dieser Randbedingung zur Beschreibung von Kanalströmungen in Frage stellen. Es ist offen, ob dies ein modell-immanentes Problem ist, oder nur eine Schwäche des Beweises darstellt. Ein scheinbarer Ausweg aus diesem Dilemma ist, den Transportterm in der Formulierung (4.3.56) wie folgt zu „symmetrisieren“:

$$(v \cdot \nabla v, \varphi) \to \tilde{n}(v, v, \varphi) := \tfrac{1}{2}(v \cdot \nabla v, \varphi) - \tfrac{1}{2}(v \cdot \nabla \varphi, v).$$

Für die neue nichtlineare Form gilt dann wieder

$$\tilde{n}(u, v, v) = 0,$$

und die Aussage von Hilfssatzes 4.1 lässt sich mit analogen Argumenten beweisen. Diese Modifikation erscheint verträglich, da im Fall $\Gamma_{\text{aus}} = \emptyset$ gilt:

$$\tilde{n}(u, v, w) = (u \cdot \nabla v, w)\,.$$

Trotzdem ist diese Manipulation fragwürdig, da durch sie der physikalische Gehalt des mathematischen Modells wesentlich verändert wird. Ausgehend von der variationellen Gleichung

$$\nu(\nabla v, \nabla\varphi) + \tilde{n}(v, v, \varphi) - (p, \nabla\cdot v) = (f, \varphi) \quad \forall\varphi \in H,$$

erhält man für eine hinreichend glatte Lösung $\{v, p\} \in H \times L$ wieder durch partielle Integration die Beziehung

$$\int_\Omega \{-\nu\Delta v + (v\cdot\nabla)v - \nabla p\}\,\varphi\,dx + \int_{\Gamma_{\text{aus}}} \{\nu\partial_n v - \tfrac{1}{2}(n\cdot v)v - pn\}\cdot\varphi\,do = 0, \qquad \varphi \in H.$$

Hieraus ergibt sich für die modifizierte variationelle Formulierung die „natürliche“ Ausströmrandbedingung

$$\nu\partial_n v - \tfrac{1}{2}(n\cdot v)v - pn_{|\Gamma_{\text{aus}}} = 0. \tag{4.3.72}$$

Diese Bedingung ist offenbar bereits für die einfache Poiseuille-Strömung nicht erfüllt, so dass sie als ungeeignet zur Modellierung von Kanalströmungen erscheint. Die numerische Berechnung einer Kanalströmung basierend auf dieser Formulierung ergibt tatsächlich ein „unphysikalisches“ Verhalten der Ausströmung; s. Abb. 4.20 (nach innen gebogene Stromlinien).

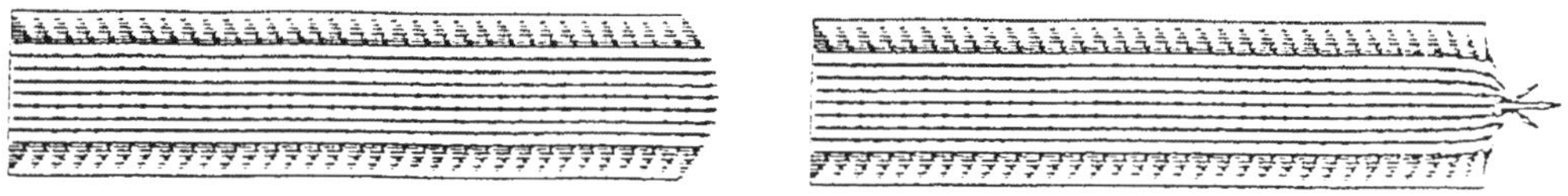

Abbildung 4.20: Poiseuille-Strömung bei richtiger (links) und bei symmetrisierter (rechts) Darstellung des Transportterms

4.3.2 Die instationären Navier-Stokes-Gleichungen

Wir betrachten nun die *instationären* Navier-Stokes-Gleichungen

$$\partial_t v - \nu\Delta v + v\cdot\nabla v + \nabla p = f, \qquad \nabla\cdot v = 0\,, \tag{4.3.73}$$

auf einem Orts-Zeit-Bereich $\Omega \times [0, T]$, mit den Randbedingungen

$$v_{|\Gamma_{\text{fest}}} = 0, \quad v_{|\Gamma_{\text{ein}}} = v^{\text{ein}}, \quad \nu\partial_n v - pn_{|\Gamma_{\text{aus}}} = 0\,,$$

und der Anfangsbedingung

$$v_{|t=0} = v^0\,.$$

Die Existenz von Lösungen für dieses variationelle Problem kann analog wie im stationären Fall mit Hilfe der Galerkin-Technik bewiesen werden unter Verwendung des vollständigen Eigensystems $\{v_i\}_{i\in\mathbb{N}}$ des Stokes-Operators in $J_0(\Omega)$. Im Fall $\Gamma_{\text{aus}} = \emptyset$ existiert für beliebige Reynolds-Zahl $\text{Re} = 1/\nu$ mindestens eine Lösung. Die Eindeutigkeit dieser Lösungen erfordert wieder einschneidende „Kleinheitsbedingungen" an die Problemdaten. Der Beweis basiert wieder auf einer charakteristischen Ungleichung für die Nichtlinearität des Problems. Zu (4.3.73) korrespondiert die variationelle Formulierung

$$(\partial_t v_m, \varphi_m) + \nu(\nabla v_m, \nabla\varphi_m) + (v_m \cdot \nabla v_m, \varphi_m) = (f, \varphi_m) \quad \forall \varphi_m \in H_m,\ t \geq 0, \tag{4.3.74}$$

für die Galerkin-Approximationen $v_m(t) = \sum_{i=1}^m \alpha(t) w_i$ zu den Anfangsbedingungen

$$v_m(0) = \sum_{i=1}^m (v^0, w_i) w_i.$$

Die Existenz lokaler (eindeutiger) Lösungen zu diesen Anfangswertaufgaben gewöhnlicher Differentialgleichungen für die Koeffizientenfunktionen $\alpha_i(t)$ ergibt sich mit Hilfe des Satze von Picard-Lindelöf. Zum Nachweis ihrer Fortsetzbarkeit auf ganz $[0,\infty)$ benögen wir eine gleichmäßige a priori Schranke für die $v_m(t)$. Dazu wählen wir auf dem Existenzintervall $[0,T]$ von v_m als Testfunktion $\varphi = v_m(t)$ in (4.3.74) und erhalten wieder bei Beachtung der Identität $(v_m(t) \cdot \nabla v_m(t), v_m(t)) = 0$:

$$\frac{1}{2}\frac{d}{dt}\|v_m(t)\|^2 + \nu\|\nabla v_m(t)\|^2 = (f(t), v_m(t)).$$

Durch Integration über $[0,t] \subset [0,T]$ folgt:

$$\tfrac{1}{2}\|v_m(t)\|^2 + \nu\int_0^t \|\nabla v_m\|^2\,ds \leq \tfrac{1}{2}\|v_m^0\|^2 + \tfrac{1}{2}\nu\int_0^t \|\nabla v_m\|^2\,ds + \tfrac{1}{2}\nu^{-1}\int_0^t \|f\|_{-1}^2\,ds,$$

und damit die sog. „Energie-Ungleichung"

$$\|v_m(t)\|^2 + \nu\int_0^t \|\nabla v_m\|^2\,dt \leq \|v^0\|^2 + \nu^{-1}\int_0^t \|f\|_{-1}^2\,dt. \tag{4.3.75}$$

Diese Ungleichung liefert Kontrolle über die Galerkin-Approximierenden und erlaubt die Konstruktion einer Grenzfunktion $v = v(t) \in J_1(\Omega)$, welche „schwache" Lösung von (4.3.73) in folgendem Sinne ist:

$$\begin{aligned}(v(T), \varphi(T)) - \int_0^T \Big\{(-v, \partial_t\varphi) + \nu(\nabla v, \nabla\varphi) + (v\cdot\nabla v, \varphi)\Big\}\,dt& \\ = \int_0^T (f,\varphi)\,dt + (v^0, \varphi(0))&\end{aligned} \tag{4.3.76}$$

für alle hinreichend glatten Testfunktionen $\varphi = \varphi(t)$. Für hinreichend kleine Problemdaten ist diese schwache Lösung wieder eindeutig. Die Frage nach der Regularität der schwachen Lösung ist im instationären Fall im allgemeinen noch offen. Bekannt sind folgende Resultate:

i) In zwei Raumdimensionen ist die schwache Lösung eindeutig und für hinreichend glatte Daten gleichzeitig auch „klassische" Lösung für alle Zeiten $t \geq 0$.

ii) In drei Raumdimensionen ist die Regularität der schwachen Lösung für alle Zeiten $t \geq 0$ ein offenes Problem. Bekannt ist die Existenz von glatten Lösungen auf kleinen Zeitintervallen $0 \leq t \leq T = T(\nu, \|f\|, \Omega)$ und auf ganz $[0, \infty)$ für „kleine" Problemdaten.

iii) Der „schwache" Existenzsatz liefert zeitlich „globale" Lösungen mit der Eigenschaft

$$\int_0^T \|v\|_{L^4}^{8/3}\, dt < \infty .$$

Eindeutigkeit (und höhere Regularität) konnte bisher aber nur für Lösungen mit der Regularität

$$\int_0^T \|v\|_{L^4}^{8}\, dt < \infty$$

gezeigt werden. Die offensichtliche Lücke zu schließen, ist eines der herausragenden ungelösten Probleme der angewandten Analysis.

4.3.3 Stabilität von Lösungen

Wir wollen zum Schluss dieses Abschnittes noch einmal die Frage nach der physikalischen Relevanz der durch Satz 4.1 gelieferten „mathematischen" Lösung der stationären Navier-Stokes-Gleichungen für große Reynolds-Zahlen aufgreifen. Für Spalt- und Kanalströmungen sind z. B. durch die Couette- und die Poisseuille-Strömung solche Lösungen explizit gegeben.

Durch Vergleich mit dem Experiment sieht man, dass für größere Reynolds-Zahlen diese „mathematischen" stationären Lösungen nicht realisierbar sind, vielmehr tritt ein Umschlag in instationäres bis hin zu chaotischem Verhalten („Turbulenz") auf. Wir wollen uns hier aber nicht mit der Frage nach dem Wesen und der mathematischen Beschreibung von Turbulenz beschäftigen. Vielmehr ist zunächst zu untersuchen, wie der Umschlag von einer zunächst stationären Strömung in eine instationäre zustande kommt und ob dies durch das vorliegende mathematische Modell beschrieben wird.

Dazu betrachten wir zunächst wieder den Idealfall $\partial\Omega = \Gamma_D$. Sei $v \in J_1(\Omega)$ eine stationäre Lösung des variationellen Navier-Stokes-Problems

$$\nu(\nabla v, \nabla\varphi) + (v \cdot \nabla v, \varphi) = (f, \varphi) \quad \forall \varphi \in J_1(\Omega). \tag{4.3.77}$$

Wir wollen nun untersuchen, wie sich diese Lösung unter kleinen Störungen verhält. Dazu betrachten wir für eine Störung $\delta v^0 \in J_1(\Omega)$ das instationäre Problem

$$(\partial_t \tilde{v}, \varphi) + \nu(\nabla\tilde{v}, \nabla\varphi) + (\tilde{v} \cdot \nabla\tilde{v}, \varphi) = (f, \varphi) \quad \forall \varphi \in J_1(\Omega),\ t \geq 0, \tag{4.3.78}$$

mit der Anfangsbedingung $\tilde{v}_{|t=0} = v + \delta v^0$. Wir nehmen an, dass dieses gestörte Problem eine (eindeutige) Lösung mit $\tilde{v}(t) \in J_1(\Omega)$ besitzt. Die Differenz $w(t) := v - \tilde{v}(t)$ erfüllt dann die „Störungsgleichung"

$$(\partial_t w, \varphi) + \nu(\nabla w, \nabla\varphi) + (w \cdot \nabla v, \varphi) + (v \cdot \nabla w, \varphi) = (w \cdot \nabla w, \varphi) , \tag{4.3.79}$$

für $\varphi \in J_1(\Omega)$, $t \geq 0$, und $w_{|t=0} = \delta v^0$. Die Frage nach der „Stabilität" der stationären Lösung v ist nun gleichbedeutend mit der Frage nach dem Verhalten der Störung $w(t)$ für $t \to \infty$. Wir unterscheiden (für kleine Störungen $\delta v^0 \in J_0(\Omega)$) „exponentielle Stabilität",

$$\|w(t)\| \sim Ae^{-\alpha t}\|\delta v^0\|, \quad t > 0,$$

und „exponentielle Instabilität",

$$\|w(t)\| \sim Ae^{+\alpha t}\|\delta v^0\|, \quad t > 0.$$

Dieses Konzept ist orientiert am Modellfall der (verallgemeinerten) Stokes-Gleichung

$$(\partial_t w, \varphi) + \nu(\nabla w, \nabla \varphi) + (aw, \varphi) = 0 \quad \forall \varphi \in J_1(\Omega),$$

bei der Wachsen oder Fallen charakterisiert ist durch den kleinsten Eigenwert $\lambda_1 > 0$ des Stokes-Operators S gemäß

$$\|w(t)\| \sim e^{-(a+\lambda_1)t}\|\delta v^0\|, \quad t > 0.$$

Exponentiell instabile Lösungen lassen sich naturgemäß experimentell nicht realisieren, da hier die unvermeidbaren kleinen Störungen (Randrauhigkeit, Einströmprofil, etc.) sofort exponentiell verstärkt werden und die „ideale" Lösung verdecken.

Wir beweisen dazu als erstes den folgenden Satz:

Satz 4.2 (Hydrodynamische Stabilität): *Eine Lösung $v \in J_1(\Omega)$ der Navier-Stokes-Gleichungen mit $\partial\Omega = \Gamma_D$ ist (unbedingt) exponentiell stabil unter der Bedingung*

$$c_*^2 \nu^{-1}\|\nabla v\| < 1 \quad \textit{bzw.} \quad c_*^2 \nu^{-2}\|f\|_{-1} < 1\,. \tag{4.3.80}$$

Beweis: Ausgehend von der Störungsgleichung (4.3.79) erhalten wir mit $\varphi = w$ für $t \geq 0$ die Abschätzung

$$\frac{1}{2}\frac{d}{dt}\|w\|^2 + \nu\|\nabla w\|^2 = -(w \cdot \nabla v, w) \leq c_*^2\|\nabla w\|^2\|\nabla v\|\,,$$

bzw.

$$\frac{d}{dt}\|w\|^2 + 2(\nu - c_*^2\|\nabla v\|)\|\nabla w\|^2 \leq 0\,.$$

Wir multiplizieren diese Ungleichung mit $e^{\alpha t}$,

$$\frac{d}{dt}\big(e^{\alpha t}\|w\|^2\big) + 2(\nu - c_*^2\|\nabla v\|)e^{\alpha t}\|\nabla w\|^2 \leq \alpha e^{\alpha t}\|w\|^2 \leq \alpha\gamma e^{\alpha t}\|\nabla w\|^2,$$

und erhalten nach Integration über die Zeit

$$\|w(t)\|^2 + e^{-\alpha t}\int_0^t e^{\alpha s}\big(2(\nu - c_*^2\|\nabla v\|) - \alpha\gamma\big)\,ds \leq e^{-\alpha t}\|\delta v^0\|^2\,.$$

Dies impliziert, dass die stationäre Lösung v exponentiell stabil ist unter der Kleinheitsbedingung $c_*^2\|\nabla v\| < \nu$. Im Hinblick auf die Abschätzung (4.3.66) ist diese Bedingung erfüllt, wenn gilt: $c_*^2\|f\|_{-1} < \nu^2$. Q.E.D.

Wir sehen, dass dieselbe Kleinheitsbedingung, welche die Eindeutigkeit der stationären Lösungen sichert, auch deren exponentielle Stabilität garantiert. Schärfere Aussagen zur Stabilität von stationären Lösungen liefert die sog. „lineare Stabilitätstheorie" der Hydrodynamik. Diese sucht Kriterien für Stabilität oder Instabilität durch Untersuchung des unsymmetrischen Eigenwertproblems zur (linearisierten) Störungsgleichung (4.3.79) zu gewinnnen:

$$\nu(\nabla w, \nabla\varphi) + (w\cdot\nabla v, \varphi) + (v\cdot\nabla w, \varphi) = \lambda(w, \varphi) \quad \forall\varphi\in J_1(\Omega). \tag{4.3.81}$$

Wenn alle Eigenwerte positiven Realteil haben, $\mathrm{Re}\,\lambda > 0$, wird in Analogie zum linearen Modellproblem Stabilität erwartet, anderfalls Instabilität. Das Eigenwertproblem muss im Fall einer konkreten Lösung v numerisch gelöst werden. Nur in Ausnahmefällen führt eine analytische Untersuchung zu brauchbaren Resultaten. Auf diesem Wege können aber nur Aussagen über „bedingte" Stabilität, d. h. Stabilität für hinreichend kleine Störungen, gemacht werden.

Satz 4.3 (Lineare Stabilität): *Wenn alle Eigenwerte der Aufgabe (4.3.81) positive Realteile $Re\,\lambda > 0$ haben, so ist jede stationäre Lösung der Navier-Stokes-Gleichungen mit $\partial\Omega = \Gamma_D$ bedingt, d. h. gegenüber kleinen Störungen, exponentiell stabil. Andernfalls ist sie instabil.*

Beweis: Wir verweisen im wesentlichen auf die Literatur. Das Eigenwertproblem (4.3.81) ist das des Operators (für festes $v\in J_1(\Omega)$)

$$L(v)w := Sw + (v\cdot\nabla)w + (w\cdot\nabla)v,$$

in $J_0(\Omega)$, wobei $S: D(S)\subset J_0(\Omega)\to J_0(\Omega)$ wieder der oben eingeführte Stokes-Operator ist. Der Operator $L(v)$ ist auch auf $D(S)\subset J_0(\Omega)$ definiert und stellt eine „relativ-kompakte" Störung des Stokes-Operators dar. Die Spektraltheorie invers-kompakter Operatoren im Hilbertraum liefert daher die folgenden Aussagen:
i) Das Spektrum des Operators $L(v)$ besteht nur aus abzählbar vielen Eigenwerten $\lambda_k\in\mathbb{C}$, welche endliche Vielfachheiten haben und sich im Endlichen nicht häufen können. Ferner gibt es eine untere Schranke für ihre Realteile.
ii) Es existiert ein in $J_0(\Omega)$ und $J_1(\Omega)$ vollständiges System von Hauptvektoren $\{w_k, k\in\mathbb{N}\}$, so dass jedes $w\in J_0(\Omega)$ eine Entwicklung der folgenden Form besitzt:

$$w = \sum_{k=1}^{\infty} a_k w_k\,,$$

mit gewissen Koeffizienten $a_k = a_k(w)$.

Die Eigenwerte λ_k seien nach der Größe ihrer Realteile geordnet:

$$\mathrm{Re}\,\lambda_1 \le \ldots \le \mathrm{Re}\,\lambda_k \le \ldots.$$

Die Anfangsstörung habe die Entwicklung

$$\delta v^0 = \sum_{k=1}^{\infty} a_k^0 w_k \,.$$

Dann erhält man durch den Ansatz

$$w(t) := \sum_{k=1}^{\infty} a_k^0 p_k(t) e^{-\lambda_k t} w_k, \qquad t \geq 0,$$

die (eindeutige) Lösung der linearisierten Störungsgleichung

$$\partial_t w + Sw + (v \cdot \nabla)w + (w \cdot \nabla)v = 0, \quad t \geq 0, \quad w(0) = \delta v^0.$$

Dabei sind $p_k(t)$ geeignete Polynome mit $p_k(0) = 1$, welche von der Nichtnormalität des Problems herrühren. Im Falle $Re\,\lambda_k > 0$ für alle $k \in \mathbb{N}$ erschließt man hieraus (nicht-trivial!), dass

$$\|w(t)\| \leq A(1+t)^m e^{-Re\,\lambda_1 t} \|\delta v^0\|, \quad t \geq 0.$$

mit gewissen von δv^0 unabhängigen Konstanten $A > 0$ und $m \in \mathbb{N}$. Wir bemerken, dass diese Aussage im Fall symmetrischer Probleme mit $A = 1$ und $m = 0$ gilt. Dies beweist die Aussage des Satzes für den Fall einer *linearen* Störungsgleichung. Für die Übertragung dieser Aussage auf die usprüngliche *nichtlineare* Störungsgleichung muss auf die Literatur verwiesen werden. Q.E.D.

Die Aussagekraft von Satz 4.3 für reale Strömungen ist eine delikate Frage. Wir wollen dies durch zwei Beispiele illustrieren.

Beispiel 1: Couette-Strömung
Die Couette-Strömung $v = (v_1, v_2, v_3)$ mit den Komponenten

$$v_1(x) = x_3, \quad v_2(x) = v_3(x) = 0\,,$$

erfüllt die Haftrandbedingung $v(x_1, x_2, 0) = 0$ und außerdem die („künstliche") Randbedingung $v_1(x_1, x_2, 1) = 1$. Zusammen mit der trivialen Druckfunktion $p = 0$ genügt sie den Navier-Stokes-Gleichungen. In diesem Fall erhält die Eigenwertgleichung (4.3.81) die Form

$$\nu(\nabla w, \nabla \varphi) + (w_3, \varphi_1) + (x_3 \partial_1 w, \varphi) = \lambda(w, \varphi) \quad \forall \varphi \in J_1(\Omega).$$

Es lässt sich zeigen, dass alle Eigenwerte positive Realteile haben. Dies führt zu dem Schluss, dass die Couette-Strömung für alle Reynolds-Zahlen stabil ist. Dies widerspricht aber der experimentellen Beobachtung, dass diese stationäre Strömungsform im Bereich Re $\sim 300 - 1500$ (je nach experimenteller Sorgfalt) instabil wird.

Beispiel 2: Poiseuille-Strömung
Die Poiseuille-Strömung $v = (v_1, v_2, v_3)$ mit den Komponenten

$$v_1(x) = 1 - (x_2^2 + x_3^2), \quad v_2 = v_3 = 0\,,$$

ist zusammen mit der Druckfunktion $p(x) := -4\mathrm{Re}^{-1}x_1$ eine Lösung der Navier-Stokes-Glei- chungen. In diesem Fall erhält die Eigenwertgleichung (4.3.81) die Form

$$\nu(\nabla w, \nabla \varphi) + (-2x_2w_2 - 2x_3w_3, \varphi_1) + ((1 - x_2^2 - x_3^2)\partial_1 w, \varphi) = \lambda(w, \varphi) \quad \forall \varphi \in J_1(\Omega).$$

Es lässt sich zeigen, dass bis zu einer „kritischen“ Reynolds-Zahl $\mathrm{Re}_{krit} \sim 5772$ alle Eigenwerte positive Realteile haben. Für kleinere Reynolds-Zahlen ist die Poiseuille-Strömung also gemäß der Theorie stabil. Dies widerspricht aber wieder der experimentellen Beobachtung, dass diese stationäre Strömungsform irgendwo im Bereich $1000 \le \mathrm{Re} \le 10000$ (je nach experimenteller Sorgfalt) instabil wird.

Eine Erklärung für dieses Versagen der Theorie besteht in der Unsymmetrie des Eigenwertproblems (4.3.81). In diesem Fall genügt es zur Bestimmung der Stabilität nicht, nur die Eigenwerte zu betrachten; stattdessen muss auch der Wachstumsfaktor $A(1+t)^m$ in Betracht gezogen werden. Selbst bei Eigenwerten mit positivem Realteil kann dieser so groß sein, dass auch kleine Störungen zunächst so verstärkt werden, dass der Gültigkeitsbereich der Linearisierung verlassen wird und nichtlineare Mechanismen die Lösung zum „explodieren“ bringt. Der im Rahmen der linearen Approximation später einsetzende exponentielle Abfall kommt dann gar nicht mehr zur Wirkung. Bei der Poisseuille-Strömung ist der Verstärkungsfaktor für $\mathrm{Re} \ge 549$ bereits größer als 1000.

Wir wollen den erwähnten Mechanismus anhand zweier einfacher Beispiele illustrieren.

a) Ein ODE-Modell:
Als erstes betrachten wir das einfache System von gewöhnlichen Differentialgleichungen

$$\dot w_1 + \nu w_1 + w_2 = 0, \tag{4.3.82}$$
$$\dot w_2 + \nu w_2 \qquad = 0. \tag{4.3.83}$$

Hier stehen νv_i für die Diffusionsterme und w_2 in der ersten Gleichung für die Kopplung im Transportterm der linearisierten Störungsgleichung der Navier-Stokes-Gleichungen. Die zugehörige Koeffizientenmatrix

$$A = \begin{pmatrix} \nu & 1 \\ 0 & \nu \end{pmatrix}$$

ist unsymmetrisch; der einzige Eigenwert $\lambda = \nu$ hat die algebraische Vielfachheit 2. Es liegt hier also gerade die oben beschriebene Situation vor. Für dieses lineare System lässt sich die Lösung zum Anfangswert $w(0) = w^0$ explizit angeben:

$$w_1(t) = e^{-\nu t}w_1^0 - te^{-\nu t}w_2^0, \quad w_2(t) = e^{-\nu t}w_2^0.$$

Wir erkennen den exponentiellen Abfall der zweiten Komponente und das zunächst lineare zeitliche Wachstum der ersten Komponente über ein Anfangsinterval $[0, \nu^{-1}]$ auf Größe $w_1(\nu^{-1}) = \nu^{-1}e^{-1}w_2^0$, bis der exponentielle Abfall eintritt. Die Komponente w_2 wirkt also in der ersten Gleichung wie ein Katalysator, der obwohl selbst exponentiell abnehmend doch w_1 zunächst einmal zum anwachsen bringt. Dieser spätere exponentielle Abfall ist dann irrelevant, wenn durch das Wachstum auf Größe $\nu^{-1}w_1^0$ bereits der Gültigkeitsbereich für die linearisierte Betrachtung verlassen wird.

b) Ein Strömungsmodell:
Als nächstes betrachten wir eine sehr einfache Strömungskonfiguration: die Strömung in einem unendlich langem geraden Rohr $\Omega = \mathbb{R} \times \omega$ mit der x_1-Achse als Mittelachse und ebenem Querschnitt ω in der (x_2, x_3)-Ebene. Getrieben wird die Strömung durch eine Volumenkraft (z.B. Schwerkraft) $f = (f_1(x_2, x_3, t), 0, 0)^T$ in x_1-Richtung. Die Lösung habe eine Form wie die Poiseuille-Strömung (x_1-unabhängig):

$$v = (v_1(x_2, x_3, t), 0, 0)^T, \quad p = p(x, t).$$

Die Navier-Stokes-Gleichungen lauten hierfür:

$$\partial_t v_1 - \nu \Delta v_1 + \partial_1 p = f_1 \ \text{ in } \omega, \quad v_{1|\partial\omega} = 0.$$

Die zugehörige linearisierte Störungsgleichung lautet:

$$\begin{aligned}
\partial_t w_1 - \nu \Delta w_1 + v_1 \partial_1 w_1 + \partial_2 v_1 w_2 + \partial_3 v_1 w_3 + \partial_1 q &= 0, \\
\partial_t w_2 - \nu \Delta w_2 + v_1 \partial_1 w_2 \qquad\qquad\qquad\qquad + \partial_2 q &= 0, \\
\partial_t w_3 - \nu \Delta w_3 + v_1 \partial_1 w_3 \qquad\qquad\qquad\qquad + \partial_3 q &= 0,
\end{aligned}$$

mit der Inkompressibilitätsbedingung $\partial_2 w_2 + \partial_3 w_3 = 0$ und den Rand- sowie Anfangsbedingungen $w_{|\partial\omega} = 0$ und $w_{|t=0} = w^0$. Selbst dieses einfache Problem ist noch zu kompliziert, um es analytisch zu lösen. Wir nehmen daher zur weitern Vereinfachung an, dass die gestörte Lösung $\{w, q\}$ unabhängig von x_1 sind. Dies korrespondiert etwa zur Annahme einer Flüssigkeit in einem langen vertikalen Rohr unter Einwirkung der Gravitation oder in einem langen rotierenden Rohr mit variabler Rotationsgeschwindigkeit. Unter dieser zusätzlichen Annahme vereinfacht sich die Strörungsgleichung zu

$$\begin{aligned}
\partial_t w_1 - \nu \Delta w_1 + \partial_2 v_1 w_2 + \partial_3 v_1 w_3 \qquad &= 0, \\
\partial_t w_2 - \nu \Delta w_2 + \qquad\qquad\qquad + \partial_2 q &= 0, \\
\partial_t w_3 - \nu \Delta w_3 + \qquad\qquad\qquad + \partial_3 q &= 0.
\end{aligned}$$

In diesem System bilden die Gleichungen für die Komponente $\bar{w} := \{w_2, w_3\}$ zusammen mit der Inkompressibilitätsbedingung $\partial_2 w_2 + \partial_3 w_3 = 0$ ein zweidimensionales Stokes-Problem. Wir sind also in einer ähnlichen Situation wie im obigen ODE-Beispiel. Für das definite Stokes-System erhält man unabhängig von der ersten Gleichung eine a priori Abschätzung der Form (Übungsaufgabe)

$$\|\bar{w}(t)\| \le e^{-\kappa \nu t} \|\bar{w}^0\|, \quad t \ge 0,$$

mit $\kappa = \operatorname{diam}(\omega)$. In der ersten Gleichung tritt der Druck nicht mehr auf. Unter Ausnutzung des Resultats für $\bar{w}$ gewinnt man daher für die erste Komponente w_1 wieder eine Abschätzung der Form

$$\|w_1(t)\| \le c e^{-\kappa \nu t} \big\{ t \|w_1^0\| + \|\bar{w}^0\| \big\}, \quad t \ge 0.$$

Bemerkung 4.2: Eine alternative Erklärung für das Versagen der auf Eigebwertabschätzungen basierten Stabilitätstheorie verwendet das Konzept der „Pseudo-Spektren" nicht-normaler Operatoren (s. die Monographie von Trefethen & Embree [63] und den numerisch orientierten Artikel von Gerecht et al. [109] sowie die dort erwähnte Literatur).

Nichtlineare Stabiliät

Wir haben gesehen, dass die *lineare* Stabilitätsanalyse bei stationären Lösungen der Navier-Stokes-Gleichungen kein sicheres, hinreichendes (wohl aber ein notwendiges) Kriterium für Stabilität liefert. Eine weitere Schwäche besteht in der Beschränkung dieses Ansatzes auf *stationäre* Lösungen. Im allgemeinen Fall kann man eine sog. „nichtlineare" Stabilitätsanalyse durchführen, die ein hinreichendes (aber i. Allg. sehr pessimistische) Stabilitätskriterium ergibt. Sei v eine (nicht notwendig stationäre) Lösung der Navier-Stokes-Gleichungen und w wieder eine Störung, welche die Störungsgleichung (4.3.79) erfüllt. Durch Wahl der Testfunktion $\varphi = w$ und Ausnutzung der Eigenschaft $(v \cdot \nabla w, w) = (w \cdot \nabla w, w) = 0$ erhalten wir

$$\frac{1}{2}\frac{d}{dt}\|w\|^2 + \nu\|\nabla w\|^2 + (w \cdot \nabla v, w) = 0.$$

Durch Integration über $[0, t]$ und Verwendung der Schreibweise $(w \cdot \nabla v, w) = (\nabla v\, w, w)$ folgt

$$\|w(t)\|^2 + 2\int_0^t \big\{\nu\|\nabla w\|^2 + (\nabla v\, w, w)\big\}\, ds = \|w(0)\|^2.$$

Strikte Stabilität

$$\sup_{t\geq 0}\|w(t)\| \leq \|w(0)\|,$$

liegt also vor, wenn $\nu\|\nabla w\|^2 + (\nabla v w, w) \geq 0$ ist. Letzteres ist äquivalent dazu, dass die *symmetrische* Eigenwertaufgabe

$$\nu(\nabla w, \nabla\varphi) + \tfrac{1}{2}(\{\nabla v + \nabla v^T\}\, w, \varphi) = \lambda(w, \varphi) \quad \forall \varphi \in J_1(\Omega), \tag{4.3.84}$$

nur nicht-negative Eigenwerte hat. Dies lässt sich bei bekannter Grundlösung v wieder numerisch durch Berechnung der kleinsten Eigenwerte überprüfen. Wir betonen, dass dieses Kriterium für Stabilität zwar hinreichend aber i. Allg. nicht notwenig ist. In der Tat sind die so gewonnenen Stabilitätsgrenzen für praktische Zwecke meist zu pessimistisch.

4.3.4 2D-Approximation und Stromfunktionsformulierung

Häufig kann die reale Strömungskonfiguration durch ein zweidimensionales Modell ausreichend genau angenähert werden. Beispiele sind die Kanalströmung in rotationssymmetrischer Näherung (Zylinderkoordinaten) oder die Strömung über eine sehr breite Stufe (kartesische Koordinaten); s. Abb. 4.21. In diesen Fällen können die Navier-Stokes-Gleichungen durch Einführung einer sog. „Stromfunktion" in einfacherer Form geschrieben werden; insbesondere kann man sich von der Nebenbedingung $\nabla \cdot v = 0$ befreien.

Ein Beispiel für ein wesentlich zweidimensionales Problem ist die Strömung durch einen sehr breiten Kanal, wobei der Strömungszustand bzgl. der so ausgezeichneten z-Richtung als konstant angenommen wird. Wir beschränken uns der Einfachheit halber auf den stationären Fall, d. h.: $\partial_t v = 0$. Erweiterungen für die instationären Navier-Stokes-Gleichungen sind leicht möglich. Weiter seien zunächst entlang des ganzen Randes

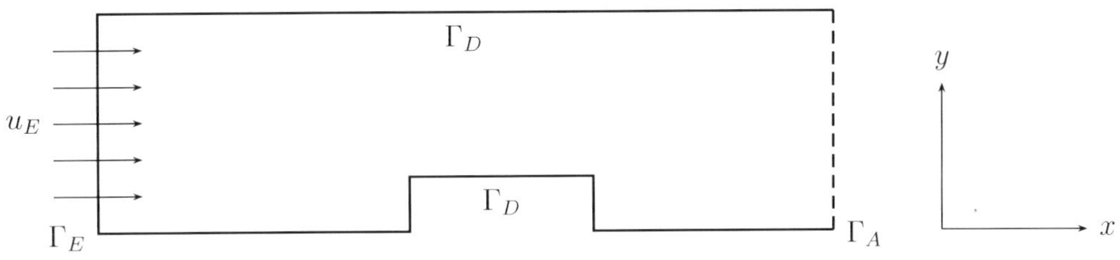

Abbildung 4.21: Konfiguration einer wesentlich zweidimensionalen Stufenströmung

Dirichlet-Bedingungen gestellt, $\partial\Omega = \Gamma_D$. Der Einfachheit halber habe $\partial\Omega$ nur eine Randkomponente. Wir führen als neue Strömungsgrößen eine sog. „Stromfunktion" Ψ und eine „Wirbelstärke" ω ein durch

$$v = \mathrm{rot}(\Psi) = (\partial_2\Psi, -\partial_1\Psi)^T, \quad \omega = \mathrm{rot}(v) = \partial_1 v_2 - \partial_2 v_1 = -\Delta\Psi\,.$$

Dabei ist die „skalare" Rotation $\mathrm{rot}(\Psi)$ gerade L^2-adjungiert zur üblichen „vektoriellen" Rotation $\mathrm{rot}(v)$:

$$(\mathrm{rot}(v), \Phi) = (v, \mathrm{rot}(\Phi)), \quad v \in H_0^1(\Omega)^2, \ \Phi \in H_0^1(\Omega).$$

Die Setzung $v = \mathrm{rot}(\Psi)$ ist zunächst heuristisch. Wegen $\mathrm{div}(\mathrm{rot}(\Psi)) = 0$ entsteht aber kein Widerspruch zur Divergenzfreiheit von v. Wir setzen diese Beziehungen in die Navier-Stokes-Gleichungen ein und wenden den Rotations-Operator an,

$$-\nu\mathrm{rot}(\Delta v) + \mathrm{rot}(v \cdot \nabla v) + \mathrm{rot}(\nabla p) = \mathrm{rot}(f).$$

Dies ergibt unter Ausnutzung der Identität $\mathrm{rot}(v \cdot \nabla v) = \mathrm{rot}(v)\mathrm{div}(v) + (v \cdot \nabla)\mathrm{rot}(v)$ die sog. „Wirbeltransport-Gleichung":

$$-\nu\Delta\omega + (\mathrm{rot}(\Psi) \cdot \nabla)\omega = \mathrm{rot}(f). \tag{4.3.85}$$

Durch Anwendung des Divergenz-Operators auf die Navier-Stokes-Gleichungen erhalten wir eine Gleichung für den Druck:

$$\Delta p = \nabla \cdot f - 2\big\{(\partial_1\partial_2\Psi)^2 - \partial_1^2\Psi\partial_2^2\Psi\big\}. \tag{4.3.86}$$

Für die Stromfunktion Ψ ergibt sich weiterhin wegen $\omega = -\Delta\Psi$ die Gleichung

$$\nu\Delta^2\Psi - (\mathrm{rot}(\Psi) \cdot \nabla)\Delta\Psi = \nu\Delta^2\Psi + \partial_2(\partial_1\Psi\Delta\Psi) - \partial_1(\partial_2\Psi\Delta\Psi) = \mathrm{rot}(f). \tag{4.3.87}$$

Dies ist eine skalare (nichtlineare) Differentialgleichung 4-ter Ordnung. Sie ist vom elliptischen Typ. Die Existenz von Lösungen werden wir im Anschluss untersuchen. Zu jeder Lösung Ψ erhält man durch $v := \mathrm{rot}(\Psi)$ eine (divergenzfreie) Lösung der (stationären) Navier-Stokes-Gleichungen. Damit ist die Lösung dieses Systems von Gleichungen mit der Zusatzbedingung $\nabla \cdot v = 0$ reduziert auf die Lösung einer skalaren Gleichung ohne Zusatzbedingung; diese ist allerdings eine Gleichung 4-ter Ordnung. Die Lösung von (4.3.87) erfordert die Angabe von konsistenten Randbedingungen. Sei ein Punkt $a \in \partial\Omega$ fixiert und s der Bogenlängenparameter mit Ursprung in a. Dann setzen wir mit der Randvorgabe $v^\partial = v_{|\partial\Omega}$:

$$\Psi(s) := \int_0^s n(s) \cdot v^\partial(s)\, ds\,, \quad \partial_n \Psi(s) = \tau \cdot v^\partial(s) \quad \text{auf } \partial\Omega\,. \tag{4.3.88}$$

Für das durch $v := \operatorname{rot}(\Psi)$ definierte Vektorfeld gilt dann unter Beachtung von

$$\begin{pmatrix} \partial_2 \Psi \\ -\partial_1 \Psi \end{pmatrix} = \begin{pmatrix} n_2 \partial_n \Psi + \tau_2 \partial_\tau \Psi \\ -n_1 \partial_n \Psi - \tau_1 \partial_\tau \Psi \end{pmatrix} = \partial_n \Psi \begin{pmatrix} n_2 \\ -n_1 \end{pmatrix} + \partial_\tau \Psi \begin{pmatrix} \tau_2 \\ -\tau_1 \end{pmatrix}.$$

automatisch auf $\partial\Omega$:

$$v = (n \cdot \operatorname{rot}\Psi) n + (\tau \cdot \operatorname{rot}\Psi)\tau = \partial_\tau \Psi n + \partial_n \Psi \tau = n \cdot v^\partial n + \tau \cdot v^\partial \tau = v^\partial.$$

Eine Stromfunktion mit diesen Eigenschaften gehört damit zu einer Lösung des gestellten Navier-Stokes-Problems. Nachdem Ψ und v bestimmt sind, erhält man einen zugehörigen Druck etwa aus der Poisson-Gleichung (4.3.86) mit den Randbedingungen

$$p(s) := \int_0^s \tau \cdot \big(f + \nu(\Delta v) - (v \cdot \nabla) v\big)\, ds \quad \text{auf } \partial\Omega.$$

Die Existenz einer Stromfunktion wird wieder mit Hilfe der Variationsmethode bewiesen. Wir verwenden die Sobolew-Räume

$$\begin{aligned} H^2(\Omega) &:= \{\varphi \in L^2(\Omega) |\ \nabla\varphi \in L^2(\Omega)^2,\ \nabla^2\varphi \in L^2(\Omega)^{2\times 2}\}, \\ H_0^2(\Omega) &:= \{\varphi \in H^2(\Omega) |\ \varphi_{|\partial\Omega} = \partial_n \varphi_{|\partial\Omega} = 0\}. \end{aligned}$$

Auf $H^2(\Omega)$ wird die folgende semi-lineare Form definiert:

$$a(\Psi; \Phi) := \nu(\Delta\Psi, \Delta\Phi) - (\partial_1 \Psi \Delta\Psi, \partial_2 \Phi) + (\partial_2 \Psi \Delta\Psi, \partial_1 \Phi)$$

Die variationelle Formulierung der Gleichung (4.3.87) für die Stromfunktion sucht nun ein $\Psi \in H^2(\Omega)$, welches die Randbedingungen (4.3.88) erfüllt und

$$a(\Psi; \Phi) = (\operatorname{rot}(f), \Phi) \quad \forall \Phi \in H_0^2(\Omega). \tag{4.3.89}$$

Satz 4.4 (Stromfunktion): *i) Die variationelle Formulierung der Ranwertaufgabe (4.3.89) und (4.3.88) besitzt für jeden Wert von ν eine Lösung $\Psi \in H^2(\Omega)$. Für hinreichend kleine Daten ist diese Lösung wieder eindeutig bestimmt.*

ii) Durch $v := rot(\Psi)$ erhält man dann eine (schwache) Lösung $v \in J_1(\Omega) + v^\partial$ der Navier-Stokes-Gleichungen

$$\nu(\nabla v, \nabla\varphi) + (v \cdot \nabla v, \varphi) = (f, \varphi) \quad \forall \varphi \in J_1(\Omega),$$

zu der Dirichlet-Randbedung $v_{|\partial\Omega} = v^\partial$.

Beweis: i) Wir skizzieren den Beweis für den Spezialfall $v^\partial = 0$ Die Bilinearform

$$(\Delta\Psi, \Delta\Phi)$$

ist ein Skalarprodukt auf $H_0^2(\Omega)$. Dies folgt aus Regularitätsresultaten für den Laplace-Operator; insbesondere ist $\Delta : H_0^1(\Omega) \cap H^2(\Omega) \to L^2(\Omega)$ ein Isomorphismus,

$$\|\nabla^2\Phi\| \le c\|\Delta\Phi\|, \quad \Phi \in H_0^1(\Omega) \cap H^2(\Omega).$$

Ferner definiert die rechte Seite $(\mathrm{rot}(f), \varphi)$ ein stetiges lineares Funktional auf $H_0^2(\Omega)$. Der Darstellungssatz von Riesz liefert damit die (eindeutige) Lösbarkeit der linearen Gleichung

$$\nu(\Delta\psi, \Delta\Phi) = (\mathrm{rot}(f), \varphi) \quad \forall\Phi \in H_0^2(\Omega),$$

zu den Randbedingungen (4.3.88). Das entsprechende Resultat für das *nichtlineare* Problem ergibt sich wieder mit Hilfe der Galerkin-Technik. Diese basiert in diesem Fall auf der Identität

$$(\partial_1\Psi\Delta\Psi, \partial_2\Psi) - (\partial_2\Psi\Delta\Psi, \partial_1\Psi) = 0.$$

Als Nebenproduckt folgt noch die Eindeutigkeit der Lösung für kleine Daten. Die Vervollständigung dieses Argument sei dem Leser als Übung überlassen.

ii) Für $v := \mathrm{rot}(\Psi)$ und $\varphi := \mathrm{rot}(\Phi)$ gilt dann wegen $\Delta\Psi = \mathrm{rot}(\mathrm{rot}(\Psi))$ weiter

$$\nu(\mathrm{rot}(v), \mathrm{rot}(\varphi)) + (v\cdot\nabla v, \varphi) = \nu(\nabla v, \nabla\varphi) + (v\cdot\nabla v, \varphi) = (f, \varphi).$$

Jedes $\varphi \in J_1(\Omega)$ lässt sich nun als Rotation eines $\Phi \in H_0^2(\Omega)$ darstellen, was wir im Anschluss noch beweisen werden. Damit ergibt sich dann, dass $v \in J_1(\Omega)$ Lösung der Navier-Stokes-Gleichungen in schwacher Form ist. Die Existenz eines zugehörigen Drucks $p \in L_0^2(\Omega)$ folgt dann wie in Satz 4.1.

iii) Wir wollen nun noch die Beziehung $\mathrm{rot}(H_0^2(\Omega)) = J_1(\Omega)$ beweisen. Die Inklusion $\mathrm{rot}(H_0^2(\Omega)) \subset J_1(\Omega)$ ist offensichtlich. Zum Nachweis von $J_1(\Omega) \subset \mathrm{rot}(H_0^2(\Omega))$ sei zunächst $\varphi \in J_1 \cap C_0^\infty(\Omega)^2$, d. h. als beliebig oft differenzierbar und mit kompaktem Träger in Ω, angenommen. Mit einem beliebigen aber fest gewählten Punkt $a \in \partial\Omega$ definieren dann für $x \in \bar\Omega$

$$\Phi(x) := \int_{C_x} \varphi\cdot n\, ds, \tag{4.3.90}$$

wobei C_x eine beliebige, stückweise glatte Kurve in $\bar\Omega$ von a nach x ist. Diese Definition ist unanhängig von der speziellen Wahl vom Aufpunkt a und der Kurve C_x, da wegen $\nabla\cdot\varphi \equiv 0$ für jede geschlossene Kurve C gilt:

$$\int_C \varphi\cdot n\, ds = \int_{\Omega_C} \nabla\cdot\varphi\, dx = 0,$$

wobei Ω_C das von C umschlossene Gebiet bezeichnet. Aus der Identität

$$\begin{aligned}\int_{C_x} \mathrm{rot}(\Phi)\cdot n\, ds &= \int_{C_x} \{n_1\partial_2\Phi - n_2\partial_1\Phi\}\, ds = \int_{C_x} \partial_\tau\Phi\, ds \\ &= \Phi(x) - \Phi(a) = \int_{C_x} \varphi\cdot n\, ds\end{aligned}$$

ergibt sich wegen der Beliebigkeit der Kurve C_x, dass $\varphi = \text{rot}(\Phi)$. Die so konstruierte Funktion Φ ist in $H_0^2(\Omega)$. Dies sieht man durch Ausnutzung der folgenden Identität für $x \in \partial\Omega$:

$$\Phi(x) - \Phi(a) = \int_a^x \varphi \cdot n\, ds = 0.$$

Dieses Argument ist nun für Punkte x in einem ganzen Randstreifen anwendbar, woraus auch $\nabla\Phi_{|\partial\Omega} = 0$ folgt. Um uns von der Glattheitsvoraussetzung zu befreien, verwenden wir ein Approximationsargument. Sei $\varphi \in J_1(\Omega)$ beliebig und $(\varphi_k)_{k\in\mathbb{N}} \subset \Phi(\Omega)$ eine approximierende Folge: $\|\nabla(\varphi_k - \varphi)\| \to 0$. Für die zugehörigen, gemäß (4.3.90) konstruierten Funktionen $\Phi_k \in H_0^2(\Omega)$ ist dann $(\nabla\text{rot}(\Phi_k))_{k\in\mathbb{N}}$ eine Cauchy-Folge in $L^2(\Omega)$ mit Limes $\nabla\varphi$. Da $\|\nabla\text{rot}(\cdot)\|$ äquivalent zur Norm von $H_0^2(\Omega)$ ist, wird $(\Phi_k))_{k\in\mathbb{N}}$ auch eine Cauchy-Folge in $H_0^2(\Omega)$ mit Limes Φ. Offenbar ist $\text{rot}(\Phi) = \varphi$, was den Beweis vervollständigt.
Q.E.D.

Die Übertragung der obigen Diskussion für a) den Fall einer freien Ausströmrandbedingung und b) für die *instationären* Navier-Stokes-Gleichungen ist mit einigem technischen Mehraufwand möglich und wird dem Leser als Übungsaufgabe gestellt.

Bemerkung 4.3: Auf mehrfach zusammenhängenden Gebieten (wie z. B. bei der Umströmung eines Hindernisses im Kanal) liegen die Dinge etwas komplizierter. Wir bezeichnen den äußeren Rand des Gebiets mit Γ_0 und die Ränder im Inneren mit Γ_i, $i = 1, ..., N$. Auf Γ_0 werden an die Stromfunktion Ψ wie vorher die Randbedingungen (4.3.88) gestellt. Im Innern werden dagegen ausgehend von der Haftbedingung $v_{|\Gamma_i} = 0$, $i = 1, ..., N$, die Bedingungen

$$\Psi = c_i,\ \partial_n\Psi = 0 \ \text{ auf}\,\Gamma_i\ (i = 1, ..., N),$$

gestellt, wobei c_i freie Konstanten sind. Diese Konstanten müssen zusammen mit Ψ durch Lösung des Randwertproblems bestimmt werden.

4.3.5 Konfigrationen mit Rotationssymmetrien

Im Gegensatz zu den *ebenen* Stömungen, welche mehr Modellcharakter haben, besitzen die rotationbssymmetrischen Strömungen auch eine gewisse praktische Bedeutung. Zu diesen gehören z. B. Umströmungen rotationssymmetrischer Körper und Strömungen im Spalt zwischen rotierenden konzentrischen Zylindern oder Kugeln bei kleinen bzw. moderaten Reynolds-Zahlen. Zur Ausnutzung der Rotationssymnmetrie müssen die Zustandsgleichungen in ein Koordinatensystem transformiert werden, welches die Winkelkoordunate, bzgl. derer Invarianz vorliegt, explizit enthält. Bei der Umströmung rotationssymmetrischer Körper und beim Zylinderspaltproblem leisten dies das Zylinerkoordinatensystem und für das Kugelspaltproblem das Kugelkoordinatensystem.

Zylinderkoordinaten

Die Zylinderkoordinaten (r, φ, z) sind gegeben durch die folgenden Beziehungen zu den kartesischen Koordinaten (x, y, z):

$$x = r\cos(\varphi), \quad y = r\sin(\varphi), \quad z = z,$$

mit der lokalen Basis

$$e_r = (\cos(x), \sin(x), 0), \quad e_\varphi = (-\sin(\varphi), \cos(\varphi), 0), \quad e_z = (0, 0, 1).$$

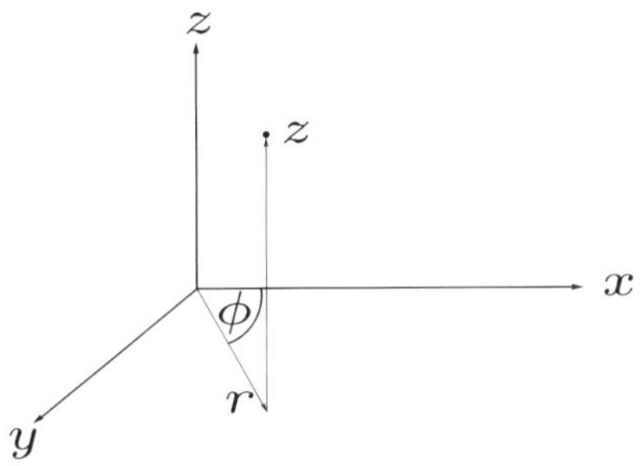

Abbildung 4.22: Konfigurationsskizze zu Zylinderkoordinaten

Der Geschwindigkeitsvektor $\vec{v} = (u, v, w)$ hat dann die Darstellung

$$\vec{v} = ue_r + ve_\varphi + we_z,$$

wobei man beachten muss, dass $\vec{v}(x, y, z) = \vec{v}(r, \varphi, z)$ die Momentangeschwindigkeit in „Richtung" φ, aber nicht die Winkelgeschwindigkeit bezeichnet. Für einen Skalar $\Phi(x, y, z) = \Phi(r, \varphi, z)$ ergibt sich

$$\nabla\Phi = \partial_r\Phi\, e_r + \frac{1}{r}\partial_\varphi\Phi\, e_\varphi + \partial_z\Phi\, e_z$$

und für $\vec{v}$:

$$\begin{aligned}
\operatorname{div}(\vec{v}) &= \frac{1}{r}\partial_r(ru) + \frac{1}{r}\partial_\varphi v + \partial_z w, \\
\operatorname{rot}(\vec{v}) &= \Big(\frac{1}{r}\partial_\varphi w - \partial_z v\Big)e_r + (\partial_z u - \partial_r w)e_\varphi + \Big(\frac{1}{r}\partial_r(rv) - \frac{1}{r}\partial_\varphi u\Big)e_z.
\end{aligned}$$

Mit der Bezeichnung

$$\Delta := \frac{1}{r}\partial_r(r\partial_r) + \frac{1}{r^2}\partial_\varphi^2 + \partial_z^2$$

für den transformierten Laplace-Operator gehen die Navier-Stokes-Gleichungen (im Fall $f \equiv 0$) über in

$$\begin{aligned}
\partial_t u - \nu\Big(\Delta u - \frac{1}{r^2}u - 2\frac{1}{r^2}\partial_\varphi v\Big) + u\partial_r u + \frac{1}{r}v\partial_\varphi u + w\partial_z u - \frac{1}{r}v^2 + \partial_r p = 0,\\
\partial_t v - \nu\Big(\Delta v - \frac{1}{r^2}v - 2\frac{1}{r^2}\partial_\varphi u\Big) + u\partial_r v + \frac{1}{r}v\partial_\varphi v + w\partial_z v - \frac{1}{r}uv + \partial_\varphi p = 0,\\
\partial_t w - \nu\Delta w + u\partial_r w + \frac{1}{r}v\partial_\varphi w + w\partial_z w + \partial_z p = 0.
\end{aligned} \tag{4.3.91}$$

Bei rotationssymmetrischen Strömungen sind alle Geschwindigkeitskomponenten sowie der Druck unabhängig von der Winkelvariablen φ, d. h.: Insbesondere gilt $\partial_\varphi u = \partial_\varphi v = \partial_\varphi w = \partial_\varphi p = 0$. Die Navier-Stokes-Gleichungen vereinfachen sich dann zu

$$\begin{aligned}
\partial_t u - \nu\Big(\Delta u - \frac{1}{r^2}u\Big) + u\partial_r u + w\partial_z u - \frac{1}{r}v^2 + \partial_r p = 0,\\
\partial_t v - \nu\Big(\Delta v - \frac{1}{r^2}v\Big) + u\partial_r v + w\partial_z v - \frac{1}{r}uv = 0,\\
\partial_t w - \nu\Delta w + u\partial_r w + w\partial_z w + \partial_z p = 0,
\end{aligned} \tag{4.3.92}$$

mit $\Delta := r^{-1}\partial_r(r\partial_r) + \partial_z^2$. Die Divergenzbedingung

$$\operatorname{div}(\vec{v}) = \frac{1}{r}\partial_r(ru) + \partial_z w = 0 \tag{4.3.93}$$

kann wieder durch Einführung einer „Stromfunktion“ Ψ erfüllt werden:

$$u = \frac{1}{r}\partial_z\Psi, \quad w = -\frac{1}{r}\partial_r\Psi.$$

Die neuen Zustandsvariablen sind dann:

- Stromfunktion Ψ,
- Umfangskomponente v,
- Umfangswirbelkomponente $\xi := \partial_z u - \partial_r w$,
- Moment der Umfangskomponente $\Phi := rv$,
- Druckfunktion p.

Zur Herleitung von Differentialgleichung zur Bestimmung dieser Zustandsvariablen führen wir den folgenden Differentialoperator ein:

$$D := r\partial_r\Big(\frac{1}{r}\partial_r\Big) + \partial_z^2.$$

Die Stromfunktion Ψ ist mit der Wirbelkomponente verknüpft durch die Beziehung

$$D\Psi = r\xi. \tag{4.3.94}$$

Für das Moment der Umfangskomponente haben wir

$$\partial_t\Phi - \nu D\Phi + u\partial_r\Phi + w\partial_z\Phi = 0.$$

und durch Einsetzen der Stromfunktion

$$\partial_t \Phi - \nu D\Phi + \frac{1}{r}\partial_z(\partial_z \Psi \partial_r \Phi - \partial_r \Psi \partial_z \Phi) = 0. \tag{4.3.95}$$

Für die Wirbelkomponente erhalten wir aus den Navier-Stokes-Gleichungen die zugehörige Wirbeltransportgleichung

$$\partial_t \xi - \nu A + \partial_r u\xi + u\partial_r \xi + \partial_z w\xi + w\partial_z \xi - \frac{2}{r} v\partial_z v = 0, \tag{4.3.96}$$

mit dem Term

$$A := \partial_z(Du) - \frac{1}{r^2}\partial_z u - \partial_r(Dw).$$

Die Divergenzbedingung (4.3.93) ergibt $\partial_r u = -r^{-1}u - \partial_z w$ und somit weiter

$$\partial_t \xi - \nu A - \frac{1}{r} u\xi + u\partial_r \xi + w\partial_z \xi - \frac{2}{r} v\partial_z v = 0. \tag{4.3.97}$$

Der Term A lässt sich noch weiter vereinfachen:

$$\begin{aligned} A &= \frac{1}{r}\partial_z\partial_r u + \partial_z\partial_r^2 u - \frac{1}{r^2}\partial_z u - \partial_r^3 w - \frac{1}{r}\partial_r^2 w + \frac{1}{r^2}\partial_r w + \partial_z^3 u - \partial_z^2\partial_r w \\ &= \partial_r^2 \xi + \frac{1}{r}\partial_r \xi - \frac{1}{r^2}\xi + \partial_z^2 \xi \\ &= \partial_r\Big(\frac{1}{r}\partial_r(r\xi)\Big) + \partial_z^2 \xi = \frac{1}{r} D(r\xi). \end{aligned}$$

Mit der neuen Variable $\eta := r\xi$ geht daher (4.3.97) über in

$$\partial_t \eta - \nu D\eta + u\partial_r \eta + 2\frac{1}{r} u\eta + w\partial_z \eta - 2v\partial_z v = 0.$$

Kombination dieser Beiehung mit $D\Psi = \eta$ liefert dann eine Differentialgleichung vierter Ordnung für die Stromfunktion:

$$D\partial_t \Psi - \nu D^2 \Psi + \frac{1}{r}\partial_z \Psi \partial_r(D\Psi) - 2\frac{1}{r^2}\partial_z \Psi D\Psi - \frac{1}{r}\partial_r \Psi \partial_z(D\Psi) - 2v\partial_z v = 0,$$

bzw.

$$D\partial_t \Psi - \nu D^2 \Psi + \frac{1}{r}\big(\partial_r(\partial_z \Psi D\Psi) - \partial_z(\partial_r \Psi D\Psi)\big) - \frac{2}{r^2}\partial_z \Psi D\Psi - 2v\partial_z v = 0. \tag{4.3.98}$$

Mit Hilfe der Gleichungen (4.3.95), (4.3.98) und der Navier-Stokes-Gleichung (4.3.92) können nun die Größen Φ, Ψ und v berechnet werden. Da diese Zustandsgleichungen nicht den Druck p enthalten und keine Nebenbedingung wie die Divergenzfreiheit zu berücksichtigen ist, gestaltet sich die Lösung dieses parabolischen Systems einfacher als die der ursprünglichen Gleichungen (4.3.92). Nach Bestimmung der Größen Φ, Ψ und v können die weiteren Größen u, w und p aus (4.3.92) ermittelt werden. Geeignete Randbedingungen ergeben sich aus den Randbedingungen für die Geschwindigkeit $\vec{v}$.

Kugelkoordinaten

Die Kugelkoordinaten (r, φ, θ) sind gegeben durch die folgenden Beziehungen zu den kartesischen Koordinaten (x, y, z):

$$x = r\cos(\varphi)\sin(\theta), \quad y = r\sin(\varphi)\sin(\theta), \quad z = r\cos(\theta),$$

mit der lokalen Basis

$$\begin{aligned} e_r &= (\cos(\varphi)\sin(\theta), \sin(\varphi)\sin(\theta), \cos(\theta)), \\ e_\varphi &= (-\sin(\varphi), \cos(\varphi), 0), \\ e_\theta &= (\cos(\varphi)\cos(\theta), \sin(\varphi)\cos(\theta), -\sin(\theta)). \end{aligned}$$

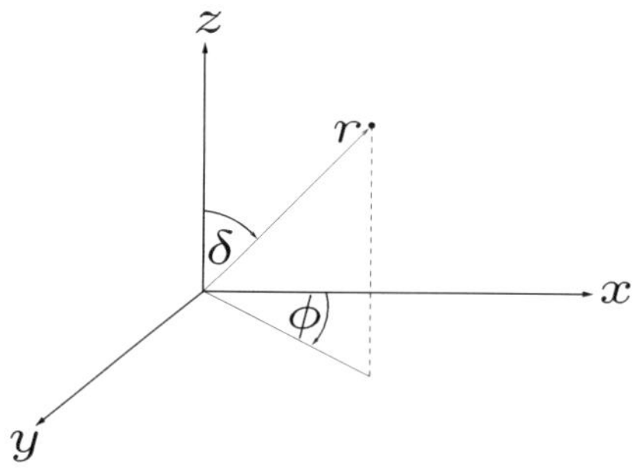

Abbildung 4.23: Konfigurationsskizze zu Kugelkoordinaten

Die Geschwindigkeitskomponenten in r, φ, θ-Richtung bezeichnen wir mit u, v, w. Für einen Skalar $\Phi(x, y, z) = \Phi(r, \varphi, \theta)$ gilt dann

$$\nabla\Phi = \partial_r\Phi\, e_r + \frac{1}{r\sin(\varphi)}\partial_\varphi\Phi\, e_\varphi + \frac{1}{r}\partial_\theta\Phi\, e_\theta,$$

und für den Geschwindigkeitsvektor $\vec{v} = ue_r + ve_\varphi + we_\theta$:

$$\begin{aligned} \operatorname{div}(\vec{v}) &= \frac{1}{r^2}\partial_r(r^2u) + \frac{1}{r\sin(\theta)}\partial_\varphi v + \frac{1}{r\sin(\theta)}\partial_\theta(\sin(\theta)w), \\ \operatorname{rot}(\vec{v}) &= \frac{1}{r\sin(\theta)}\big(\partial_\theta(\sin(\theta)v) - \partial_\varphi w\big)e_r + \frac{1}{r}\big(r\partial_r w - \partial_\theta u\big)e_\varphi + \Big(\frac{1}{r\sin(\theta)}\partial_\varphi u - \frac{1}{r}\partial_r(rv)\Big)e_\theta. \end{aligned}$$

Die Navier-Stokes-Gleichungen gehen dann für $f \equiv 0$ über in

$$\begin{aligned}
&\partial_t u - \nu\Big(\Delta u - \frac{2}{r^2}u - \frac{2}{r^2\sin(\theta)}\partial_\varphi v - \frac{2}{r^2}\partial_\theta w - \frac{2\cot(\theta)}{r^2}w\Big)\\
&\qquad + u\partial_r u + \frac{v}{r\sin(\theta)}\partial_\varphi u + \frac{w}{r}\partial_\theta u - \frac{1}{r}(v^2+w^2) + \partial_r p = 0,\\
&\partial_t v - \nu\Big(\Delta v + \frac{2}{r^2\sin(\theta)}\partial_\varphi u + \frac{2\cos(\theta)}{r^2\sin^2(\theta)}\partial_\varphi w - \frac{v}{r^2\sin^2(\theta)}\Big)\\
&\qquad + u\partial_r v + \frac{v}{r\sin(\theta)}\partial_\varphi v + \frac{w}{r}\partial_\theta v + \frac{u}{r}v + \frac{\cot(\theta)}{r}vw + \frac{1}{r\sin(\theta)}\partial_\varphi p = 0,\\
&\partial_t w - \nu\Big(\Delta w - \frac{2\cos(\theta)}{r^2\sin^2(\theta)}\partial_\varphi v + \frac{2}{r^2}\partial_\theta u - \frac{w}{r^2\sin^2(\theta)}\Big)\\
&\qquad + u\partial_r w + \frac{v}{r\sin(\theta)}\partial_\varphi w + \frac{w}{r}\partial_\theta w + \frac{uw}{r} - \frac{\cot(\theta)}{r}v^2 + \frac{1}{r}\partial_\theta p = 0,
\end{aligned}$$

mit dem transformierten Laplace-Operator

$$\Delta := \frac{1}{r^2}\partial_r(r^2\partial_r) + \frac{1}{r^2\sin^2(\theta)}\partial_\varphi^2 + \frac{1}{r^2\sin(\theta)}\partial_\theta\big(\sin(\theta)\partial_\theta\big).$$

Im Falle der Rotationssymmetrie sind der Geschwindigkeitsvektor $\vec{v}$ sowie der Druck p wieder unabhängig von φ und die obigen Gleichungen vereinfachen sich zu

$$\begin{aligned}
&\partial_t u - \nu\Big(\Delta u - \frac{2}{r^2}u - \frac{2}{r^2}\partial_\theta w - \frac{2\cot(\theta)}{r^2}w\Big)\\
&\qquad + u\partial_r u + \frac{w}{r}\partial_\theta u - \frac{1}{r}(v^2+w^2) + \partial_r p = 0,\\
&\partial_t v - \nu\Big(\Delta v - \frac{v}{r^2\sin^2(\theta)}\Big) + u\partial_r v + \frac{w}{r}\partial_\theta v + \frac{u}{r}v + \frac{\cot(\theta)}{r}vw = 0,\\
&\partial_t w - \nu\Big(\Delta w + \frac{2}{r^2}\partial_\theta u - \frac{w}{r^2\sin^2(\theta)}\Big)\\
&\qquad + u\partial_r w + \frac{w}{r}\partial_\theta w + \frac{uw}{r} - \frac{\cot(\theta)}{r}v^2 + \frac{1}{r}\partial_\theta p = 0,
\end{aligned} \tag{4.3.99}$$

wobei in diesem Fall

$$\Delta := \frac{1}{r^2}\partial_r(r^2\partial_r) + \frac{1}{r^2\sin(\theta)}\partial_\theta\big(\sin(\theta)\partial_\theta\big).$$

Die Divergenzbedingung

$$\operatorname{div}(\vec{v}) = \frac{1}{r^2}\partial_r(r^2 u) + \frac{1}{r\sin(\theta)}\partial_\theta(\sin(\theta)w) = 0 \tag{4.3.100}$$

kann wieder mit Hilfe einer Stromfunktion Ψ erfüllt werden:

$$u = -\frac{1}{r^2\sin(\theta)}\partial_\theta\Psi, \quad w = \frac{1}{r\sin(\theta)}\partial_r\Psi.$$

Als Zustandsvariablen haben wir nun

- Stromfunktion Ψ,
- Umfangskomponente v,
- Umfangswirbelkomponente $\xi := \big(\frac{1}{r}\partial_r(rw) - \frac{1}{r}\partial_\theta u\big) r\sin(\theta)$,
- Druckfunktion p.

Aus technischen Gründen empfiehlt sich die Einführung des Momentes der Umfangskomponente $\Phi := r\sin(\theta)v$ als neue Variable. Für diese schreibt sich die Navler-Stokes-Gleichung in der vereinfachten Form

$$\partial_t\Phi - \nu D\Phi + \frac{1}{r^2\sin(\theta)}\big(\partial_r\Psi\partial_\theta\Phi - \partial_\theta\Psi\partial_r\Phi\big) = 0 \tag{4.3.101}$$

mit dem „Pseudo-Laplace-Operator“

$$D := \partial_r^2 + \frac{1}{r^2}\partial_\theta^2 - \frac{\cot(\theta)}{r^2}\partial_\theta .$$

Die Stromfunktion Ψ und die Wirbelkomponente ξ sind verknüpft durch die Beziehung

$$D\Psi = \xi .$$

Ferner folgt aus der Navier-Stokes-Gleichung die sphärische Wirbeltransportgleichung

$$\begin{aligned}\partial_t\xi - \nu D\xi + u\partial_r\xi + \frac{w}{r}\partial_\theta\xi - \frac{2}{r}\big(u + \cos(\theta)w\big)\xi \\ + \frac{2}{r^3\sin(\theta)}\Phi\big(\sin(\theta)\partial_\theta\Phi - r\cos(\theta)\partial_r\Phi\big) = 0 .\end{aligned} \tag{4.3.102}$$

Für den Druck bekommen wir

$$\begin{aligned}\Delta p = \frac{1}{r^2\sin(\theta)}\partial_r(rw\xi) - \frac{1}{r^2\sin(\theta)}\partial_\theta(u\xi) + \frac{1}{r^3\sin^2(\theta)}\partial_r\Phi^2 + \frac{\cot(\theta)}{r^4\sin^2(\theta)}\partial_\theta\Phi^2 \\ - \frac{2}{r^4\sin^2(\theta)}\Phi^2 - \frac{1}{2}\Delta(u^2 + w^2) .\end{aligned} \tag{4.3.103}$$

Aus den obigen Gleichungen lassen sich nun die vier Zustandsgrößen Φ, Ψ, ξ und p bestimmen. Geeignete Randbedingungen ergeben sich wieder aus den Randbedingungen für das Geschwindigkeitsfeld $\vec{v}$.

5 FE-Methoden in der linearen Elastizität

Im Folgenden wird die „Methode der finiten Elemente“ (kurz „FEM = Finite-Elemente-Methode“) zur approximativen Lösung der Probleme der Elastizitätstheorie diskutiert. Wir beginnen im ersten Abschnitt mit dem ingenieurwissenschaftlichen Ansatz („natural approach“), welcher zwar den Vorteil einer unmittelbaren physikalischen Anschaulichkeit besitzt, jedoch einer mathematischen Analyse nur schwer zugänglich ist. Letztere wird dann Gegenstand der beiden nächsten Abschnitte sein. Es wird sich zeigen, dass beide Formulierungen, die „intuitive“ ingenieurwissenschaftliche und die „strenge“ funktionalanalytische, nur formal differieren und inhaltlich dasselbe Verfahren beschreiben. Es handelt sich dabei im wesentlichen um eine Variante des klassischen Ritzschen Projektionsverfahrens mit *stückweise* polynomialen Ansatzfunktionen.

Als Beginn der Historie der FEM mag man die lesenswerte Arbeit von Courant[1] (1943) ansehen, in welcher bereits die wesentlichen Ideen des Verfahrens enthalten sind. Leider fand diese wichtige Anregung damals bei den Praktikern noch keine angemessene Beachtung; dies wohl vor allem wegen der noch nicht verfügbaren Rechenkapazitäten. Ferner muss auch der Beitrag von Prager/Synge (1947) zur sog. „Hyperkreis-Methode“ erwähnt werden. In den 50-er Jahren wurde die Methode dann unabhängig von Ingenieuren neu „entdeckt“ und im Zuge der Entwicklung leistungsfähiger Rechenanlagen zum wichtigsten numerischen Hilfsmittel der Ingenieurwissenschaften ausgebaut. In diesem Zusammenhang sind vor allem die grundlegenden Arbeiten von Argyris[2] (1954/55) und von Turner/Clough/Martin/Topp[3] (1956) zu nennen. Der Name „Methode der finiten Elemenet“ geht wohl in direkter Übersetzung aus dem Englischen „Finite Element Method“ auf Clough[4] (1960) zurück. Die mathematische Analyse des Verfahrens setzte erst in den 60-er Jahren ein. Ein qualitativer Konvergenzbeweis wurde zunächst in der ingenieurwissenschaftlichen Literatur von McLay[5] (1967) und von Pian/Tong[6] (1967) gegeben. Die erste mathematische Fehleranalyse der eigentlichen FEM, so wie wir sie heute verstehen, geht auf Zlamal[7] (1968) zurück. Für weitere historische Hinweise und für einen Überblick über den weiten Anwendungsbereich der FEM verweisen wir besonders auf die

---

[1] Richard Courant (1888–1972): Deutscher Mathematiker; Prof. in Münster und Göttingen, nach Vertreibung 1933 Prof. an der New York University, Gründer des nach ihm benannten „Courant-Instituts“; Beiträge zur Funktionentheorie und Methmatischen Physik, „Erfinder“ der Idee der FEM: „Variational methods for the solution of problems of equilibrium and vibrations“, Bull. Amer. Math. Soc. 49 (1943).

[2] John Hadji Argyris (1913–2004): Griechischer Bauingenieur; Prof. in Stuttgart; einer der „Erfinder“ der Finite-Elemente-Methode: *Energy theorems and structural analysis, part I: General theory*, Aircraft Engineering 26 (1954), 27 (1955).

[3] M. J. Turner, R. W. Clough, H. C. Martin, L. J. Topp: *Stiffness and deflection analysis of complex structures*, J. Aero. Sci. 23 (1965).

[4] Ray William Clough (1920–2016): US-Amerikanischer Bauingenieur; Prof. em. für Baustatik an der Univ. of California, Berkeley; Experte für Erdbebensicherheit von Strukturen; Mitbegrnder der Finite-Elemente-Methode: *The finite element method in plane analysis*, in Proc. Sec. ASCE Conf. Electronic Computation, Pittsburgh, 1960.

[5] R. W. McLay: Completeness and convergence properties of finite element displacement functions - a general treatment, AIAA Paper 67-143 1AA5, Aerospace Science Meeting, New York, 1967.

[6] T. H. H. Pian, P. Tong: *The convergence of the finite element method in solving linear elasticity problems*, Int. J. Solids Struct. 3 (1967).

[7] M. Zlamal: On the finite element method, Numer. Math. 12 (1968).

ingenieurwissenschaftlichen Arbeiten von Zienkiewicz[8] (1967) und auf die mathematisch orientierten Beiträge in dem Sammelband Aziz [73] (1972) und die Monographien von Strang/Fix [93] (1973) und Ciarlet [80] (1978), welche eine umfassende Bibliographie für die Anfangsphase der FEM enthalten.

5.1 Die klassische „Methode der finiten Elemente"

Im folgenden werden wieder die Begriffe und Bezeichnungen der vorangehenden Abschnitte verwendet. Ausgangspunkt der Betrachtung ist die stationäre lineare Grundaufgabe der Elastizitätstheorie:

(GAE) *Finde einen zulässigen Zustand* $S = \{u, \epsilon, \sigma\}$ *, welcher den kinematischen Bedingungen*

$$\epsilon = \tfrac{1}{2}(\nabla u + \nabla u^T) \quad in\ \Omega, \tag{5.1.1}$$
$$\sigma = C\epsilon \quad in\ \Omega, \tag{5.1.2}$$
$$u = u^\partial \quad auf\ \partial\Omega_u, \tag{5.1.3}$$

und den statischen Bedingungen

$$-\mathrm{div}\sigma = f \quad in\ \Omega, \tag{5.1.4}$$
$$\epsilon = C^{-1}\sigma \quad in\ \Omega, \tag{5.1.5}$$
$$\mathrm{n} \cdot \sigma = \mathrm{n} \cdot \sigma^\partial \quad auf\ \partial\Omega_\sigma, \tag{5.1.6}$$

genügt.

Der Elastizitätstensor C wird wieder als symmetrisch und positiv definit (auf symmetrischen Dyaden) angenommen:

$$C\epsilon \cdot \epsilon' = \epsilon \cdot C\epsilon', \qquad C\epsilon \cdot \epsilon \geq \gamma|\epsilon|^2. \tag{5.1.7}$$

Ferner sollen alle Daten hinreichend glatt sein, so dass eine eindeutig bestimmte „schwache" Lösung $\hat{S} = \{\hat{u}, \hat{\epsilon}, \hat{\sigma}\}$ der linearen Grundausgabe existiert. Unter zusätzlichen Regularitätsannahmen ist diese auch „klassische" Lösung. Diese Lösung soll im folgenden numerisch approximiert werden. Dazu sei zunächst an das „Prinzip der virtuellen Arbeit" erinnert.

(PvA) *Für einen statisch zulässigen Zustand* $S = \{u, \epsilon, \sigma\}$ *gilt mit jedem kinematisch zulässigem Zustand* $S' = \{u', \epsilon', \sigma'\}$ *:*

$$\int_\Omega \sigma : \epsilon'\, d\xi - \int_{\partial\Omega_u} n \cdot \sigma \cdot u^\partial\, do = \int_\Omega f \cdot u'\, d\xi + \int_{\partial\Omega_\sigma} n \cdot \sigma^\partial \cdot u'\, do. \tag{5.1.8}$$

[8] Olgierd Cecil Zienkiewicz (1921–2009): Polnisch-Englischer Mathematiker und Bauingenieur; zuletzt Prof. im Department of Civil Engineering, Univ. of Wales Swansea, Institute of Numerical Methods in Engineering; einer der Pioniere der FEM und Verfasser des ersten Lehrbuchs darber: *The Finite Element Method in Structural Mechanics* (1967).

Die Vorgehensweise der Methode der finiten Elemente (FEM) in ihrer Version als sog. „Verschiebungsmethode“ besteht nun in den folgenden Phasen:

I) Geometrische Approximation: Das Volumen $\bar{\Omega}$ wird in (abgeschlossene) Teilvolumen („Zellen“) K zerlegt, Dreiecke oder Vierecke in 2D bzw. Tetraeder oder Hexaeder in 3D, gemäß

$$\mathbb{T}_h := \{K\}, \qquad \overline{\Omega} = \Omega_h \cup S_h, \quad \Omega_h := \cup\{K \in \mathbb{T}_h\}.$$

Dabei sollen sich zwei verschiedene Zellen höchstens in einer Seite/Kante/Seitenfläche oder einem Eckpunkt überschneiden und S_h ist ein schmaler „Randstreifen“ (s. Abb. 5.1). Im Falle eines Polygongebiets in 2D oder Polyeders in 3D ist $S_h = \emptyset$. Im Folgenden werden wir der Übersichtlichkeit halber nur Dreiecks- oder Tetraederzerlegungen (sog „Triangulierungen“) betrachten. Für Vierecks- oder Hexaederzerlegungen gelten mit gewissen Modifikationen analoge Aussagen. Die „Feinheit“ der Zerlegung $\mathbb{T}_h := \{K\}$ wird durch einen Parameter $h \in \mathbb{R}_+$ beschrieben, etwa der maximale Durchmesser der Zellen:

$$h_K := \text{diam}(K), \quad h := \max\{h_K : K \in \mathbb{T}_h\}, \quad \text{dist}(\partial\Omega_h, \partial\Omega) = \mathcal{O}(h^2).$$

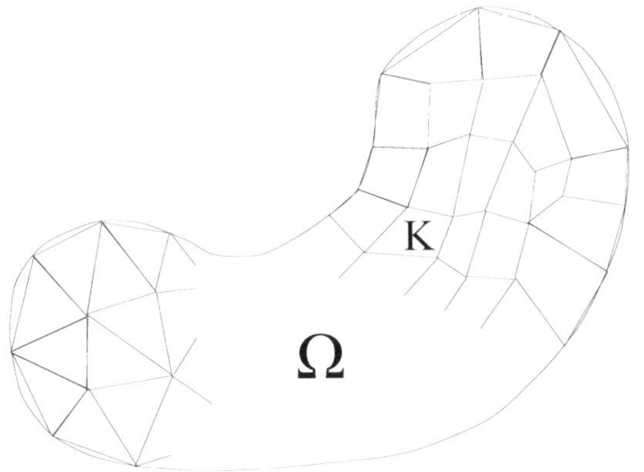

Abbildung 5.1: Dreiecks- und Viereckszerlegungen

Die Familie $\{\mathbb{T}_h\}_{h>0}$ von Zerlegungen soll gewissen gleichmäßigen Regularitätsbedingungen genügen, damit die Stabilität und Konvergenz der darauf definierten FEM gesichert ist. Dazu gehört vor allem die „Formregulariät“, d. h.: Die Zellen $K \in \mathbb{T}_h$ dürfen für $h \to 0$ nicht degenerieren. Die inneren Winkel der Zellen dürfen nicht beliebig klein (sog. „Minimalwinkelbedingung“) oder groß werden (sog. „Maximalwinkelbedingung“) (s. Abb. 5.2):

$$\min_{K\in\mathbb{T}_h}\{\text{Innenwinkel}(K)\} \geq \alpha > 0, \tag{5.1.9}$$

$$\max_{K\in\mathbb{T}_h}\{\text{Innenwinkel}(K)\} \leq \beta < \pi. \tag{5.1.10}$$

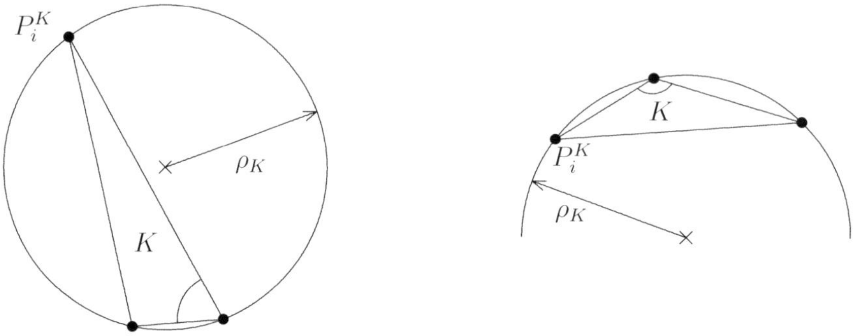

Abbildung 5.2: Illustration der Minimal- und der Maximalwinkelbedingung

II) Wahl der Ansatzfunktionen: Auf jeder Zelle $K \in \mathbb{T}_h$ wird für den Verschiebungsvektor $\hat{u}$ des gesuchten statisch und kinematisch zulässigen Zustands $\hat{S} = \{\hat{u}, \hat{\epsilon}, \hat{\sigma}\}$ ein polynomialer Ansatz gemacht, hier der Einfachheit halber ein *linearer* (in 3D):

$$u_K(x) = \alpha_0^K + \alpha_1^K x_1 + \alpha_2^K x_2 + \alpha_3^K x_3, \quad x \in K.$$

Mit der sog. „Formmatrix"

$$\Phi_K(x) = \begin{pmatrix} 1 & x_1 & x_2 & x_3 & & & & & & & & \\ & & & & 1 & x_1 & x_2 & x_3 & & & & \\ & & & & & & & & 1 & x_1 & x_2 & x_3 \end{pmatrix}$$

und dem Koeffizientenvektor $\alpha_K = (\alpha_0^K, \alpha_1^K, \alpha_2^K, \alpha_3^K)$ lässt sich dies in kompakter Form schreiben als

$$u_K(x) = \Phi_K(x)\alpha_K. \tag{5.1.11}$$

Auf dem Zellrand ∂K werden sog. „Knotenpunkte" $a_k\,(k = 0, \dots, 3)$ gewählt, so dass sich der polynomiale Ansatz u_K eindeutig durch die zugehörigen Vektoren $\xi_K = (u_K(a_0), \dots, u_K(a_3))$ der Knotenverschiebungen charakterisieren lässt gemäß

$$\alpha_K = G_K \xi_K, \quad u_K(x) = \Phi_K(x) G_K \xi_K,$$

mit einer regulären „Geometriematrix" G_K. Dies ist bei dem hier betrachteten *linearen* Ansatz durch Wahl der Zelleckpunkte als Knotenpunkte gewährleistet. Der Verschiebungsansatz in der Zelle K wird also durch seine Werte in den Knotenpunkten beschrieben. Aus dem Verschiebungsansatz u_K werden dann die zugehörigen Verzerrungen ϵ_K und Spannungen σ_K über die kinematischen Gleichungen und das Elastizitätsgesetz ermittelt:

$$\epsilon_K(x) := D[u_K](x) = D[\Phi_K](x) G_K \xi_K, \tag{5.1.12}$$
$$\sigma_K(x) := C\epsilon_K(x) = CD[\Phi_K](x) G_K \xi_K, \tag{5.1.13}$$

mit dem Deformationstensor $D[u_K] := \frac{1}{2}(\nabla u_K + \nabla^T u_K)$.

III) Lokales Gleichgewicht: Für die Verschiebungsansätze auf den Zellen $K \in \mathbb{T}_h$ und die zugehörigen Spannungen wird nun im diskreten Sinne die Gültigkeit des Prinzips der virtuellen Arbeit gefordert, d. h.: Mit beliebigen, auf dieselbe Weise konstruierten virtuellen Verschiebungen φ_K bzw. zugehörigen Verzerrungen $\epsilon(\varphi_K)$ soll für „innere“ Zellen gelten:

$$\int_K \sigma_K : \epsilon(\varphi_K)\, dx = \int_K f \cdot \varphi_K\, dx + \int_{\partial K} q^{\partial K} \cdot \varphi_K\, do,$$

wobei $q^{\partial K}$ die von den Nachbarzellen auf K wirkenden Oberflächenkräfte sind. Für Zellen mit einer Seitenfläche $\Gamma \subset \partial\Omega_u$ bzw. $\Gamma \subset \partial\Omega_\sigma$ wird dabei zur Vereinfachung der Schreibweise gefordert, dass

$$\varphi_K = 0 \quad \text{auf } \Gamma \subset \partial\Omega_u, \qquad \int_\Gamma n \cdot \sigma_K \cdot \varphi_K\, do = \int_\Gamma q^\partial \cdot \varphi_K\, do \quad \text{für } \Gamma \subset \partial\Omega_\sigma.$$

Werden die virtuellen Knotenverschiebungen φ_K genauso durch einen Koeffizientenvektor $\eta_K = (\varphi_K(a_0), \dots, \varphi_K(a_3))$ beschrieben, so kann die obige Beziehung äquivalent in folgende Form umgeschrieben werden:

$$\int_K CD[\Phi_K]G_K\xi_K : D[\Phi_K]G_K\eta_K\, dx = \int_K f \cdot \Phi_K G_K \eta_K\, dx + \int_{\partial K} q^{\partial K} \cdot \Phi_K G_K \eta_K\, do,$$

bzw. in kompakter Matrixform

$$\eta_K^T A_K \xi_K = \eta_K^T b_K, \tag{5.1.14}$$

mit der sog. „Elementsteifigkeitsmatrix“

$$A_K := \int_K G_K^T D[\Phi_K]^T C D[\Phi_K] G_K\, dx$$

und dem sog. „Elementlastvektor“

$$b_K := \int_K G_K^T \Phi_K^T f\, dx + \int_{\partial K} G_K^T \Phi_K^T q^{\partial K}\, do.$$

IV) Assemblierung des globalen Systems: Im vorigen Schritt wurde das statische Gleichgewicht für den Näherungsansatz $S_K\{u_K, \epsilon_K, \sigma_K\}$ zunächst auf den einzelnen Zellen $K \in \mathbb{T}_h$ separat gefordert. Nun werden alle diese zellweisen Verschiebungsansätze zu einer globalen Funktion zusammengesetzt. Der damit einhergehenden Prozess der Zusammensetzung globaler Vektoren und Matrizen wird auch „Assemblierung“ (im Englischen „assembling“) genannt. Durch Kombination der obigen Zellgleichungen gewinnt man

$$\sum_{K \in \mathbb{T}_h} \int_K \sigma_K : \epsilon(\varphi_K)\, dx = \sum_{K \in \mathbb{T}_h} \Big\{ \int_K f \cdot \varphi_K\, dx + \int_{\partial K} q^{\partial K} \cdot \varphi_K\, do \Big\}.$$

Da der Verschiebungsansatz global kinematisch zulässig sein soll, müssen die Knotenpunkte auf den Zellrändern so gewählt sein, dass die zugehörigen u_K zu benachbarten Zellen automatisch stetig ineinander übergehen. Dies ist bei dem betrachteten *linearen* Ansatz sicher gewährleistet. Dann reduziert sich das zusammengesetzte System bei Berücksichtigung des Richtungswechsels des Normalenvektors beim Übergang von einer Zelle zu ihrer Nachbarzelle auf

$$\sum_{K\in\mathbb{T}_h} \int_K \sigma_K : \epsilon(\varphi_K)\,dx = \sum_{K\in\mathbb{T}_h} \Big\{ \int_K f\cdot\varphi_K\,dx + \int_{\partial K\cap\partial\Omega_\sigma} q^\partial\cdot\varphi_K\,do \Big\}. \tag{5.1.15}$$

Die Knotenwerte zu den Knotenpunkten in $\bar{\Omega}$ werden nun einer beliebigen Nummerierung $k = 1,\dots,N$ folgend in dem „Vektor der Gesamtknotenverschiebungen" $\xi \in \mathbb{R}^N$ zusammengefasst

$$\xi := (u_K(a_k) : \ a_k \in \Omega\cup\partial\Omega_\sigma \ \ \text{Knotenpunkt})_{k=1}^N.$$

Wenn die virtuellen Knotenverschiebungen $\varphi_K(a_i)$ auf dieselbe Weise angeordnet sind, stellt die Beziehung (5.1.15) ein lineares $N\times N$-Gleichungssystem für den Vektor ξ dar:

$$A\xi = b. \tag{5.1.16}$$

Die globale „Steifigkeitsmatrix" $A\in\mathbb{R}^{N\times N}$ und der globale „Lastvektor" $b\in\mathbb{R}^N$ ergeben sich dabei wie folgt: Gemäß der gewählten Numerierung der Knotenpunkte $\{a_k, k = 1,\dots,N\}$ werden die Elementsteifigkeitsmatrizen A_K und die Elementlastvektoren b_K durch Nullen aufgefüllt zu „globalen" $N\times N$-Matrizen $\bar{A}_K$ bzw. N-Vektoren $\bar{b}_K$, so dass gemäß (5.1.14) gilt:

$$\sum_{K\in\mathbb{T}_h} \bar{\eta}_K^T \bar{A}_K \bar{\xi} = \sum_{K\in\mathbb{T}_h} \bar{\eta}_K^T \bar{b}_K. \tag{5.1.17}$$

Durch Berücksichtigung der kinematischen Randbedingungen sowie der Stetigkeitseigenschaften des Ansatzes für $\hat{u}$ reduziert sich dann (5.1.17) entsprechend der Beziehung (5.1.15) auf

$$\eta^T A\xi = \eta^T b \quad \forall \eta\in\mathbb{R}^N,$$

was gleichbedeutend mit (5.1.16) ist. Nach Konstruktion ist die Gesamtsteifigkeitsmatrix A symmetrisch und positiv semi-definit, wenn der Elastizitätstensor C diese Eigenschaften hat. Durch Berücksichtigung der kinematischen Randbedingung in Knotenpunkten $a_k\in\partial\Omega_u$ in der Form $u_K(a_k) := u^\partial(a_k)$ sind die Knotenwerte der u_K auf $\partial\Omega_u$ festgelegt. Mit dieser Nebenbedingung wird das System (5.1.16) eindeutig lösbar. Das Resultat ist eine Approximation $\xi\in\mathbb{R}^N$ zu den Knotenverschiebungen der unbekannten Lösung $\hat{u}$. Daher ist dieser Ansatz auch unter dem Namen „Verschiebungsmethode" (Englisch „displacement method") bekannt, im Gegensatz zu der sog. „Kraftmethode" (Englisch „equilibrium method"), bei der entsprechende polynomiale Ansätze direkt für die Spannungen gemacht werden. Der Vorteil dieser Matrizenformulierung der FEM liegt vor allem in dem systematischen Aufbau der Gesamtsteifigkeitsmatrix und der Lastvektoren aus den entsprechenden Zellgrößen. Dies entspricht dem natürlichen Vorgehen bei der Implementierung der Methode auf dem Computer. Leider wird dadurch aber der Blick auf die eigentliche Struktur der Methode verstellt und eine Konvergenzanalyse für gegen Null gehende Gitterweite h stark erschwert. Diese ermöglicht erst eine Formulierung der FEM in der Sprache der Funktionalanalysis.

5.2 Die „mathematische“ Finite-Elemente-Methode

5.2.1 Abstrakte Formulierung der FEM

Zunächst wird die lineare Grundaufgabe der Elastizitätstheorie in dem für die Existenztheorie verwendeten abstrakten Rahmen gestellt. Dadurch gewinnt man einen Ausgangspunkt für eine Reihe von numerischen Näherungsansätzen, welche die im vorigen Abschnitt formulierte „Verschiebungsmethode“ als Spezialfall enthalten. Auf verhältnismäßig elementarem Wege ergeben sich dazu auch allgemeine Konvergenzbedingungen und Fehlerabschätzungen. Wir verwenden wieder die Bezeichnungen und Voraussetzungen von Abschnitt 3.2.3.

Mit $L^2(\Omega)$ wird der Hilbert-Raum der auf Ω im Lebesgueschen Sinne quadratintegrablen Funktionen bezeichnet, versehen mit dem üblichen Skalarprodukt und der zugehörigen Norm

$$(u,v)_\Omega = \int_\Omega u(\xi)v(\xi)\,dx, \quad \|u\|_\Omega = \Big(\int_\Omega |u(\xi)|^2\,dx\Big)^{1/2}.$$

Die Normen der Sobolew-Räume m-ter Ordnung $H^m(\Omega)$ sind

$$\|u\|_{m;\Omega} := \Big(\sum_{k=0}^{m} \|\nabla^k u\|_0^2\Big)^{1/2},$$

mit den Tensorfeldern der k-ten Ableitungen $\nabla^k u = (\partial_{i_1}\ldots\partial_{i_k}u)_{i_1,\ldots,i_k=1}^3$. Die Bilinearform

$$a(u,v) := \int_\Omega C\epsilon(u) : \epsilon(v)\,dx = \tfrac{1}{4}\int_\Omega C(\nabla u + \nabla u^T) : (\nabla v + \nabla v^T)\,dx$$

und die Linearform

$$l(v) := \int_\Omega f\cdot v\,dx + \int_{\partial\Omega_\sigma} n\cdot\sigma^\partial\cdot v\,do.$$

sind wohldefiniert auf dem Hilbert-Raum $V := H^1(\Omega)^3$ und dort auch beschränkt (bzw. stetig),

$$|a(u,v)| \le \alpha\|u\|_{1;\Omega}\|v\|_{1;\Omega}, \quad |l(v)| \le \beta\|v\|_{1;\Omega}, \qquad u,v\in V. \tag{5.2.18}$$

Darüberhinaus gilt für die Bilinearform $a(\cdot,\cdot)$ auf Verschiebungen u mit zugehörigen symmetrischen Verzerrungstensoren $\epsilon(u)$:

$$a(u,u) \ge \gamma\|\epsilon(u)\|_\Omega^2, \quad u\in V. \tag{5.2.19}$$

Mit der Kornschen Ungleichung folgt daher, dass sie auf dem Teilraum

$$V_0 = H_0^1(\partial\Omega_u;\Omega)^3 \subset V$$

ein Skalarprodukt ist. Die dazu gehörende Norm, die sog „Energienorm“, ist $\|\cdot\|_E := a(\cdot,\cdot)^{1/2}$.

Ausgangspunkt der Betrachtung ist wieder die „schwache“ Formulierung der linearen Grundaufgabe im Hilbert-Raum V_0: Gesucht ist ein Verschiebungsfeld $\hat{u} \in V$ mit den Eigenschaften $\hat{u} - u^\partial \in V_0$ und

$$a(\hat{u}, \varphi) = l(\varphi) \quad \forall \varphi \in V_0, \tag{5.2.20}$$

wobei

$$a(\hat{u}, \varphi) := \tfrac{1}{2}(C\nabla\hat{u}, \nabla\varphi)_\Omega \qquad l(\varphi) := (f, \varphi)_\Omega + (n \cdot \sigma^\partial, \varphi)_{\partial\Omega_\sigma}.$$

Diese Aufgabe besitzt, wie in Abschnitt 3.2.3 (Satz 3.4) gezeigt wurde, eine eindeutig bestimmte Lösung $\hat{S} = \{\hat{u}, \hat{\epsilon}, \hat{\sigma}\}$, für den die potentielle Energie

$$E_*(u) := \tfrac{1}{2}a(u, u) - l(u)$$

ein striktes Minimum bzgl. aller kinematisch zulässiger Vergleichszustände annimmt.

Zur Formuliewrung der entsprechenden dualen und dual-primalen (gemischten) Variationsprinzipien führen wir die Räume $X := L^2(\Omega)^{3\times3}_{\text{sym}}$ für Verzerrungen und

$$W := \{\tau \in L^2(\Omega)^{3\times3}_{\text{sym}} : \operatorname{div}\tau \in L^2(\Omega)^3\},$$
$$W_0 := \{\tau \in W : \operatorname{div}\tau = 0 \text{ in } \Omega,\ n \cdot \sigma = 0 \text{ auf } \partial\Omega_\sigma\}.$$

für Spannungen ein. Mit dieser Notation ist $V \times X \times W$ der Raum der allgemein *zulässigen* Zustände $S = \{u, \epsilon, \sigma\}$. Ein zulässiger Zustand $\hat{S} = \{\hat{u}, \hat{\epsilon}, \hat{\sigma}\}$ ist dann *kinematisch* zulässig, wenn $\hat{u} \in u^\partial + V_0$ ist und die Variationsgleichung (5.2.20) erfüllt. Sei $\sigma^* \in W$ ein beliebiges, festes Spannungsfeld mit den Eigenschaften

$$-\operatorname{div}\sigma^* = f \quad \text{in } \Omega, \qquad n \cdot \sigma^* = n \cdot \sigma^\partial \quad \text{auf } \partial\Omega_\sigma.$$

Dann ist ein Zustand $\hat{S} = \{\hat{u}, \hat{\epsilon}, \hat{\sigma}\}$ *statisch* zulässig, wenn $\hat{\sigma} \in W_0 + \sigma^*$ ist und die folgende Variationsgleichung gilt:

$$(\tau, \hat{\sigma})_\Omega = (n \cdot \tau, u^\partial)_{\partial\Omega_u} \quad \forall \tau \in W_0. \tag{5.2.21}$$

Dies ist nach Abschnitt 3.2.3 (Satz 3.5) äquivalent damit, dass $\hat{\sigma} \in W_0 + \sigma^*$ f/ür das komplementären Energiefunktional

$$E^*(\sigma) = -\tfrac{1}{2}(\sigma, C^{-1}\sigma)_\Omega + (n \cdot \sigma, u^\partial)_{\partial\Omega_u}$$

ein striktes Maximum ist bzgl. aller statisch zulässiger Vergleichszustände. Der folgende Satz bietet die Grundlage für eine Reihe von Verfahren zur numerischen Lösung der Grundaufgabe (5.1.4) - (5.1.3).

Satz 5.1: *i) Mit der eindeutigen Lösung* $\hat{S} = \{\hat{u}, \hat{\epsilon}, \hat{\sigma}\}$ *der Grundaufgabe (5.1.4) - (5.1.3) gilt*

$$\max_{\sigma \in W_0 + \sigma^*} E^*(\sigma) = E^*(\hat{\sigma}) = E_*(\hat{u}) = \min_{u \in V_0 + u^\partial} E_*(u). \tag{5.2.22}$$

ii) Ferner gilt für beliebige $u \in V_0 + u^\partial$ *und* $\sigma \in W_0 + \sigma^*$ *mit der sog. „Energienorm“* $\|\tau\|_E := (C\tau, \tau)_\Omega^{1/2}$ *auf* X :

$$4\|\tfrac{1}{2}(\epsilon(u) + C^{-1}\sigma) - \epsilon(\hat{u})\|_E^2 = \|\epsilon(u) - C^{-1}\sigma\|_E^2 = 2E_*(u) - 2E^*(\sigma). \tag{5.2.23}$$

Beweis: i) Die Beziehung (5.2.22) ergibt sich mit denselben Argumenten wie die in den Beweisen von Lemma 3.3 und der der Sätze 3.4 und 3.5 verwendeten.

ii) Zum Beweis von (5.2.23) beachten wir, dass $u-\hat{u}\in V_0$ und $\sigma-\hat{\sigma}\in W_0$ und folglich wegen (5.2.21):

$$\begin{aligned}(\epsilon(u-\hat{u}),\sigma-C\epsilon(\hat{u}))_E &= (\sigma-\hat{\sigma},C\varepsilon(u)-\hat{\sigma})_\Omega-(n\cdot(\sigma-\hat{\sigma}),u^\partial)_{\partial\Omega_u}\\ &= (\varepsilon(u),\sigma-\hat{\sigma})_\Omega-(n\cdot(\sigma-\hat{\sigma}),u^\partial)_{\partial\Omega_u}.\end{aligned}$$

Dies impliziert dann

$$\begin{aligned}\|\epsilon(u)+C^{-1}\sigma-2\epsilon(\hat{u})\|_E^2 &= \|\epsilon(u-\hat{u})\|_E^2+2(\epsilon(u-\hat{u}),\sigma-C\epsilon(\hat{u}))_E+\|C^{-1}\sigma-\epsilon(\hat{u})\|_E^2\\ &= \|\epsilon(u-\hat{u})\|_E^2-2(\epsilon(u-\hat{u}),\sigma-C\epsilon(\hat{u}))_E+\|C^{-1}\sigma-\epsilon(\hat{u})\|_E^2\\ &= \|\epsilon(u)-C^{-1}\sigma\|_E^2.\end{aligned}$$

Als nächtes schreiben wir

$$\begin{aligned}\|\epsilon(u)-C^{-1}\sigma\|_E^2 &= (C\epsilon(u),\epsilon(u))_\Omega-2(\epsilon(u),\sigma)_\Omega+(\sigma,C^{-1}\sigma)_\Omega\\ &= a(u,u)-2(\varepsilon(u),\sigma)_\Omega+(\sigma,C^{-1}\sigma)_\Omega\\ &= a(u,u)-2(f,u)_\Omega-2(n\cdot\sigma^\partial,u)_{\partial\Omega_\sigma}-2(n\cdot\sigma,u^\partial)_{\partial\Omega_u}+(\sigma,C^{-1}\sigma)_\Omega\\ &= 2(E_*(u)-E^*(\sigma)),\end{aligned}$$

was zu zeigen war. Q.E.D.

Die Identitäten (5.2.22) stellen gerade die „schwachen“ Formen der Prinzipien vom Minimum der potentiellen Energie und der komplementären Energie dar. Die Beziehung (5.2.23) ist das sog. „Hyperkreisprinzip“ von Prager[9] und Synge[10] (1947).

Korollar 5.1: *Für beliebige Verschiebungen $u\in u^\partial+V_0$ und Spannungen $\sigma\in\sigma^*+W_0$ liegt die gesuchte Verzerrung $\epsilon(\hat{u})$ der Grundaufgabe auf dem „Hyperkreis“ in $L^2(\Omega)^{3\times 3}_{\text{sym}}$ mit dem Mittelpunkt $\frac{1}{2}(\epsilon(u)+C^{-1}\sigma)$ und dem Radius $\frac{1}{2}\|\epsilon(u)-C^{-1}\sigma\|_\Omega$.*

Aus Satz 5.1 lassen sich zunächst vier grundlegende Verfahrensansätze zur Bestimmung der Verschiebung u ableiten. Mit einen Diskretisierungsparameter $h\in\mathbb{R}_+$ (z. B. maximale Gitterweite bei der FEM) seien $V_{h,0}\subset V_0$ und $W_{h,0}\subset W_0$ endlich dimensionale Teilräume mit Basen $\{\varphi_h^{(k)},\ k=1,\dots,N\}$, bzw. $\{\tau_h^{(l)},\ l=1,\dots,M\}$. Ferner seien $u_h^\partial\in V_h$ und $\sigma_h^*\in W_h$ gewisse Approximationen zu u^∂ und σ^*.

[9]William Prager (1902–1980): Deutscher Ingenieur und angewandter Mathematiker; 1932 Prof. für Technische Mechanik an der TH Karlsruhe, wegen seiner jüdischer Abstammung 1933 aus dem Amt entlassen und Emmigration in die Trkei, Prof. für Theoretische Mechanik in Istanbul, 1940 Übersiedlung in die USA an die Brown University in Providence, ab 1965 Prof. für Angewandte Mechanik an der Univ. of California, San Diego; hauptsächlich bekannt für seine Beiträge zur Plastizittstheorie, aber auch Beiträge zur Numerik: *Approximation in elasticity based on the concept of function space*, Quart. Appl. Math. 5 (1947).

[10]John Lighton Synge (1897–1995): Irisch-Kanadischer Mathematiker und theoretischer Physiker; Beiträge zur Allgemeinen Relativittstheorie, Differentialgeometrie, geometrischer Mechanik und Optik; 1941 Gastprofessor an der Brown University; Professuren an mehreren Forschungsinstitutionen in England, Kanada, USA und Irland.

I) Verfahren von Ritz (1908) und Galerkin (1915):
Das ursprüngliche Ritzsche[11] Verfahren sucht ein $\hat{u}_h \in u_h^\partial + V_h$ zu bestimmen durch die Bedingung

$$E(\hat{u}_h) = \min_{u_h \in u_h^\partial + V_h} E(u_h). \tag{5.2.24}$$

Dies ist wieder äquivalent zu der Variationsbeziehung für $\hat{u}_h \in V_{h,0} + u_h^\partial$:

$$a(\hat{u}_h, \varphi_h) = l(\varphi_h) \quad \forall \varphi_h \in V_{h,0}. \tag{5.2.25}$$

Auf Galerkin geht die Verallgemeinerung des Ritzschen-Verfahrens für unsymmetrische und nichtnotwendig definite Probleme zurück, bei denen direkt von der Variationsgleichung (5.2.25) ausgegangen wird und kein Minimierungsproblem im Hintergrung steht.

Wegen $\hat{u} - u_h^\partial \in V_{h,0}$ besteht eine eindeutige Basisdarstellung

$$\hat{u}_h - u_h^\partial = \sum_{j=1}^N \xi_j \varphi_h^{(j)}.$$

Dies führt zu

$$\sum_{j=1}^N a(\varphi_h^{(j)}, \varphi_h^{(i)})\xi_j = l(\varphi_h^{(i)}) - a(u_h^\partial, \varphi_h^{(i)}), \quad i = 1, \dots, N,$$

bzw. zu dem $N \times N$-Gleichungssystem

$$A\xi = b \tag{5.2.26}$$

für den Knotenverschiebungsvektor $\xi = (\xi_i)_{i=1}^N \in \mathbb{R}^N$ mit der Steifigkeitsmatrix $A = (a_{ij})_{i,j=1}^N \in \mathbb{R}^{N\times N}$ und dem Lastvektor $b = (b_i)_{i=1}^N \in \mathbb{R}^N$ mit den Elementen

$$a_{ij} := a(\varphi_h^{(j)}, \varphi_h^{(i)}), \qquad b_i := l(\varphi_h^{(i)}) - a(u_h^\partial, \varphi_h^{(i)}).$$

Die Matrix A ist nach Konstruktion symmetrisch und wegen der Definitheit der Bilinearform $a(\cdot,\cdot)$ auf V_0 auch automatisch positiv definit. Das algebraische System (5.2.26) ist offensichtlich äquivalent zu dem oben abgeleiteten System (5.2.20). Durch Vergleich der kontinuierlichen Variationsgleichung für $\hat{u}$ mit ihrem diskreten Gegenstück für $\hat{u}_h$ erhalten wir die Beziehung (sog. „Galerkin-Orthogonalität")

$$a(\hat{u} - \hat{u}_h, \varphi_h) = 0, \quad \varphi_h \in V_{h,0}. \tag{5.2.27}$$

d. h.: Der Fehler $\hat{u} - \hat{u}_h$ steht bzgl. des Energie-Skalarprodukts $a(\cdot,\cdot)$ orthogonal auf dem Ansatzraum $V_{h,0}$. Dies erklärt die Bezeichnung „Projektionsverfahren" für das Ritzsche Verfahren. In diesem Fall gilt weiter:

[11]Walter Ritz (1878–1909): Schweizer Physiker; Prof. in Zürich und Göttingen; Beiträge zu Spektraltheorie in der Kernphysik und Elektro-Magnetismus; „Vater" der auf Variationsprinzipien basierenden Approximationsverfahren: *Über eine neue Methode zur Lösung gewisser Variationsprobleme der mathematischen Physik*, J. Reine Angew. Math. 135 (1908).

Lemma 5.1: *Im Fall $\partial\Omega_u = \partial\Omega$ gilt für das Ritzsche Verfahren die folgende sog. Bestapproximationseigenschaft bzgl. der Energie-Norm:*

$$\|\hat{u} - \hat{u}_h\|_E = \min_{\varphi_h \in V_h} \|\hat{u} - \varphi_h\|_E. \tag{5.2.28}$$

Beweis: Zunächst ist mit einem beliebigen $\varphi_h \in V_{h,0}$ gemäß (5.2.27):

$$\|\hat{u} - \hat{u}_h\|_E^2 = a(\hat{u} - \hat{u}_h, \hat{u} - \hat{u}_h) = a(\hat{u} - \hat{u}_h, \hat{u} - \varphi_h) + a(\hat{u} - \hat{u}_h, \varphi_h - \hat{u}_h) = a(\hat{u} - \hat{u}_h, \hat{u} - \varphi_h).$$

Hieraus folgt mit der Schwarzschen Ungleich für Skalarprodukte

$$\|\hat{u} - \hat{u}_h\|_E^2 \leq \|\hat{u} - \hat{u}_h\|_E \|\hat{u} - \varphi_h\|_E$$

und damit die Behauptung. Q.E.D.

Als Folgerung aus diesem Lemma sehen wir, dass das Ritzsche Verfahren genau dann konvergiert, d. h. $\|\hat{u}_h - \hat{u}\|_E \to 0 \ (h \to 0)$, wenn die Familie der Ansatzräume $(V_{h,0})_{h \in \mathbb{R}_+}$ den Lösungsraum V_0 ausschöpft, d. h.:

$$\inf_{\varphi_h \in V_{h,0}} \|\hat{u} - \varphi_h\|_E \to 0 \quad (h \to 0). \tag{5.2.29}$$

Eine bemerkenswerte Eigenschaft des Ritzschen Verfahrens, und allgemeiner der Projektionsmethoden, ist die Möglichkeit bzgl. „schwächerer“ Normen, wie z. B. der L^2-Norm, verbesserte Konvergenzeigenschaften zu erzielen. Zu einem beliebigen $g \in H := L^2(\Omega)^3$ sei $v_g \in V_0$ die eindeutige Lösung der „dualen“ Variationsgleichung

$$a(\varphi, v_g) = (\varphi, g) \quad \forall \varphi \in V_0. \tag{5.2.30}$$

Speziell für $g := \hat{u} - \hat{u}_h$ gilt dann konstruktionsgemäß

$$\|\hat{u} - \hat{u}_h\|_\Omega^2 = a(\hat{u} - \hat{u}_h, v_g)$$

und weiter mit der Orthogonalitätsbeziehung (5.2.27) mit beliebigem $\varphi_h \in V_{h,0}$:

$$\|\hat{u} - \hat{u}_h\|_\Omega^2 = a(\hat{u} - \hat{u}_h, v_g - \varphi_h)$$

und folglich

$$\|\hat{u} - \hat{u}_h\|_\Omega \leq \sup_{g \in H} \Big(\inf_{\varphi_h \in V_{h,0}} \frac{\|v_g - \varphi_h\|_E}{\|g\|_\Omega} \Big) \|\hat{u} - \hat{u}_h\|_E \tag{5.2.31}$$

In der Regel konvergiert der erste Faktor mit $h \to 0$ ebenfalls gegen Null, so dass der Fehler des Ritzschen Verfahrens bzgl. der L^2-Norm schneller konvergiert als bzgl. der Energienorm. Diese Argumentation wird „Dualitätsargument“ genannt.

II) Verfahren von Trefftz (1926):
Das Trefftzsche[12] Verfahren approximiert im Gegensatz zum Ritzschen Verfahren direkt die gesuchten Spannungen. Gesucht ist ein $\hat{\sigma}_h \in \sigma_h^* + W_{h,0}$, mit der Eigenschaft

$$E^*(\hat{\sigma}_h) = \max_{\sigma_h \in \sigma_h^* + W_{h,0}} E^*(\sigma_h)$$

bzw.

$$-(\tau_h, C^{-1}\hat{\sigma})_\Omega = (n \cdot \tau, u_h^\partial)_{\partial\Omega_u} \quad \forall \tau_h \in W_{h,0}. \tag{5.2.32}$$

Mit der Basisdarstellung $\hat{\sigma}_h = \sum_{j=1}^M \eta\tau_h^{(j)}$ ist diese Variationsgleichung äquivalent zu dem $M \times M$-Gleichungssystem

$$B\eta = c$$

für den Vektor $\eta = (\eta_i)_{i=1}^M$, wobei die Systemmatrix $B = (b_{ij})_{i,j=1}^M$ und der Vektor $c = (c_i)_{i=1}^M$ gegeben sind durch

$$b_{ij} := -(\tau_h^{(j)}, C^{-1}\tau_h^{(i)})_\Omega \qquad c_i := (n \cdot \tau_h^{(i)}, u_h^\partial)_{\partial\Omega_u}.$$

Kombination der Gleichungen (5.2.21) für $\hat{\sigma}$ und (5.2.32) für $\hat{\sigma}_h$ ergibt die Orthogonalitätsbeziehung

$$(\tau_h, C^{-1}(\hat{\sigma} - \hat{\sigma}_h))_\Omega = 0, \quad \tau_h \in W_{h,0}. \tag{5.2.33}$$

Unter der (nicht sehr realistischen) Annahme $\sigma_h^* = \sigma^*$, ergibt diese wieder die Bestapproximationseigenschaft

$$\|\hat{\sigma} - \hat{\sigma}_h\|_{E^*} = \min_{\tau \in W_{h,0} + \sigma^*} \|\hat{\sigma} - \tau_h\|_{E^*}, \tag{5.2.34}$$

bzgl. der dualen Energienorm

$$\|\sigma\|_{E^*} := (\sigma, C^{-1}\sigma)_\Omega^{1/2}.$$

Diese Abschätzung ist im wesentlichen von derselben Struktur wie die für das Ritzsche Verfahren gewonnene Abschätzung (5.2.28). Das Verfahren von Trefftz ist eine abstrakte Formulierung der sog. „Kraftmethode“ in der FEM. Während aber beim Ritzschen Verfahren *kinematisch* zulässige Ansätze $u_h \in V_{h,0} + u_h^\partial$ verwendet werden, erfordert das Trefftzsche *statisch* zulässige Ansätze $\sigma_h \in W_{h,0} + \sigma_h^*$, welche in der Regel nur sehr schwer, oder auch gar nicht, konstruierbar sind. Dies macht das Trefftzsche Verfahren für die Praxis wenig geeignet.

III) Hyperkreismethode von Prager/Synge (1947):
Man bestimme $u_h \in V_{h,0} + u_h^\partial$ und $\sigma_h \in W_{h,0} + \sigma^*$ mit den Eigenschaften

$$\|\hat{\varepsilon}_h - \hat{e}_h\|_E = \min\{\|\varepsilon_h - e_h\|_E, \varepsilon_h \in V_h + \varepsilon^0, e_h \in N_h + e^0\}. \tag{5.2.35}$$

[12] Erich Immanuel Trefftz (1888–1937): Deutscher Mechaniker und Mathematiker; Studium des Maschinenbaus an der TH Aachen und Mathematik in Göttingen und Straßburg, 1919 Prof. für Mathematik in Aachen, 1922 Prof. für Technische Mechanik an der TH Dresden; Arbeiten zur Aero- und Hydrodynamik, Elastizittstheorie und Schwingungstheorie; 1926 veröffentlichte er das nach ihm benannte „Trefftzsche Verfahren“: *Ein Gegenstück zum Ritzschen Verfahren*, Verh. Int. Kongr. Techn. Mech., Zürich (1926).

Dies ist äquivalent zu den beiden linaren Gleichungssystemen: *Bestimme*

$$\hat{\varepsilon}_h = \varepsilon^0 + \sum_{k=1}^{n_h} \xi_h^k \varepsilon_h^k, \qquad \hat{e}_h = e^0 + \sum_{k=1}^{m_h} \eta_h^k e_h^k$$

aus

$$\sum_{k=1}^{n_h} a(\varepsilon_h^i, \varepsilon_h^k)\xi_h^k = a(\varepsilon_h^i, e^0 - \varepsilon^0), \quad i = 1, \dots, n_h, \tag{5.2.36}$$

$$\sum_{k=1}^{n_h} a(e_h^j, e_h^k)\eta_h^k = a(e_h^j, \varepsilon^0 - e^0), \quad i = 1, \dots, m_h. \tag{5.2.37}$$

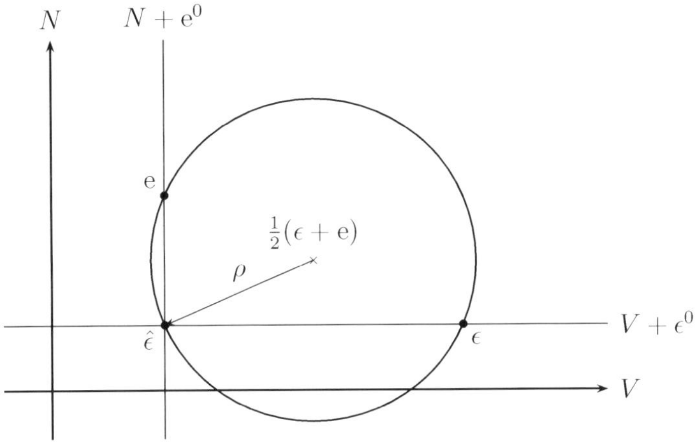

Abbildung 5.3: Skizze zur Hyperkreismethode

Dies sind offensichtlich gerade die vom Ritzschen und Trefftzschen Verfahren erzeugten Systeme. Die Identität (5.2.23) ergibt somit für das arithmetische Mittel aus Ritz-Näherung $\epsilon(\hat{u})$ und Trefftz-Näherung $C^{-1}\hat{\sigma}$ die Fehleridentität (s. Abb. 5.3)

$$\|\tfrac{1}{2}(\epsilon(\hat{u}_h)) - C^{-1}\hat{\sigma}\|_E = \tfrac{1}{2}\|\hat{\varepsilon}_h - \hat{e}_h\|_E. \tag{5.2.38}$$

Der numerische Mehraufwand bei der Bestimmung beider Näherungen $\hat{u}_h$ und $\hat{\sigma}_h$ wird also durch das Bestehen einer scharfen, berechenbaren Fehlerschranke belohnt. Für die Energien der Näherungslösungen gilt

$$E^*(\hat{e}_h) \le \left\{ \begin{array}{c} E^*(\hat{e}) = E_*(\hat{\varepsilon}) \\ E_*(\frac{1}{2}(\hat{\varepsilon}_h + \hat{e}_h)) \end{array} \right\} \le E_*(\hat{\varepsilon}_h)\,. \tag{5.2.39}$$

IV) Gemischtes Verfahren von Hellinger/Reissner (1950):
Die Kraftmethode von Trefftz und ebenso die Hyperkreismethode erfordern die Konstruktipon *statisch zulässiger* Ansatzfunktionen. Dies ist mit stückweise polynomialen

Ansätzen, wie sie die FEM verwendet, in der Regel nicht möglich. Daher ist es wünschenswert, sich von dieser Zwangsbedingung zu befreien. Ein Weg dazu ist die Verwendung des „dual-primalen“ bzw. „gemischen“ Variationsprinzips nach Hellinger/Reissner. Nach Abschnitt 3.2.3 (Satz 3.6) ist der Lösungszustand $\hat{S} = \{\hat{u}, \hat{\epsilon}, \hat{\sigma}\} \in (V_0 + u^\partial) \times X \times W$ charakterisiert als stationärer Punkt des dual-gemischten Funktionals

$$\Theta(S) := U_\sigma(S) + \int_\Omega (\mathrm{div}\sigma + f) \cdot u \, d\xi - \int_{\partial\Omega_u} n \cdot \sigma \cdot u^\partial \, do + \int_{\partial\Omega_\sigma} n \cdot (\sigma - \sigma^\partial) \cdot u \, do$$

Ein solcher stationärer Punkt erfüllt notwendig die Variationsgleichungen

$$(C^{-1}\hat{\sigma} - \epsilon(\hat{u}), \sigma)_\Omega + (n \cdot \sigma, \hat{u} - u^\partial)_{\partial\Omega_u} = 0, \tag{5.2.40}$$

$$(\mathrm{div}\hat{\sigma} + f, u)_\Omega - (n \cdot (\hat{\sigma} - \sigma^\partial), u)_{\partial\Omega_\sigma} = 0, \tag{5.2.41}$$

für beliebige zulässige Testzustände $S = \{u, \epsilon, \sigma\} \in V_0 \times X \times W_0$. Durch Variation von $\sigma \in W$ und $u \in V$ folgt unter der Annahme ausreichender Regularität von $\hat{S}$:

$$-\mathrm{div}\hat{\sigma} = f \ \text{ in } \Omega, \quad n \cdot \hat{\sigma} = n \cdot \sigma^\partial \ \text{ auf } \partial\Omega_\sigma, \tag{5.2.42}$$

$$C^{-1}\hat{\sigma} = \epsilon(\hat{u}) \ \text{ in } \Omega, \quad \hat{u} = u^\partial \ \text{ auf } \partial\Omega_u. \tag{5.2.43}$$

Seien nun analog zu oben $H_h \subset H$ endlich dimensionale Teilräume mit Basen $\{e_h^k,\ k = 1, \dots, l_h\}$. Das gemischte Verfahren Approximation der Lösung $\hat{\varepsilon}$ bzw. des Sattelpunkts $\{\hat{\varepsilon}, \hat{e}\}$ von $\Theta(S)$ lautet dann: *Bestimme ein Paar* $\{\bar{e}_h, \bar{\varepsilon}_h\} \in H_h \times \{V_h + \varepsilon^0\}$*, für das* $\Theta(\cdot)$ *stationär wird auf* $H_h \times \{V_h + \varepsilon^0\}$.

Dies ist wieder äquivalent zu der Variationsaufgabe: Bestimme ein Paar $\{\bar{e}_h, \bar{\varepsilon}_h\} \in H_h \times (V_h + \varepsilon^0)$ mit den Eigenschaften

$$a(\bar{e}_h, \varepsilon_h) = l(\varepsilon_h) \quad \forall \varepsilon_h \in V_h\,, \tag{5.2.44}$$

$$a(e_h, \bar{\varepsilon}_h) = a(e_h, \bar{e}_h) \quad \forall e_h \in H_h\,, \tag{5.2.45}$$

bzw. zu dem linearen Gleichungssystem für

$$\bar{e}_h = \sum_{k=1}^{l_h} \eta_h^k e_h^k \in H_h, \quad \bar{\varepsilon}_h = \varepsilon^0 + \sum_{k=1}^{n_h} \xi_h^k \varepsilon_h^k \in V_h + \varepsilon^0$$

aus

$$\sum_{k=1}^{l_h} a(e_h^k, \varepsilon_h^i)\eta_h^k = l(\varepsilon_h^i), \quad i = 1, \dots, n_h, \tag{5.2.46}$$

$$\sum_{k=1}^{n_h} a(e_h^j, \varepsilon_h^k)\xi_h^k - \sum_{k=1}^{l_h} a(e_h^j, e_h^k)\eta_h^k = -a(e_h^j, \varepsilon^0), \quad j = 1, \dots, l_h\,. \tag{5.2.47}$$

Die Koeffizientenmatrix dieses Systems hat die Gestalt

$$\mathcal{A} = \begin{bmatrix} -M & B \\ B^T & O \end{bmatrix} \in \mathbb{R}^{(l_h+n_h)\times(l_h+n_h)},$$

mit den Teilmatrizen

$$B = \big(a(e_h^i, \varepsilon_h^k)\big)_{i=1,\dots,l_h,k=1,\dots,n_h}, \quad M = \big(a(e_h^i, e_h^j)\big)_{i,j=1,\dots,l_h}.$$

Sie ist somit wieder symmetrisch, aber im Gegensatz zu den bisher betrachteten Fällen *nicht* definit. Dies erweist sich als nachteilig bei der Anwendung effizienter Algorithmen zur Lösung des Systems. Ferner ist die Matrix $\mathcal{A}$ nur dann regulär, wenn die Ansatzräume $V_h \subset V$ und $H_h \subset H$ einer Verträglichkeitsbedingung genügen. Um diese zu bestimmen, betrachten wir eine Lösung $\{\bar{e}_h, \bar{\varepsilon}_h\} \in H_h \times V_h$ des zugehörigen homogenen Problems mit $l(\cdot) \equiv 0$ und $\varepsilon^0 = 0$. Für diese gilt dann offenbar

$$a(\bar{e}_h, \bar{e}_h) = a(\bar{e}_h, \bar{\varepsilon}_h) = 0,$$

und

$$a(e_h, \bar{\varepsilon}_h) = 0 \quad \forall e_h \in H_h.$$

Dies impliziert zwar $\bar{e}_h = 0$, aber i. Allg. noch nicht $\bar{\varepsilon}_h = 0$. Unter der folgenden Zusatzbedingung an die Ansatzräume:

(P) *Für* $\bar{\varepsilon}_h \in V_h$ *folgt aus*

$$a(e_h, \bar{\varepsilon}_h) = 0 \quad \forall e_h \in H_h,$$

notwendig $\bar{\varepsilon}_h = 0$.

ist dann jedoch die Injektivität und damit auch die Regularität der Matrix $\mathcal{A}$ gewährleistet. Das gemischte Verfahren liefert simultan Approximationen $\sigma_h = C[e_h]$ zu den Spannungen σ und $\varepsilon_h = \frac{1}{2}(\nabla u_h + \nabla u_h^T)$ zu den Verzerrungen ε bzw. Verschiebungen u. Dabei ist natürlich im diskreten Fall i. Allg. nicht $\sigma_h = C[\varepsilon_h]$ zu erwarten.

Neben den bisher formulierten Methoden für die allgemeine lineare Grundaufgabe der Elastizitätstheorie sind von besonderer Bedeutung natürlich entsprechende Ansätze für spezielle Konfigurationen, wie etwa die oben diskutierten Plattenmodelle. Hier treten dann oft zusätzliche Schwierigkeiten bei der Anwendung der FEM in den Vordergrund. Da für das (lineare) Plattenmodell zu den obigen analoge Extremalprinzipien gelten, sind auch hier leicht die Näherungsansätze nach Ritz, Trefftz, Prager/Synge und Hellinger/Reissner formulierbar. Dabei sind im Falle des Ritz-Verfahrens jedoch mindestens (global) stetig differenzierbare Ansatzfunktionen, d. h.: $V_h \subset H^2(\Omega)$, erforderlich, was besonders bei den nur stückweise polynomialen finiten Elementen auf technische Schwierigkeiten stößt. Von Vorteil sind daher Verfahren, die auf dem modifizierten gemischten Prinzip basieren. Dies benötigt dann nur Ansatzräume $N_h \subset H^1(\Omega)^3$ und $V_h \subset H^1(\Omega)$, führt allerdings wieder auf *nicht* definite Sattelpunktprobleme. Die Existenz eindeutiger diskreter Lösungen erhält man dann analog zum oben diskutierten allgemeinen Fall. Weitere Möglichkeiten zur Umgehung der Zwangsbedingung $V_h \subset H^2(\Omega)$ bieten die sog. „nicht-konformen“ und „hybriden“ Ansätze. Dabei wird wieder vom Ritz-Ansatz ausgegangen. Statt kinematisch zulässiger Ansatzräume $V_h \subset V$ verwendet man nun jedoch „nichtkonforme“ Ansätze der Art $\tilde{V}_h \subset H$ aber $\tilde{V}_h \not\subset V$:

$$\tilde{V}_h := \big\{\varepsilon \in H|\ u_{|K} \in P_m(K),\ K \in \mathbb{T}_h, \varepsilon_{|K} = \varepsilon(u)_{|K};\ u \text{ und gewisse Ableitungen von } u \text{ sind stetig in Knotenpunkten und verschwinden in entsprechenden Knoten auf dem Randteil } \partial_{\Omega_u}.\big\}$$

Ferner wird die Bilinearform $a(\cdot,\cdot)$ (und erforderlichenfalls auch das Lastfunktional $l(\cdot)$) auf natürliche Weise auf $\tilde{V}_h$ fortgesetzt:

$$a_h(\varepsilon_h, \varepsilon'_h) := \sum_{K \in \mathbb{T}_h} (C[\varepsilon_h], \varepsilon'_h)_K \,.$$

Das Näherungsproblem lautet dann: *Bestimme* $\tilde{\varepsilon}_h \in \tilde{V}_h + \varepsilon_h^0$ *mit der Eigenschaft*

$$a_h(\tilde{\varepsilon}_h, \varepsilon_h) = l(\varepsilon_h) \quad \forall \varepsilon_h \in \tilde{V}_h \,. \tag{5.2.48}$$

Ausgehend von dem entsprechenden Funktional der potentiellen Energie erhält man eine analoge Formulierung auch für das Plattenproblem. Beispiele dafür werden weiter unten besprochen.

5.2.2 Praktische Realisierung der FEM

Wie in Abschnitt 5.1 bei der ingenieurwissenschaftlichen Formulierung der „Methode der finiten Elemente" beschränken wir uns im Folgenden auf die Diskussion der „Verschiebungsmethode". Diese ergibt sich aus dem Ritzschen Näherungsansatz bei spezieller Wahl von Teilräumen $V_h \subset V$ stückweise polynomialer Funktionen. Das Volumen $\bar{\Omega}$ sei wieder zerlegt in Simplizes (oder Dreiecker) K, die für $h \in \mathbb{R}_+$ eine „reguläre" Familie von Zerlegungen $\mathbb{T}_h = \{K\}$ bilden. Der Einfachheit halber sei das Gebiet Ω zunächst als ein Polyeder bzw. Polygongebiet angenommen. Im Falle „krummer Randstücke muss besonderes Augenmerk auf eine adäquate Approximation der Randbedingungen gerichtet werden. Die Feinheit der Zerlegung $\mathbb{T}_h$ wird gemessen durch den Gitterweitenparameter

$$h := \max_{K \in \mathbb{T}_h} \operatorname{diam}(K).$$

Auf jedem Simplex $K \in \mathbb{T}_h$ wird mit $P_k(K)$ der Vektorraum der Polynome vom Grad kleiner oder gleich k bezeichnet. Zu fest gewähltem m seien dann auf dem Rand von K „Knotenpunkte" a_i gegeben, so dass jedes Polynom aus $P_k(K)$ eindeutig durch gewisse Funktionswerte (möglicherweise auch Ableitungswerte) in den a_i charakterisiert ist (sog. „Unisolvenz" des Finite-Elemente-Ansatzes). Da im folgenden nur die Grundzüge der FEM dargestellt werden sollen, begnügen wir uns wieder mit der Betrachtung des einfachsten Falles $k = 1$:

$$\begin{aligned} &P_1(K) = \{\text{lineare Polynome } p(x) = c_0 + c_i x_i\}, \\ &\text{Knotenpunkte } a_i = \text{ Eckpunkte der } K \in \mathbb{T}_h, \\ &\text{Knotenwerte } = \text{ Funktionswerte in } a_i. \end{aligned}$$

Für alle Knotenpunkte $a_i \in \bar{\Omega}$ sei eine geeignete Durchnumerierung festgelegt:

$$\{a_i \in \bar{\Omega}, i = 1, \dots, \bar{n}_h\}, \quad \{a_i \in \bar{\Omega} \setminus \partial\Omega_u, i = 1, \dots, n_h\}.$$

Durch

$$\begin{aligned} S_h &:= \{\varphi \in L^2(\Omega) : \varphi_{|K} \in P_1(K),\ K \in \mathbb{T}_h, \\ &\qquad\qquad \varphi \text{ stetig in allen Knotenpunkten } a_i \in \overline{\Omega}\}, \\ S_{h,0} &= \{\varphi \in S_h : \varphi = 0 \text{ in Knotenpunkten } a_i \in \partial\Omega_u\}. \end{aligned}$$

sind dann Teilräume $S_h \subset H^1(\Omega)$ bzw. $S_{h,0} \in H_0^1(\partial\Omega_u;\Omega)$ erklärt. Eine Basis von $S_{h,0}$ (sog. „Knotenbasis“) erhält man durch

$$\{\varphi_h^{(i)} \in S_{h,0}, i = 1, \dots, n_h,\ \varphi_h^{(i)}(a_k) = \delta_{ik}\},$$

wobei die Basisfunktionen in 2D die Gestalt von Pyramiden haben (s. Abb. 5.4).

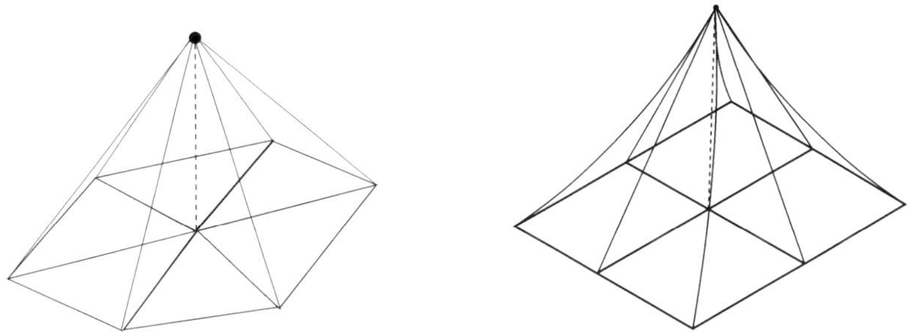

Abbildung 5.4: Knotenbasisfunktionen: lineare sowie bilineare Ansätze.

Damit lassen sich dann auch Basen der Räume $V_{h,0} = S_{h,0}^3$ der Verschiebungsansätze $u_h = (u_{hi})_{k=1}^3$ angeben:

$$\{\varphi_{hk}^{(i)} = \varphi_h^{(i)}(\delta_{k1}, \delta_{k2}, \delta_{k3})^T, i = 1, \dots, n_h, k = 1, 2, 3\}.$$

Jedes Verschiebungsfeld u_h lässt sich so darstellen in der Form

$$u_h(x) = \sum_{i=1}^{n_h} \sum_{k=1}^{3} u_{hk}(a_i)\varphi_{hk}^{(i)}(x), \quad x \in \overline{\Omega}.$$

Für die gegebene Randverschiebung u^∂ kann als Approximation etwa die „natürliche“ Interpolierende gewählt werden, d. h.:

$$u_h^\partial \in V_h : \qquad u_h^\partial(a_i) = u^\partial(a_i), \quad a_i \in \partial\Omega_u.$$

Das Ritzsche Verfahren bestimmt dann

$$\hat{u}_h = u_h^\partial + \sum_{i=1}^{n_h} \sum_{k=1}^{3} \xi_{hk}^{(i)} \varphi_{hk}^{(i)} \in V_{h,0} + u_h^\partial$$

aus der Beziehung

$$\sum_{i=1}^{n_h} \sum_{k=1}^{3} \xi_{hk}^{(i)} a(\varphi_{hk}^{(i)}, \varphi_{hl}^{(j)}) = l(\varphi_{hl}^{(j)}) - a(u_h^\partial, \varphi_{hl}^{(j)}) \quad j = 1, \dots, n_h,\ l = 1, 2, 3, \tag{5.2.49}$$

bzw. den Vektor der Knotenverschiebungen $\xi_h = (\xi_{hk}^{(i)} = u_{hk}(a_i))_{i,k}$ aus

$$A_h \xi_h = b_h \tag{5.2.50}$$

mit der „Steifigkeitsmatrix“ und dem „Lastvektor“

$$A_h = \big(a(\varphi_{hk}^{(i)}, \varphi_{hl}^{(j)})\big)_{i,j=1,\dots,n_h;k,l=1,2,3}, \qquad b_h = \big(l(\varphi_{hl}^{(j)}) - a(u_h^\partial, \varphi_{hl}^{(j)})\big)_{j=1,\dots,n_h;k=1,2,3}.$$

Durch Vergleich von (5.2.50) mit (5.1.16) sehen wir, dass der mathematische Ansatz der FEM dasselbe Gleichungssystem liefert wie der ingenieurwissenschaftliche. Damit erweist sich die der Formulierung (5.1.16) zugrunde liegende intuitive Verschiebungsmethode als Spezialfall des klassischen Ritzschen Verfahrens wenn man Teilräume kinematisch zulässiger, stückweise polynomialer Ansatzfunktionen und die zu den jeweiligen Knotenpunkten gehörenden „natürlichen“ Basisfunktionen verwendet.

Die abstrakte Fehlerabschätzung (5.2.28) liefert dann ein notwendiges und hinreichendes Kriterium für die Konvergenz der FEM für $h \to 0$:

$$\|\nabla(\hat{u} - \hat{u}_h)\|_\Omega = \min_{\varphi_h \in V_{h,0} + u_h^\partial} \|\nabla(\hat{u} - \varphi_h)\|_\Omega. \tag{5.2.51}$$

Bei kinematisch zulässigen Ansätzen $V_{h,0} \subset V_0 = H_0^1(\partial\Omega_h; \Omega)^3$ bleibt also, die Vollständigkeit der Familie von Teilräumen $(V_{h,0})_{h\in\mathbb{R}_+}$ in V_0 nachzuprüfen. Diese ergibt sich für finite Elemente aus rein lokalen Approximationseigenschaften. Von entscheidender Bedeutung sind dabei die Regularitätsanforderungen an die betrachteten Zerlegungen $\mathbb{T}_h$, die jetzt formal definiert werden sollen. Dazu sei jedem Simplex $K \in \mathbb{T}_h$ eine kleinste umbeschriebene Kugel B_K^{um} mit Radius r_K und eine größte einbeschriebene Kugel B_K^{in} mit Radius ρ_K zugeordnet. Ferner erinnern wir an die Bezeichnung

$$h := \max_{K\in\mathbb{T}_h} h_K, \qquad h_K := \operatorname{diam}(K).$$

Definition 5.1 (Winkelbedingungen): *Die Zerlegungsfamilie $(\mathbb{T}_h)_{h\in\mathbb{R}_+}$ genügt der „Maximalwinkelbedingung“, wenn mit einer Konstante $c \in \mathbb{R}_+$ gleichmäßig für $h \in \mathbb{R}_+$ und $K \in \mathbb{T}_h$ gilt:*

$$r_K \le c h_K. \tag{5.2.52}$$

Sie genügt der „Minimalwinkelbedingung“, wenn mit einer Konstante $c \in \mathbb{R}_+$ gleichmäßig für $h \in \mathbb{R}_+$ und $K \in \mathbb{T}_h$ gilt:

$$h_K \le c \rho_K. \tag{5.2.53}$$

In der Analyse der Finite-Elemente-Methode wird der Einfachheit halber meist die Gültigkeit der Minimalwinkelbedingung vorausgesetzt. Für praktische Belange ist die schwächere Maximalwinkelbedingung aber nützlicher. Diese geht auf Babuska[13] und Aziz[14]

[13]Ivo M. Babuska (1926–): Tschechischer Mathematiker, Promotion 1955 in Prag, aus politischen Gründen Emmigration in die USA, 1968–1996 Prof. an der Univ. of Maryland (College Park), danach Prof an der Univ. of Texas (Austin); fundamentale Beiträge zur Finite-Elemente-Methode; initiierte eine Reihe von Forschungsrichtungen, z. B.: Behandlung von Eckensingularitäten, Sattelpunktprobleme (Babuska/Brezzi-Bedingung, 1970/1971), „h“-, „p“- und „hp“-adaptive FEM, Zerlegung der Eins.

[14]I. Babuska, A.K. Aziz: *On the angle condition in the finite element method*, SIAM J. Numer. Anal. 13, 214-226 (1976)

(1976) zurück. Im Folgenden wollen wir auch nur diese als gegeben annehmen. Der Name „Winkelbedingung“ geht auf ihre Charakterisierung in zwei Dimensionen durch die erlaubte Größe der Innenwinkel der Dreiecke zurück: Die Minimalwinkelbedingung ist äquivalent dazu, dass die Innenwinkel aller Dreiecke gleichmäßig von Null wegbeschränkt sind, während die Maximalwinkelbedingung nur fordert, dass sie gleichmäßig nach oben von 180° wegbeschränkt sind. Dieser Sachverhalt ist in Abb. 5.2 illustriert. Wir merken an, dass eine entsprechende Regularitätsbedingung für Vierecks- bzw. Hexaederzerlegungen anders formuliert werde muss, um Degenerierungen zu verhindern; hier bedient man sich Annahmen an die Transformationen zwischen den Zellen $K \in \mathbb{T}_h$ und einer Referenzeinheizzelle $\hat{K}$.

Satz 5.2 (Interpolationssatz): *Die Zerlegungsfamilie $(\mathbb{T}_h)_{h\in\mathbb{R}_+}$ genüge der Maximalwinkelbedingung (5.2.52). Dann gilt für Verschiebungsfelder $u \in V_{h,0} \cap H^2(\Omega)^3$ mit der zugehörigen „Knoteninterpolierenden“*

$$I_h u = \sum_{i=1}^{n_h} \sum_{k=1}^{3} u_k(a_i)\varphi_{hk}^{(i)} \in V_{h,0},$$

und einer Konstante $c_I \in \mathbb{R}_+$ gleichmäßig für $h \in \mathbb{R}_+$ und $K \in \mathbb{T}_h$ die Abschätzung

$$\|\nabla(u - I_h u)\|_K \le c_I h_K \|\nabla^2 u\|_K. \tag{5.2.54}$$

Die zellweise Interpolationsabschätzung (5.2.54) kann aufsummiert werden und ergibt dann die globale Abschätzung

$$\begin{aligned} \|\nabla(u - I_h u)\|_\Omega &= \Big(\sum_{K\in\mathbb{T}_h} \|\nabla(u - I_h u)\|_K^2 \Big)^{1/2} \\ &\le c\Big(\sum_{K\in\mathbb{T}_h} h_K^2 \|\nabla^2 u\|_K^2 \Big)^{1/2} \le ch\|\nabla^2 u\|_\Omega. \end{aligned} \tag{5.2.55}$$

Da der Raum $V_{h,0} \cap H^2(\Omega)^3$ dicht in $V_{h,0}$ ist, impliziert die Abschätzung (5.2.55) die Dichtheitseigenschaft

$$\min_{\varphi_h \in V_{h,0}} \|\nabla(\hat{u} - \varphi_h)\|_\Omega \to 0 \quad (h \to 0)$$

und damit die Konvergenz der betrachteten FEM unter der minimalen Regularitätsannahme $\hat{u} \in V_0$. Für regulärere Lösungen $\hat{u} \in V_{h,0} \cap H^2(\Omega)^3$ ergibt sich die (optimale) sog. „Energiernorm-Fehlerabschätzung“

$$\|\nabla(\hat{u} - \hat{u}_h)\|_\Omega \le ch\|\nabla^2 \hat{u}\|_\Omega. \tag{5.2.56}$$

Die abstrakte L^2-Norm-Fehlerabschätzung (5.2.31) erhält im vorliegenden Fall die Gestalt

$$\|\hat{u} - \hat{u}_h\|_\Omega \le \sup_{g\in H} \Big(\inf_{\varphi_h \in V_{h,0}} \frac{\|\nabla(v_g - \varphi_h)\|_\Omega}{\|g\|_\Omega} \Big) \|\nabla(\hat{u} - \hat{u}_h)\|_\Omega$$

mit der schwachen Lösung $v_g \in V_0$ der „dualen“ Aufgabe

$$a(\varphi, v_g) = (\varphi, g) \quad \forall \varphi \in V_0.$$

Auf konvexem Polyedergebiet besitzt diese die Regularität $v_g \in H^2(\Omega)^3$ und genügt der a priori Abschätzung $\|\nabla^2 v_g\|_\Omega \le \|g\|_\Omega$. Mit Hilfe der Interpolationsabschätzung (5.2.55) und der Energienorm-Fehlerabschätzung (5.2.56) ergibt sich dann

$$\begin{aligned}\|\hat{u} - \hat{u}_h\|_\Omega &\le \sup_{g \in H} \Big(\frac{\|\nabla(v_g - I_h v_g)\|_\Omega}{\|g\|_\Omega} \Big) \|\nabla(\hat{u} - \hat{u}_h)\|_\Omega \\ &\le ch \sup_{g \in H} \Big(\frac{\|\nabla^2 v_g\|_\Omega}{\|g\|_\Omega} \Big) \|\nabla(\hat{u} - \hat{u}_h)\|_\Omega \le ch \|\nabla(\hat{u} - \hat{u}_h)\|_\Omega\end{aligned}$$

und somit die verbesserte L^2-Fehlerabschätzung

$$\|\hat{u} - \hat{u}_h\|_\Omega \le ch^2 \|\nabla^2 \hat{u}\|_\Omega. \tag{5.2.57}$$

Für weitere Resultate bzgl. der Konvergenz der Methode der finiten Elemente in anderen Normen (z. B. der Maximumnorm für Verschiebungen oder Spannungen) sowie für Polynomansätze höherer Ordnung verweisen wir auf die Darstellungen in der angegebenen Literatur (z. B.: Ciarlet [80] und Brenner/Scott [78]). Dort wird meist die stärkere „Quasi-Gleichförmigkeit“ der Zerlegungsfamilie $(\mathbb{T}_h)_h$ (d. h.: gleichmäßige Form- und Größenregularität) angenommen, was Gitteranisotropien und lokale Verfeinerungen ausschließt. Viele der für diesen Fall bewiesenen Fehlerabschätzungen bleiben auch auf allgemeineren Gitter gültig (s. Apel [72]); allerdings ist der Beweisaufwand deutlich höher und viele dieser Resultate sind noch nicht in der veröffentlichten Literatur enthalten.

Zum Abschluss dieses Abschnitts skizzieren wir noch den Beweis des obigen Interpolationssatzes

Beweis: i) Aufgrund der Winkelbedingung (5.2.52) existieren invertierbare affin-lineare Transformationen

$$x \to x^* = T_K(x) = T_K x + t_K, \quad x \in K,$$

welche die Simplizes $K \in \mathbb{T}_h$ auf rechtwinklige Simplizes K^* mit drei achsenparallelen Kanten abbilden, wobei mit gewissen Konstanten $c, c' \in \mathbb{R}_+$ gleichmäßig für $h \in \mathbb{R}_+$ und $K \in \mathbb{T}_h$ gilt:

$$\|T_K\| + \|T_K^{-1}\| \le c, \quad 0 < c' \le |\det(T_K)| \le c.$$

Dabei werden die Eckpunkte und Kanten von K auf die Eckpunkte und Kanten von K^* abgebildet (s. Abb. 5.5). Diese Aussagen sind fundamental für den Beweis des Interpolationssatzes unter Annahme der Maximalwinkelbedingung und kann mit elementaren Mitteln bewiesen werden. Zu Funktionen u auf K gehören Funktionen $u^*(x^*) := u(x)$ auf K^*. Da die lineare Interpolierende $I_h u$ einer skalaren Funktion $u \in H^2(\Omega)$ auf K bei affin-linearer Transformation in die lineare Interpolierende $I_h u^*$ der Funktion $u^*(x^*) = u(T_K^{-1}(x^*))$ übergeht, genügt es die Behauptung für solche rechwinklige Simplizes K^* zu beweisen. Für allgemeine Simplizes erhält man sie dann einfach durch Koordinatentransformation. Diese Aussage zu verifizieren sei dem Leser überlassen.

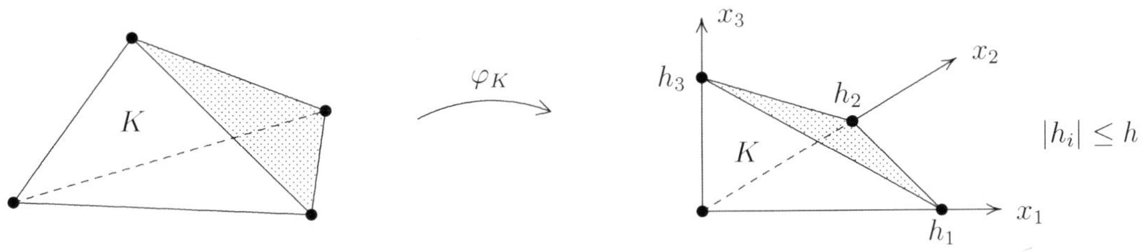

Abbildung 5.5: Tranformation eines Tetraeders auf den Referenztetraeder.

ii) Sei nun o.B.d.A. K ein rechtwinkliges Simplex der beschriebenen Art mit den Ausdehnungen h_k in Richtung der x_k-Achsen, $k = 1, 2, 3$. Durch die Skalierung

$$x \to \hat{x} = L_K x, \quad L_K = \operatorname{diag}(h_1^{-1}, h_2^{-1}, h_3^{-1}),$$

wird K auf das Einheitssymplex $\hat{K}$ abgebildet. Wir setzen wieder

$$\hat{u}(\hat{x}) := u(L_K^{-1}(\hat{x})), \quad I_{\hat{K}}\hat{u}(\hat{x}) := I_K u(L_K^{-1}\hat{x})$$

und finden mit Hilfe der üblichen Transformationsformeln für Integrale und Ableitungen:

$$\int_K |\nabla(u - I_K u)|^2\,dx = \sum_{k=1}^3 \int_K |\partial_k(u - I_K u)|^2\,dx = \sum_{k=1}^3 \frac{h_1h_2h_3}{h_k^2} \int_{\hat{K}} |\hat{\partial}_k(\hat{u} - I_{\hat{K}}\hat{u})|^2\,d\hat{x}.$$

Mit Hilfe eines Widerspruchsarguments basierend auf der Kompaktheit der Einbettung $H^1(\hat{K}) \subset L^2(\hat{K})$ zeigt man auf $\hat{K}$ die folgende Abschätzung vom „Poincaré-Typ“

$$\int_{\hat{K}} |\hat{\partial}_k(\hat{u} - I_{\hat{K}}\hat{u})|^2\,d\hat{x} \le \hat{c} \int_{\hat{K}} |\hat{\nabla}\hat{\partial}_k\hat{u}|^2\,d\hat{x}. \tag{5.2.58}$$

Die Ausarbeitung der Details seien wieder dem Leser überlassen. Durch Rücktransformation $\hat{x} \to x = L_K^{-1}\hat{x}$ folgt dann

$$\int_{\hat{K}} |\hat{\nabla}\hat{\partial}_k\hat{u}|^2\,d\hat{x} = \sum_{l=1}^3 \int_{\hat{K}} |\hat{\partial}_l\hat{\partial}_k\hat{u}|^2\,d\hat{x} = \sum_{l=1}^3 \frac{h_l^2h_k^2}{h_1h_2h_3} \int_K |\partial_l\partial_k u|^2\,dx.$$

Alle bisherigen Abschätzungen zusammengenommen ergibt sich schließlich

$$\begin{aligned}
\int_K |\nabla(u - I_K u)|^2\,dx &= \sum_{k=1}^3 \frac{h_1h_2h_3}{h_k^2} \int_{\hat{K}} |\hat{\partial}_k(\hat{u} - I_{\hat{K}}\hat{u})|^2\,d\hat{x} \\
&\le \hat{c} \sum_{k=1}^3 \frac{h_1h_2h_3}{h_k^2} \int_{\hat{K}} |\hat{\nabla}\hat{\partial}_k\hat{u}|^2\,d\hat{x} \\
&\le \hat{c} \sum_{k=1}^3 \frac{h_1h_2h_3}{h_k^2} \sum_{l=1}^3 \frac{h_l^2h_k^2}{h_1h_2h_3} \int_K |\partial_l\partial_k u|^2\,dx \\
&= \hat{c} \sum_{l=1}^3 h_l^2 \int_K |\nabla\partial_l u|^2\,dx \le \hat{c}h_K^2 \int_K |\nabla^2 u|^2\,dx,
\end{aligned}$$

was zu zeigen war. Q.E.D.

Die im Beweis verwendete Argumentation lässt sich natürlich auf beliebige Dimensionen $d \geq 1$ sowie auf die Interpolation mit Polynomen höherer Ordnung und bezüglich anderer Normen übertragen. Dabei verwendet man eine entsprechende Verallgemeinerung der Ungleichung (5.2.58).

Bemerkung 5.1: Die beschriebene FE-Methode lässt sich auch zur Lösung nichtlinearer Probleme der Strukturmechanik anwenden, z. B.: im Fall geometrisch nichtlinearer Modelle („große“ Deformationen) und/oder nichtlinearem Materialverhaltens wie etwa in der Elasto-Plastizität; für letztere Anwendung s. Suttmeier/Rannacher [138].

5.3 Finite-Elemente-Methoden für die Kirchhoffsche Platte

In diesem Abschnitt diskutieren wir die Anwendung der FEM zur numerischen Lösung des Kirchhoffschen Plattenmodells. Dieses Randwertproblem vierter Ordnung ist besonders gut geeignet, die verschiedenen Formen des Finite-Elemente-Ansatzes zu studieren. Auf natürliche Weise ergeben sich neben den klassischen „primalen“ Approximationen als deren Verallgemeinerungen zunächst die „nichtkonformen“ Ansätze und dann durch Übergang zu einer anderen variationellen Formulierung auch 'gemischte' Verfahren. Die anhand dieser Beispiele gewonnenen Erfahrungen werden später in den folgenden Abschnitten bei der Diskretisierung von Modellen der Strömungsmechanik nützlich sein. Um den exemplarischen Charakter dieser Diskussion zu wahren, werden wir uns auf die einfachsten Randbedingungen der „eingespannten“ Kirchhoffschen Platte und auf den (eigentlich unphysikalischen) Fall $\nu = 0$ beschränken. Das Gebiet Ω wird als polygonal und die vertikale Belastung als $f \in L^2(\Omega)$ angenommen.

Wir formulieren nochmals die Variationsgleichung für das Kirchhoffsche Plattenmodell unter den o. a. Bedingungen: Gesucht ist ein $u \in V := H_0^2(\Omega)$ mit der Eigenschaft

$$(\nabla^2 u, \nabla^2 \varphi) = l(\varphi) \quad \forall \varphi \in V, \tag{5.3.59}$$

wobei $l(\cdot) : V \to \mathbb{R}$ ein gegebenes lineares stetiges Funktional ist. Wir betrachten die beiden Varianten, dass $l(\cdot)$ durch Funktionen $f \in L^2(\Omega)$ oder $g \in L^2(\Omega)^2$ gegeben ist in der Form

$$l(\varphi) := (f, \varphi), \qquad l(\varphi) := (g, \nabla\varphi),$$

mit den Normen

$$\|l\|_{L^2} = \sup_{\varphi \in L^2(\Omega)} \frac{|(f,\varphi)|}{\|\varphi\|} \leq \|f\|, \qquad \|l\|_{H^{-1}} = \sup_{\varphi \in H_0^1(\Omega)} \frac{|(g,\nabla\varphi)|}{\|\nabla\varphi\|} \leq \|g\|.$$

Auf dem Raum V gilt

$$\begin{aligned}(\nabla^2\psi, \nabla^2\varphi) &= (\Delta\psi, \Delta\varphi) - (\partial_1^2\psi, \partial_2^2\varphi) - (\partial_2^2\psi, \partial_1^2\varphi) + 2(\partial_1\partial_2\psi, \partial_1\partial_2\varphi) \\ &= (\Delta\psi, \Delta\varphi),\end{aligned}$$

was man leicht durch partielle Integration und Ausnutzung des Randverhaltens von Funktionen in V verifiziert. Das Plattenproblem (5.3.59) kann also in der folgenden äquivalenten variationellen Form geschrieben werden:

$$(\Delta u, \Delta \varphi) = l(\varphi) \quad \forall \varphi \in V. \tag{5.3.60}$$

Wir werden im Folgenden dennoch meist die Formulierung (5.3.59) verwenden, um näher am allgemeinen Fall $\nu \in [0,1)$ mit allgemeinen Randbedingungen zu bleiben.

Das variationelle Problem (5.3.59) bzw. (5.3.60) besitzt nach der vorausgehenden Diskussion eine eindeutige Lösung $u \in V$, die bei ausreichender Regularität Lösung der folgenden Randwertaufgabe ist (im Fall $l(\cdot) = (f, \cdot)$:

$$\Delta^2 u = f \quad \text{in } \Omega, \quad u|_{\partial\Omega} = 0, \quad \partial_n u|_{\partial\Omega} = 0. \tag{5.3.61}$$

Es sei an die folgenden Regularitätsresultate für die „schwache" Lösung $u \in V$ erinnert:

i) *Auf konvexen Polygongebieten ist* $u \in H^3(\Omega)$, *und es gilt die a priori Abschätzung*

$$\|u\|_{H^3} \le c(\Omega)\|g\|. \tag{5.3.62}$$

ii) *Auf konvexen Polygongebieten mit maximalem inneren Winkel* $\alpha \le 126^o$ *ist im Fall* $l(\cdot) = (f, \cdot)$ *die Lösung* $u \in H^4(\Omega)$, *und es gilt die a priori Abschätzung*

$$\|u\|_{H^4} \le c(\Omega)\|f\|_{L^2}. \tag{5.3.63}$$

Diese Aussagen gelten auch, wenn der Rand $\partial\Omega$ „glatt" (d. h. zweimal stetig differenzierbar parametrisierbar) ist. Auf nichtkonvexen Polygongebieten ist i. Allg. $u \notin H^3(\Omega)$, sondern weist in der Umgebung der einspringenden Ecken mit Innenwinkel $\omega > \pi$ ein wohl definiertes singuläres Verhalten auf.

Die Regularitätsstufe $u \in V \cap H^3(\Omega)$ erscheint also als generisch für die Lösung der Plattengleichung auf konvexen Gebieten und wird im Folgenden immer als gegeben angenommen. Die Annahme eines Polygongebiets vereinfacht die Konstruktion der FE-Approximation, da dadurch die technischen Komplikationen der Approximation eines krummen Randes vermieden werden. In diesem Fall gilt

$$-(\nabla \cdot \nabla^2 u, \nabla \varphi) = -(\nabla \Delta u, \nabla \varphi) = l(\varphi) \quad \forall \varphi \in H_0^1(\Omega), \tag{5.3.64}$$

was man durch partielle Integration in (5.3.59) und Ausnutzung der Dichtheit von V in $H_0^1(\Omega)$ erschließt.

5.3.1 Konforme primale Ansätze

Wir nehmen im Folgenden stets an, dass die verwendeten Gitter $\mathbb{T}_h$ struktur- und formregulär sind. Größenregularität ist für die meisten Resultate nicht notwendig, was z. B. lokale Gitterverfeinerung im Rahmen adaptiver Techniken erlaubt. Für spätere Zwecke definieren wir noch die Mengen $\partial\mathbb{T}_h = \{\Gamma\}$ und $\partial^2\mathbb{T}_h = \{a\}$ aller Kanten Γ sowie der aller Eckpunkte a von Zellen in $\mathbb{T}_h$. Auf den Gittern $\mathbb{T}_h$ werden FE-Ansatzräume definiert:

$$\begin{aligned} V_h := &\{\varphi_h \in L^2(\Omega) |\ \varphi_{h|K} \in P(K),\ K \in \mathbb{T}_h,\ \varphi_h \text{ stetig und } \varphi_h = 0 \text{ auf } \partial\Omega \\ &\text{bzgl. gewisser Knotenfunktionale } \chi(\cdot)\}. \end{aligned}$$

Dabei sind $P(K)$ gewisse Vektorräume von Polynomen auf der Zelle K. Meist ist $P(K) = P_k(K)$ ein voller Polynomraum (Polynome vom Grad k), oder $P(K) = P_k(K) \oplus \text{span}(p_1, \dots, p_r)$ mit gewissen Polynomen p_i höherer als k-ter Ordnung. In diesen Räumen werden Approximationen $u_h \in V_h$ zu $u \in V := H_0^2(\Omega)$ gesucht. Die konkreten FE-Ansätze auf den einzelnen Zellen $K \in \mathbb{T}_h$ ergeben sich dabei mit Hilfe einer linearen bzw. bilinearen Transformation $\varphi_K : \hat{K} \to K$ von einer „Referenzzelle" $\hat{K}$ (z. B. Einheitsdreieck oder Einheitsviereck im $\mathbb{R}^2$) auf K:

$$v_{h|K}(x) := \hat{v}_h(\varphi_K^{-1}(x)), \quad x \in K.$$

Definition 5.2: *Der FE-Ansatzraum V_h wird „konform (bzgl. $V = H_0^2(\Omega)$)" genannt, wenn $V_h \subset V$ ist, andernfalls „nichtkonform".*

Konformität bzgl. $H_0^2(\Omega)$ bedingt bei einer stückweise polynomialen Ansatzfunktion u_h die Stetigkeit von u_h und ∇u_h über die Zellgrenzen hinweg sowie das Verschwinden von u_h und ∇u_h auf dem Polygonzug $\partial\Omega$.

Für einen *konformen* Ansatz lautet die Gleichung zur Bestimmung von $u_h \in V_h$:

$$(\nabla^2 u_h, \nabla^2 \varphi_h) = l(\varphi_h) \quad \forall \varphi_h \in V_h. \tag{5.3.65}$$

Die eindeutige Lösbarkeit folgt mit demselben Argument wie für das zugehörige kontinuierliche Problem (Darstellungssatz von Riesz). Analog zur Finite-Elemente-Approximation der Poisson-Gleichung gilt wieder die Orthogonalitätsbeziehung (sog. „Galerkin-Orthogonalität") für den Fehler $e := u - u_h$:

$$(\nabla^2 e, \nabla^2 \varphi_h) = 0, \quad \varphi_h \in V_h. \tag{5.3.66}$$

Die Zuordnung $u_h := R_h u$ ist daher eine orthogonale Projektion bzgl. des Skalarprodukts $(\nabla^2 \cdot, \nabla^2 \cdot)$. Daher gilt wieder die Bestapproximationsbeziehung

$$\|\nabla^2 e\| = \min_{\varphi_h \in V_h} \|\nabla^2 (u - \varphi_h)\|, \tag{5.3.67}$$

womit die Frage nach der Konvergenz der Approximation, $u_h \to u$ $(h \to 0)$ zurückgeführt ist auf ein lokales Approximationsproblem. Für die üblichen Finite-Elemente-Räume V_h (mit mindestens quadratischen Ansatzfunktionen) gibt es einen zellweise definierten „Interpolationsoperator" $I_h : V \cap H^3(\Omega) \to V_h$, so dass

$$\|\nabla^2 (u - I_h u)\|_K \le c_i h_K \|\nabla^3 u\|_K, \quad K \in \mathbb{T}_h, \tag{5.3.68}$$

bzw. nach Summation über alle Zellen $K \in \mathbb{T}_h$,

$$\|\nabla^2(u - I_h u)\| \le c_i h \|\nabla^3 u\|. \tag{5.3.69}$$

Mit Hilfe dieser Abschätzung und der a priori Abschätzung für die Lösung $u \in V \cap H^3(\Omega)$ gewinnt man direkt die erste Fehlerabschätzung für die FE-Approximation des Kirchhoffschen Plattenproblems:

$$\|\nabla^2 e\| \le ch\|g\|. \tag{5.3.70}$$

Mit Hilfe des üblichen Dualitätsarguments folgt weiter die verbesserte Fehlerabschätzung

$$\|\nabla e\| \le ch^2\|g\|. \tag{5.3.71}$$

Dazu betrachtet man das Hilfsproblem

$$(\nabla^2\varphi, \nabla^2 z) = (\nabla\varphi, \nabla e) \quad \forall\varphi \in V,$$

welches nach Voraussetzung eine eindeutige Lösung $z \in V \cap H^3(\Omega)$ besitzt, für welche die a priori Abschätzung gilt:

$$\|z\|_{H^3} \le c \sup_{\varphi\in H_0^1(\Omega)} \frac{(\nabla\varphi, \nabla e)}{\|\nabla\varphi\|} \le c\|\nabla e\|.$$

Damit gilt dann unter Ausnutzung der Orthogonalität und der obigen Abschätzungen:

$$\begin{aligned}\|\nabla e\|^2 &= (\nabla^2 e, \nabla^2 z) = (\nabla^2 e, \nabla^2(z - I_h z)) \\ &\le \|\nabla^2 e\|\|\nabla^2(z - I_h z)\| \le ch\|\nabla^2 e\|\|z\|_{H^3} \le ch\|\nabla^2 e\|\|\nabla e\|.\end{aligned}$$

Dies impliziert zusammen mit (5.3.70) die behauptete H^1-Fehlerabschätzung (5.3.71). Eine weiter verbesserte L^2-Fehlerabschätzung ist i. Allg. für „nur“ *quadratische* Ansätze nicht zu erwarten, da die Interpolationsabschätzung (5.3.69) nicht verbessert werden kann. Für mindestens *kubische* Ansätze erhält man dagegen auf Polygongebieten mit maximalem Innenwinkel $\omega \le 126^o$ wegen der höheren H^4-Regularität der primalen Lösung u und der entsprechenden dualen Lösung z die optimale L^2-Fehlerabschätzung:

$$\|e\| \le ch^2\|f\|. \tag{5.3.72}$$

Die Durchführung des Beweises sei als Übungsaufgabe gestellt.

Beispiele H_0^2-konformer Ansätze

Zur grafischen Beschreibung der verschiedenen Finite-Elemente-Typen verwenden wir die folgenden Symbole, wobei a stets für einen Eckpunkt der Zelle und b für einen Punkt auf der Zellkante (meist der Mittelpunkt) stehen.

- $\varphi(a)$ in Eckpunkten a: 

- $\nabla\varphi(a)$ (zwei Freiheitsgrade) in Eckpunkten a: 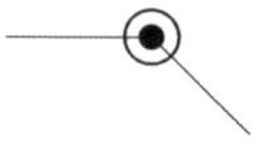

- $\nabla^2\varphi(a)$ (drei Freiheitsgrade) in Eckpunkten in a: 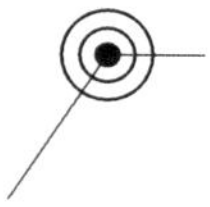

- $\partial_n\varphi(b)$ in Kantenmitten b: 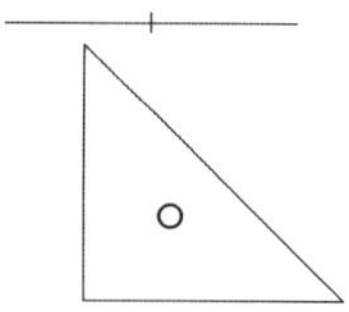

- $\bar{\varphi}_K$ Mittelwert $|K|^{-1}\int_K \varphi\,dx$:

Die jeweiligen FE-Ansätze werden definiert durch Vorgabe des lokalen Polynomraumes $\varphi_K \in P(K)$ und eines zugehörigen „unisolventen" Satzes von Knotenfunktionalen $\{\chi_i(\cdot),\ i = 1,\dots,m = \dim P(K)\}$. Dabei werden Knotenfunktionale, die sich auf „innere" Knotenpunkte beziehen, allgemein mit χ_Ω und solche, die sich auf Randknoten beziehen, mit $\chi_{\partial\Omega}$ bezeichnet. Der zugehörige Ansatzraum ist dann wie folgt definiert:

$$
\begin{aligned}
V_h := \{\varphi \in L^2(\Omega)|\ \varphi_{|K} \in P(K),\ K \in \mathbb{T}_h,\ \varphi \text{ stetig bzgl. aller Knotenfunktionale } \chi_\Omega \\
\text{und gleich Null bzgl. der Knotenfunktionale } \chi_{\partial\Omega} \text{ entlang } \partial\Omega\}.
\end{aligned}
$$

Eine (stückweise) polynomiale Funktion ist genau dann „H^2-konform", wenn sie samt ihrer Ableitungen über die Zellkanten hinweg stetig sind. Dies steht in Analogie zur notwendigen Stetigkeit auf den Zellkannten bei H^1-Konformität. Wir werden sehen, dass die Konstruktion H_0^2-konformer Ansätze nicht ganz einfach ist. Bei den folgenden Beispielen von sog. „Plattenelementen" zeigt der Vergleich der Anzahl der Freiheitsgrade in den Spuren φ_Γ und $\partial_n\varphi_\Gamma$ auf den Zellkanten Γ mit der Anzahl der zugehörigen Knotenfunktionale, dass alle diese Ansätze H_0^2-konform sind.

Beispiel 5.1: *Das quintische Argyris-Element:*

$P(K) = P_5(K), \quad \dim P_5(K) = 21,$
$\chi_\Omega(\varphi) \in \{\varphi(a), \nabla\varphi(a), \partial_n\varphi(b), \nabla^2\varphi(a)\},$
$\chi_{\partial K}(\varphi) \in \{\varphi(a), \nabla\varphi(a), \partial_n\varphi(b), \partial_\tau^2\varphi(a), \partial_\tau\partial_n\varphi(a)\}.$

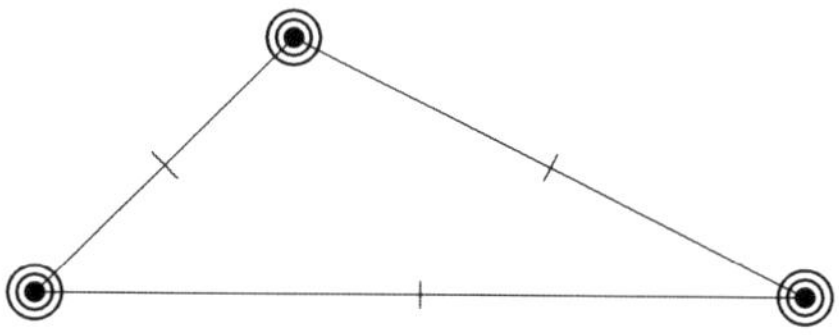

Beispiel 5.2: *Das kubische Clough-Tocher-Element:*

$P(K) = \{\varphi \in C^1(K)|\ \varphi_{|K_i} \in P_3(K_i),\ i = 1,2,3\},$
$\dim\ P(K) = 12,$
$\chi_\Omega(\varphi) \in \{\varphi(a), \nabla\varphi(a), \partial_n\varphi(b)\},$
$\chi_{\partial\Omega}(\varphi) \in \{\varphi(a), \nabla\varphi(a), \partial_n\varphi(b)\}.$

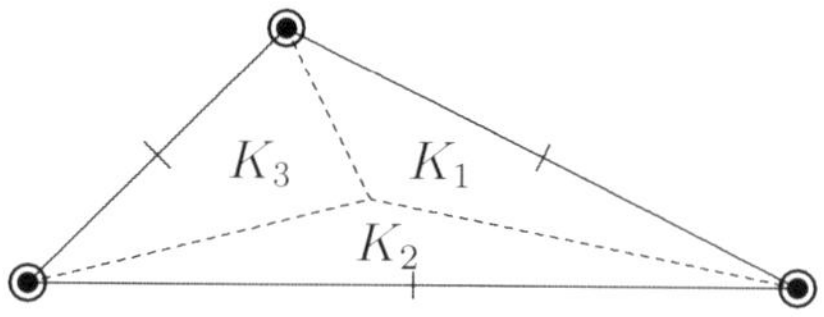

Dieses Element hat eine Variante, bei der durch die Zusatzbedingung $\partial_n\varphi_\Gamma \in P_1(\Gamma)$ die drei Freiheitsgrade $\partial_n\varphi(b)$ elimiert werden und damit die Dimension auf $\dim P(K) = 9$ reduziert ist.

Beispiel 5.3: *Ein bikubisches Vierecks-Element:*

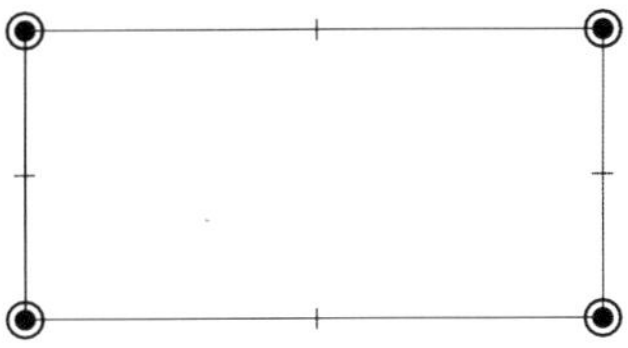

$$P(K) = Q_3(K), \quad \dim Q_3(K) = 16,$$
$$\chi_\Omega(\varphi) \in \{\varphi(a), \nabla\varphi(a), \partial_n\varphi(b)\},$$
$$\chi_{\partial\Omega}(\varphi) \in \{\varphi(a), \nabla\varphi(a), \partial_n\varphi(b)\}.$$

Die beschriebenen *konformen* Finite-Elemente-Ansätze haben Systemmatrizen

$$A_h = \big((\nabla^2\varphi_h^{(j)}, \nabla^2\varphi_h^{(i)})\big)_{i,j=1}^{N_h}, \qquad N_h := \dim V_h,$$

mit einer großen Bandbreite wegen der Kopplung der vielen lokalen Freiheitsgrade. Ferner bedingt die Verwendung höherer Ableitungen als Knotenwerte unterschiedliche Skalierung (mit h-Potenzen) der Matrixelemente. Die Verwendung niedriger Polynomgrade wäre daher wünschenswert. Die Konditionierung der Systemmatrizen ist aber in Abhängigkeit von der Ordnung des zugrunde liegenden Differentialoperators Δ^2 für alle Ansätze sehr schlecht, nämlich (auf quasi-gleichförmigen Zerlegungen)

$$\mathrm{cond}_2(A_h) = \mathcal{O}(h^{-4}).$$

Für feine Gitter (etwa bei der Auflösung von Grenzschichten) oder „Eckensingularitäten" erfordert dies den Einsatz von „direkten" Lösern (LR-Zerlegung durch Gauß-Elimination) oder speziell angepassten iterativen Verfahren.

5.3.2 Nichtkonforme primale Ansätze

Die Schwierigkeit bei der Konstruktion H_0^2-*konformer* FE-Ansätze legt es nahe, die Stetigkeitsforderungen abzuschwächen, um mit niedrigeren Polynomgraden auszukommen. Wir beginnen als einfachstes Beispiel mit dem quadratischen „Morleyschen[15] Dreieckselement".

Beispiel 5.4: *Das quadratische Morley-Element:* Der Ansatzraum ist auf Triangulierungen $\mathbb{T}_h$ definiert durch

$$V_h := \{\varphi \in L^2(\Omega) |\ \varphi_{|K} \in P_2(K),\ K \in \mathbb{T}_h,\ \chi_a(\varphi), \chi_b(\varphi)$$
$$\text{stetig und gleich null für Knotenpunkte auf } \partial\Omega\},$$

mit den Knotenfunktionalen (a Eckpunkte, b Seitenmitten):

$$P(K) = P_2(K), \quad \dim P_2(K) = 6,$$
$$\chi_\Omega(\varphi) \in \{\varphi(a), \partial_n\varphi(b)\},$$
$$\chi_{\partial\Omega(\varphi)} \in \{\varphi(a), \partial_n\varphi(b)\}.$$

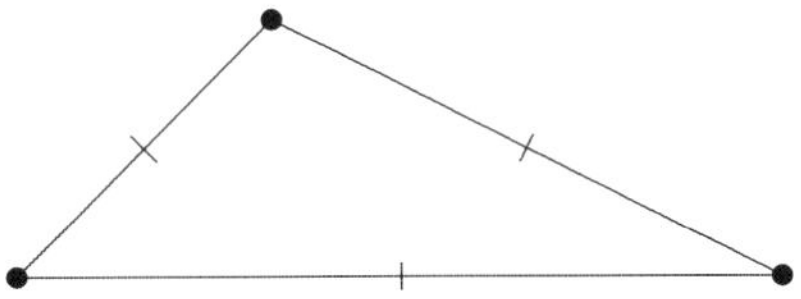

[15] Leslie Sydney Dennis Morley (1924–2011): Englischer Ingenieur; wirkte an der Brunel University in Uxbridge, England; Beiträge zur FEM für nichtlineare Schalenmodelle.

Alternativ kann man als Knotenfunktionale für das Morley-Element statt der Funktionswerte $\partial_n\varphi(b)$ auch die Mittelwerte

$$\chi_\Gamma(\varphi) := |\Gamma|^{-1} \int_\Gamma \partial_n\varphi \, ds$$

über Zellkanten Γ verwenden. Diese Wahl hat den Vorteil, dass die zugehörige natürliche Knoteninterpolation (im Gegensatz zu ersteren) dann für alle Funktionen aus $H_0^2(\Omega)$ definiert ist.

Wegen der Nichtkonformität des Ansatzes ist die Bilinearform $(\nabla^2\cdot, \nabla^2\cdot)$ nicht für Funktionen aus V_h definiert. Es ist naheliegend, stattdessen die „stückweise" definierte Form

$$(\nabla^2\varphi, \nabla^2\psi)_h := \sum_{K\in\mathbb{T}_h} (\nabla^2\varphi, \nabla^2\psi)_K,$$

zu verwenden, wobei der Index K wieder Integration über die Zelle K bedeutet. Analog wird gegebenenfalls auch eine rechte Seite aus $H^{-1}(\Omega)^2$ modifiziert zu

$$l_h(\psi) := (g, \nabla\psi)_h := \sum_{K\in\mathbb{T}_h} (g, \nabla\psi)_K.$$

Für $l(\cdot) = (f, \cdot)$ ist zwar eigentlich keine derartige Modifikation erforderlich, trotzdem schreiben wir auch in diesem Fall $l_h(\cdot) = (f, \cdot)_h$. Im diskreten Plattenproblem ist dann ein $u_h \in V_h$ zu bestimmen mit der Eigenschaft

$$(\nabla^2 u_h, \nabla^2\psi_h)_h = l_h(\psi_h) \quad \forall\psi_h \in V_h. \tag{5.3.73}$$

Wir werden noch sehen, dass dieses Problem wohl gestellt ist. Wir führen im Folgenden einige weitere Beispiele *nichtkonformer* Elemente an.

Beispiel 5.5: *Das (reduzierte) bikubische „Adini*[16]*-Viereckselement":*

$$P(K) = P_3(L) \oplus \{x_1x_2^3, x_1^3x_2\}, \quad \dim P(K) = 12,$$
$$\chi_\Omega(\varphi) \in \{\varphi(a), \nabla\varphi(a)\},$$
$$\chi_{\partial\Omega}(\varphi) \in \{\varphi(a), \nabla\varphi(a)\}.$$

[16]Avner Adini (????–): Promotion 1961 an der Univ. of California (Berkeley, USA) als Bauingenieur; Beiträge u. a. zur Finite-Elemente-Methode in der Plattenstatik.

Beispiel 5.6: *Das kubische Dreieckselement von de Veubeke*[17] *:*

$$P(K) = P_3(K), \quad \dim P(K) = 10,$$
$$\chi_\Omega(\varphi) \in \{\varphi(a), \partial_n\varphi(b), \bar\varphi_K\},$$
$$\chi_{\partial\Omega}(\varphi) \in \{\varphi(a), \partial_n\varphi(b)\}.$$

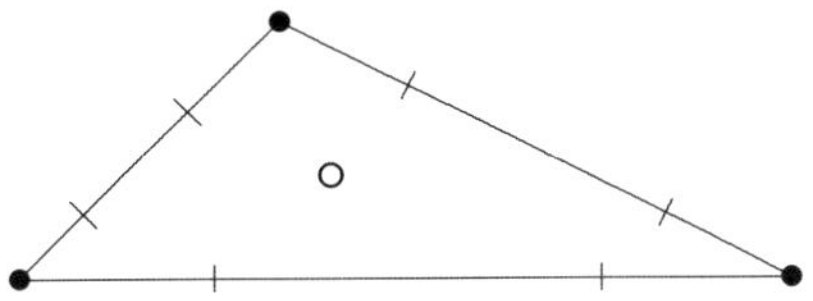

Beispiel 5.7: *Das kubische „Dreieckselement von Zienkiewicz“:*

$$P(K) = P_3(L), \quad \dim P(K) = 10,$$
$$\chi_\Omega(\varphi) \in \{\varphi(a), \nabla\varphi(a), \bar\varphi_K\},$$
$$\chi_{\partial\Omega}(\varphi) \in \{\varphi(a), \nabla\varphi(a)\}.$$

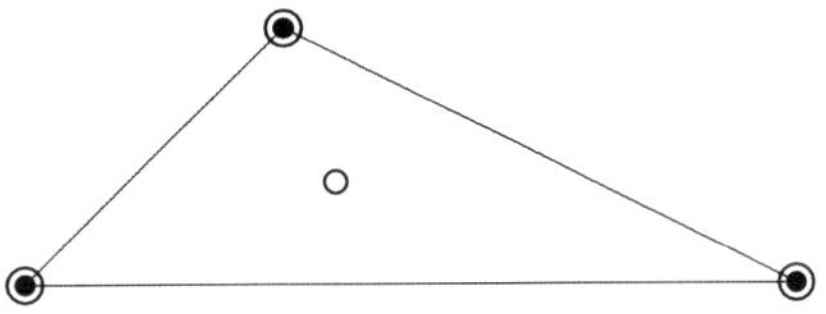

Wir diskutieren jetzt die Morley-Approximation in etwas mehr Detail. Der zugehörige Ansatzraum sei mit V_h^M bezeichnet. Zunächst bemerken wir, dass die symmetrische Bilinearform („Energieform“)

$$a_h(u_h, v_h) := (\nabla^2 u_h, \nabla^2 v_h)_h$$

auf dem Morley-Raum V_h^M ein Skalarprodukt definiert. Dies erschließt man leicht wie folgt: Ist $\|\nabla^2\varphi_h\|_h = 0$, so folgt $\nabla^2\varphi_{h|K} \equiv 0$ auf jeder Zelle $K \in \mathbb{T}_h$. Also ist $\varphi_{h|K}$ linear. Wegen der geforderten Stetigkeit in den Eckpunkten ist $\varphi_h \in H_0^1(\Omega)$. In allen Zellen am Rand ist dann notwendig $\varphi_{h|K} \equiv 0$ wegen der Randbedingung $\partial_n\varphi_h(b) = 0$. Dies überträgt sich induktiv auf alle Zellen, so dass sich $\varphi_h \equiv 0$ auf ganz Ω ergibt. Damit definiert dann $\|\nabla^2\cdot\|_h$ auch eine Norm auf V_h^M. Das zugehörige diskrete Problem lautet dann: *Finde* $u_h \in V_h^M$*, so dass*

$$a_h(u_h, \varphi_h) = l_h(\varphi_h) \quad \forall \varphi_h \in V_h^M. \tag{5.3.74}$$

Wegen der gezeigten Definitheit von $a_h(\cdot,\cdot)$ ist diese (endlich dimensionale) Aufgabe für jedes h eindeutig lösbar.

5.3.3 Konvergenzanalyse für nichtkonforme Ansätze

Wir wollen einen allgemeinen Konvergenzsatz herleiten, welcher auf verschiedene nichtkonforme Ansätze anwendbar ist. Mit $I_h\psi \in V_h$ wird die natürliche „Knoteninterpolierende“ von $v \in V \cap H^3(\Omega)$ bezeichnet. Für diese gilt allgemein

$$\|v - I_hv\| + h\|\nabla(v - I_hv)\|_h + h^2\|\nabla^2(v - I_hv)\|_h \le ch^3\|\nabla^3 v\|. \tag{5.3.75}$$

[17]Baudouin M. Fraeijs de Veubeke (1917–1976): Belgischer Ingenieurwissenschaftler; Prof. an der Université de Lige; wichtige Beiträge zur Methode der finiten Elemente, insbesondere gemischte Formulierungen und Plattenstatik: *A conforming finite element for plate bending*, in: J. C. Zienkievicz and G. S. Holister, eds., Stress Analysis, pp. 145–197, Wiley, New York, 1965.

Für die Lösung $v \in V \cap H^3(\Omega)$ der Randwertaufgabe

$$(\nabla^2 v, \nabla^2 \varphi) = l(\varphi) \quad \forall \varphi \in V, \tag{5.3.76}$$

zu $l \in H^{-1}(\Omega)$ definieren wir auf $V_h + V := \{\varphi_h + \varphi : \varphi_h \in V_h, \varphi \in V\}$ die Form

$$N_h(v, \varphi_h) := a_h(v, \varphi_h) - l(\varphi_h), \quad \varphi_h \in V_h \oplus V.$$

Speziell für die Lösung u der Plattengleichung (zur rechten Seite $l \in H^{-1}(\Omega)$) ist dann

$$N_h(u, \varphi) = a_h(u, \varphi) - l(\varphi) = (\nabla^2 u, \nabla^2 \varphi) - l(\varphi) = 0, \quad \varphi \in V. \tag{5.3.77}$$

Wir definieren nun die Größen (Maß für die Approximationsgüte)

$$\tau_h^{(k)} := \sup_{v \in V \cap H^k(\Omega)} \inf_{\psi_h \in V_h} \frac{\|\nabla^2(v - \psi_h)\|_h}{\|\nabla^k v\|}, \quad k \geq 2,$$

sowie (Maß für die Nichtkonformität)

$$\delta_h^{(k)} := \sup_{v \in V \cap H^k(\Omega)} \sup_{\varphi \in V \oplus V_h} \frac{|N_h(v, \varphi)|}{\|\nabla^k v\| \, \|\nabla^2 \varphi\|_h}, \quad k \geq 2.$$

Hilfssatz 5.1: *Sei die Lösung des Plattenproblems $u \in V \cap H^3(\Omega)$ und $u_h \in V_h^M$ die durch (5.3.74) definierte, nicht-konforme Approximierende. Dann gelten für den Fehler $e := u - u_h$ die Abschätzungen*

$$\|\nabla^2 e\|_h \leq c\{\tau_h^{(3)} + \delta_h^{(3)}\} \, \|l\|_{H^{-1}}, \tag{5.3.78}$$

$$\|\nabla e\|_h \leq c\{\tau_h^{(3)} + \delta_h^{(3)}\}^2 \, \|l\|_{H^{-1}}. \tag{5.3.79}$$

Beweis: i) Sei $\psi_h \in V_h$ eine beliebige Approximierende der Lösung u. Wir schätzen zunächst die Differenz $\tilde{e} := \psi_h - u_h \in V_h$ ab. Es gilt

$$\begin{aligned}
\|\nabla^2 \tilde{e}\|_h^2 &\leq a_h(\tilde{e}, \tilde{e}) = a_h(\psi_h - u, \tilde{e}) + a_h(u - u_h, \tilde{e}) \\
&= a_h(\psi_h - u, \tilde{e}) + a_h(u, \tilde{e}) - l(\tilde{e}) \\
&= a_h(\psi_h - u, \tilde{e}) + N_h(u, \tilde{e}) \\
&\leq \Big\{ \|\nabla^2(u - \psi_h)\|_h + \frac{|N_h(u, \tilde{e})|}{\|\nabla^2 \tilde{e}\|_h} \Big\} \|\nabla^2 \tilde{e}\|_h,
\end{aligned}$$

und folglich

$$\|\nabla^2 e\|_h \leq 2 \inf_{\psi_h \in V_h} \|\nabla^2(u - \psi_h)\|_h + \sup_{\varphi_h \in V_h} \frac{|N_h(u, \varphi_h)|}{\|\nabla^2 \varphi_h\|_h}. \tag{5.3.80}$$

Diese Abschätzung ist eine Verallgemeinerung der üblichen „Bestapproximation" für nicht-konforme Ansätze (sog. „2. Strangsche[18] Lemma"). Mit den oben definierten Größen erhalten wir also

$$\|\nabla^2 e\|_h \leq c\{\tau_h^{(3)} + \delta_h^{(3)}\} \|\nabla^3 u\| \leq c\{\tau_h^{(3)} + \delta_h^{(3)}\} \|l\|_{H^{-1}}.$$

[18]Gilbert Strang (1934–): US-Amerikanischer Mathematiker; seit 1962 Prof. für Mathematik am Massachusetts Institute of Technology (MIT) in Cambridge, Massachusetts; fundamentale Beiträge zur Finite-Elemente-Methode, Variationsrechnung und Wavelet-Analysis, starkes Interesse auch an der Didaktik der Mathematik.

Dies impliziert die Abschätzung (5.3.78).

ii) Zum Nachweis von (5.3.79) verwenden wir ein Dualitätsargument. Sei $z \in V$ Lösung des Hilfsproblems

$$(\nabla^2\varphi, \nabla^2 z) = l(\varphi) := (\nabla\varphi, \nabla e)_h \quad \forall\varphi \in V.$$

Die rechte Seite definiert offenbar ein stetiges lineares Funktional auf $H_0^1(\Omega)$. Folglich ist $z \in H^3(\Omega)$, und es gilt die a priori Abschätzung

$$\|z\|_{H^3} \le c\|\nabla e\|_h. \tag{5.3.81}$$

Aufgrund der Definition der Form $N_h(z, e_h)$ gilt dann

$$N_h(z,e) = a_h(e,z) - l(e_h) = a_h(e,z) - \|\nabla e\|_h^2.$$

Mit der Knoteninterpolierenden $I_h z \in V_h$ folgt weiter

$$\begin{aligned}
\|\nabla e\|_h^2 &= a_h(e, z - I_h z) + a_h(e, I_h z) - N_h(z,e)\\
&= a_h(e, z - I_h z) + a_h(u, I_h z) - a_h(u_h, I_h z) - N_h(z,e)\\
&= a_h(e, z - I_h z) + a_h(u, I_h z) - l(I_h z) - N_h(z,e)\\
&= a_h(e, z - I_h z) + N_h(u, I_h z) - N_h(z,e)\\
&= a_h(e, z - I_h z) + N_h(u, I_h z - z) - N_h(z).
\end{aligned}$$

Unter Verwendung der obigen Bezeichnungen können wir also wie folgt abschätzen:

$$\begin{aligned}
\|\nabla e\|_h^2 &\le \|\nabla^2 e\|_h \|\nabla^2(z - I_h z)\|_h + \delta_h^{(3)} \|\nabla^3 u\|\, \|\nabla^2(z - I_h z)\|_h + \delta_h^{(3)} \|\nabla^3 z\|\, \|\nabla^2 e\|_h\\
&\le \big\{\tau_h^{(3)} \|\nabla^2 e\|_h + \delta_h^{(3)}\tau_h^{(3)} \|\nabla^3 u\| + \delta_h^{(3)} \|\nabla^2 e\|_h\big\} \|\nabla^3 z\|.
\end{aligned}$$

Mit Hilfe der a priori Abschätzung (5.3.81) erschließen wir weiter

$$\|\nabla e\|_h \le c(\tau_h^{(3)} + \delta_h^{(3)})\|\nabla^2 e\|_h + \delta_h^{(3)}\tau_h^{(3)}\|\nabla^3 u\|,$$

und unter Berücksichtigung der bereits gezeigten Abschätzung (5.3.78):

$$\|\nabla e\|_h \le c(\tau_h^{(3)} + \delta_h^{(3)})^2\|\nabla^3 u\| + \delta_h^{(3)}\tau_h^{(3)}\|\nabla^3 u\| \le c(\tau_h^{(3)} + \delta_h^{(3)})^2\|l\|_{H^{-1}}.$$

Hieraus ergibt sich die Abschätzung (5.3.79), was den Beweis vervollständigt. Q.E.D.

Bemerkung 5.2: Eine verbesserte Konvergenzabschätzung bzgl. der L^2-Norm $\|e_h\|$ erfordert etwas strengere Annahmen an die Regularität des Gebiets Ω. Wenn der Rand $\partial\Omega$ glatt ist, oder alle Innenwinkel kleiner als $\omega \approx 126^o$ sind, gilt für die Lösung $z \in V$ des „dualen" Problems

$$(\nabla^2 z, \nabla\varphi) = (e, \varphi) \quad \forall\varphi \in V,$$

die Regularität $z \in H^4(\Omega)$ sowie die a priori Abschätzung $\|\nabla^4 z\| \le c\|e\|$. Dies führt dann zur Fehlerabschätzung

$$\|e\| \le c\{\tau_h^{(4)} + \delta_h^{(4)}\}^2\|f\|. \tag{5.3.82}$$

Der einfache Beweis dieser Aussage sei als Übungsaufgabe gestellt.

Die Anwendung von Hilfssatz 5.1 auf konkrete nicht-konforme Approximationen erfordert die Abschätzung der Größen $\tau_h^{(k)}$ und $\delta_h^{(k)}$. Dies erfolgt unter Ausnutzung der jeweiligen Struktur der verwendeten Ansatzfunktionen.

Satz 5.3 (Morley-Element): *Die Lösung des Plattenproblems erfülle* $u \in V \cap H^3(\Omega)$. *Dann gilt für den Fehler* $e := u - u_h$ *der Morley-Diskretisierung die a priori Fehlerabschätzung*

$$\|\nabla e\|_h + h\|\nabla^2 e\|_h \leq ch^2\|l\|_{H^{-1}}. \tag{5.3.83}$$

Beweis: Wir haben die Größen $\tau_h^{(3)}$ und $\delta_h^{(3)}$ für das Morley-Element abzuschätzen. Die behauptete Fehlerabschätzung wird sich dann mit Hilfe von Hilfssatz 5.1 ergeben.

i) Mit der Knoteninterpolierenden gilt für $v \in V \cap H^3(\Omega)$:

$$\|\nabla^2(v - I_h v)\|_h \leq ch\|\nabla^3 v\|.$$

Dies impliziert $\tau_h^{(3)} \leq ch$.

ii) Sei $u \in V \cap H^3(\Omega)$ Lösung des Plattenproblems zur rechten Seite $l \in H^{-1}(\Omega)$. Zur Abschätzung von $\delta_h^{(3)}$ schreiben wir mit beliebigem $\varphi_h \in V_h^M \oplus V$:

$$a_h(u,\varphi_h) - l_h(\varphi_h) = a_h^0(u,\varphi_h) + a_h^1(u,\varphi_h) - l_h(\varphi_h)$$

mit den Termen

$$\begin{aligned}
a_h^0(u,\varphi_h) &:= (\Delta u, \Delta\varphi_h)_h,\\
a_h^1(u,\varphi_h) &:= 2(\partial_1\partial_2 u, \partial_1\partial_2\varphi_h)_h - (\partial_1^2 u, \partial_2^2\varphi_h)_h - (\partial_2^2 u, \partial_1^2\varphi_h)_h.
\end{aligned}$$

Durch zellweise partielle Integration ergibt sich

$$a_h^0(u,\varphi_h) - l_h(\varphi_h) = R_h^0(u,\varphi_h) - (\nabla\Delta u, \nabla\varphi_h)_h - l_h(\varphi_h)$$

mit

$$R_h^0(u,\varphi_h) := \sum_{K\in\mathbb{T}_h} (\Delta u, \partial_n\varphi_h)_{\partial K}.$$

Wir behandeln zunächst die letzten beiden Terme rechts. Wegen (5.3.77) kann die stückweise lineare Knoteninterpolierende $\varphi_h^L \in H_0^1(\Omega)$ von φ_h eingeschoben werden. Für diese gilt aufgrund ihrer zellweisen Approximationseigenschaften

$$\|\nabla(\varphi_h - \varphi_h^L)\|_h \leq ch\|\nabla^2\varphi_h\|_h.$$

Da φ_h^L global stetig ist, folgern wir weiter mit Hilfe der reduzierten Variationsgleichung (5.3.64) und der a priori Abschätzung $\|\nabla^3 u\| \leq c\|g\|$:

$$\begin{aligned}
|(\nabla\Delta u, \nabla\varphi_h)_h + l_h(\varphi_h)| &= |(\nabla\Delta u, \nabla(\varphi_h - \varphi_h^L))_h + l_h(\varphi_h - \varphi_h^L)|\\
&\leq \|\nabla\Delta u\|\,\|\nabla(\varphi_h - \varphi_h^L)\|_h + \|g\|\,\|\nabla(\varphi_h - \varphi_h^L)\|_h\\
&\leq ch\|g\|\,\|\nabla^2\varphi_h\|_h.
\end{aligned}$$

iii) Wir behandeln nun den Term $a_h^1(\psi,\varphi_h)$. Dabei verwenden wir dieselbe Argumentation wie schon bei der Herleitung der natürlichen Randbedingungen für die starke Lösung des Kirchhoffschen Plattenproblems (Transformation von kartesischen Koordinaten $\{x_1,x_2\}$ in die lokale Koordinaten $\{n,\tau\}$ entlang der Ränder ∂K). Entlang der Kante Γ lassen sich Normal- und Tangentialableitungen schreiben wie

$$\partial_n = n_1\partial_1 + n_2\partial_2, \quad \partial_\tau = n_2\partial_1 - n_1\partial_2.$$

Ferner gilt $|n| = |\tau| = 1$ und $\langle n,\tau\rangle = 0$. Mit Hilfe des Satzes von Gauß ergibt sich die 1. Greensche Formel

$$\int_K \Delta u\Delta\varphi\,dx = -\int_K \nabla\Delta u\cdot\nabla\varphi\,dx + \int_{\partial K}\Delta u\partial_n\varphi\,ds.$$

Weiter gilt

$$\begin{aligned}\int_K\{\partial_1^2u\partial_2^2\varphi - \partial_1\partial_2u\partial_1\partial_2\varphi\}\,dx &= \int_K\{\partial_2(\partial_1^2u\partial_2\varphi) - \partial_1(\partial_1\partial_2u\partial_2\varphi)\}\,dx\\ &= \int_{\partial K}\{n_2\partial_1^2u\partial_2\varphi - n_1\partial_1\partial_2u\partial_2\varphi\}\,ds\end{aligned}$$

und analog

$$\begin{aligned}\int_K\{\partial_2^2u\partial_1^2\varphi - \partial_1\partial_2u\partial_1\partial_2\varphi\}\,dx &= \int_K\{\partial_1(\partial_2^2u\partial_1\varphi) - \partial_2(\partial_2\partial_1u\partial_1\varphi)\}\,dx\\ &= \int_{\partial K}\{n_1\partial_2^2u\partial_1\varphi - n_2\partial_2\partial_1u\partial_1\varphi\}\,ds\end{aligned}$$

Unter Verwendung der obigen Beziehungen für n,τ und ∂_n,∂_τ verifiziert man leicht

$$n_2\partial_1^2u\partial_2\varphi - n_1\partial_1\partial_2u\partial_2\varphi + n_1\partial_2\partial_1u\partial_1\varphi = \partial_n\partial_\tau u\partial_\tau\varphi - \partial_n^2u\partial_n\varphi.$$

Es folgt

$$\int_K\{\partial_1^2u\partial_2^2\varphi + \partial_2^2u\partial_1^2\varphi - 2\partial_1\partial_2u\partial_1\partial_2\varphi\}\,x = \int_{\partial K}\{\partial_n\partial_\tau u\partial_\tau\varphi - \partial_n^2u\partial_n\varphi\}\,ds,$$

bzw.

$$a_h^1(u,\varphi) = R_h^1(u,\varphi) := \sum_{K\in\mathbb{T}_h}\big\{(\partial_n\partial_\tau u,\partial_\tau\varphi)_{\partial K} - (\partial_n^2u,\partial_n\varphi)_{\partial K}\big\}.$$

Wir fassen das Resultat der bisherigen Abschätzungen zusammen:

$$|a_h(u,\varphi_h) - l_h(\varphi_h)| \le ch\|g\|\,\|\nabla^2\varphi_h\|_h + |R_h^0(u,\varphi_h)| + |R_h^1(u,\varphi_h)|. \tag{5.3.84}$$

iv) Zur Abschätzung der Terme R_h^0 und R_h^1 beachten wir, dass die Spuren aller Ableitungen $\partial_i\partial_j u$ auf den Kanten $\Gamma\in\partial\mathbb{T}_h$ stetig sind. Mit $[\cdot]_\Gamma$ seien die Sprünge über die Kante Γ bezeichnet. Mit dieser Notation gilt dann bei Beachtung von :

$$R_h^0(u,\varphi_h) = \sum_{\Gamma\in\partial\mathbb{T}_h}(\Delta u,[\partial_n\varphi_h]_\Gamma)_\Gamma,$$

sowie

$$R_h^1(u,\varphi_h) = \sum_{\Gamma\in\partial\mathbb{T}_h} \big\{(\partial_n\partial_\tau u, [\partial_\tau\varphi_h]_\Gamma)_\Gamma - (\partial_\tau u, [\partial_n\varphi_h]_\Gamma)_\Gamma\big\}.$$

Hierbei wird im Fall $\Gamma\subset\partial\Omega$ die Konvention $[\partial_n\varphi_h]_\Gamma := \partial_n\varphi_h$ verwendet. Für Funktionen $\varphi_h\in V_h^M\oplus V$ ist nach Konstruktion des Morley-Ansatzes

$$\int_\Gamma [\partial_n\varphi_h]_\Gamma\,ds = \int_\Gamma [\partial_\tau\varphi_h]_\Gamma\,ds = 0.$$

Folglich können über jeder Kante die lokalen Mittelwerte $\overline{\partial_i\partial_j u}_\Gamma := |\Gamma|^{-1}\int_\Gamma \partial_i\partial_j u\,ds$ von $\partial_i\partial_j u$ eingeschoben werden, und wir erhalten

$$R_h^0(\Psi,\varphi_h) = \sum_{\Gamma\in\partial\mathbb{T}_h} (\Delta u - \overline{\Delta u}_\Gamma, [\partial_n\varphi_h]_\Gamma)_\Gamma,$$

sowie

$$R_h^1(u,\varphi_h) = \sum_{\Gamma\in\partial\mathbb{T}_h} \big\{(\partial_n\partial_\tau u - \overline{\partial_n\partial_\tau u}_\Gamma, [\partial_\tau\varphi_h]_\Gamma)_\Gamma - (\partial_\tau u - \overline{\partial_\tau u}_\Gamma, [\partial_n\varphi_h]_\Gamma)_\Gamma\big\}.$$

Für eine Funktion φ mit verschwindenden Mittelwerten auf der Kante $\Gamma\subset\partial K$ gilt die verallgemeinerte Poincarésche Ungleichung

$$\|\varphi - \overline{\varphi}_\Gamma\|_\Gamma \le c h_K^{1/2}\|\nabla\varphi\|_K.$$

Mit Hilfe dieser Abschätzung ergibt sich also mit der Notation $\Gamma = K\cap K'$:

$$|R_h^0(u,\varphi_h)| \le ch \sum_{\Gamma\in\partial\mathbb{T}_h} \|\nabla^3 u\|_{K\cup K'}\big\{\|\nabla^2\varphi_h\|_K + \|\nabla^2\varphi_h\|_{K'}\big\},$$
$$|R_h^1(u,\varphi_h)| \le ch \sum_{\Gamma\in\partial\mathbb{T}_h} \|\nabla^3 u\|_{K\cup K'}\big\{\|\nabla^2\varphi_h\|_K + \|\nabla^2\varphi_h\|_{K'}\big\},$$

und folglich

$$|R_h^0(u,\varphi_h)| + |R_h^1(u,\varphi_h)| \le ch\|\nabla^3 u\|\,\|\nabla^2\varphi_h\|_h.$$

In Kombination mit der bereits gezeigten Abschätzung (5.3.84) erhalten wir nun das nächste Zwischenresultat:

$$|a_h(u,\varphi_h) - l_h(\varphi_h)| \le ch\|g\|\,\|\nabla^2\varphi_h\|_h.$$

Hieraus folgt nun unmittelbar die gewünschte Abschätzung $\delta_h^{(3)}\le ch$. Die behauptete Fehlerabschätzungen ergeben sich dann mit Hilfe von Hilfsatz 5.1. Q.E.D.

Bemerkung 5.3: Für das Morley-Element ist eine verbesserte L^2-Fehlerabschätzung der Ordnung $\|e_h\|\le ch^3\|f\|$ nicht möglich (auch nicht im Fall eines genügend regulären Gebietsrands $\partial\Omega$). Dies liegt daran, dass im Dualitätsargument die höhere Regularität $z\in H^4(\Omega)$ durch den P_2-Ansatz nicht ausgenutzt werden kann, d. h.: Es gilt lediglich die suboptimale Konvergenz $\tau_h^{(4)} = \mathcal{O}(h)$.

Zum Abschluss formulieren wir noch ein Satz 5.3 entsprechendes Resultat für das nicht-konforme Adini-Element.

Satz 5.4 (Adini-Element): *Die Lösung des Plattenproblems erfülle* $u \in V \cap H^3(\Omega)$. *Dann gilt für den Fehler* $e := u - u_h$ *der Adini-Diskretisierung die a priori Fehlerabschätzung*

$$\|\nabla e\|_h + h\|\nabla^2 e\|_h \le ch^2\|g\|. \tag{5.3.85}$$

Wenn alle Innenwinkel von Ω *kleiner als* $\omega \approx 126^o$ *sind und* $l(\cdot) = (f,\cdot)$, *gilt die verbesserte Fehlerabschätzung*

$$\|e\| + h\|\nabla e\| + h^2\|\nabla^2 e\|_h \le ch^4\|f\|. \tag{5.3.86}$$

Beweis: Wir haben wieder die Größen $\tau_h^{(k)}$ und $\delta_h^{(k)}$ für das Adini-Element abzuschätzen. Dabei verfahren wir ähnlich wie für das Morley-Element. Die Ausführung des Beweises wird als (nicht ganz einfache) Übungsaufgabe gestellt. Q.E.D.

Bemerkung 5.4: In der Praxis erweist sich das Adini-Element als weitaus genauer als das Morley-Element. Wir bemerken, dass allerdings bereits eine kleine Erweiterung des Adini-Ansatzes auf das oben aufgeführte *konforme* Viereckselement führt. Zu einem Genauigkeitsvergleich gehört natürlich auch eine Aufwandsabschätzung, welche den Lösungsaufwand (Anzahl der Unbekannten) und den Speicherbedarf (Besetztheitsdichte der Systemmatrix) berücksichtigt. Auf einem gleichmäßigen Gitter des Einheitsquadrats mit Gitterweite h gilt

$$\dim V_h^M \sim 4h^{-2}, \quad \dim V_h^A \sim 3h^{-2}.$$

Vor diesem Hintergrund erscheint das Morley-Element also wenig attraktiv. Wir bemerken noch, dass das oben angegebene H_0^2-konforme bikubische Viereckselement die Komplexität $\dim V_h \sim 5h^{-2}$ besitzt; für das „reduzierte" Clough-Tocher-Element ist sogar nur $\dim V_h^{CT} \sim 3h^{-2}$.

5.3.4 Gemischte Ansätze

Wir haben gesehen, dass die Konstruktion konformer Ansätze für das Plattenproblem nicht einfach ist und gewisse praktische Nachteile besitzt. Nicht-konforme Ansätze haben wiederum andere Nachteile; z. B. konvergieren bei der Approximation von Eigenwertproblemen die diskreten Eigenwerte i. Allg. nicht monoton „von oben". Ein alternativer Weg ist die Verwendung sog. „gemischter" Methoden; dazu wird von einer anderen, „gemischten" variationellen Formulierung des Problems ausgegangen. Dazu schreiben wir die Differentialgleichung vierter Ordnung als ein System von zwei Gleichungen zweiter Ordnung für die Verschiebung u und den Tensor der Biegemomente $M := -\nabla^2 u$:

$$M = -\nabla^2 u, \quad -\nabla^2 : M = f. \tag{5.3.87}$$

Gesucht ist also nun ein Paar $\{u, M\} \in H_0^2(\Omega) \times L^2(\Omega)_{\text{sym}}^{2\times 2}$, so dass

$$-(M, \nabla^2 \varphi) = l(\varphi) \quad \forall \varphi \in H_0^2(\Omega), \tag{5.3.88}$$

$$(M, \Psi) + (\nabla^2 u, \Psi) = 0 \quad \forall \Psi \in L^2(\Omega)_{\text{sym}}^{2\times 2}, \tag{5.3.89}$$

wobei wieder $l(\cdot) = (f, \cdot)$ oder $l(\cdot) = (g, \nabla \cdot)$. Dies ist keine für unsere Zwecke brauchbare variationelle Formulierung, da sie nach wie vor H_0^2-konforme Ansätze erfordert. Um dies zu umgehen, wird in den obigen Gleichungen partiell integriert und wir erhalten die folgende sog. „gemischte“ variationelle Formulierung des Plattenproblems: *Finde* $\{u, M\} \in H \times W := H_0^1(\Omega) \times H^1(\Omega)_{\text{sym}}^{2\times 2}$ *mit*

$$(\nabla \cdot M, \nabla \varphi) = l(\varphi) \quad \forall \varphi \in H := H_0^1(\Omega), \tag{5.3.90}$$

$$(M, \Psi) - (\nabla u, \nabla \cdot \Psi) = 0 \quad \forall \Psi \in W := H^1(\Omega)_{\text{sym}}^{2\times 2}. \tag{5.3.91}$$

In dieser Formulierung tritt die Randbedingung $\partial_n u_{|\partial\Omega} = 0$ nicht mehr explizit auf. Sie ist zu einer „natürlichen“ Randbedingung geworden, die von jeder hinreichend glatten Lösung des Problems (5.3.90,5.3.91) automatisch erfüllt wird. Wir halten fest, dass für jede Lösung $u \in V \cap H^3(\Omega)$ der „primalen“ Formulierung des Plattenproblems mit $M := -\nabla^2 u$ eine Lösung $\{u, M\} \in H \times W$ der „gemischten“ variationellen Formulierung (5.3.90,5.3.91) gegeben ist. Diese Formulierung kann dann als Basis für eine FE-Diskretisierung dienen.

Bemerkung 5.5: Im Fall eines nicht-konvexen Polygongebiets ist $u \notin H^3(\Omega)$ und folglich $M := \nabla^2 u \notin H^1(\Omega)_{\text{sym}}^{2\times 2}$. Die gemischte Formulierung (5.3.90), (5.3.91) sollte dann also nicht äquivalent zur primalen Formulierung (5.3.59) sein. Dies ist aber nicht wirklich der Fall, denn diese Äquivalenz lässt sich erreichen, wenn für die Biegemomente nur die Regularität $M \in \{\Psi \in L^2(\Omega)_{\text{sym}}^{2\times 2} \mid \nabla \cdot M \in L^2(\Omega)^2\}$ gefordert wird.

Satz 5.5: *Die gemischte Formulierung (5.3.90,5.3.91) besitzt eine eindeutig bestimmte Lösung* $\{u, M\} \in H \times W := H_0^1(\Omega) \times H^1(\Omega)_{\text{sym}}^{2\times 2}$, *und es gilt die a priori Abschätzung*

$$\|\nabla u\|_{H^3} + \|M\|_{H^1} \le c\|g\|. \tag{5.3.92}$$

Beweis: Die Existenz einer Lösung ergibt sich mit der obigen Argumentation aus der Lösbarkeit der primalen Formulierung des Plattenproblems. Wir beweisen nun die Eindeutigkeitsaussage. Für die Differenz $\{u, M\} := \{u^1 - u^2, M^1 - M^2\}$ zweier Lösungen $\{u^1, M^1\}$ und $\{u^2, M^2\}$ gilt dann

$$(\nabla \cdot M, \nabla \varphi) = 0 \quad \forall \varphi \in H_0^1(\Omega),$$

$$(M, \Psi) - (\nabla u, \nabla \cdot \Psi) = 0 \quad \forall \Psi \in H^1(\Omega)_{\text{sym}}^{2\times 2}.$$

Wir setzen $\varphi := u$, $\Psi := M$ und erhalten durch Kombination der beiden Gleichungen

$$\|M\|^2 = (\nabla u, \nabla \cdot M) = 0,$$

und damit $M = 0$. Mit $\Psi := \text{diag}(u) \in H^1(\Omega)_{\text{sym}}^{2\times 2}$ folgt dann weiter

$$\|\nabla u\|^2 = (\nabla u, \nabla \cdot \text{diag}(u)) = 0, \tag{5.3.93}$$

und damit auch $u = 0$. Die a priori Abschätzung (5.3.92) ergibt sich aus der entsprechenden für die (äquivalente) primale variationelle Formulierung. Q.E.D.

Bemerkung 5.6: Da man in (5.3.90) nicht mit $\varphi := M_{ij} \notin H_0^1(\Omega)$ testen darf, gibt die Variationelle Formulierung (5.3.90), (5.3.91) direkt keine Kontrolle über $\|\nabla \cdot M\|$. Diese gewinnt man erst auf dem Umweg über die primale Formulierung aus der (nicht-trivialen) a priori Abschätzung

$$\|\nabla \cdot M\| \le \|\nabla^3 u\| \le c\|g\|. \tag{5.3.94}$$

„Primal-gemischte" Diskretisierung

Zur Diskretisierung der gemischten Formulierung (5.3.90), (5.3.91) verwenden wir einen H^1-konformen Ansatz:

$$H_h := \{\varphi_h \in H_0^1(\Omega) |\ \varphi_{h|K} \in P^0(K),\ K \in \mathbb{T}_h\},$$
$$W_h := \{\Psi_h \in H^1(\Omega)^{2\times 2}_{\text{sym}} |\ \Psi^{ij}_{h|K} \in P(K),\ K \in \mathbb{T}_h\}.$$

Die Polynomräume $P(K)$, $P^0(K)$ sind im einfachsten Fall gerade $P(K) = P^0(K) = P_1(K)$ *lineare* Dreieckselemente) oder deren *quadratischen* Gegenstücke. Die sog. *primal-gemischte* Finite-Elemente-Diskretisierung im Sinne eines „Galerkin-Verfahrens" lautet dann wie folgt:
Finde $\{u_h, M_h\} \in H_h \times W_h$, *so dass*

$$(\nabla \cdot M_h, \nabla \varphi_h) = l(\varphi_h) \quad \forall \varphi_h \in H_h, \tag{5.3.95}$$
$$(M_h, \Psi_h) - (\nabla u_h, \nabla \cdot \Psi_h) = 0 \quad \forall \Psi_h \in W_h. \tag{5.3.96}$$

Seien $\{\varphi_h^i,\ i = 1, \dots, N_h^u := \dim H_h\}$ sowie $\{\Phi_h^i,\ i = 1, \dots, N_h^M := \dim W_h\}$ die üblichen Knotenbasen von H_h und W_h. Dann schreibt sich das gemischte Schema (5.3.95, 5.3.96) in Form eines Block-Gleichungssystems

$$\mathcal{A}_h \xi_h = \begin{bmatrix} A_h & B_h \\ -B_h^T & 0 \end{bmatrix} \begin{bmatrix} y_h \\ x_h \end{bmatrix} = \begin{bmatrix} 0 \\ b_h \end{bmatrix} \tag{5.3.97}$$

für die Knotenwertvektoren $\xi_h = \{y, x\} \in \mathbb{R}^{N_h^M + N_h^u}$ zu den Darstellungen

$$y_h = \sum_{i=1}^{N_h^M} y_i \Psi_h^i, \qquad u_h = \sum_{i=1}^{N_h^u} x_i \varphi_h^i,$$

mit den zugehörigen Matrizen sowie dem Lastvektor

$$A_h = \big((\Psi_h^j, \Psi_h^i)\big)_{i,j=1}^{N_h^M}, \qquad B_h = -\big((\nabla \varphi_h^j, \nabla \cdot \Psi_h^i)\big)_{i,j=1}^{N_h^M, N_h^u}, \qquad b_h = \big(l(\varphi_h^j)\big)_{j=1}^{N_h^u}.$$

Die „Massematrix“ A_h ist regulär. Folglich kann die Komponente y_h aus dem System eliminiert werden:

$$y_h = -A_h^{-1} B_h x_h, \qquad B_h^T A_h^{-1} B_h x_h = b_h.$$

Die Matrix $\Sigma_h := B_h^T A_h^{-1} B_h$ wird das „Schur[19]-Komplement“ von A_h in der Blockmatrix $\mathcal{A}_h$ genannt. Mit ihr besteht die Block-Dreieckszerlegung

$$\mathcal{A}_h = \begin{bmatrix} A_h & B_h \\ -B_h^T & 0 \end{bmatrix} = \begin{bmatrix} A_h & 0 \\ -B_h^T & \Sigma_h \end{bmatrix} \begin{bmatrix} I_h & A_h^{-1} B_h \\ 0 & I_h \end{bmatrix}. \tag{5.3.98}$$

Die Matrix $\mathcal{A}_h$ ist offenbar genau dann regulär, wenn die Matrix Σ_h regulär ist. Zunächst folgt aus der Struktur von Σ_h, dass sie positiv semidefinit ist. Sie ist genau dann (strikt) definit, wenn die Matrix B_h maximalen Spaltenrang hat bzw. injektiv ist. Die Injektivität von B_h ist mit der Korrespondenz $x_h \leftrightarrow \varphi_h$, $y_h \leftrightarrow \Psi_h$ wegen (Eckige Klammern $\langle \cdot, \cdot \rangle$ bezeichnen jeweils das euklidische Skalarprodukt.)

$$\langle B_h x_h, y_h \rangle = (\nabla \varphi_h, \nabla \cdot \Psi_h),$$

gleichbedeutend mit

$$\sup_{\Psi_h \in W_h} (\nabla \varphi_h, \nabla \cdot \Psi_h) = \sup_{\Psi_h \in W_h} \langle B_h x_h, y_h \rangle \geq \gamma_h > 0, \qquad \varphi_h \in H_h. \tag{5.3.99}$$

In der betrachteten Situation ($\Gamma_c = \partial\Omega$ und Polynomansätze gleicher Art für Verschiebungen und Biegemomente) ist für jedes $\varphi_h \in H_h$ der zugehörige Diagonaltensor $\Phi_h^{\text{diag}} := \text{diag}(\varphi_h)$ automatisch in W_h. Dies impliziert, dass

$$\|\nabla \varphi_h\|^2 = (\nabla \varphi_h, \nabla \cdot \Phi_h^{\text{diag}}) = \frac{(\nabla \varphi_h, \nabla \cdot \Phi_h^{\text{diag}})}{\|\nabla \cdot \Phi_h^{\text{diag}}\|} \|\nabla \varphi_h\|,$$

und folglich

$$\inf_{\varphi_h \in H_h} \sup_{\Psi_h \in W_h} \frac{(\nabla \varphi_h, \nabla \cdot \Psi_h)}{\|\nabla \varphi_h\| \|\nabla \cdot \Psi_h\|} \geq \gamma > 0, \tag{5.3.100}$$

hier mit der Konstante $\gamma = 1$.

Bemerkung 5.7: Die Ungleichung (5.3.100) (i. Allg. mit einer Konstante $\gamma > 0$ unabhängig von h gefordert) wird in der Literatur als „inf-sup-Bedingung“ (auch „Babuska-Brezzi[20]-Bedingung“ oder kurz „BB-Bedingung“) bezeichnet. Sie ist wesentlich für die

[19]Issai Schur (1875–1941): Deutscher Mathematiker, geb. in Mogiljow (Rußland), Studium der Mathematik und Physik in Berlin, 1901 Promotion und danach Privatdozent, 1913 Prof. in Bonn und ab 1919 wieder Prof. in Berlin, in den 30-er Jahren wegen seiner jüdischen Herkunft aus dem Dienst entlassen, 1939 Enigration nach Palästina; Arbeiten über Darstellungstheorie von Gruppen, Zahlentheorie und theoretische Physik, am besten bekannt durch die „Schur-Zerlegung“ von Matrizen.

[20]Franco Brezzi (1945–): Italienischer Mathematiker, Forschungsprof. an der Univ. von Pavia; bekannt durch seine Beiträge zur Finite-Elemente-Methode in der Struktur- und Fluidmechanik sowie im Elektromagnetismus, die nach ihm benannte „Babuska/Brezzi-Bedingung“ sichert die Konvergenz der FEM bei (indefiniten) Sattelpunktproblemen.

Konvergenz der Näherungen $\{u_h, M_h\} \to \{u, M\}$ $(h \to 0)$. In der hier betrachteten Situation ist der Nachweis dieser Eigenschaft trivial; im Fall allgemeiner Randbedingungen kann dies aber schwierig sein. Insbesondere erzwingt dies, dass der Ansatzraum W_h für M_h ausreichend „groß“ bezogen auf den für u_h sein muss. Dies ist z. B. bei der im Hinblick auf die Regularitätseigenschaften von $\{u, M\} \in H \cap H^3(\Omega) \times W$ naheliegenden Kombination $P_2 \times P_1$ *nicht* der Fall.

Bemerkung 5.8: Die Matrix $\mathcal{A}_h$ hat eine Kondition $\mathcal{O}(h^{-4})$. Bei moderater Dimension $N_h^u + N_h^M \approx 10^3$ wird zur Lösung des Systems am besten die robuste LR-Zerlegung (Gauß-Elimination) verwendet. Bei höheren Dimensionen ist ein populärer Weg die sog. „Schur-Komplement-Iteration“, bei der die (symmetrische, positiv-definite) Schur-Komplementgleichung

$$\Sigma_h x_h = B_h^T A_h^{-1} B_h x_h = b_h \tag{5.3.101}$$

mit Hilfe des CG-Verfahrens gelöst wird. Da die Kondition von Σ_h sich immer noch wie $\text{cond}(\Sigma_h) \approx h^{-4}$ verhält, ist dabei zusätzlich Vorkonditionierung durch ILR-Zerlegung oder Mehrgitterschachtelung erforderlich. Da wir später noch auf die Lösung von ähnlichen indefiniten Gleichungssystemen zurückkommen werden, wird dieses Thema hier nicht weiter verfolgt.

Im Hinblick auf die vorausgehende Bemerkung betrachten wir im Folgenden nur den Standardfall, dass die Ansätze für $\{u_h, M_h\} \in H_h \times W_h$ vom gleichen Polynomgrad sind (und dass wieder $\Gamma_c = \partial\Omega$). Grundlage für die Fehleranalyse des gemischten Verfahrens ist wieder seine Galerkin-Orthogonalität, welche hier die folgende Form besitzt:

$$(\nabla \cdot (M - M_h), \nabla \varphi_h) = 0, \quad \varphi_h \in H_h, \tag{5.3.102}$$

$$(M - M_h, \Psi_h) - (\nabla(u - u_h), \nabla \cdot \Psi_h) = 0, \quad \psi_h \in W_h. \tag{5.3.103}$$

Satz 5.6: *[Primal-gemischt] Für die primal-gemischte Diskretisierung (5.3.95, 5.3.96) mit quadratischen Ansätzen gilt für die Fehler $e^u := u - u_h$ und $e^M := M - M_h$ die Abschätzung*

$$\|\nabla e^u\| + h\|e^M\| \le ch^2 \|l\|_{H^{-1}}. \tag{5.3.104}$$

Beweis: Im Folgenden bezeichnen $P_h u \in H_h$ sowie $P_h M \in W_h$ geeignet zu wählende Approximierende von u bzw. M (Knoteninterpolierende, L^2-Projektion, Ritz-Projektion, etc.) mit den Eigenschaften

$$\|u - P_h u\| + h\|\nabla(u - P_h u)\| \le ch^3 \|u\|_{H^3}, \tag{5.3.105}$$

$$\|M - P_h M\| + h\|\nabla \cdot (M - P_h M)\| \le ch\|M\|_{H^1}. \tag{5.3.106}$$

i) Wir beginnen mit der Abschätzung von $\|e^M\|$. Unter Verwendung der Orthogonalitätsbeziehungen (5.3.102) und (5.3.103) ergibt sich

$$\begin{aligned}
\|e^M\|^2 &= (e^M, M - P_h M) + (e^M, P_h M - M_h) \\
&= (e^M, M - P_h M) + (\nabla e^u, \nabla \cdot (P_h M - M_h)) \\
&= (e^M, M - P_h M) + (\nabla e^u, \nabla \cdot (P_h M - M)) + (\nabla e^u, \nabla \cdot e^M) \\
&= (e^M, M - P_h M) + (\nabla e^u, \nabla \cdot (P_h M - M)) + (\nabla(u - P_h u), \nabla \cdot e^M),
\end{aligned}$$

bzw.

$$\begin{aligned}\|e^M\|^2 &\le \|e^M\|\|M-P_hM\| + \|\nabla e^u\|\|\nabla(M-P_hM)\| + \|\nabla(u-P_hu)\|\|\nabla\cdot e^M\|\\ &\le ch\|e^M\|\|M\|_{H^1} + c\|\nabla e^u\|\|M\|_{H^1} + ch^2\|u\|_{H^3}\|\nabla\cdot e^M\|.\end{aligned}$$

Mit Hilfe der „inversen Beziehung“ für finite Elemente $\|\nabla\varphi_h\| \le ch^{-1}\|\varphi_h\|$ folgt weiter

$$\begin{aligned}\|\nabla\cdot e^M\| &\le \|\nabla\cdot(M-P_hM)\| + \|\nabla\cdot(P_hM-M_h)\|\\ &\le \|\nabla\cdot(M-P_hM)\| + ch^{-1}\|P_hM-M_h\|\\ &\le \|\nabla\cdot(M-P_hM)\| + ch^{-1}\|P_hM-M\| + ch^{-1}\|e^M\|\\ &\le c\|M\|_{H^1} + ch^{-1}\|e^M\|.\end{aligned} \tag{5.3.107}$$

Damit folgt aus der vorletzten Abschätzung

$$\begin{aligned}\|e^M\|^2 &\le ch\|e^M\|\|M\|_{H^1} + c\|\nabla e^u\|\|M\|_{H^1} + ch^2\|u\|_{H^3}(\|M\|_{H^1} + h^{-1}\|e^M\|)\\ &\le \tfrac12\varepsilon^2h^{-2}\|\nabla e^u\|^2 + c\varepsilon^{-2}h^2\|M\|_{H^1}^2 + \tfrac12\|e^M\|^2\end{aligned}$$

mit beliebigem $\varepsilon\in(0,1]$ bzw.

$$\|e^M\| \le \varepsilon h^{-1}\|\nabla e^u\| + c\varepsilon^{-1}h\|M\|_{H^1}. \tag{5.3.108}$$

ii) Als nächstes schätzen wir $\|\nabla e^u\|$ ab. Dazu verwenden wir wieder ein Dualitätsargument. Sei $z\in V\cap H^3(\Omega)$ die (eindeutige) Lösung des Hilfsproblems

$$(\nabla^2\varphi,\nabla^2 z) = (\nabla\varphi,\nabla e^u) \quad \forall\varphi\in V. \tag{5.3.109}$$

Für diese gilt die a priori Abschätzung $\|z\|_{H^3}\le c\|\nabla e^u\|$. Wir setzen $N:=\nabla^2 z\in W$. Damit gilt dann

$$-(\nabla\varphi,\nabla\cdot N) = (\nabla\varphi,\nabla e^u) \quad \forall\varphi\in H, \tag{5.3.110}$$

$$(N,\Psi) - (\nabla z,\nabla\cdot\Psi) = 0 \quad \forall\Psi\in W. \tag{5.3.111}$$

Im Folgenden verwenden wir die durch die Gleichung

$$(\nabla\cdot\Psi_h,\nabla\cdot(R_hN-N)) + \delta h^{-1}(\Psi_h,R_hN-N) = 0 \quad \forall\Psi_h\in W_h \tag{5.3.112}$$

definierte Ritz-Projektion $R_h: W\to W_h$. Da die Bilinearform $(\nabla\cdot,\nabla\cdot)+\delta h^{-1}(\cdot,\cdot)$ ein Skalarprodukt auf W ist, gilt die „Bestapproximationseigenschaft“

$$\|\nabla\cdot(N-R_hN)\|^2 + \delta h^{-1}\|N-R_hN\|^2 = \min_{\Psi_h\in W_h}\big\{\|\nabla\cdot(N-\Psi_h)\|^2 + \delta h^{-1}\|N-\Psi_h\|^2\big\},$$

woraus folgt:

$$\|\nabla\cdot(N-R_hN)\| + \delta^{1/2}h^{-1/2}\|N-R_hN\| \le c\|N\|_{H^1} \le c\|\nabla e^u\|. \tag{5.3.113}$$

Wir setzen nun $\varphi := e^u$ in (5.3.110) und erhalten mit Hilfe der Orthogonalitätsbeziehungen (5.3.102) und (5.3.103)

$$\begin{aligned}
\|\nabla e^u\|^2 &= -(\nabla e^u, \nabla\cdot N)\\
&= -(\nabla e^u, \nabla\cdot(N-R_hN)) - (\nabla e^u, \nabla\cdot R_hN)\\
&= -(\nabla e^u, \nabla\cdot(N-R_hN)) + (e^M, R_hN)\\
&= -(\nabla e^u, \nabla\cdot(N-R_hN)) + (e^M, R_hN-N) + (e^M, \nabla^2 z)\\
&= -(\nabla e^u, \nabla\cdot(N-R_hN)) + (e^M, R_hN-N) - (\nabla\cdot e^M, \nabla z)\\
&= -(\nabla e^u, \nabla\cdot(N-R_hN)) + (e^M, R_hN-N) - (\nabla\cdot e^M, \nabla(z-P_hz)).
\end{aligned}$$

Wir ordnen den Funktionen u und $e^u \in H$ die Tensorfunktionen $U := (U_{i,j})_{i,j=1}^2 = (u\delta_{ij})_{i,j=1}^2 \in W$ und analog $E^u := (e^u\delta_{ij})_{i,j=1}^2 \in W$ zu. Damit gilt dann unter Verwendung der Definition der Ritz-Projektion R_h:

$$\begin{aligned}
\|\nabla e^u\|^2 &= -(\nabla\cdot E^u, \nabla\cdot(N-R_hN)) + (e^M, R_hN-N) - (\nabla\cdot e^M, \nabla(z-P_hz))\\
&= -(\nabla\cdot E^u, \nabla\cdot(N-R_hN)) - \delta h^{-1}(E^u, N-R_hN)\\
&\quad + \delta h^{-1}(E^u, N-R_hN) + (e^M, R_hN-N) - (\nabla\cdot e^M, \nabla(z-P_hz))\\
&= -(\nabla\cdot(U-I_hU), \nabla\cdot(N-R_hN)) - \delta h^{-1}(U-I_hU, N-R_hN)\\
&\quad + \delta h^{-1}(E^u, N-R_hN) + (e^M, R_hN-N) - (\nabla\cdot e^M, \nabla(z-P_hz)),
\end{aligned}$$

mit der Knoteninterpolierenden $I_hU \in W_h$. Dies führt zu folgender Abschätzung

$$\begin{aligned}
\|\nabla e^u\|^2 &\le \|\nabla\cdot(U-I_hU)\|\|\nabla\cdot(N-R_hN)\| + \delta h^{-1}\|U-I_hU\|\|N-R_hN\|\\
&\quad + 2\delta h^{-1}\|e^u\|\|N-R_hN\| + \|e^M\|\|R_hN-N\| + \|\nabla\cdot e^M\|\|\nabla(z-P_hz)\|\\
&\le ch^2\|u\|_{H^3}\|N\|_{H^1} + c\delta h^3\|u\|_{H^3}\|N\|_{H^1} + 2\delta\|e^u\|\|N\|_{H^1}\\
&\quad + ch\|e^M\|\|N\|_{H^1} + ch^3\|\nabla\cdot e^M\|\|z\|_{H^3}\\
&\le ch^2\|u\|_{H^3}\|\nabla e^u\| + c\delta h^3\|u\|_{H^3}\|\nabla e^u\| + 2\delta\|e^u\|\|\nabla e^u\|\\
&\quad + ch\|e^M\|\|\nabla e^u\| + ch^3\|\nabla\cdot e^M\|\|\nabla e^u\|
\end{aligned}$$

bzw.

$$\|\nabla e^u\| \le ch^2\|u\|_{H^3} + c\delta h\|u\|_{H^3} + 2\delta\|e^u\| + ch\|e^M\| + ch^3\|\nabla\cdot e^M\|$$

Verwendung der Abschätzung (5.3.107) ergibt weiter

$$\|\nabla e^u\| \le ch^2\|u\|_{H^3} + c\delta h^3\|u\|_{H^3} + 2\delta\|e^u\| + ch\|e^M\| + ch^3\big\{\|M\|_{H^1} + ch^{-1}\|e^M\|\big\},$$

und bei hinreichend kleiner Wahl von δ,

$$\|\nabla e^u\| \le ch^2\|u\|_{H^3} + ch\|e^M\|.$$

Durch Kombination dieser Abschätzung mit (5.3.108) ergibt sich

$$\|e^M\| \le \varepsilon h^{-1}\big\{ch^2\|u\|_{H^3} + ch\|e^M\|\big\} + c\varepsilon^{-1}h\|M\|_{H^1} \tag{5.3.114}$$

und folglich bei Wahl von ε hinreichend klein,

$$\|\nabla e^u\| + h\|e^M\| \le ch\|u\|_{H^3}.$$

Dies vervollständigt den Beweis. Q.E.D.

Die primal-gemischte Diskretisierung mit *quadratischen* Ansätzen hat auf gleichförmigen Gittern die Komplexität $\dim(H_h \times W_h) \approx (4+12)h^{-2}$, d. h. ist bezogen auf die erreichbare Ordnung $\|\nabla(u-u_h)\| = \mathcal{O}(h^2)$ verglichen mit dem nicht-konformen Morley- oder Adini-Verfahren recht teuer. Daher lohnt es sich, auch die billigere Variante einer primal-gemischte Diskretisierung mit nur *linearen* Ansätzen zu betrachten. Diese hätte die reduzierte Komplexität $\dim(H_h \times W_h) \approx (1+3)h^{-2}$, welche derjenigen der nicht-konformen Verfahren entspricht. Der Nachweis einer entsprechenden Konvergenzordnung ist bisher aber nur unter zusätzlichen Strukturannahmen an die verwendeten Gittern gelungen.

Definition 5.3: *Ein (ebenes) Dreiecksgitter $\mathbb{T}_h$ heißt „Dreirichtungsgitter", wenn alle Seiten der Dreiecke $T \in \mathbb{T}_h$ parallel zu drei festen Richtungsvektoren sind. Es heißt „inneres Dreirichtungsgitter", wenn es „Dreirichtungsgitter" bis möglicherweise auf einen Streifen entlang des Randes der Dicke $\mathcal{O}(h)$ ist.*

Satz 5.7: *[Primal-gemischt] Für die primal-gemischte Diskretisierung (5.3.95, 5.3.96) mit linearen Ansätzen auf „inneren Dreirichtungsgittern" gilt die Fehlerabschätzung*

$$\|\nabla(u-u_h)\| + \|M - M_h\| \le ch^{1/2}\|l\|_{H^{-1}}. \tag{5.3.115}$$

Beweis: Der technisch aufwendige Beweis wird hier nicht gegeben. Q.E.D.

Bemerkung 5.9: Wir stellen wieder einen Leistungsvergleich mit den anderen Ansätzen für das Plattenproblem an. Die Komplexität der Diskretisierung ist im Falle eines einfachen linearen oder bilinearen Ansatzes $\dim(V_{h,0} \times W_h) \approx 4h^{-2}$, also vergleichsweise niedrig. Allerdings ist die erzielbare Genauigkeit auch nicht sehr hoch. Dazu kommt die Schwierigkeit bei der Lösung der indefiniten, algebraischen Systeme. Dies lässt den betrachteten „primal-gemischten" Ansatz als wenig attraktiv im Vergleich etwa zum Adini-Element erscheinen.

„Dual-gemischte" Diskretisierung

Wir wollen noch einen weiteren gemischten Ansatz erwähnen, der einige Probleme des eben betrachteten primal-gemischen vermeidet. Das Ziel ist es, die Anzahl der lokalen Freiheitsgrade für ω_h zu erhöhen, ohne notwendig den Polynomgrad heraufzusetzen. Ausgangspunkt ist wieder die *primal-gemischte* Formulierung für das Paar $\{u, M\} := \{u, \nabla^2 u\} \in H \times W := H_0^1(\Omega) \times H^1(\Omega)^{2\times 2}_{\text{sym}}$ der Verschiebung und Biegemomente:

$$(\nabla \cdot M, \nabla\varphi) = l(\varphi) \quad \forall \varphi \in H, \tag{5.3.116}$$

$$(M, \Psi) - (\nabla u, \nabla \cdot \Psi) = 0 \quad \forall \Psi \in W. \tag{5.3.117}$$

In dieser Formulierung brauchen die Biegemomente statt $M \in W$ eigentlich nur die folgende reduzierte Regularität zu haben:

$$M \in \widetilde{W} := \big\{\Psi \in L^2(\Omega)^{2\times 2}_{\text{sym}} \mid \nabla\cdot\Psi = (\partial_j \Psi_{ij})_{i=1}^2 \in L^2(\Omega)^2\big\},$$

was offenbar schwächer ist als die Forderung $M \in W = H^1(\Omega)^{2\times 2}_{\text{sym}}$. Die zugehörige sog. „dual-gemischte" Formulierung des Plattenproblems lautet dann:
Finde ein Paar $\{u, M\} \in H \times \widetilde{W}$, *so dass*

$$(\nabla\cdot M, \nabla\varphi) = l(\varphi) \quad \forall \varphi \in H, \tag{5.3.118}$$

$$(M, \Psi) - (\nabla u, \nabla\cdot\Psi) = 0 \quad \forall \Psi \in \widetilde{W}. \tag{5.3.119}$$

Die Existenz von eindeutigen Lösungen erschließt man dann analog zur primal-gemischten Formulierung wieder aus den Resultaten für die primale Formulierung.

Auf „zulässigen" Dreieckszerlegungen $\mathbb{T}_h = \{K\}$ werden hierzu für $m \in \mathbb{N}$ die folgenden modifizierten Ansatzräume definiert:

$$H_h := \{\varphi_h \in H_0^1(\Omega) |\ \varphi_{h|K} \in P_m(K),\ K \in \mathbb{T}_h\},$$

$$\widetilde{W}_h := \{\Psi_h \in L^2(\Omega)^{2\times 2}_{\text{sym}} |\ \Psi_{h|K} \in P_{m-1}(K)^{2\times 2}_{\text{sym}},\ K \in \mathbb{T}_h,\ \Psi^{nn}_{h|\Gamma} \text{ stetig},\ \Gamma \in \partial\mathbb{T}_h\},$$

mit der Bezeichnung $M_h^{nn} := n\cdot M_h\cdot n$. Auf jeder Zelle $K \in \mathbb{T}_h$ der 3-dimensionale Ansatz $\Psi_{h|K} \in P_0(K)^{2\times 2}_{\text{sym}}$ durch Vorgabe der 3 Knotenwerte $n\cdot\Psi_h\cdot n_\Gamma$, $\Gamma \subset \partial K$ eindeutig festgelegt. Durch partielle Integration erhalten wir

$$\begin{aligned}(\nabla\cdot M_h, \nabla\varphi_h) &= \sum_{K\in\mathbb{T}_h} (\nabla\cdot M_h, \nabla\varphi_h)_K = \sum_{K\in\mathbb{T}_h} \Big\{(n\cdot M_h, \nabla\varphi_h)_{\partial K} - (M_h, \nabla^2\varphi_h)_K\Big\} \\ &= \sum_{K\in\mathbb{T}_h} \Big\{(n\cdot M_h\cdot n, \partial_n\varphi_h)_{\partial K} + (n\cdot M_h\cdot\tau, \partial_\tau\varphi_h)_{\partial K} - (M_h, \nabla^2\varphi_h)_K\Big\},\end{aligned}$$

und folglich wegen der Stetigkeit von φ_h über die Zellränder ∂K,

$$(\nabla\cdot M_h, \nabla\varphi_h) = \sum_{K\in\mathbb{T}_h} \big\{(M_h, \nabla^2\varphi_h)_K - (M_h^{nn}, \partial_n\varphi_h)_{\partial K}\big\} =: b_h(M_h, \varphi_h).$$

Mit dieser Notation lautet die diskrete dual-gemischte Formulierung wie folgt:
Finde $\{u_h, M_h\} \in H_h \times \widetilde{W}_h$, *so dass*

$$b_h(M_h, \varphi_h) = -l(\varphi_h) \quad \forall \varphi_h \in H_h, \tag{5.3.120}$$

$$(M_h, \Psi_h) + b_h(\Psi_h, u_h) = 0 \quad \forall \Psi_h \in \widetilde{W}_h. \tag{5.3.121}$$

Satz 5.8 (Dual-gemischt): *Für das „dual-gemischte" Schema (5.3.120), (5.3.121) mit linearen ($m = 1$) oder quadratischen ($m = 2$) Verschiebungsansätzen und zugehörigen konstanten ($m - 1 = 0$) bzw. linearen ($m - 1 = 1$) Biegemomentansätzen gilt die Fehlerabschätzung*

$$\|\nabla(u - u_h)\| + h\|M - M_h\| \le ch^m \|\nabla^{1+m} u\|, \quad m \in \{1, 2\}. \tag{5.3.122}$$

Beweis: i) Ähnlich wie beim primal-gemischten Verfahren kann die behauptete Fehlerabschätzung (5.3.122) direkt aus den Variationsgleichungen (5.3.120), (5.3.121) unter Verwendung von Galerkin-Orthogonalität und einer „inf-sup"-Stabilitätsungleichung abgeleitet werden. Wir werden hier einen anderen Beweisweg beschreiten, der bereits gewonnene Ergebnisse für nicht-konforme Platten-Elemente verwendet. Wir skizzieren den Beweis nur für den einfachsten Fall $m = 1$ linearer Verschiebungs- und konstanter Biegemomenteansätze.

ii) Die Stetigkeitsforderung an Tensorfunktionen $\Psi_h \in \widetilde{W}_h$ kann auch variationell ausgedrückt werden wie folgt:

$$c_h(\mu_h, \Psi_h) := \sum_{\Gamma \in \partial \mathbb{T}_h} (\mu_h, [\Psi_h^{nn}])_\Gamma = 0 \quad \forall \mu_h \in \mathcal{L}_h,$$

mit dem Kantentestraum

$$\mathcal{L}_h := \{\lambda_h \in L^2(\cup\{\Gamma \in \partial \mathbb{T}_h\}) \,|\, \lambda_{h|\Gamma} \in P_0(\Gamma),\, \lambda_{h|\Gamma_c} = 0\}$$

und dem Sprung $[\Psi_h^{nn}]$ von Ψ_h^{nn} über die Kante Γ; für $\Gamma \subset \partial\Omega$ wird wieder $[\Psi_h^{nn}] = \Psi_h^{nn}$ gesetzt. Damit ist das diskrete Sattelpunktsproblem (5.3.120) -(5.3.121) äquivalent zur folgenden Formulierung:

$$b_h(M_h, \varphi_h) = -l(\varphi_h) \quad \forall \varphi_h \in H_h, \tag{5.3.123}$$

$$(M_h, \Psi_h) + b_h(\Psi_h, u_h) + c_h(\lambda_h, \Psi_h) = 0 \quad \forall \Psi_h \in \widetilde{\widetilde{W}}_h, \tag{5.3.124}$$

$$c_h(\mu_h, M_h) = 0 \quad \forall \mu_h \in \mathcal{L}_h. \tag{5.3.125}$$

Offenbar ist dieses Problem genau dann lösbar, wenn es die Formulierung (5.3.120)-(5.3.121) ist; in diesem Fall stimmen die ersten beiden Komponenten $\{u_h, M_h\} \in H_h \times \widetilde{\widetilde{W}}_h$ mit der Lösung von (5.3.120), (5.3.121) überein. Wir wollen nun zeigen, dass dieses modifizierte System algebraisch äquivalent zu einer Variante des nicht-konformen Plattenelements von Morley ist. Der zugehörige Ansatzraum ist

$$\begin{aligned} V_h^M := \{&\varphi_h \in L^2(\Omega) \,|\, \varphi_{h|K} \in P_2(K),\, K \in \mathbb{T}_h,\, \varphi_h \text{ stetig in Eckpunkten},\\ &\partial_n \varphi_h \text{ stetig in Seitenmitten und beide jeweils gleich Null auf dem Rand } \partial\Omega\}. \end{aligned}$$

Das Morley-Verfahren bestimmt dann $u_h^* \in V_h^M$ als Lösung der Gleichung

$$(\nabla^2 u_h^*, \nabla^2 \varphi_h)_h = l_h(I_h^{(1)} \varphi_h) \quad \forall \varphi_h \in V_h^M, \tag{5.3.126}$$

wobei $I_h^{(1)} \varphi_h \in H_0^1(\Omega)$ wieder die *lineare* (stetige) Knoteninterpolierende von φ_h bezeichnet. Hierfür haben wir oben bereits die folgende Fehlerabschätzung gezeigt:

$$\|\nabla(u - u_h^*)\|_h + h\|\nabla^2(u - u_h^*)\|_h \le ch^2 \|u\|_{H^3}. \tag{5.3.127}$$

Zu der Morley-Lösung $u_h^* \in V_h^M$ definieren wir durch die Setzung

$$u_{h|K} := I_h^{(1)} u_{h|K}^*, \quad M_{h|K} := \nabla^2 u_{h|K}^*, \quad \lambda_{h|\Gamma} := |\Gamma|^{-1} \int_\Gamma \partial_n u_h^* \, ds$$

ein Tripel $\{u_h, M_h, \lambda_h\} \in H_h \times \widetilde{\widetilde{W}}_h \times \mathcal{L}_h$. Dieses ist dann Lösung der modifizierten dual-gemischten Formulierung (5.3.123) - (5.3.125). Dies sieht man wie folgt: Zunächst gilt mit $\varphi_h \in H_h$ definitionsgemäß

$$b_h(M_h, \varphi_h) = \sum_{K \in \mathbb{T}_h} \{(M_h, \nabla^2 \varphi_h)_K - (M_h^{nn}, \partial_n \varphi_h)_{\partial K}\} = -(\nabla \cdot M_h, \nabla \varphi_h)$$

Als nächstes gilt (Übungsaufgabe)

$$c_h(\mu_h, M_h) = \dots$$

Schließlich gilt (Übungsaufgabe)

$$a(M_h, \Psi_h) + b_h(u_h, \Psi_h) + c_h(\lambda_h, \Psi_h) = \dots$$

Mit Hilfe der obigen Fehlerabschätzung (5.3.127) für das Morley-Verfahren folgt damit

$$\|\nabla(u - u_h)\| + \|M - M_h\| \le ch\|u\|_{H^3},$$

was zu zeigen war. Q.E.D.

Bemerkung 5.10: Die lokale Dimension der einfachsten Variante ($k = 1$) dieses dual-gemischten Ansatzes ist $\dim(H_h \times W_h) \approx 4h^{-2}$, was der des nichtkonformen Morley-Elements entspricht. Ebenso sind offenbar die erreichbaren Konvergenzordnungen dieselben.

Bemerkung 5.11: Das modifizierte dual-gemischte Schema (5.3.123) - (5.3.125) ist von eigenem Interesse, da die Momentenansätze in $\widetilde{W}_h$ unstetig und folglich die zugehörige „Massematrix" $\tilde{A}_h$ zur Bilinearform $a(\cdot,\cdot)$ blockdiagonal und damit explizit invertierbar ist. Durch Verwendung der Inversen $\tilde{A}_h^{-1}$ erhalten wir ein reduziertes System für die Knotenvariablen $\{x_h, z_h\}$ zu $\{u_h, \lambda_h\} \in H_h \times \mathcal{L}_h$ der Form:

$$\begin{bmatrix} \tilde{B}_h \tilde{A}_h^{-1} \tilde{B}_h^T & \tilde{B}_h \tilde{A}_h^{-1} C_h^T \\ C_h \tilde{A}_h^{-1} \tilde{B}_h^T & C_h \tilde{A}_h^{-1} C_h^T \end{bmatrix} = \begin{bmatrix} x_h \\ z_h \end{bmatrix} = \begin{bmatrix} b_h \\ o_h \end{bmatrix}. \tag{5.3.128}$$

Die Koeffizientenmatrix ist symmetrisch und positiv-definit.

6 FE-Methoden für inkompressible Strömungen

In diesem Kapitel diskutieren wir die Anwendung der Methode der finiten Elemente zur numerischen Lösung der inkompressiblen Navier-Stokes-Gleichungen. Für weitere Details sei auf die Übersichtsartikel Glowinski [111], Becker et al. [99] und [131, 132, 133, 134, 135, 136], verwiesen.

6.1 FEM für die Stromfunktionsformulierung

In diesem Abschnitt diskutieren wir die Anwendung der Methode der finiten Elemente zur numerischen Lösung der stationären Stromfunktionsformulierung der inkompressiblen Navier-Stokes-Gleichungen. Die Diskretisierung dieses Randwertproblems vierter Ordnung folgt denselben Prinzipien wie die bei der schon betrachteten verwandten „Plattengleichung". Wir betrachten zunchst wieder die klassischen „primalen" Approximationen, als deren Verallgemeinerungen die „nicht-konformen" Ansätze und dann durch Übergang zu einer anderen variationellen Formulierung auch „gemischte" Verfahren. Um den exemplarischen Charakter dieser Diskussion zu wahren, werden wir uns auf die einfachste Randwertaufgabe der Stromfunktionsgleichung beschränken, d. h. werden nur homogene Dirichlet-Randbedingungen betrachten und uns meist sogar mit dem linearen Fall begnügen. Dasselbe gilt für die betrachteten Diskretisierungen. Im Interesse einer leichten Verständlichkeit werden jeweils wieder nur die einfachsten Vertreter der verschiedenen Verfahrensklassen beschrieben, auch wenn diese vielleicht nicht die „besten" Verfahren für die allgemeinen Praxis sind. Beweise werden nur gegeben, wenn diese von der entsprechenden Argumentation bei der Plattengleichung abweichen.

Wir formulieren nochmals die (nichtlineare) Stromfunktionsgleichung in variationeller Form mit homogenen Dirichlet-Randbedingungen:
(P) *Gesucht is ein* $\Psi \in H_0^2(\Omega)$ *mit der Eigenschaft*

$$\nu(\Delta\Psi, \Delta\varphi) - (\partial_1\Psi\Delta\Psi, \partial_2\varphi) - (\partial_2\Delta\Psi, \partial_1\varphi) = (f, \mathrm{rot}\varphi) \quad \forall\varphi \in H_0^2(\Omega). \tag{6.1.1}$$

Zur Abkürzung wird im Folgenden $\nu = 1$ gesetzt und meist nur die lineare Gleichung betrachtet

$$(\Delta\Psi, \Delta\varphi) = (f, \mathrm{rot}\varphi) \quad \forall\varphi \in H_0^2(\Omega). \tag{6.1.2}$$

Wenn in der ursprünglichen Navier-Stokes-Gleichungen die Volumenkraftdichte die „minimale" Regularität $f \in L^2(\Omega)$ besitzt, definiert $F(\varphi) := (f, \mathrm{rot}\varphi)$ offenbar ein stetiges lineares Funktional auf $H_0^1(\Omega)$, d. h.: $F(\cdot) \in H^{-1}(\Omega)$. Der Stromfunktionsoperator Δ^2 (Biharmonischer Operator) sollte Funktionale in $H^{-1}(\Omega)$ in Lösungen in $H^3(\Omega)$, dem Sobolew-Raum der L^2-Funktionen mit verallgemeinerten Ableitungen bis zur Ordnung drei in $L^2(\Omega)$, abbildet. Auf Gebieten mit den bereits oben beschriebenen Eigenschaften, Ω konvex oder $\partial\Omega$ glatt, ist dies tatsächlich der Fall. Der Operator

$$\Delta^2 : H_0^2(\Omega) \cap H^3(\Omega) \quad \to \quad H^{-1}(\Omega)$$

ist dann ein Isomorphismus, und es gilt insbesondere die a priori Abschätzung

$$c\|\nabla^2\Psi\| \le \|F\|_{-1} := \sup_{\varphi\in H_0^1(\Omega)} \frac{|(f,\mathrm{rot}\varphi)|}{\|\nabla\varphi\|} \le c'\|f\|. \tag{6.1.3}$$

Diese Regularitätsstufe $\Psi \in H_0^2(\Omega)\cap H^3(\Omega)$ erscheint also als generisch für die Stromfunktion und wird im Folgenden immer als gegeben angenommen. Zur einfacheren Konstruktion der FE-Approximation wird weiter das Gebiet Ω als ein konvexes Polygongebiet angenommen. Die Lösung $\Psi \in H_0^2(\Omega)\cap H^3(\Omega)$ erfüllt dann auch die Beziehung

$$-(\nabla\Delta\Psi,\nabla\varphi) = (f,\mathrm{rot}\varphi) \quad \forall\varphi\in H_0^1(\Omega),$$

was man durch partielle Integration in (6.1.2) und Ausnutzung der Dichtheit von $H_0^2(\Omega)$ in $H_0^1(\Omega)$ erschließt.

6.1.1 Konforme primale Ansätze

Der Vollständigkeit halber werden im Folgenden die wesentlichen Begriffe und Tatsachen aus dem Kapitel über die Numerik der Plattengleicung wiederholt. Wir betrachten zunächst das lineare Problem (6.1.2). Seien $\mathbb{T}_h = \{K\}$ wieder Zerlegungen von $\bar\Omega$ in abgeschlossene Zellen K (Dreiecke oder Vierecke) der maximalen Weite $h := \max_{K\in\mathbb{T}_h}\mathrm{diam}(K)$. Diese Zerlegungen sollen die folgenden, üblichen Regularitätseigenschaften haben, deren Formulierungen auf Dreiecks- und Viereckszerlegungen zugeschnitten sind:

1. *Strukturregularität:* Je zwei Zellen haben höchstens eine ganze Kante oder einen Eckpunkt gemeinsam.
2. *Formregularität:* Es bezeichnen h_K den Durchmesser und ρ_K den minimale Abstand eines Eckpunkts der Zelle K zu der gegenüberliegenden Seite. Es gibt eine Konsatnte $c_1 > 0$, so dass
$$\sup_{h>0}\max_{K\in\mathbb{T}_h}\frac{h_K}{\rho_K} \le c_1.$$
3. *Größenregularität:* Es gibt eine h-unabhängige Konstante $c_2 > 0$, so dass
$$\max_{K\in\mathbb{T}_h} h_K \le c_2 \min_{K\in\mathbb{T}_h} h_K.$$

Wir nehmen im Folgenden stets an, dass die verwendeten Gitter $\mathbb{T}_h$ struktur- und formregulär sind. Größenregularität ist für die meisten Resultate nicht notwendig, was z. B. lokale Gitterverfeinerung im Rahmen adaptiver Techniken erlaubt. Für spätere Zwecke definieren wir noch die Menge $\partial\mathbb{T}_h = \{\Gamma\}$ aller Kanten von Zellen in $\mathbb{T}_h$.

Auf den Gittern $\mathbb{T}_h$ werden Finite-Elemente-Ansatzräume definiert:

$$V_h := \{\varphi_h \in L^2(\Omega)|\, \varphi_{h|K}\in P(K),\ K\in\mathbb{T}_h,\ \varphi_h \text{ stetig und } \varphi_h = 0 \text{ auf } \partial\Omega \\ \text{bzgl. gewisser Knotenfunktionale } \chi(\cdot)\}.$$

Dabei sind $P(K)$ gewisse Vektorräume von Polynomen auf der Zelle K. Meist ist $P(K) = P_k(K)$ ein voller Polynomraum (Polynome vom Grad $\leq k$), oder $P(K) = P_k(K) \oplus \mathrm{span}(p_1, \dots, p_r)$ mit gewissen Polynomen p_i höherer als k-ter Ordnung. In diesen Räumen werden Approximationen $\Psi_h \in V_h$ zu $\Psi \in V := H_0^2(\Omega)$ gesucht. Die konkreten FE-Ansätze auf den einzelnen Zellen $K \in \mathbb{T}_h$ ergeben sich dabei mit Hilfe einer linearen bzw. bilinearen Transformation $\varphi_K : \hat{K} \to K$ von einer „Referenzzelle“ $\hat{K}$ (z. B. Einheitsdreieck oder Einheitsviereck im $\mathbb{R}^2$) auf K (sog. „isoparametrischer“ Ansatz):

$$v_{h|K}(x) := \hat{v}_h(\varphi_K^{-1}(x)), \quad x \in K.$$

Definition 6.1: *Der Finite-Elemente-Ansatzraum V_h wird „konform (bzgl. $V = H_0^2(\Omega)$)“ genannt, wenn $V_h \subset V$ ist, andernfalls „nicht-konform“.*

Konformität bzgl. $H_0^2(\Omega)$ bedingt bei einer stückweise polynomialen Ansatzfunktion Ψ_h die Stetigkeit von Ψ_h und $\nabla\Psi_h$ über die Zellgrenzen hinweg sowie das Verschwinden von Ψ_h und $\nabla\Psi_h$ auf dem Polygonzug $\partial\Omega$. Gängige Beispiele H_0^2-konformer Ansätze sind im Kapitel zur Numerik der Plattengleichung angegeben und werden deswegen nicht noch einmal wiederholt.

Für einen *konformen* Ansatz lautet die Gleichung zur Bestimmung von $\Psi_h \in V_h$:

$$(\Delta\Psi_h, \Delta\varphi_h) = (f, \mathrm{rot}\varphi_h) \quad \forall \varphi_h \in V_h. \tag{6.1.4}$$

Die eindeutige Lösbarkeit folgt mit demselben Argument wie für das zugehörige kontinuierliche Problem (Darstellungssatz von Riesz). Analog zur FE-Approximation der Poisson-Gleichung gilt wieder die „Galerkin-Orthogonalität“ für den Fehler $e_h := \Psi - \Psi_h$:

$$(\Delta e_h, \Delta\varphi_h) = 0, \quad \varphi_h \in V_h. \tag{6.1.5}$$

Die Zuordnung $\Psi_h := R_h\Psi$ ist daher eine orthogonale Projektion bzgl. des Skalarprodukts $(\Delta\cdot, \Delta\cdot)$. Daher gilt wieder die Bestapproximationsbeziehung

$$\|\Delta e_h\| = \min_{\varphi_h \in V_h} \|\Delta(\Psi - \varphi_h)\|, \tag{6.1.6}$$

womit die Frage nach der Konvergenz der Approximation, $\Psi_h \to \Psi$ $(h \to 0)$ zurückgeführt ist auf ein lokales Approximationsproblem. Für die üblichen FE-Räume V_h gibt es einen zellweise definierten „Interpolationsoperator“ $I_h : V \cap H^3(\Omega) \to V_h$, so dass

$$\|\nabla^2(\Psi - I_h\Psi)\|_K \leq c_i h_K \|\nabla^3\Psi\|_K, \quad K \in \mathbb{T}_h. \tag{6.1.7}$$

Mit Hilfe dieser Abschätzung erschließt man direkt dier erste Fehlerabschätzung für die FE-Approximatioin:

$$\|\nabla^2(\Psi - \Psi_h)\| \leq ch\|f\|. \tag{6.1.8}$$

Die *konformen* FE-Ansätze haben Systemmatrizen

$$A = \big((\Delta\varphi_h^{(j)}, \Delta\varphi_h^{(i)})\big)_{i,j=1}^N, \quad N := \dim V_h,$$

mit einer großen Bandbreite wegen der Kopplung der vielen lokalen Freiheitsgrade. Ferner bedingt die Verwendung höherer Ableitungen als Knotenwerte unterschiedliche Skalierung (mit h-Potenzen) der Matrixelemente. Die Verwendung niedriger Polynomgrade wäre daher wünschenswert. Die Konditionierung der Systemmatrizen ist in Abhängigkeit von der Ordnung des zugrunde liegenden Differentialoperators Δ^2 für alle Ansätze sehr schlecht, nämlich

$$\mathrm{cond}_2(A) = \mathcal{O}(h^{-4}).$$

6.1.2 Nicht-konforme primale Ansätze

Die Schwierigkeit bei der Konstruktion *konformer* Finite-Elemente-Ansätze legt es nahe, die Stetigkeitsforderungen abzuschwächen, um mit niedrigeren Polynomgraden auszukommen. Wir betrachten wieder als einfachstes Beispiel das quadratische „Morleysche Dreieckselement“ mit den Ansatzräumen

$$V_h := \{\varphi \in L^2(\Omega) |\ \varphi_{|K} \in P_2(K),\ K \in \mathbb{T}_h,\ \chi_a(\varphi), \chi_b(\varphi) \text{ stetig und gleich null für Knotenpunkte auf } \partial\Omega\},$$

mit den Knotenfunktionalen (a Eckpunkte, b Seitenmitten):

$$P(K) = P_2(K), \quad \dim P_2(K) = 6,$$
$$\chi_\Omega(\varphi) \in \{\varphi(a), \partial_n\varphi(b)\},.$$
$$\chi_{\partial\Omega(\varphi)} \in \{\varphi(a), \partial_n\varphi(b)\}.$$

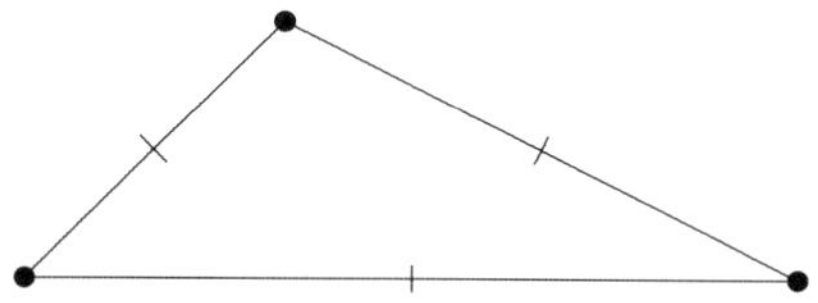

Alternativ kann man als Knotenfunktionale für das Morley-Element statt der Funktionswerte $\partial_n\varphi(b)$ auch die Mittelwerte

$$\chi_\Gamma(\varphi) := |\Gamma|^{-1} \int_\Gamma \partial_n\varphi\, ds$$

über Zellkanten Γ verwenden. Diese Wahl hat den Vorteil, dass die zugehörige natürliche Knoteninterpolation dann für alle Funktionen aus $H_0^2(\Omega)$ definiert ist. Weitere Beispiele *nichtkonformer* finiter Elemente finden sich im Kapitel über die Numerik der Plattengleichung.

Wir wollen nun Modifikationen der variationellen Formulierung (6.1.2) der Stromfunktionsgleichung für nichtkonforme Ansätze diskutieren. Dabei wird sich erweisen, dass ein zu „naiver“ Diskretisierungsansatz leicht in die Irre führen kann. Wegen der Nichtkonformität des Ansatzes ist die Bilinearform $(\Delta\cdot, \Delta\cdot)$ nicht für Funktionen aus V_h definiert. Es ist naheliegend, stattdessen die „stückweise“ definierte Form

$$(\Delta\varphi, \Delta\psi)_h := \sum_{K\in\mathbb{T}_h} (\Delta\varphi, \Delta\psi)_K$$

zu verwenden, wobei der der Index K wieder Integration über die Zelle K bedeutet., Analog wird die rechte Seite modifiziert zu

$$(f, \mathrm{rot}(\psi))_h := \sum_{K\in\mathbb{T}_h} (f, \mathrm{rot}(\psi))_K.$$

Als diskretes Problem ist dann ein $\varphi_h \in V_h$ zu bestimmen mit

$$(\Delta\varphi_h, \Delta\psi_h)_h = (f, \mathrm{rot}(\psi_h))_h \quad \forall \psi_h \in V_h. \tag{6.1.9}$$

Dieses Problem ist aber nicht wohl gestellt, da die Bilinearform $(\Delta\cdot, \Delta\cdot)_h$ nicht notwendig definit ist. Dies wird anhand des folgenden, einfachen Beispiels belegt.

Beispiel 6.1: Auf einem Gitter bestehend aus vier Zellen betrachten wir die Funktion

$$\varphi(x,y) = \begin{cases} x(1-x) - y(1-y) & \text{auf } K_1, \\ x(1+x) + y(1-y) & \text{auf } K_2, \\ -x(1+x) + y(1+y), & \text{auf } K_3, \\ -x(1-x) - y(1+y), & \text{auf } K_4. \end{cases}$$

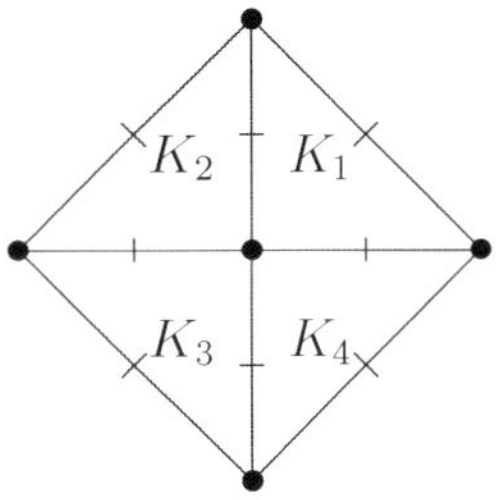

Diese Funktion hat die Eigenschaften $\varphi(a_i) = 0$ $(i = 1, \dots, 5)$, und $\partial_n\varphi(b_j) = 0$ in Seitenmitten auf dem Rand. Ferner ist $\partial_n\varphi(b_j)$ stetig in inneren seitenmitten. Es gilt jedoch $\|\Delta\varphi\|_h = 0$.

Wir diskutieren jetzt die Morley-Approximation in etwas mehr Detail. Der zugehörige Ansatzraum sei mit V_h^M bezeichnet. Aufgrund der vorausgehenden Überlegung muss das variationelle Problem zur Verwendung des Morley-Elements angepasst werden. Eine Stabilisierung der Bilinearform $(\Delta\cdot, \Delta\cdot)$ ist erforderlich. In Anlehnung an die Situation bei der biharmonischen Gleichung in der Plattenstatik (Kirchhoffsches Plattenmodell) führen wir den folgenden Ausdruck ein:

$$A[\nabla^2\varphi, \nabla^2\psi] := \Delta\varphi\Delta\psi + \sigma\{2\partial_1\partial_2\varphi\partial_1\partial_2\psi - \partial_1^2\varphi\partial_2^2\psi - \partial_2^2\varphi\partial_1^2\psi\}$$

mit einer Konstanter $\sigma \in (0,1]$. Offenbar gilt $A[\nabla^2\varphi, \nabla^2\psi] = A[\nabla^2\psi, \nabla^2\varphi]$ und wegen

$$A[\nabla^2\varphi, \nabla^2\varphi] = (\partial_1^2\varphi)^2 + (\partial_2^2\varphi)^2 + 2(1-\sigma)\partial_1^2\varphi\partial_2^2\varphi + 2\sigma(\partial_1\partial_2\varphi)^2$$

auch

$$\sigma|\nabla^2\varphi|^2 \le A[\nabla^2\varphi, \nabla^2\varphi] \le 2|\nabla^2\varphi|^2.$$

Es wird dann gesetzt:

$$A_h(\varphi, \psi) := \sum_{K\in\mathbb{T}_h} \int_K A[\nabla^2\varphi, \nabla^2\psi]\, dx.$$

Die modifizierte Bilinearform $A_h(\cdot,\cdot)$ ist dann für $0 < \sigma \le 1$ bzgl. des diskreten Skalarprodukts

$$(\nabla^2\varphi, \nabla^2\psi)_h := \sum_{K\in\mathbb{T}_h} (\nabla^2\varphi, \nabla^2\psi)_K$$

koerzitiv, d. h.:

$$A_h(\varphi,\varphi) \geq \sigma\|\nabla^2\varphi\|_h^2, \quad \varphi \in V \oplus V_h^M. \tag{6.1.10}$$

Dass hierdurch tatsächlich eine *definite* symmetrische Bilinearform und damit ein Skalarprodukt definiert ist, erschließt man leicht wie folgt: Ist $\|\nabla^2\varphi_h\|_h = 0$, so folgt $\nabla^2\varphi_{h|K} \equiv 0$ auf jeder Zelle $K \in \mathbb{T}_h$. Also ist φ_h linear. Wegen der geforderten Stetigkeit in den Eckpunkten ist dann $\varphi_h \in H_0^1(\Omega)$. In allen Zellen am Rand ist dann notwendig $\varphi_{h|K} \equiv 0$ wegen der Randbedingung $\partial_n\varphi_h(b) = 0$. Dies überträgt sich dann induktiv auf alle Zellen, so dass sich $\varphi_h \equiv 0$ auf ganz Ω ergibt. Folglich definiert $\|\nabla^2 \cdot\|_h$ eine Norm auf dem „Morley-Raum" V_h^M.

Das zugehörige diskrete Problem lautet dann: *Finde* $\Psi_h \in V_h^M$, *so dass*

$$A_h(\Psi_h,\varphi_h) = (f,\mathrm{rot}\varphi_h)_h \quad \forall\varphi_h \in V_h^M. \tag{6.1.11}$$

Wegen der Koerzitivitätsbeziehung (6.1.10) ist diese Aufgabe stets eindeutig lösbar.

6.1.3 Konvergenzanalyse für nichtkonforme Ansätze

Wir wollen einen allgemeinen Konvergenzsatz herleiten, welcher auf verschiedene nichtkonforme Ansätze anwendbar ist. Mit $I_h\psi \in V_h$ wird die natürliche „Knoteninterpolierende" von $\psi \in V \cap H^3(\Omega)$ bezeichnet. Für diese gilt allgemein

$$\|\psi - I_h\psi\| + h\|\nabla(\psi - I_h\psi)\|_h + h^2\|\nabla^2(\psi - I_h\psi)\|_h \leq ch^3\|\nabla^3\psi\|. \tag{6.1.12}$$

Für die Lösung $\psi \in V \cap H^3(\Omega)$ der Randwertaufgabe

$$(\Delta\psi,\Delta\varphi) = (g,\mathrm{rot}\varphi) \quad \forall\varphi \in V, \tag{6.1.13}$$

definieren wir auf $V_h \oplus V$ die Form

$$N_h(\psi,\varphi_h) := A_h(\psi,\varphi_h) - (g,\mathrm{rot}\varphi_h), \quad \varphi_h \in V_h \oplus V.$$

Speziell für die Lösung $\psi = \Psi$ (zur rechten seite $g = f$) und $\varphi_h \in V_h$ ist dann

$$N_h(\psi,\varphi) = A(\psi,\varphi) - (g,\mathrm{rot}\varphi) = 0, \quad \varphi \in V. \tag{6.1.14}$$

Wir definieren nun die Größen (Maß für die Approximationsgüte)

$$\tau_h^{(k)} := \sup_{\psi\in V\cap H^k(\Omega)} \inf_{\psi_h\in V_h} \frac{\|\nabla^2(\psi-\psi_h)\|_h}{\|\nabla^k\psi\|}, \quad k \geq 2,$$

sowie (Maß für die Nichtkonformität)

$$\delta_h^{(k)} := \sup_{\psi\in V\cap H^k(\Omega)} \sup_{\varphi\in V\oplus V_h} \frac{|N_h(\psi,\varphi)|}{\|\nabla^k\psi\|\,\|\nabla^2\varphi\|_h}, \quad k \geq 2.$$

Hilfssatz 6.1 (Stromfunktionsapproximation): *Für die Stromfunktion* $\Psi \in V \cap H^3(\Omega)$ *sei* $\Psi_h \in V_h^M$ *die durch (6.1.11) definierte, nicht-konforme Approximierende. Dann gelten für den Fehler* $e_h := \Psi - \Psi_h$ *die Abschätzungen*

$$\|\nabla^2 e_h\|_h \le c\{\tau_h^{(3)} + \delta_h^{(3)}\}\,\|f\|, \tag{6.1.15}$$

$$\|\nabla e_h\|_h \le c\{\tau_h^{(3)} + \delta_h^{(3)}\}^2\,\|f\|. \tag{6.1.16}$$

Beweis: (i) Sei $\psi_h \in V_h$ eine beliebige Approximierende der Lösung Ψ. Wir schätzen zunächst die Differenz $\tilde e_h := \psi_h - \Psi_h \in V_h$ ab. Es gilt

$$\begin{aligned}\sigma\|\nabla^2\tilde e_h\|_h^2 &\le A_h(\tilde e_h, \tilde e_h)\\ &= A_h(\psi_h - \Psi, \tilde e_h) + A_h(e_h, \tilde e_h) = A_h(\psi_h - \Psi, \tilde e_h) + N_h(\Psi, \tilde e_h),\end{aligned}$$

und folglich

$$\|\nabla^2 e_h\|^2 \le \frac{2+\sigma}{\sigma}\inf_{\psi_h\in V_h}\|\nabla^2(\Psi - \psi_h)\|_h + \frac{1}{\sigma}\sup_{\varphi_h\in V_h}\frac{|N_h(\Psi,\varphi_h)|}{\|\nabla^2\varphi_h\|_h}. \tag{6.1.17}$$

Diese Abschätzung ist eine Verallgemeinerung der üblichen „Galerkin-Bestapproximation" für nicht-konforme Ansätze (sog. „2. Strangsche Lemma"). Mit den oben definierten Größen erhalten wir also

$$\|\nabla^2 e_h\|_h \le c\{\tau_h^{(3)} + \delta_h^{(3)}\}\|\nabla^3\Psi\|.$$

Dies impliziert die Abschätzung (6.1.15).

(ii) Zum Nachweis von (6.1.16) verwenden wir ein Dualitätsargument. Sei $z \in V$ Lösung des Hilfsproblems

$$(\Delta\varphi, \Delta z) = (\mathrm{rot}\varphi, \mathrm{rot}e_h)_h \quad \forall \varphi \in V.$$

Die rechte Seite definiert offenbar ein stetiges lineares Funktional auf $H_0^1(\Omega)$. Folglich ist $z \in H^3(\Omega)$, und es gilt die a priori Abschätzung

$$\|\nabla^3 z\| \le c\|\mathrm{rot}e_h\|_h. \tag{6.1.18}$$

Aufgrund der Definition der Form $N_h(z, e_h)$ gilt dann

$$\|\mathrm{rot}e_h\|_h^2 = A_h(e_h, z) - N_h(z.e_h).$$

Mit der Knoteninterpolierenden $I_h z \in V_h$ folgt weiter

$$\begin{aligned}\|\mathrm{rot}e_h\|_h^2 &= A_h(e_h, z - I_h z) + A_h(e_h, I_h z) - N_h(z, e_h)\\ &= A_h(e_h, z - I_h z) + N_h(\Psi, I_h z) - N_h(z, e_h)\\ &= A_h(e_h, z - I_h z) + N_h(\Psi, I_h z - z) - N_h(z, e_h).\end{aligned}$$

Wir können also wie folgt abschätzen:

$$\begin{aligned}\|\mathrm{rot}e_h\|_h^2 &\le 2\|\nabla^2 e_h\|_h\|\nabla^2(z - I_h z)\|_h + \delta_h^{(3)}\|\nabla^3\Psi\|\,\|\nabla^2(z - I_h z)\|_h\\ &\quad + \delta_h^{(3)}\|\nabla^3 z\|\,\|\nabla^2 e_h\|_h\\ &\le \big\{2\tau_h^{(3)}\|\nabla^2 e_h\|_h + \delta_h^{(3)}\|\nabla^3\Psi\|\tau_h^{(3)} + \delta_h^{(3)}\|\nabla^2 e_h\|_h\big\}\|\nabla^3 z\|.\end{aligned}$$

Mit Hilfe der a priori Abschätzung (6.1.18) erschließen wir weiter

$$\|\mathrm{rot} e_h\|_h \le 2\tau_h^{(3)}\|\nabla^2 e_h\|_h + \delta_h^{(3)}\|\nabla^3\Psi\|\tau_h^{(3)} + \delta_h^{(3)}\|\nabla^2 e_h\|_h,$$

und unter Berücksichtigung der bereits gezeigten Abschätzung (6.1.15):

$$\|\mathrm{rot} e_h\|_h \le c(\tau_h^{(3)} + \delta_h^{(3)})^2\|\nabla^3\Psi\| + \tau_h^{(3)}\delta_h^{(3)}\|\nabla^3\Psi\|.$$

Hieraus ergibt sich die Abschätzung (6.1.16), was den Beweis vervollständigt. Q.E.D.

Die Anwendung dieses Hilfssatzes auf konkrete nicht-konforme Approximationen erfordert die Abschätzung der Größen $\tau_h^{(k)}$ und $\delta_h^{(k)}$. Dies erfolgt unter Ausnutzung der jeweiligen Struktur der verwendeten Ansatzfunktionen.

Satz 6.1 (Morley-Approximation): *Die Lösung der Stromfunktionsgleichung erfülle* $\Psi \in V \cap H^3(\Omega)$. *Dann gilt für den Fehler* $e_h := \Psi - \Psi_h$ *der Morley-Diskretisierung die a priori Fehlerabschätzung*

$$\|\nabla e_h\|_h + h\|\nabla^2 e_h\|_h \le ch^2\|f\|. \tag{6.1.19}$$

Beweis: Die Argumentation ist analog zu der bei dem entsprechenden Resultat für das Plattenproblem. Q.E.D.

Als Folgerung aus Satz 6.1 erhalten wir für das zur Stromfunktion Ψ gehörende Geschwindigkeitsfeld $v = \mathrm{rot}\Psi$ sowie die Wirbelstärke $\omega = -\Delta\Psi$ und die zugehörigen Approximierenden $v_{h|K} := \mathrm{rot}\Psi_K$ bzw. $\omega_{h|K} := -\Delta\Psi_{h|K}$ die Abschätzung

$$\|v - v_h\| + h\|\omega - \omega_h\| \le ch^2\|f\|. \tag{6.1.20}$$

Zum Abschluß formulieren wir noch ein Satz 6.1 entsprechendes Resultat für das nichtkonforme Adini-Element.

Satz 6.2 (Adini-Approximation): *Die Lösung der Stromfunktionsgleichung sei* $\Psi \in V \cap H^3(\Omega)$. *Dann gilt für den Fehler* $e_h := \Psi - \Psi_h$ *der Adini-Diskretisierung die a priori Fehlerabschätzung*

$$\|\nabla e_h\| + h\|\nabla^2 e_h\|_h \le ch^2\|f\|. \tag{6.1.21}$$

Wenn alle Innenwinkel von Ω *kleiner als* $\alpha_* \approx 126^o$ *sind und* $\mathrm{rot} f \in L^2(\Omega)$ *ist, gilt die verbesserte Fehlerabschätzung*

$$\|e_h\| + h\|\nabla e_h\| + h^2\|\nabla^2 e_h\|_h \le ch^4\|\mathrm{rot} f\|. \tag{6.1.22}$$

Beweis: Wir haben wieder die Größen $\tau_h^{(k)}$ und $\delta_h^{(k)}$ für das Adini-Element abzuschätzen. Dabei verfahren wir ähnlich wie für das Morley-Element. Die Ausführung des Beweises wird wieder als Übungsaufgabe gestellt. Q.E.D.

6.1.4 Gemischte Ansätze

Wir haben gesehen, dass die Konstruktion konformer Ansätze für das Stromfunktionsproblem nicht einfach ist und gewisse praktische Nachteile besitzt. Ein alternativer Weg ist wieder die Verwendung sog. „gemischter“ Methoden; dazu wird von einer anderen, „gemischten“ variationellen Formulierung des Problems ausgegangen. Wir schreiben die Differentialgleichung vierter Ordnung wieder als ein System von zwei Gleichungen zweiter Ordnung für die Streomfunktion Ψ und die Wirbelstärke ω:

$$-\Delta\Psi = \omega, \quad -\nu\Delta\omega + \partial_2(\partial_1\Psi\omega) + \partial_1(\partial_2\Psi\omega) = \mathrm{rot} f. \tag{6.1.23}$$

Gesucht ist also nun ein Paar $\{\omega, \Psi\} \in L^2(\Omega) \times H_0^2(\Omega)$, so dass

$$(\omega, \psi) + (\Delta\Psi, \psi) = 0 \quad \forall \psi \in L^2(\Omega), \tag{6.1.24}$$

$$\nu(\nabla\omega, \nabla\varphi) - (\partial_1\Psi\omega, \partial_2\varphi) - (\partial_2\Psi\omega, \partial_1\varphi) = (f, \mathrm{rot}\varphi) \quad \forall \varphi \in H_0^1(\Omega). \tag{6.1.25}$$

Dies ist keine für unsere Zwecke brauchbare variationelle Formulierung, da sie nach wie vor H_0^2-konforme Ansätze erfordert. Um dies zu umgehen, wird wieder in den obigen Gleichungen partiell integriert und wir erhalten die folgende „gemischte“ variationelle Formulierung der Stromfunktionsgleichung: *Finde* $\{\omega, \Psi\} \in H^1(\Omega) \times H_0^1(\Omega)$, *so dass*

$$(\omega, \psi) - (\nabla\Psi, \nabla\psi) = 0 \quad \forall \psi \in H^1(\Omega), \tag{6.1.26}$$

$$\nu(\nabla\omega, \nabla\varphi) - (\partial_1\Psi\omega, \partial_2\varphi) - (\partial_2\Psi\omega, \partial_1\varphi) = (f, \mathrm{rot}\varphi) \quad \forall \varphi \in H_0^1(\Omega). \tag{6.1.27}$$

In dieser Formulierung tritt die Randbedingung $\partial_n\Psi_{|\partial\Omega} = 0$ nicht mehr explizit auf. Sie ist zu einer „natürlichen“ Randbedingung geworden, die von jeder hinreichend glatten Lösung des Problems (6.1.26,6.1.27) automatisch erfüllt wird. Eine Komplikation stellen die nichtlinearen Terme dar, die für den gewählten Lösungsraum $H^1(\Omega) \times H_0^1(\Omega)$ gar nicht definiert sind. Sie erfordern etwas mehr Regularität für die Stromfunktionskomponente als im Ansatz $\Psi \in H_0^1(\Omega)$ verlangt wird. Die Formulierung (6.1.26, 6.1.27) kann aber trotzdem als Basis für eine Galerkin-Diskretisierung dienen. Wir konzentrieren uns im Folgenden wieder auf den linearen Fall und setzen $\nu = 1$. Die gemischte variationelle Formulierung erhält dann die Gestalt:

$$(\omega, \psi) - (\nabla\Psi, \nabla\psi) = 0 \quad \forall \psi \in H^1(\Omega), \tag{6.1.28}$$

$$(\nabla\omega, \nabla\varphi) = (f, \mathrm{rot}\varphi) \quad \forall \varphi \in H_0^1(\Omega). \tag{6.1.29}$$

Wir halten fest, dass für jede Lösung $\Psi \in V \cap H^3(\Omega)$ der „primalen“ Formulierung der Stromfunktionsgleichung mit $\omega := -\Delta\Psi$ eine Lösung $\{\omega, \Psi\} \in H^1(\Omega) \times H_0^1(\Omega)$ der „gemischten“ variationellen Formulierung (6.1.28,6.1.29) gegeben ist.

Satz 6.3: *Im linearen Fall hat die gemischte Formulierung (6.1.28,6.1.29) höchstens eine Lösung* $\{\omega, \Psi\} \in H^1(\Omega) \times H_0^1(\Omega)$, *und für jede solche Lösung gilt die a priori Abschätzung*

$$\|\omega\| + \|\nabla\Psi\| \le c\|f\|. \tag{6.1.30}$$

Beweis: Wir beweisen zunächst die Eindeutigkeitsaussage. Seien $\{\omega^1, \Psi^1\}$ und $\{\omega^2, \Psi^2\}$ zwei Lösungen. Für die Differenz $\{\omega, \Psi\} := \{\omega^1 - \omega^2, \Psi^1 - \Psi^2\}$ gilt dann

$$\begin{aligned}(\omega, \psi) - (\nabla\Psi, \nabla\psi) &= 0 \quad \forall\psi \in H^1(\Omega),\\ \nu(\nabla\omega, \nabla\varphi) &= 0 \quad \forall\varphi \in H_0^1(\Omega).\end{aligned}$$

Wir setzen $\psi := \omega$, $\varphi := \Psi$ und erhalten

$$\|\omega\|^2 = (\nabla\Psi, \nabla\omega) = 0,$$

bzw. $\omega = 0$. Mit $\psi := \Psi$ folgt dann auch

$$\|\nabla\Psi\|^2 = (\omega, \Psi) = 0, \tag{6.1.31}$$

bzw. $\Psi = 0$. Weiter erhält man bei der Setzung $\Psi := \omega$ in (6.1.28) und $\varphi := \Psi$ in (6.1.29):

$$\|\omega\|^2 = (\nabla\Psi, \nabla\omega) = (f, \mathrm{rot}\Psi) \le \|f\|\|\nabla\Psi\|, \tag{6.1.32}$$

und bei Setzung von $\psi := \Psi$ in (6.1.28):

$$\|\Psi\|^2 = (\omega, \Psi) \le c\|\omega\|\|\nabla\Psi\|. \tag{6.1.33}$$

Kombination dieser Abschätzungen ergibt die a priori Schranke (6.1.30). Q.E.D.

Bemerkung 6.1: Da man in (6.1.29) nicht mit $\varphi := \omega \notin H_0^1(\Omega)$ testen darf, gibt die Formulierung (6.1.28,6.1.29) direkt keine Kontrolle über $\|\nabla\omega\|$. Letztere gewinnt man erst auf dem Umweg über die primale Formulierung aus der (nichttrivialen) a priori Abschätzung

$$\|\nabla\omega\| \le \|\nabla^3\Psi\| \le c\|f\|. \tag{6.1.34}$$

Zur Diskretisierung der gemischten Formulierung (6.1.28, 6.1.29) verwenden wir einen H^1-konformen Ansatz:

$$\begin{aligned}V_h &:= \{\psi_h \in H^1(\Omega)|\ \psi_{h|K} \in P(K),\ K \in \mathbb{T}_h\},\\ V_h^0 &:= \{\varphi_h \in H_0^1(\Omega)|\ \varphi_{h|K} \in P^0(K),\ K \in \mathbb{T}_h\}.\end{aligned}$$

Die Polynomräume $P(K)$, $P^0(K)$ sind im einfachsten Fall gerade $P(K) = P^0(K) = P_1(K)$ *lineare* Dreieckselemente) oder $P(K) = P^0(K) = \tilde{Q}_1(K)$, (isoparametrische *bilineare* Viereckselemente). Die *gemischte* Finite-Elemente-Diskretisierung lautet dann wie folgt: *Finde* $\{\omega_h, \Psi_h\} \in V_h \times V_h^0$, *so dass*

$$(\omega_h, \psi_h) - (\nabla\Psi_h, \nabla\psi_h) = 0 \quad \forall\psi_h \in V_h, \tag{6.1.35}$$

$$(\nabla\omega_h, \nabla\varphi_h) = (f, \mathrm{rot}\varphi_h) \quad \forall\varphi_h \in V_h^0. \tag{6.1.36}$$

Im Hinblick auf die vorausgehende Bemerkung betrachten wir im Folgenden nur den Standardfall, dass die Ansätze für $\{\omega_h, \Psi_h\} \in V_h \times V_h^0$ die Eigenschaft $V_h^0 \subset V_h$ besitzen und insbesondere vom gleichen Polynomgrad sind, d. h.:

$$V_h^0 = \{\varphi_h \in V_h |\, \varphi_{h|\partial\Omega} = 0\}.$$

Dabei konzentrieren wir uns auf den einfachsten Fall linearer oder bilinearer Ansätze. Grundlage für die Fehleranalyse des gemischten Verfahrens ist wieder seine Galerkin-Orthogonalität, welche hier die folgende Form besitzt:

$$(\omega - \omega_h, \psi_h) - (\nabla(\Psi - \Psi_h), \nabla\psi_h) = 0, \quad \psi_h \in V_h, \tag{6.1.37}$$

$$(\nabla(\omega - \omega_h), \nabla\varphi_h) = 0, \quad \varphi_h \in V_h^0. \tag{6.1.38}$$

Satz 6.4 (Gemischte Approximation): *Für die Diskretisierung (6.1.35,6.1.36) mit linearen (oder bilinearen) Ansätzen gelten für die Fehler* $e_h^\omega := \omega - \omega_h$ *sowie* $e_h^\Psi := \Psi - \Psi_h$ *die a priori Abschätzungen*

$$\|e_h^\omega\| + \|\nabla e_h^\Psi\| \le ch^{1/2} L(h)^2 \|f\|, \tag{6.1.39}$$

wobei $L(h) := |\ln(h)| + 1$. *Für quadratische (oder bi-quadratische) Ansätze gilt*

$$\|e_h^\omega\| + h\|\nabla e_h^\Psi\| \le ch^2 \|f\|. \tag{6.1.40}$$

Beweis: Im Folgenden bezeichnen $P_h^0\Psi \in V_h^0$ sowie $P_h\omega \in V_h$ Approximierende von Ψ bzw. ω (Knoteninterpolierende, L^2-Projektion, etc.) mit den Eigenschaften

$$\|\Psi - P_h^0\Psi\| + h\|\nabla(\Psi - P_h^0\Psi)\| \le ch^2\|\nabla^2\Psi\|, \tag{6.1.41}$$

$$\|\omega - P_h\omega\| + h\|\nabla(\omega - P_h\omega)\| \le ch\|\nabla\omega\|. \tag{6.1.42}$$

i) Wir beginnen mit der Abschätzung von $\|\nabla e_h^\Psi\|$. Unter Verwendung der Orthogonalitätsbeziehung (6.1.37) folgt

$$\begin{aligned}
\|\nabla e_h^\Psi\| &= (\nabla e_h^\Psi, \nabla(\Psi - P_h^0\Psi)) + (\nabla e_h^\Psi, \nabla(P_h^0\Psi - \Psi_h)) \\
&= (\nabla e_h^\Psi, \nabla(\Psi - P_h^0\Psi)) + (e_h^\omega, P_h^0\Psi - \Psi_h) \\
&= (\nabla e_h^\Psi, \nabla(\Psi - P_h^0\Psi)) + (e_h^\omega, P_h^0\Psi - \Psi) + (e_h^\omega, e_h^\Psi) \\
&\le \|\nabla e_h^\Psi\|\|\nabla(\Psi - P_h^0\Psi)\| + \|e_h^\omega\|\{\|\Psi - P_h^0\Psi\| + \|e_h^\Psi\|\}.
\end{aligned}$$

Mit der Poincaréschen Ungleichung, $\|\varphi\| \le c\|\nabla\varphi\|$, $\varphi \in H_0^1(\Omega)$, folgern wir, dass

$$\|\nabla e_h^\Psi\| \le ch\|\nabla^2\Psi\| + c\|e_h^\omega\|. \tag{6.1.43}$$

ii) Als nächstes wird $\|e_h^\omega\|$ abgeschätzt. Dazu verwenden wir eine Hilfskonstruktion. Sei $R_h : H^1(\Omega) \to V_h$ die orthogonale Projektion bzgl. des Skalarprodukts $(\nabla\cdot, \nabla\cdot) + (\cdot, \cdot)$:

$$(\nabla(\varphi - R_h\varphi), \nabla\psi_h) + (\varphi - R_h\varphi, \psi_h) = 0 \quad \forall\psi_h \in V_h. \tag{6.1.44}$$

Für diese gilt die übliche L^2-Fehlerabschätzung

$$\|\varphi - R_h\varphi\| + h\|\nabla(\varphi - R_h\varphi)\| \le h^r\|\nabla^r\varphi\|, \quad r \in \{1,2\}. \tag{6.1.45}$$

sowie die Maximumnorm-Fehlerabschätzung (s. Ciarlet [80])

$$\|\varphi - R_h\varphi\|_\infty \le ch^2L(h)^2\|\nabla^3\varphi\|. \tag{6.1.46}$$

Unter Verwendung der Orthogonalitätsbeziehungen (6.1.37) und (6.1.38) erschließen wir

$$\begin{aligned}
\|e_h^\omega\|^2 &= (e_h^\omega, \omega - R_h\omega) + (e_h^\omega, R_h\omega - \omega_h)\\
&= (e_h^\omega, \omega - R_h\omega) - (\nabla e_h^\Psi, \nabla(R_h\omega - \omega_h))\\
&= (e_h^\omega, \omega - R_h\omega) - (\nabla e_h^\Psi, \nabla(R_h\omega - \omega)) + (\nabla e_h^\Psi, \nabla e_h^\omega)\\
&\quad + (e_h^\Psi, R_h\omega - \omega) - (e_h^\Psi, R_h\omega - \omega)\\
&= (e_h^\omega, \omega - R_h\omega) - (\nabla(\Psi - R_h\Psi), \nabla(R_h\omega - \omega)) + (\Psi - R_h\Psi, R_h\omega - \omega)\\
&\quad - (e_h^\Psi, R_h\omega - \omega) - (\nabla e_h^\Psi, \nabla e_h^\omega),
\end{aligned}$$

und weiter

$$\begin{aligned}
\|e_h^\omega\|^2 &\le \|e_h^\omega\|\|\omega - R_h\omega\| + \|\nabla(\Psi - R_h\Psi)\|\|\nabla(\omega - R_h\omega)\|\\
&\quad + \|\Psi - R_h\Psi\|\|\omega - R_h\omega\| + \|e_h^\Psi\|\|\omega - R_h\omega\| + |(\nabla e_h^\Psi, \nabla e_h^\omega)|\\
&\le ch\big\{\|e_h^\omega\| + (1+h)\|\nabla^2\Psi\|\big\}\|\nabla\omega\| + ch\|e_h^\Psi\|\|\nabla\omega\| + |(\nabla e_h^\Psi, \nabla e_h^\omega)|.
\end{aligned}$$

Kombination der bisherigen Abschätzungen ergibt dann

$$\|e_h^\omega\|^2 \le ch\|\nabla^3\Psi\|^2 + |(\nabla e_h^\Psi, \nabla e_h^\omega)|. \tag{6.1.47}$$

Für den letzten Term rechts erhalten wir mit Hilfe der Orthogonalitätseigenschaften, dass

$$(\nabla e_h^\Psi, \nabla e_h^\omega) = (\nabla\Psi, \nabla e_h^\omega) = (\nabla(\Psi - R_h\Psi), \nabla e_h^\omega) + (\nabla R_h\Psi, \nabla e_h^\omega),$$

Man beachte, dass zwar $\Psi \in H_0^1(\Omega)$ ist, aber im Allgemeinen $R_h\Psi \notin V_h^0$, so dass der letzte Term rechts nicht verschwindet. Damit folgt weiter

$$\begin{aligned}
(\nabla e_h^\Psi, \nabla e_h^\omega) &= (\nabla(\Psi - R_h\Psi), \nabla e_h^\omega) + (\nabla R_h\Psi, \nabla e_h^\omega)\\
&= (\nabla(\Psi - R_h\Psi), \nabla(\omega - R_h\omega)) + (\Psi - R_h\Psi, \omega - R_h\omega)\\
&\quad - (\Psi - R_h\Psi, e_h^\omega) + (\nabla R_h\Psi, \nabla e_h^\omega)\\
&\le \|\nabla(\Psi - R_h\Psi)\|\|\nabla(\omega - R_h\omega)\| + \|\Psi - R_h\Psi\|\|\omega - R_h\omega\|\\
&\quad + \|\Psi - R_h\Psi\|\|e_h^\omega\| + |(\nabla R_h\Psi, \nabla e_h^\omega)|\\
&\le c(h + h^3)\|\nabla^2\Psi\|\|\nabla\omega\| + ch^2\|\nabla^2\Psi\|\|e_h^\omega\| + |(\nabla R_h\Psi, \nabla e_h^\omega)|.
\end{aligned}$$

Dies liefert zusammen mit (6.1.47), dass

$$\|e_h^\omega\|^2 \le ch\|\nabla^3\Psi\|^2 + |(\nabla R_h\Psi, \nabla e_h^\omega)|. \tag{6.1.48}$$

iii) Der letzte Term rechts erfordert eine spezielle Behandlung. Seien mit a die Knotenpunkte der Zerlegung $\mathbb{T}_h$, und mit $\psi_h \in V_h$ die zugehörigen Knotenbasisfunktionen bezeichnet. Wegen der Orthogonalitätsbeziehung (6.1.37) gilt dann

$$(\nabla R_h\Psi, \nabla e_h^\omega) = \sum_{a\in\partial\Omega} R_h\Psi(a)(\nabla\psi_h, \nabla e_h^\omega).$$

Mit Hilfe von

$$|R_h\Psi(a)| = |(R_h\Psi - \Psi)(a)| \le \|R_h\Psi - \Psi\|_\infty \le ch^2 L(h)^2 \|\nabla^3\Psi\|$$

und $|\nabla\psi_h| \le ch^{-1}$ sowie $\|1\|_{S_h} \le ch^{1/2}$ folgt

$$|(R_h\Psi, \nabla e_h^\omega)| \le ch^{3/2} L(h)^2 \|\nabla^3\Psi\| \|\nabla e_h^\omega\|_{S_h}$$

wobei $S_h := \cup_{a\in\partial\Omega}\text{Träger}(\psi_h)$. Die inverse Beziehung ergibt wieder

$$\|\nabla e_h^\omega\| \le ch^{-1}\|e_h^\omega\| + c\|\nabla\omega\|,$$

und folglich

$$\begin{aligned}|(\nabla R_h\Psi, \nabla e_h^\omega)| &\le ch^{3/2} L(h)^2 \|\nabla^3\Psi\| \{h^{-1}\|e_h^\omega\| + \|\nabla\omega\|\} \\ &\le \tfrac{1}{2}\|e_h^\omega\|^2 + chL(h)^4\|\nabla^3\Psi\|^2.\end{aligned}$$

Einsetzen dieser Abschätzung in (6.1.48) ergibt schließlich

$$\|e_h^\omega\|^2 \le chL(h)^4\|\nabla^3\Psi\|^2.$$

Zusammen mit (6.1.43) und der a priori Abschätzung (6.1.34) liefert dies

$$\|e_h^\omega\| + \|\nabla e_h^\Psi\| \le ch^{1/2} L(h)^2 \|f\|,$$

was den Beweis von (6.1.39) vervollständigt. Der Beweis der Abschätzung (6.1.40) verwendet wieder Galerkin-Orthogonalität und ein Dualitätsargument analog zur Argumentation im Fall der Plattengleichung und sei als (nicht ganz einfache) Übungsaufgabe gestellt.

Q.E.D.

Bemerkung 6.2: Für die gemischte Approximation der Stromfunktionsgleichung kann auch für *lineare* Ansätze auf allgemeinen Gittern Konveregenz garantiert werden, was an der Verwendung einer skalaren Variablen $\omega = -\Delta\Psi$ liegt. Dies macht den „Trick“ in o. a. Beweisteil (iii) möglich. Im Fall der Plattengleichung ist die entsprechende Variable ein Tensor $M = \nabla^2 u$, für den diese Argumentation nicht funktioniert. Hier wird für Konvergenz eine gewisse Gleichmäßigkeit des Gitters gefordert, um Superapproximationseffekte ausnutzen zu können. Ob das wirklich notwendig ist, bleibt eine noch offene Frage für weitere Forschung.

6.2 FE-Diskretisierung des Stokes-Problems

Wir betrachten nun die direkte Diskretisierung des linearen Stokes-Problems. Die dabei verwendeten Finite-Elemente-Ansätze werden „Stokes-Elemente" genannt. Sei $\Psi \in W := H_0^2(\Omega)$ Lösung der (linearen) Stromfunktionsgleichung

$$(\Delta\Psi, \Delta\Phi) = (f, \mathrm{rot}\Phi) \quad \forall \Phi \in W. \tag{6.2.49}$$

Für einen Moment werde $\Psi \in H^3(\Omega)$ angenommen. Mit der Zuordnung $v := \mathrm{rot}\Psi$ und $\varphi := \mathrm{rot}\Phi$ folgt wegen $\mathrm{rot}\,\mathrm{rot} = -\Delta$ durch partielle Integration:

$$\begin{aligned}(\Delta\Psi, \Delta\Phi) &= -(\Delta\Psi, \mathrm{rot}\,\mathrm{rot}(\Phi)) = -(\mathrm{rot}(\Delta\Psi), \mathrm{rot}(\Phi)) = -(\Delta\mathrm{rot}(\Psi), \mathrm{rot}(\Phi)) \\ &= -(\Delta v, \varphi) = (\nabla v, \nabla\varphi).\end{aligned}$$

Die Randintegrale sind wegen $\partial_n\Psi_{|\partial\Omega} = 0$ gleich Null. Die Annahme $\Psi \in H^3(\Omega)$ kann wegen der Dichtheit von $H^3(\Omega) \subset H^2(\Omega)$ durch das übliche Approximationsargument zu $\Psi \in W$ abgeschwächt werden. Es gilt also allgemein für $v := \mathrm{rot}\Psi$ und $\varphi := \mathrm{rot}\Phi$:

$$(\nabla v, \nabla\varphi) = (\Delta\Psi, \Delta\Phi) = (f, \varphi) \quad \forall \varphi \in V, \tag{6.2.50}$$

wobei $V := \mathrm{rot}(W)$ gesetzt wird. Wenn über den Stromfunktionsansatz ein divergenzfreies Geschwindigkeitsfeld v gewonnen worden ist, muss noch ein zugehöriger Druck bestimmt werden. Dies geschieht über die variationelle Gleichung

$$(p, \nabla\cdot\varphi) = (\nabla v, \nabla\varphi) - (f, \varphi) \quad \forall \varphi \in H := H_0^1(\Omega). \tag{6.2.51}$$

Wie wir im Theoriekapitel gesehen haben, besitzt dieses Problem eine Lösung $p \in L^2(\Omega)$, welche bis auf eine Konstante eindeutig bestimmt ist. Für diese gilt die sog. „inf-sup"-Stabilitätsungleichung

$$\inf_{\chi \in L_0^2(\Omega)} \left\{ \sup_{\varphi \in H_0^1(\Omega)^2} \frac{(\chi, \nabla\cdot\varphi)}{\|\chi\|\,\|\nabla\varphi\|} \right\} \geq \beta > 0. \tag{6.2.52}$$

Diese gibt Kontrolle über den Druck durch die Daten des Problems. Unter Verwendung der a priori Abschätzung für das Geschwindigkeitsfeld

$$\|\nabla v\| \leq \|f\|_{-1},$$

mit der dualen Sobolew-Norm

$$\|f\|_{-1} := \sup_{\varphi \in H_0^1(\Omega)^d} \frac{(f, \varphi)}{\|\nabla\varphi\|}$$

folgt

$$\|p\| \leq \beta^{-1} \sup_{\varphi \in H_0^1(\Omega)^d} \frac{(\nabla v, \nabla\varphi) - (f, \varphi)}{\|\nabla\varphi\|} \leq 2\beta^{-1}\|f\|_{-1}. \tag{6.2.53}$$

6.2.1 „Exakt“ divergenzfreie Stokes-Elemente

Wir betrachten zunächst einen *konformen* Finite-Elemente-Ansatz für die Stromfunktions-Gleichung: *Finde* $\Psi_h \in W_h \subset H_0^2(\Omega)$ *, so dass*

$$(\Delta\Psi_h, \Delta\Phi_h) = (f, \mathrm{rot}(\Phi_h)) \quad \forall\Phi_h \in W_h. \tag{6.2.54}$$

Dieses Problem ist im Hinblick auf die Abschätzung

$$\|\nabla\Psi\| \le c\|\nabla^2\Psi\| \le c\|\Delta\Psi\|, \qquad \Psi \in H_0^2(\Omega),$$

stets eindeutig lösbar. Analog zu der Beziehung $v = \mathrm{rot}\Psi$ ordnen wir der diskreten Stromfunktion einen „diskreten“ Geschwindigkeitsvektor zu durch $v_h := \mathrm{rot}\Psi_h$. Der zugehörige diskrete „Geschwindigkeitsraum“ ist

$$V_h := \mathrm{rot}(W_h) \subset J_1(\Omega) \subset H_0^1(\Omega)^2.$$

Mit der Zuordnung $\varphi_h := \mathrm{rot}\Phi_h$ für $\Phi \in W_h$ erhalten wir unter Beachtung von (6.2.50):

$$(\nabla v_h, \nabla\varphi_h) = (\Delta\Psi_h, \Delta\Phi_h) = (f, \mathrm{rot}\Phi_h) = (f, \varphi_h) \quad \forall\varphi_h \in V_h. \tag{6.2.55}$$

Die so gewonnene Geschwindigkeitsnäherung $v_h \in V_h$ ist offensichtlich „exakt“ divergenzfrei. Man mache sich diesen Zusammenhang zwischen konformen Ansätzen für die Stromfunktionsgleichung und entsprechenden, divergenzfreien Stokes-Elementen anhand des Argyris-Elements klar. Hier ist

$$V_h = \mathrm{rot}(W_h^{\mathrm{Argyris}}) \subset H_h = \{\varphi_h \in H_0^1(\Omega)^2 \,|\, \varphi_{h|K} \in P_4(K),\, K \in \mathbb{T}_h\}.$$

Um direkt mit dem zugehörigen Ansatzraum $V_h \subset J_1(\Omega)$ arbeiten zu können, benötigen wir eine Knotenbasis von V_h. Da der Rotationsoperator $\mathrm{rot} = (-\partial_2, \partial_1)^T$, auf W_h^{Argyris} injektiv ist, erhalten wir eine solche Basis direkt durch Anwendung von rot auf die Elemente der natürlichen Knotenbasis von W_h^{Argyris}.

Bestimmung des „diskreten“ Drucks: Es bleibt, einen zugehörigen „diskreten“ Druck zu bestimmen. Offenbar ist $V_h = \{\varphi_h \in H_h | \nabla\cdot\varphi_h = 0\} \subset H_h$. Wir wählen einen „Druckansatzraum“ $L_h \subset L_0^2(\Omega)$. Der zu $v_h \in V_h$ gehörende diskrete Druck $p_h \in L_h$ wird dann durch die folgende variationelle Gleichung bestimmt:

$$(p_h, \nabla\cdot\varphi_h) = (\nabla v_h, \nabla\varphi_h) - (f, \varphi_h) \quad \forall\varphi_h \in H_h. \tag{6.2.56}$$

Lemma 6.1 (Druck): *Für jede Wahl von Ansatzräumen* $V_h := \mathrm{rot}(W_h)$ *und* $L_h \subset L$ *existiert ein Lösungspaar* $\{v_h, p_h\} \in V_h \times L_h$ *der Gleichungen (6.2.55) und (6.2.56).*

Beweis: Die Existenz einer (eindeutigen) Lösung $v_h \in V_h$ von (6.2.55) haben wir bereits oben begründet. Die Existenz dieses zugehörigen Drucks gemäß (6.2.56) diskutieren wir auf dem Algebra-Level. Seien $\{\varphi_h^i, i = 1, \dots, N_H := \dim H_h\}$ sowie $\{\chi_h^j, j = 1, \dots, N_L := \dim L_h\}$ Knotenbasen der Finite-Element-Räume H_h bzw. L_h und $x \in \mathbb{R}^{N_H}$ sowie $y \in \mathbb{R}^{N_L}$ die zugehörigen Knotenvektoren:

$$v_h = \sum_{i=1}^{N_H} x_i \varphi_h^i, \quad p_h = \sum_{i=1}^{N_L} y_i \chi_h^i.$$

Mit den Matrizen und dem Vektor

$$A := \big((\nabla\varphi_h^i, \nabla\varphi_h^j)\big)_{i,j=1}^{N_H}, \quad B := \big((\chi_h^i, \nabla\cdot\varphi_h^j)\big)_{i,j=1}^{N_L,N_H}, \quad b := \big(f, \varphi_h^j)\big)_{j=1}^{N_H},$$

ist Problem (6.2.56) äquivalent zu dem folgenden linearen Gleichungssystem

$$By = Ax - b. \tag{6.2.57}$$

Wegen $\mathrm{Bild}(B) = \mathrm{Kern}(B^T)^\perp$ ist dieses System genau dann lösbar, wenn die rechte Seite $Ax - b$ orthogonal zu $\mathrm{Kern}(B^T)$ ist, d. h. wenn

$$\langle Ax - b, z\rangle = 0 \quad \forall z \in \mathrm{Kern}(B^T).$$

Der Kern von B^T ist charakterisiert durch

$$\langle B^T x, y\rangle = (\nabla\varphi_h, \chi_h) = 0 \quad \forall \chi_h \in L_h,$$

d. h.: Alle Funktionen $\varphi_h \in V_h$ haben Knotenvektoren $x \in \mathrm{Kern}(B^T)$. Dies ist aber wegen

$$(\nabla v_h, \nabla\varphi_h) - (f, \varphi_h) = 0, \quad \varphi_h \in V_h,$$

automatisch der Fall. Q.E.D.

Die Existenz eines diskreten Drucks $p_h \in L_h$ besagt aber noch nicht, dass dieser auch eine brauchbare Approximation zum Druck p ist. Dazu sollte er eindeutig (bis auf Konstanten) bestimmt sein, stetig von den Problemdaten abhängen und einer Fehlerabschätzung genügen. Der Schlüssel zu all diesen Forderungen ist das diskrete Analogon der „inf-sup"-Ungleichung (6.2.52), nämlich

$$\min_{\chi_h \in L_h} \left\{ \max_{\varphi_h \in H_h} \frac{(\chi_h, \nabla\cdot\varphi_h)}{\|\chi_h\|\,\|\nabla\varphi_h\|} \right\} \ge \beta_h \ge \beta_* > 0, \tag{6.2.58}$$

möglichst gleichmäßig für $h \to 0$ nach unten beschränkten Stabilit ätskonstanten β_h. Diese Bedingung wird in der Literatur aus historischen Gründen auch „Babuska-Brezzi" oder kurz „BB-Bedingung" genannt. Aus (6.2.58) folgt unmittelbar die Eindeutigkeit des diskreten Drucks p_h bis auf Konstanten. Weiter erhalten wir analog wie im kontinuierlichen Fall für $p_h \in L_h$ die a priori Abschätzungen

$$\|\nabla v_h\| \le \|f\|_{-1}, \quad \|p_h\| \le 2\beta_*^{-1}\|f\|_{-1}.$$

Die Gültigkeit der Stabilitätsabschätzung hängt von der „richtigen" Wahl des Druckansatzraumes L_h ab; dieser darf offenbar nicht zu „groß" sein verglichen mit dem Geschwindigkeitsansatzraum H_h. Wir werden weiter unten sehen, dass z.B.

$$L_h^{(2)} := \{\chi_h \in L^2(\Omega) |\, \chi_{h|K} \in P_2(K),\ K \in \mathbb{T}_h\}$$

zusammen mit dem Argyris-Element gewonnenen Geschwindigkeitsansatz zulässig ist. Die zugehörige Fehlerabschätzung formulieren wir nun als Satz.

Satz 6.5 (Druckapproximation): *i) Es gelte die gleichmäßige „inf-sup"-Stabilitätsungleichung (6.2.58). Dann gilt für den durch (6.2.56) eindeutig definierten diskreten Druck* $p_h \in L_h$ *die allgemeine Fehlerabschätzung:*

$$\|p - p_h\| \le (1 + c\beta_h^{-1}) \min_{\chi_h \in L_h} \|p - \chi_h\| + \beta_h^{-1} \min_{\Phi_h \in W_h} \|\nabla^2(\Psi - \Phi_h\|. \tag{6.2.59}$$

ii) Im Fall des Argyris-Elements gilt die „inf-sup"-Stabilitätsungleichung (6.2.58) gleichmäßig bzgl. h *und es gilt mit* $p_h \in L_h^{(2)}$ *:*

$$\|p - p_h\| \le c\big\{h^3\|p\|_{H^3} + h^4\|v\|_{H^5}\big\}, \tag{6.2.60}$$

vorausgesetzt, dass v *und* p *diese Regulariät besitzen.*

Beweis: i) Durch Vergleich der kontinuierlichen Gleichung (6.2.51) mit ihrem diskreten Analogon (6.2.56) folgt die Beziehung

$$(p - p_h, \nabla \cdot \varphi_h) = (\nabla(v - v_h), \nabla\varphi_h), \quad \varphi_h \in H_h. \tag{6.2.61}$$

Mit Hilfe der inf-sup-Stabilitätsabschätzung (6.2.58) und der Beziehung (6.2.61) schätzen wir wie dann folgt ab:

$$\begin{aligned}
\|p - p_h\| &\le \|p - \chi_h\| + \|\chi_h - p_h\| \\
&\le \|p - \chi_h\| + \beta_h^{-1} \max_{\varphi_h \in H_h} \frac{(\chi_h - p_h, \nabla \cdot \varphi_h)}{\|\nabla\varphi_h\|} \\
&\le \|p - \chi_h\| + \beta_h^{-1} \max_{\varphi_h \in H_h} \frac{(\chi_h - p, \nabla \cdot \varphi_h)}{\|\nabla\varphi_h\|} + \beta_h^{-1} \max_{\varphi_h \in H_h} \frac{(p - p_h, \nabla \cdot \varphi_h)}{\|\nabla\varphi_h\|} \\
&\le (1 + c\beta_h^{-1})\|p - \chi_h\| + \beta_h^{-1} \max_{\varphi_h \in H_h} \frac{(p - p_h, \nabla \cdot \varphi_h)}{\|\nabla\varphi_h\|} \\
&= (1 + c\beta_h^{-1})\|p - \chi_h\| + \beta_h^{-1} \max_{\varphi_h \in H_h} \frac{(\nabla(v - v_h), \nabla\varphi_h)}{\|\nabla\varphi_h\|} \\
&\le (1 + c\beta_h^{-1})\|p - \chi_h\| + \beta_h^{-1}\|\nabla(v - v_h)\| \\
&\le (1 + c\beta_h^{-1})\|p - \chi_h\| + \beta_h^{-1}\|\nabla^2(\Psi - \Psi_h)\| \\
&\le (1 + c\beta_h^{-1})\|p - \chi_h\| + \beta_h^{-1}\|\Delta(\Psi - \Psi_h)\|
\end{aligned}$$

mit einem beliebigen $\chi_h \in L_h$. Dies impliziert die erste behauptete Ungleichung:

$$\|p - p_h\| \le (1 + c\beta_h^{-1}) \min_{\chi_h \in L_h} \|p - \chi_h\| + \beta_h^{-1} \min_{\Phi_h \in W_h} \|\Delta(\Psi - \Phi_h)\|. \tag{6.2.62}$$

ii) Als nächstes bemerken, dass für das oben definierte Raumpaar $\{H_h, L_h\}$ mit $H_h = H_h^{(4)} := \{\varphi_h \in H_0^1(\Omega)^2 \,|\, \varphi_{|K} \in P_4(K),\ K \in \mathbb{T}_h\}$ und $L_h = L_h^{(2)}$ die gleichmäßige „inf-sup"-Stabilitätsbedingung (6.2.58) erfüllt ist (Übungsaufgabe).
Aus der allgemeinen Fehlerabschätzung (6.2.59) folgt damit für das Argyris-Element:

$$\begin{aligned}
\|p - p_h\| &\le (1 + c\beta_*^{-1}) \min_{\chi_h \in L_h} \|p - \chi_h\| + \beta_*^{-1} \min_{\Phi_h \in W_h} \|\nabla^2(\Psi - \Phi_h\| \\
&\le c\big\{h^2\|p\|_{H^2} + h^4\|\Psi\|_{H^6}\big\},
\end{aligned}$$

was den Beweis vervollständigt. Q.E.D.

Als zweites Beispiel betrachten wir das nicht-konforme Morley-Element. In diesem Fall ergibt sich durch Rotationsbildung $H_h := \mathrm{rot}(V_h^{\mathrm{M}})$ ein wieder nicht-konformer „linearer“ Geschwinfigkeitsansatz, der zusammen mit stückweise konstanten Druckansätzen der inf-sup-Bedingung genügt. Das resultierende ‘Stokes-Element“ wird unten noch genauer diskutiert werden. Für die Knotenbasis $\{\Psi_h^i\}$ des Morley-Ansatzes erhält man dann durch Setzung $\psi_h^i := \mathrm{rot}\Psi_h i$ eine lokale Basis des Teilraums der diskret divergenz-freien Geschwindigkeitsansätze $V_h := \{v_h \in H_h \,|\, (\nabla\cdot v_h, \chi_h)_h = 0 \ \forall \chi_h \in L_h\}$.

6.2.2 Allgemeine „Stokes-Elemente“

Wir betrachten nun die Diskretisierung des allgemeinen, stationären Stokes-Problems losgelöst von der Stromfunktionsformulierung. Dies eröffnet insbesondere den Weg zur Behandlung auch des 3-dimensionalen Falls. Der Einfachheit halber wird die Stokes-Gleichung wieder auf einem polyedrischen Gebiet $\Omega \subset \mathbb{R}^d$ ($d = 2$ oder $d = 3$) betrachtet, und es werden homogene Dirichlet-Randbedingungen $v_{|\partial\Omega} = 0$ gestellt. Mit dem entsprechenden technischen Mehraufwand ist auch die Behandlung von Gebieten mit krummen Rändern sowie inhomogene Einströmdaten und freie Ausströmränder möglich.

Ausgangspunkt ist die variationelle Formulierung in den Räumen $H := H_0^1(\Omega)^d$ und $L := L_0^2(\Omega)$: *Finde* $\{v,p\} \in H \times L$, *so dass*

$$(\nabla v, \nabla\varphi) - (p, \nabla\cdot\varphi) = (f,\varphi) \quad \forall \varphi \in H, \tag{6.2.63}$$

$$(\chi, \nabla\cdot v) = 0 \quad \forall \chi \in L. \tag{6.2.64}$$

Auf konvexen Polyedern oder allgemeinen glatt-berandeten Gebieten hat die (eindeutige) Lösung dieses Problems wieder die Regularität $\{v,p\} \in H^2(\Omega)^d \times H^1(\Omega)$ und es gilt die a priori Abschätzung

$$\|v\|_{H^2} + \|p\|_{H^1} \le c_\Omega \|f\|. \tag{6.2.65}$$

Seien nun $H_h \subset H$ und $L_h \subset L$ FE-Teilräum, welche „diskret“ inf-sup-stabil sind:

$$\min_{\chi_h \in L_h} \left\{ \max_{\varphi_h \in H_h} \frac{(\chi_h, \nabla\cdot\varphi_h)}{\|\chi_h\| \|\nabla\varphi_h\|} \right\} \ge \beta_h \tag{6.2.66}$$

mit möglicherweise von h abhängigen Konstanten $\beta_h > 0$. Die approximierenden Probleme lauten dann: *Finde* $\{v_h, p_h\} \in H_h \times L_h$, *so dass*

$$(\nabla v_h, \nabla\varphi_h) - (p_h, \nabla\cdot\varphi_h) = (f,\varphi_h) \quad \forall \varphi_h \in H_h, \tag{6.2.67}$$

$$(\chi_h, \nabla\cdot v_h) = 0 \quad \forall \chi_h \in L_h. \tag{6.2.68}$$

Die Ansatzräume $H_h \times L_h$ wird wegen $H_h \subset H$ (und $L_h \subset L$) als „konform“ bezeichnet. Wir werden später auch noch „nicht-konforme“ Ansätzräume kennenlernen. Wir bezeichnen wieder mit

$$V_h := \{v_h \in H_h |\, (\nabla\cdot v_h, \chi_h) = 0 \,\forall \chi_h \in L_h\}.$$

den Teilraum der diskret divergenz-freien Geschwindigkeitsansätze.

Aufgrund der Diskussion im vorigen Abschnitt besitzen die diskreten Stokes-Probleme (6.2.67) - (6.2.68) eindeutig bestimmte Lösungspaare $\{v_h, p_h\} \in H_h \times L_h$. Für die Konvergenz $\{v_h, p_h\} \to \{v, p\}$ für $h \to 0$ ist erforderlich, dass die Räume V_h ausreichend „groß“ sind, um damit Funktionen aus V approximieren zu können. Dazu fordern wir die folgende Approximationseigenschaft:

$$\min_{\varphi_h \in H_h} \|\nabla(v - \varphi_h)\| + \min_{\chi_h \in L_h} \|p - \chi_h\| \leq ch\big\{\|v\|_{H^2} + \|p\|_{H^1}\big\} \leq ch\|f\|. \tag{6.2.69}$$

Lemma 6.2 (Quasi-Bestapproximationseigenschaft): *Die konforme Approximation (6.2.67) - (6.2.68) des Stokes-Problems (6.2.63) - (6.2.64) besitzt die „(quasi)-Bestapproximationseigenschaft“ bzgl. der Ansatzräume V_h:*

$$\|\nabla(v - v_h)\| \leq c\big\{ \min_{\chi_h \in V_h} \|\nabla(v - \varphi_h)\| + \min_{\varphi_h \in L_h} \|p - \chi_h\|\big\}. \tag{6.2.70}$$

Beweis: Die Subtraktion der diskreten Stokes-Gleichungen von den kontinuierlichen ergibt die „Galerkin-Orthogonalitätsgleichungen“

$$(\nabla(v - v_h), \nabla\varphi_h) - (p - p_h, \nabla \cdot \varphi_h) = 0, \quad \varphi_h \in H_h. \tag{6.2.71}$$

$$(\chi_h, \nabla \cdot (v - v_h)) = 0, \quad \chi_h \in L_h. \tag{6.2.72}$$

Wegen $v_h \in V_h$ folgt für beliebiges $\varphi_h \in V_h$ und $\chi_h \in L_h$ wegen (6.2.71) und (6.2.72):

$$\begin{aligned} \|\nabla(v - v_h)\|^2 &= (\nabla(v - v_h), \nabla(v - \varphi_h)) + (\nabla(v - v_h), \nabla(\varphi_h - v_h)) \\ &= (\nabla(v - v_h), \nabla(v - \varphi_h)) + (p - p_h, \nabla \cdot (\varphi_h - v_h)) \\ &= (\nabla(v - v_h), \nabla(v - \varphi_h)) + (p - \chi_h, \nabla \cdot (\varphi_h - v)) + (p - \chi_h, \nabla \cdot (v - v_h)). \end{aligned}$$

Daraus folgt mit Hilfe der Youngschen Ungleichung $ab \leq a^2 + \frac{1}{4}b^2$:

$$\|\nabla(v - v_h)\|^2 \leq c\big\{\|\nabla(v - \varphi_h\|^2 + \|p - \chi_h\|^2\big\}.$$

Da $\varphi_h \in V_h$ und $\chi_h \in L_h$ beliebig gewählt waren, ergibt sich durch Infimumbildung die behauptete Abschätzung. Q.E.D.

Die obige Fehlerabschätzung (6.2.70) ist unbefriedigend, da es nicht offensichtlich ist, wie man eine geeignete Approximierende $i_h v \in V_h$ zu $v \in V$ mit bekanntem Fehlerverhalten konstruieren kann. Dies ändert sich, wenn die Raumpaare $H_h \times L_h \subset H \times L$ *gleichmäßig* inf-sup-stabil sind:

$$\min_{\chi_h \in L_h} \left\{ \max_{\varphi_h \in H_h} \frac{(\chi_h, \nabla \cdot \varphi_h)}{\|\chi_h\|\|\nabla\varphi_h\|} \right\} \geq \beta_* \tag{6.2.73}$$

mit einer festen Konstante $\beta_* > 0$.

Lemma 6.3: *Erfüllt das Teilraumpaar $H_h \times L_h \subset H \times L$ die gleichmäßige inf-sup-Stabilitätsungleichung (6.2.73), so gilt auch die dazu „adjungierte“ Abschätzung*

$$\min_{\varphi_h \in H_h} \left\{ \max_{\chi_h \in L_h} \frac{(\chi_h, \nabla \cdot \varphi_h)}{\|\chi_h\|\|\nabla\varphi_h\|} \right\} \geq \beta_*. \tag{6.2.74}$$

Ferner gilt für $v \in V$:

$$\min_{\varphi_h \in V_h} \|\nabla(v-\varphi_h)\| \le (1+c\beta_*^{-1}) \min_{\varphi_h \in H_h} \|\nabla(v-\varphi_h)\|. \tag{6.2.75}$$

Beweis: i) Wir beweisen zunächst (6.2.74). Durch

$$\langle B_h\varphi_h, \chi_h\rangle := (\chi_h, \nabla\cdot\varphi_h) \quad \forall \chi_h \in L_h,$$

wird ein linearer Operator $B_h : H_h \to L_h^*$ definiert. Der zugehörige adjungierte Operator $B_h^* : L_h \to H_h^*$ ist definiert durch

$$\langle B_h^*\chi_h, \varphi_h\rangle := \langle B_h\varphi_h, \chi_h\rangle = (\chi_h, \nabla\cdot\varphi_h) \quad \forall \varphi_h \in H.$$

Da die Räume H_h und L_h endlich dimensional sind, gelten die Beziehungen

$$\begin{aligned} \text{Bild}(B_h) &= \text{Kern}(B_h^*)^\perp, \quad & \text{Bild}(B_h)^\perp &= \text{Kern}(B_h^*), \\ \text{Bild}(B_h^*) &= \text{Kern}(B_h)^\perp, \quad & \text{Bild}(B_h^*)^\perp &= \text{Kern}(B_h). \end{aligned}$$

Die Stabilitätsungleichung (6.2.73) impliziert dann

$$\|B_h^*\chi_h\|_{H^*} = \sup_{\varphi_h\in H_h} \frac{\langle B_h^*\chi_h, \varphi_h\rangle}{\|\nabla\varphi_h\|} = \sup_{\varphi_h\in H_h} \frac{(\chi_h, \nabla\cdot\varphi_h)}{\|\nabla\varphi_h\|} \ge \beta_*\|\chi_h\|, \quad \chi_h \in L_h.$$

Der Operator B_h^* ist also injektiv, d. h. $\text{Bild}(B_h)^\perp = \text{Kern}(B_h^*) = \{0\}$ mit beschränkter Inverser $B_h^{*-1} : \text{Kern}(B_h)^\perp \subset H^* \to L_h$:

$$\|B_h^{*-1}\| \le \beta_*^{-1}.$$

Dann ist auch $B_h : H \to \text{Kern}(B_h^*)^\perp \subset L_h^*$ invertierbar mit derselben Schranke

$$\|B_h^{-1}\| \le \beta_*^{-1}.$$

Dies wiederum impliziert

$$\beta_*\|\nabla\varphi_h\| \le \|B_h\varphi_h\|_{L_h^*} = \sup_{\chi_h\in L_h} \frac{\langle B_h\varphi_h, \chi_h\rangle}{\|\chi_h\|} = \sup_{\chi_h\in L_h} \frac{(\chi_h, \nabla\cdot\varphi_h)}{\|\chi_h\|},$$

was zu beweisen war.

ii) Es bleibt, (6.2.75) zu zeigen. Seien $v \in V$, $v_h \in V_h$ und $\varphi_h \in H_h$ beliebig. Damit gilt dann unter Verwendung von (6.2.74):

$$\begin{aligned} \|\nabla(v-v_h)\| &\le \|\nabla(v-\varphi_h)\| + \|\nabla(\varphi_h - v_h)\| \\ &\le \|\nabla(v-\varphi_h)\| + \beta_*^{-1} \sup_{\chi_h\in L_h} \frac{(\chi_h, \nabla\cdot(\varphi_h - v_h))}{\|\chi_h\|} \\ &= \|\nabla(v-\varphi_h)\| + \beta_*^{-1} \sup_{\chi_h\in L_h} \frac{(\chi_h, \nabla\cdot(\varphi_h - v))}{\|\chi_h\|} \\ &\le (1+c\beta_*^{-1})\|\nabla(v-\varphi_h)\| \end{aligned}$$

Wegen der beliebigen Wahl von $v_h \in V_h$ und $\varphi_h \in H_h$ folgt hieraus (6.2.75). Q.E.D.

Satz 6.6 (Bestapproximationseigenschaft): *Die konforme Approximation (6.2.67) - (6.2.68) des Stokes-Problems (6.2.63) - (6.2.64) besitzt im Falle gleichmäßiger inf-sup-Stabilität die Bestapproximationseigenschaft:*

$$\|\nabla(v-v_h)\| + \|p-p_h\| \le c\big\{ \min_{\varphi_h\in H_h} \|\nabla(v-\varphi_h)\| + \min_{\chi_h\in L_h} \|p-\chi_h\|\big\}, \tag{6.2.76}$$

$$\|v-v_h\| \le ch\big\{ \min_{\varphi_h\in H_h} \|\nabla(v-\varphi_h)\| + \min_{\chi_h\in L_h} \|p-\chi_h\|\big\}. \tag{6.2.77}$$

Mit der Approximationsiegenschaft (6.2.69) ergibt dies die Fehlerabschätzungen:

$$\|\nabla(v-v_h)\| + \|p-p_h\| \le ch\|f\|, \tag{6.2.78}$$

$$\|v-v_h\| \le ch^2\|f\|. \tag{6.2.79}$$

Beweis: Zunächst ergibt die Subtraktion der diskreten Stokes-Gleichungen von den Kontinuierlichen die Galerkin-Orthogonaliätsgleichungen

$$(\nabla(v-v_h), \nabla\varphi_h) - (p-p_h, \nabla\cdot\varphi_h) = 0, \quad \varphi_h \in H_h. \tag{6.2.80}$$

$$(\chi_h, \nabla\cdot(v-v_h)) = 0, \quad \chi_h \in L_h. \tag{6.2.81}$$

i) Wir beginnen mit der Abschätzung von $\|\nabla(v-v_h)\|$. Wir werden hierfür nicht das Resultat von Lemma 6.3 heranziehen, sondern stattdessen eine davon unabhängige, alternative Argumentation verwenden. Damit bereiten wir schon den später im Zusammenhang mit sog. „stabilisierten" Stokes-Elementen verwendeten Beweisgang vor. Für beliebiges $\varphi_h \in H_h$ folgt mit Hilfe von (6.2.80):

$$\begin{aligned}
\|\nabla(v-v_h)\|^2 &= (\nabla(v-v_h), \nabla(v-\varphi_h)) + (\nabla(v-v_h), \nabla(\varphi_h - v_h)) \\
&= (\nabla(v-v_h), \nabla(v-\varphi_h)) + (p-p_h, \nabla\cdot(\varphi_h - v_h)) \\
&= (\nabla(v-v_h), \nabla(v-\varphi_h)) + (p-p_h, \nabla\cdot(\varphi_h - v)) + (p-p_h, \nabla\cdot(v-v_h)),
\end{aligned}$$

und weiter mit Hilfe von (6.2.81) mit beliebigem $\chi_h \in L_h$:

$$\|\nabla(v-v_h)\|^2 = (\nabla(v-v_h), \nabla(v-\varphi_h)) + (p-p_h, \nabla\cdot(\varphi_h - v)) + (p-\chi_h, \nabla\cdot(v-v_h)).$$

Mit Hilfe der Youngschen Ungleichung $ab \le \varepsilon^2 a^2 + (4\varepsilon^2)^{-1}b^2$ folgern wir weiter

$$\|\nabla(v-v_h)\| \le c\big\{(1+\varepsilon^{-1})\|\nabla(v-\varphi_h)\| + \|p-\chi_h\|\big\} + \varepsilon\|p-p_h\|. \tag{6.2.82}$$

ii) Als nächstes wird $\|p-p_h\|$ abgeschätzt. Mit Hilfe der inf-sup-Ungleichung (6.2.66) folgt

$$\begin{aligned}
\|p-p_h\| &\le \|p-\chi_h\| + \|\chi_h - p_h\| \\
&\le \|p-\chi_h\| + \beta^{-1} \sup_{\psi_h\in H_h} \frac{(\chi_h - p_h, \nabla\cdot\psi_h)}{\|\nabla\psi_h\|} \\
&\le \|p-\chi_h\| + \beta^{-1} \sup_{\psi_h\in H_h} \frac{(\chi_h - p, \nabla\cdot\psi_h)}{\|\nabla\psi_h\|} + \beta^{-1} \sup_{\psi_h\in H_h} \frac{(p-p_h, \nabla\cdot\psi_h)}{\|\nabla\psi_h\|} \\
&\le c(1+\beta^{-1})\|p-\chi_h\| + \beta^{-1} \sup_{\psi_h\in H_h} \frac{(p-p_h, \nabla\cdot\psi_h)}{\|\nabla\psi_h\|}.
\end{aligned}$$

Weiter impliziert die Galerkin-Orthogonalität (6.2.81)

$$\begin{aligned}\|p-p_h\| &\le c(1+\beta^{-1})\|p-\chi_h\| + \beta^{-1}\sup_{\psi_h\in H_h}\frac{(\nabla(v-v_h),\nabla\psi_h)}{\|\nabla\psi_h\|}\\ &\le c(1+\beta^{-1})\|p-\chi_h\| + c\|\nabla(v-v_h)\|.\end{aligned}$$

Durch Kombination dieser Abschätzung mit (6.2.82) erhalten wir

$$\begin{aligned}\|\nabla(v-v_h)\| \le c\big\{\|\nabla(v-\varphi_h)\| + \|p-\chi_h\|\big\}\\ +\varepsilon\big\{c(1+\beta^{-1})\|p-\chi_h\| + c\|\nabla(v-v_h)\|\big\}.\end{aligned}$$

Bei hinreichend kleiner aber fester Wahl von $\varepsilon > 0$ folgt

$$\|\nabla(v-v_h)\| \le c\big\{\|\nabla(v-\varphi_h)\| + (1+\beta^{-1})\|p-\chi_h\|\big\}.$$

Da $\varphi_h \in H_h$ und $\chi_h \in L_h$ beliebig gewählt waren, ergibt sich durch Infimumbildung die erste Abschätzung (6.2.76).

iii) Zur Abschätzung von $\|v-v_h\|$ verwenden wir wieder ein Dualitätsargument. Sei $\{z,q\}\in H\times L$ die Lösung des „dualen Stokes-Problems“

$$(\nabla\varphi,\nabla z) - (q,\nabla\cdot\varphi) = (\varphi, v-v_h)\|v-v_h\|^{-1} \quad \forall\varphi\in H, \tag{6.2.83}$$
$$(\chi,\nabla\cdot z) = 0 \quad \forall\chi\in L. \tag{6.2.84}$$

Diese ist in $H^2(\Omega)^d\times H^1(\Omega)$ und es gilt die a priori Abschätzung

$$\|z\|_{H^2} + \|q\|_{H^1} \le c\|v-v_h\|\|v-v_h\|^{-1} = c. \tag{6.2.85}$$

Mit der Testfunction $\varphi := v-v_h$ ergibt sich dann unter Verwendung der Galerkin-Orthogonalität mit den natürlichen Knoteninterpolierenden $i_hz\in H_h$ und $j_hq\in L_h$:

$$\begin{aligned}\|v-v_h\| &= (\nabla(v-v_h),\nabla z) - (q,\nabla\cdot(v-v_h))\\ &= (\nabla(v-v_h),\nabla(z-i_hz)) + (\nabla(v-v_h),\nabla i_hz) - (q-j_hq,\nabla\cdot(v-v_h))\\ &= (\nabla(v-v_h),\nabla(z-i_hz)) + (p-p_h,\nabla\cdot i_hz) - (q-j_hq,\nabla\cdot(v-v_h))\\ &= (\nabla(v-v_h),\nabla(z-i_hz)) + (p-p_h,\nabla\cdot(i_hz-z)) - (q-j_hq,\nabla\cdot(v-v_h)).\end{aligned}$$

Mit Hilfe der Fehlerabschätzungen für die Knoteninterpolierenden schätzen wir weiter ab:

$$\begin{aligned}\|v-v_h\| &\le \|\nabla(v-v_h)\|\|\nabla(z-i_hz)\| + \|p-p_h\|\|\nabla\cdot(i_hz-z)\| + \|q-j_hq\|\|\nabla\cdot(v-v_h)\|\\ &\le ch\|\nabla(v-v_h)\|\|z\|_{H^2} + ch\|p-p_h\|\|z\|_{H^2} + ch\|q\|_{H^1}\|\nabla(v-v_h)\|\\ &\le ch\big\{\|\nabla(v-v_h)\| + \|p-p_h\|\big\}.\end{aligned}$$

Dies vervollständigt den Beweis. Q.E.D.

I) Beispiele von „konformen“ Stokes-Eelementen

a) Elemente mit unstetigem Druck: Diese Ansätze zeichnen sich dadurch aus, dass sie lokale Masseerhaltung garantieren

$$\int_{\partial K} n \cdot v_h \, do = \int_K \nabla \cdot v_h \, dx = 0, \quad K \in \mathbb{T}_h. \tag{6.2.86}$$

Ferner ist wegen der fehlenden Kopplung zwischen den Druckfreiheitsgraden zu verschiedenen Zellen die Massematrix des Druckansatzes block-diagonal bzw. im einfachsten Fall sogar diagonal. Die verschiedenen Stokes-Elemente werden im Folgenden wieder durch Angabe der Knotenwerte für Geschwindigkeit- und Druckansatz beschrieben. Wir beschränken uns auf Beispiele in 2 Dimensionen; in den meisten Fällen existieren natürliche Analoga in 3 Dimensionen.

i) Das $P_1/P_0^{\rm dc}$-Element (a) und das $Q_1^{\rm c}/P_0^{\rm dc}$-Element (b):

a) $P_H(K) := P_1^c(K). \quad P_L(K) := P_0^{\rm dc}(K)\,;$

b) $P_H(K) := Q_1^c(K), \quad P_L(K) := P_0^{\rm dc}(K)\,;$

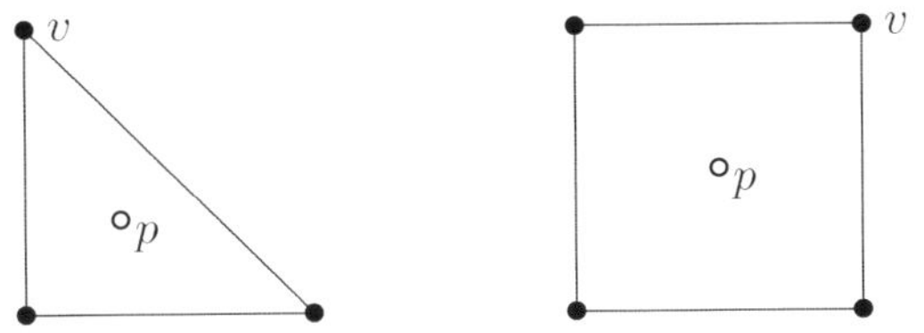

Abbildung 6.1: Die konformen Stokes-Elemente vom Typ $P_1^c/P_0^{\rm dc}$ (links) und $Q_1^c/P_0^{\rm dc}$ (rechts).

Das einfachste P_1/P_0-Element ist unbrauchbar, da hier der Teilraum V_h der „diskret divergenzfreien“ Geschwindigkeiten fast nur die Null enthält. Das Q_1/P_0-Element ist wegen seiner Einfachheit bei Ingenieuren sehr beliebt, erweist sich aber häufig als instabil, was sich in unphysikalischen Oszillationen im Druck zeigt. Die inf-sup-Stabilitätsbedingung ist hier nicht (oder nur mit h-abhängiger Konstante β_h) erfüllt.

ii) Das $P_2^{\rm c}/P_0^{\rm dc}$-Element (a), das erweiterte $P_2^b/P_1^{\rm dc}$-Element (b), und das $Q_2^{\rm c}/P_1^{\rm dc}$-Element (c):

a) $P_H(K) := P_2^c(K), \quad P_L(K) := P_0^{\rm dc}(K)\,;$

b) $P_H(K) := P_2^c(K) \oplus \mathrm{span}\{b_K^1, b_K^2\}, \quad P_L(K) := P_1^{\rm dc}(K)\,;$

c) $P_H(K) := Q_2^c(K), \quad P_L(K) := P_1^{\rm dc}(K)\,.$

Dabei ist $b_K^1 = (b_K, 0)^T$ und $b_K^2 = (0, b_K)^T$, mit der (eindeutig bestimmten) kubischen „bulb-Funktion“

$$b_K \in P_3(K): \quad b_{K|\partial K} = 0, \quad |K|^{-1} \int_K b_K \, dx = 1.$$

Wir werden unten sehen, dass alle diese Stokes-Elemente gleichmßig „inf-sup“-stabil sind. Dabei wird die Konstruktion des erweiterten Ansatzes P_2^b durch den Beweis der Stabilitätsabschätzung motiviert. Diese Konstruktion lässt sich auch für höhere Polynomgrade $r \geq 3$ verallgemeinern. Das Q_2^c/P_1^{dc}-Element erweist sich in der Praxis als besonders gut geeignet hinsichtlich Komplexität und Genauigkeit.

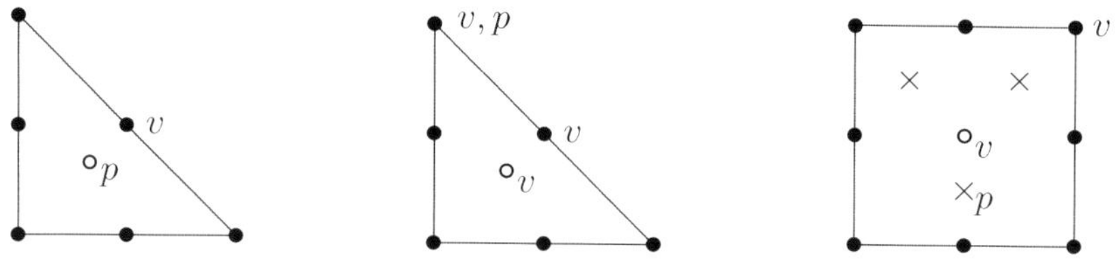

Abbildung 6.2: Die konformen Stokes-Elemente vom Typ P_2^c/P_0^{dc} (links), $P_2^c \oplus \text{span}\{b_K^1, b_K^2\}/P_1^{dc}$ (mittig) und Q_2^c/P_1^{dc} (rechts).

Lemma 6.4 („inf-sup“-Bedingung): *Die konformen „Stokes-Elemente“ vom Typ P_2/P_0^{dc}, P_2^b/P_1^{dc} und Q_2/P_1^{dc} genügen der gleichmäßigen „in-sup“-Bedingung (6.2.58).*

Beweis: i) Der Beweis basiert auf der kontinuierlichen inf-sup-Abschätzung (6.2.52) und den lokalen Eigenschaften der verwendeten Ansatzfunktionen. Die einzelnen Beweisschritte können dabei Hinweise zur Konstruktion von stabilen Stokes-Elementen geben. Sei $q_h \in L_h$ beliebig gegeben. Aufgrund der kontinuierlichen inf-sup-Abschätzung gilt dann:

$$\beta \|q_h\| \leq \sup_{\varphi \in H} \frac{(q_h, \nabla \cdot \varphi)}{\|\nabla \varphi\|}. \tag{6.2.87}$$

Hiermit erhalten wir die Beziehung

$$\beta \|q_h\| \leq \sup_{\varphi \in H} \left\{ \frac{(q_h, \nabla \cdot \varphi_h)}{\|\nabla \varphi_h\|} \frac{\|\nabla \varphi_h\|}{\|\nabla \varphi\|} \right\} + \sup_{\varphi \in H} \frac{(q_h, \nabla \cdot (\varphi - \varphi_h))}{\|\nabla \varphi\|}, \tag{6.2.88}$$

für beliebiges $\varphi_h \in H_h$. Ein Weg zum Beweis der Behauptung ist nun die Konstruktion eines Interpolationsoperators $r_h : H \to H_h$ mit den folgenden Eigenschaften:

$$(a) \quad (\chi_h, \nabla \cdot r_h v) = (\chi_h, \nabla \cdot v), \quad \chi_h \in L_h, \tag{6.2.89}$$

$$(b) \quad \|\nabla r_h v\| \leq c_1 \|\nabla v\|. \tag{6.2.90}$$

Damit folgt dann über (6.2.88):

$$\beta \|q_h\| \leq \sup_{\varphi \in H} \left\{ \frac{(q_h, \nabla \cdot r_h \varphi)}{\|\nabla r_h \varphi\|} \frac{\|\nabla r_h \varphi\|}{\|\nabla \varphi\|} \right\} \leq c_1 \sup_{\varphi_h \in H_h} \frac{(q_h, \nabla \cdot \varphi_h)}{\|\nabla \varphi_h\|},$$

Die diskrete inf-sup-Bedingung ist also erfüllt mit der Konstante $\beta_* := \beta / c_1$.

ii) Die Konstruktion des Interpolationsoperators r_h ist orientiert an den kritischen Eigenschaften (a) und (b) und natürlich an der Forderung $r_h v \in H_h$. Mit Hilfe von partieller Integration erhalten wir

$$(q_h, \nabla \cdot v) = \sum_{K \in |T_h} (q_h, \nabla \cdot v)_K = \sum_{K \in \mathbb{T}_h} \big\{ (q_h, n \cdot v)_{\partial K} - (\nabla q_h, v)_K \big\}.$$

Eine lokale Konstruktion des Operators r_h muss also die folgenden Bedingungenerfüllen:

$$(q_h, n \cdot v)_\Gamma = (q_h, n \cdot r_h v)_\Gamma, \quad \Gamma \in \partial \mathbb{T}_h, \tag{6.2.91}$$

$$(\nabla q_h, v)_K = (\nabla q_h, r_v)_K, \quad K \in \mathbb{T}_h. \tag{6.2.92}$$

Diese Bedingungen sind für Funktionen $v \in H$ stetig definiert. Im jeweiligen konkreten Fall müssen sie durch weitere Bedingungen ergänzt werden, um einen geeigneten Operator r_h zu erzeugen. Dazu gehört dann noch der Nachweis der Stabilitätseigenschaft (b). Wir wollen diese Konstruktion für die betrachteten Stokes-Elemente kurz skizzieren. Der detaillierte Nachweis der Unisolvenz, der Konformität sowie Stabilität sei als Übungsaufgabe gestellt. Für ein $v \in H$ sei $v_h \in H_h$ die globale Ritz-Projektion mit den Eigenschaften

$$(\nabla v_h, \nabla \varphi_h) = (\nabla v, \nabla \varphi_h) \quad \forall \varphi_h \in H_h, \quad \|\nabla v_h\| \le \|\nabla v\|. \tag{6.2.93}$$

iii) Das $P_2/P_0^{\rm dc}$-Element: Der zugehörige Interpolationsoperator r_h wird durch folgende lokale Bedingungen definiert (beachte $\nabla q_{h|K} \equiv 0$):

$$r_h v(a) = v_h(a), \quad a \in \partial^2 \mathbb{T}_h, \quad (\chi, r_h v)_\Gamma = (\chi, v)_\Gamma, \ /; \chi \in P_0(\Gamma), \ \Gamma \in \partial \mathbb{T}_h.$$

Für den Beweis für das $P_2^b/P_1^{\rm dc}$-Element und das $Q_2^c/P_1^{\rm dc}$-Element verweisen wir auf die einschlägige Literatur, z. B.: Girault/Raviart [110] und Matthies/Tobiska [122]. Q.E.D.

Bemerkung 6.3: Die Existenz eines (linearen) Operators $r_h : H \to H_h$ mit den Eigenschaften (6.2.89)-(6.2.90) ist sogar notwendig für die Gültigkeit der *gleichmäßigen* diskreten inf-sup-Stabilität. Sei diese gegeben. Dann gilt auch (Hinweis: Man betrachte den durch $(\chi_h, B_h v_h) := (\chi_h, \nabla \cdot v_h)$, definierten Operator $B_h : H_h \to L_h^*$ und seine Adjungierte $B_h^* : L_h \to H_h^*$.)

$$\inf_{v_h \in H_h} \sup_{\chi_h \in L_h} \frac{(\chi_h, \nabla \cdot v_h)}{\|\nabla v_h\| \|\chi_h\|} \ge \beta_*.$$

Für jedes $v \in H$ existiert dann ein eindeutiges Element $r_h v \in V_h^T$, so dass

$$(\chi_h, \nabla \cdot r_h v) = (\chi_h, \nabla \cdot v) \quad \forall \chi_h \in L_h,$$

und

$$\beta_* \|\nabla r_h v\| \le \sup_{\chi_h \in L_h} \frac{(\chi_h, \nabla \cdot r_h v)}{\|\chi_h\|} \le \sup_{\chi_h \in L_h} \frac{(\chi_h, \nabla \cdot v)}{\|\chi_h\|} \le c \|\nabla v\|.$$

Dadurch ist offensichtlich ein linearer Operator $r_h : H \to H_h$ mit den gewünschten Eigenschaften definiert.

b) Elemente mit stetigem Druck:
Diese Elemente zeichnen sich durch eine geringe Zahl von Knotenfreiheitsgraden aus, besitzen aber nicht die lokale Masseerhaltungseigenschaft.

i) Das P_1^b/P_1^c-(MINI[1])-Element (a), das P_2^c/P_1^c-(Taylor-Hood)-Element (b) und das entsprechende Q_2^c/Q_1^c-Element (c):

$$a)\quad P_H(K) := P_1(K) \oplus \text{span}\{b_K^1, b_K^2\}, \quad P_L(K) := P_1^c(K)\,;$$

$$b)\quad P_H(K) := P_2^c(K), \quad P_L := P_1^c(K)\,;$$

$$c)\quad P_H(K) := Q_2^c(K), \quad P_L(K) := Q_1^c(K)\,.$$

Dabei ist wieder $b_K^1 = (b_K, 0)^T$ bzw. $b_K^2 = (0, b_K)^T$ mit der oben definierten kubischen „bulb-Funktion“ b_K.

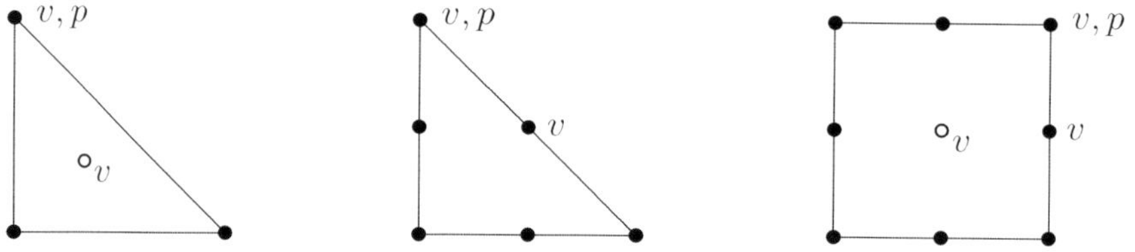

Abbildung 6.3: Die konformen Stokes-Elemente vom Typ $P_1 \oplus \text{span}\{b_K^1, b_K^2\}/P_1^c$ (links), P_2^c/P_1^c (Mitte) und Q_2^c/Q_1^c (rechts).

Alle drei Stokes-Elemente sind inf-sup-stabil. Allgemein ist der stetige P_r^c/P_{r-2}^c-Ansatz (für $r \geq 3$) inf-sup-stabil. Die Kombination P_r^c/P_{r-1}^c (verallgemeinerte Taylor-Hood-Elemente) ist nicht stabil und erfordert eine Anreicherung des Geschwindigkeitsansatzes (s. Brenner/Scott [78]).

Lemma 6.5 („inf-sup“-Bedingung): *Das „MINI-Element“ vom Typ P_1^b/P_1^c sowie die „Taylor-Hood-Elemente“ vom Typ P_2^c/P_1^c und Q_2^c/Q_1^c genügen der gleichmäßigen „inf-sup“-Bedingung (6.2.58).*

Beweis: Der Beweis verwendet ähnliche Argumente wie der von Lemma 6.2.2. Ausgangspunkt ist wieder die Beziehung

$$\beta\|q_h\| \leq \sup_{\varphi\in H}\left\{\frac{(q_h, \nabla\cdot\varphi_h)}{\|\nabla\varphi_h\|}\frac{\|\nabla\varphi_h\|}{\|\nabla\varphi\|}\right\} + \sup_{\varphi\in H}\frac{(q_h, \nabla\cdot(\varphi-\varphi_h))}{\|\nabla\varphi\|}, \tag{6.2.94}$$

für beliebig gewählte $q_h \in L_h$ und $\varphi_h \in H_h$. Ziel ist dann wieder die Konstruktion eines Interpolationsoperators $r_h : H \to H_h$ mit den Eigenschaften (a) und (b). Dies kann beim MINI-Element analog wie oben erfolgen. Wegen der Stetigkeit der Druckansätze ist

$$(q_h, \nabla\cdot\varphi) = -(\nabla q_h, \varphi),$$

[1]F. Brezzi, M. Fortin: *A minimal stabilization procedure for mixed finite element methods*, Numer. Math. 89, 457–491 (2001).

so dass für den Operator r_h neben der H-Stabilität nur die Eigenschaft

$$(\nabla q_h, \varphi) = (\nabla q_h, r_h\varphi)_K = 0, \quad K \in \mathbb{T}_h,$$

zu fordern ist. Hierfür stehen beim MINI-Element die zusätzlichen zwei Bulb-Freiheitsgrade pro Zelle K im Geschwindigkeitsansatz zur Verfügung. Der Stabilitätsbeweis für die Taylor-Hood-Elemente erfordert eine modifizierte Argumentation und ist wesentlich aufwendiger. Hierfür wird auf die o. a. Literatur verwiesen. Q.E.D.

II) Beispiele von „nicht-konformen“ Stokes-Elementen

Wir haben gesehen, dass die Stabilitätsbedingung (6.2.58) die Konstruktion von Stokes-Elementen niedrigsten Polynomgrads verbietet; die $P_1^c/P_0^{\rm dc}$- und $Q_1^{\rm c}/P_0^{\rm dc}$-Elemente sind nicht brauchbar. Die Erzeugung stabiler Ansätze erfordert hier die Verwendung von *nicht-konformen*, d. h. nicht vollständig stetigen, Geschwindigkeitsansätzen. Diese Elemente verwenden unstetige Druckansätze zur Gewährleistung der lokalen Masseerhaltung und Geschindigkeitsansätze niedriger Ordnung.

Bei Verwendung von über die Zellkanten unstetigen Geschwindigkeitsansätzen muüssen die Ableitungen ∂_i bzw. der Operator ∇ zellweise definiert werden:

$$(\nabla_h v_h)_{|K} := \nabla(v_{h|K}), \quad K \in \mathbb{T}_h.$$

Mit dieser Notation ist dann ein Paar $\{v_h, p_h\} \in H_h \times L_h$ gesucht mit

$$(\nabla_h v_h, \nabla_h \varphi_h) - (p_h, \nabla_h \cdot \varphi_h) = (f, \varphi_h) \quad \forall \varphi_h \in H_h, \tag{6.2.95}$$

$$(\nabla_h \cdot v_h, \chi_h) = 0 \quad \forall \chi_h \in L_h. \tag{6.2.96}$$

Beispiele: Das $P_1^{\rm nc}/P_0^{\rm dc}$-(Crouzeix[2]/Raviart[3])- (a) und das $Q_1^{\rm rot}/P_0^{\rm dc}$-Element (b):

a) $P_H(K) := P_1^{\rm nc}(K), \quad P_L(K) := P_0^{\rm dc}(K)\,;$

b) $P_H(K) := \tilde{Q}_1^{\rm nc}(K), \quad P_L := P_0^{\rm dc}(K)\,.$

mit dem „rotiert-bilinearen“ Ansatz (auf dem Referenzelement)

$$\tilde{Q}_1(K) := \mathrm{span}\{1, x_1, x_2, x_1^2 - x_2^2\}$$

[2]Michel Crouzeix (????–): Französischer Mathematiker; Studium in Paris, Promotion 1975 bei Pierre-Arnaud Raviart; Prof. an der Univ. de Rennes 1; Arbeitsgebiet Numerik, speziell Matrix-Analysis, Numerische Lineare Algebra und Finite-Elemente-Methode.

[3]Pierre-Arnaud Raviart (1939–): Französischer Mathematiker; Prof. an der Univ. Paris 6; fundamentale Beiträge zur Methode der Finiten-Elemente und ihrer Anwendung (u. a. Interpolationsabschätzungen, FEM für Navier-Stokes-Gleichungen, „unstetige“ Galerkin-Verfahren - DG-Methode - für hyperbolische Erhaltungsgleichungen).

Diese Modifikation gegenüber dem üblichen *bilinearen* Ansatz $\text{span}\{1, x_1, x_2, x_1x_2\}$ ist erforderlich, da letzterer bzgl. der Kantenmittenwerte oder der Kantenmittelwerte nicht *unisolvent* ist. Dies erkennt man anhand des Polynoms $p(x) := x_1x_2$, welches in den 4 Interpolationspunkten $(\pm 1, \pm 1)$ Null ist. Der modifizierte Ansatz $\tilde{Q}_1(K)$ geht aus $Q_1(K)$ durch Koordinatenrotation um 90 Grad hervor (daher die Bezeichnung „rotiert-bilinearer" Ansatz) und ist folglich unisolvent bzgl. dieser Knotenwertsätze. Auf allgemeinen, nicht-kartesischen Gittern könnte man, dem allgemeinen Konstruktionsprinzip folgend, die lokalen Formfunktionen durch Transformation vom Referenzelement (Einheitsquadrat) erzeugen. In diesem Fall ist die Transformation im allgemeinen aber *bilinear*, und damit der kombinierte Ansatz nicht im strengen Sinne *isoparametrisch*. Dies führt auf stark verzerrten Gittern zu Konsistenzdefekten, welche durch einen *nicht parametrischen* Ansatz vermieden werden. Dabei wird die Formfunktion separat auf jeder Zelle bzgl. eines lokalen (fast) kartesischen Koordinatensystems (ξ, η) durch $\text{span}\{1, \xi, \eta, \xi^2 - \eta^2\}$ definiert. Diese Stokes-Elemente haben natürliche 3-dimensionale Analoga, z. B.:

$$\tilde{Q}_1(K) := \text{span}\{1, x_1, x_2, x_3, x_1^2 - x_2^2, x_2^2 - x_3^2\}.$$

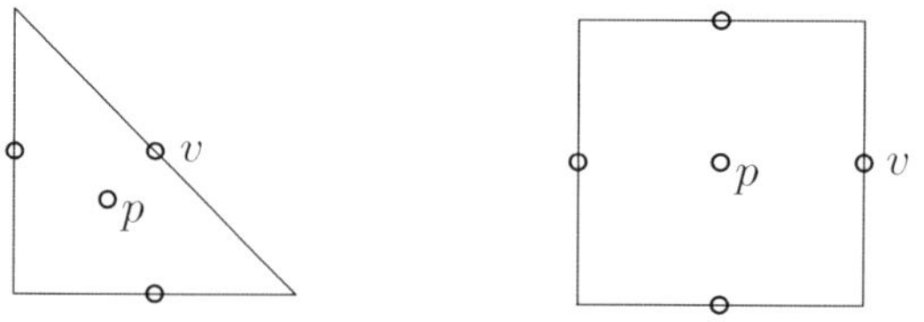

Abbildung 6.4: Die nichtkonformen Stokes-Elemente vom Typ P_1^{nc}/P_0 (links) und $\tilde{Q}_1^{\text{nc}}/P_0$ (rechts).

Zum Nachweis der Existenz von Lösungen des Systems (6.2.95), (6.2.96) im nicht-konformen Fall betrachten wir wieder eine Lösung $\{v_h, p_\}\in H_h \times L_h$ des zugehörigen homogenen Problems, d. h. für $f \equiv 0$. Für diese gilt dann notwendig

$$\|\nabla_h v_h\| = 0.$$

Dies impliziert $\nabla v_{h|K} \equiv 0$ auf jeder einzelnen Zelle $K \in \mathbb{T}_h$ und folglich aufgrund der Stetigkeitseigenschaften von $v_h \in H_h$ und der Randbedingungen notwendig $v_h \equiv 0$.

Lemma 6.6 („inf-sup"-Bedingung): *Die nicht-konformen Stokes-Elemente vom Typ* $P_1^{\text{nc}}/P_0^{\text{nc}}$ *und* $\tilde{Q}_1^{\text{nc}}/P_0^{\text{nc}}$ *genügen der gleichmäßigen „inf-sup"-Bedingung:*

$$\sup_{\varphi_h \in H_h} \frac{(q_h, \nabla_h \cdot \varphi_h)}{\|\nabla_h \varphi_h\|} \geq \beta_* \|q_h\|, \quad q_h \in L_h. \tag{6.2.97}$$

Beweis: Wir werden wieder einen Interpolationsoperator $r_h : H \to H_h$ konstruieren mit den folgenden Eigenschaften:

$$\|\nabla_h r_h v\| \le c_1 \|\nabla v\|, \quad v \in H, \tag{6.2.98}$$

$$(q_h, \nabla_h \cdot r_h v) = (q_h, \nabla \cdot v), \quad v \in H, \ q_h \in L_h. \tag{6.2.99}$$

Mit dieser Konstruktion können wir wieder wie folgt schließen:

$$\beta\|q_h\| \le \sup_{\varphi \in H} \frac{(q_h, \nabla \cdot \varphi)}{\|\nabla \varphi\|} = \sup_{\varphi \in H} \left\{ \frac{(q_h, \nabla_h \cdot r_h \varphi)}{\|\nabla_h r_h \varphi_h\|} \frac{\|\nabla_h r_h \varphi_h\|}{\|\nabla \varphi\|} \right\} \le c_1 \sup_{\varphi_h \in H_h} \frac{(q_h, \nabla_h \cdot \varphi_h)}{\|\nabla \varphi_h\|},$$

was die Stabilitätsabschätzung (6.2.97) impliziert mit der Konstante $\beta_* := \beta c_1^{-1}$. Wir kommen nun zur Konstruktion des Operators r_h. Durch die Vorschrift

$$\int_\Gamma r_h v \, ds = \int_\Gamma v \, ds, \quad \Gamma \in \partial \mathbb{T}_h,$$

wobei $\partial\mathbb{T}_h$ wieder die Menge aller Zellkanten der Zerlegung $\mathbb{T}_h$ bezeichnet, ist auf jeder Zelle $K \in \mathbb{T}_h$ ein lokaler Interpolationsoperator $r_h^K : H^1(K)^2 \to P_1(K)^2$ definiert. Für $v \in H$ können die Stücke $r_h^K v$ zu einer Funktion $r_h v \in H_h$ zusammengefügt werden. Die (sogar zellweise) H^1-Stabilität dieses Interpolationsoperators ergibt sich unter Beachtung von $\Delta r_h^K v_{|K} \equiv 0$ und $\partial_n r_h^K v_{|\Gamma} \equiv konst.$ direkt aus seiner Konstruktion wie folgt:

$$\begin{aligned} \|\nabla r_h^K v\|_K^2 &= \int_{\partial K} \partial_n r_h^K v r_h^K v \, ds - (\Delta r_h^K v, r_h^K v)_K = \int_{\partial K} \partial_n r_h^K v v \, ds \\ &= (\nabla r_h^K v, \nabla v)_K + (\Delta r_h^K v, v)_K \le \|\nabla r_h^K v\| \|\nabla v\|_K. \end{aligned}$$

Dies vervollständigt den Beweis. Q.E.D.

Der Interpolationsoperator r_h ist für den betrachteten, nicht-konformen Ansatzraum H_h gerade die natürliche Knoteninterpolierende $r_h = i_h : H \to H_h$. Für diese erhält man mit Hilfe des üblichen Transformationsarguments die Fehlerabschätzung

$$\|v - i_h v\| + h\|\nabla_h(v - i_h v)\| \le c_i h^2 \|\nabla^2 v\|. \tag{6.2.100}$$

Unter der Annahme der Gültigkeit einer diskreten Variante der Poincaréschen Ungleichung (Übungsaufgabe: Der Beweis verwendet dieselben Argumente wie der des nachfolgenden Satzes 6.7.)

$$\|v_h\| \le \gamma \|\nabla_h v_h\|, \quad v_h \in H_h, \tag{6.2.101}$$

folgt die Stabilität der diskreten Geschwindigkeiten. Dazu beachten wir, dass

$$\begin{aligned} \|\nabla_h v_h\|^2 - (p_h, \nabla_h \cdot v_h) &= (f, v_h), \\ (p_h, \nabla_h \cdot v_h) &= 0, \end{aligned}$$

und folglich

$$\|\nabla_h v_h\| \le \|f\| \|v_h\| \|\nabla_h v_h\|^{-1} \le \gamma \|f\|. \tag{6.2.102}$$

Satz 6.7 (Fehlerabschätzungen): *Für die nicht-konformen Stokes-Elemente vom Typ* $P_1^{\rm nc}/P_0^{\rm dc}$ *und* $\tilde Q_1^{\rm nc}/P_0^{\rm dc}$ *(nicht-parametrisch) gelten die a priori Fehlerabschätzungen:*

$$\|\nabla_h(v-v_h)\| + \|p-p_h\| \le h\|f\|, \tag{6.2.103}$$
$$\|v-v_h\| \le ch^2\|f\|. \tag{6.2.104}$$

Beweis: Wir führen den Beweis nur für das einfachere $P_1^{\rm nc}/P_0^{\rm dc}$-Element.
i) Sei wieder $e_h := v-v_h$ und $\eta_h := p-p_h$ gesetzt. Mit einem beliebigen $\varphi_h \in H_h$ gilt

$$\|\nabla_h e_h\|^2 = (\nabla_h e_h, \nabla_h(v-\varphi_h)) + (\nabla_h e_h, \nabla_h(\varphi_h - v_h)),$$

sowie für beliebiges $\psi_h \in H_h$:

$$\begin{aligned}(\nabla_h e_h, \nabla_h\psi_h) &= (\nabla v, \nabla_h\psi_h) - (\nabla v_h, \nabla\psi_h)\\ &= (\nabla v, \nabla_h\psi_h) - (f,\psi_h) - (p_h, \nabla_h\cdot\psi_h)\\ &= (\nabla v, \nabla_h\psi_h) - (p, \nabla_h\cdot\psi_h) - (f,\psi_h) + (\eta_h, \nabla_h\cdot\psi_h).\end{aligned}$$

Ferner ist mit beliebigem $\chi_h \in L_h$:

$$\begin{aligned}(\eta_h, \nabla_h\cdot(\varphi_h - v_h)) &= (\eta_h, \nabla_h\cdot(\varphi_h - v)) + (\eta_h, \nabla_h\cdot e_h)\\ &= (\eta_h, \nabla_h\cdot(\varphi_h - v)) + (\eta_h, \nabla\cdot v) - (\eta_h, \nabla_h\cdot v_h)\\ &= (\eta_h, \nabla_h\cdot(\varphi_h - v)) + (p-\chi_h, \nabla_h\cdot e_h).\end{aligned}$$

Durch Kombination der vorausgehenden Beziehungen erhalten wir

$$\begin{aligned}\|\nabla_h e_h\|^2 \le \|\nabla_h e_h\|\|\nabla_h(v-\varphi_h)\| &+ \Delta_h(v,p)\big\{\|\nabla_h(\varphi_h - v)\| + \|\nabla_h e_h\|\big\}\\ &+ \|\eta_h\|\|\nabla(v-\varphi_h)\| + \|p-\chi_h\|\|\nabla_h e_h\|,\end{aligned}$$

mit der Abkürzung

$$\Delta_h(v,p) := \max_{\psi_h\in H_h} \frac{(\nabla v, \nabla_h\psi_h) - (p,\nabla_h\cdot\psi_h) - (f,\psi_h)}{\|\nabla_h\psi_h\|}.$$

Unter Verwendung der Abschätzung $ab \le \frac14\varepsilon a^2 + \varepsilon^{-1}b^2$, für $a,b\in\mathbb{R}_+$ und beliebiges $\varepsilon > 0$, erschließen wir weiter

$$\begin{aligned}\|\nabla_h e_h\|^2 \le \tfrac34\varepsilon_1\|\nabla_h e_h\|^2 &+ \varepsilon_1^{-1}\big\{\|\nabla_h(v-\varphi_h)\|^2 + \|p-\chi_h\|^2 + \Delta_h(v,p)^2\big\}\\ &+ \tfrac14\varepsilon_2\|\eta_h\|^2 + \big\{\varepsilon_2^{-1} + \tfrac12\big\}\Delta_h(v,p)^2 + \tfrac12\|\nabla_h(v-\varphi_h)\|^2,\end{aligned}$$

und bei Setzung $\varepsilon_1 = 1$:

$$\begin{aligned}\|\nabla_h e_h\|^2 \le 6 \min_{\varphi_h\in H_h} \|\nabla_h(v-\varphi_h)\|^2 &+ 4 \min_{\chi_h\in L_h} \|p-\chi_h\|^2\\ &+ \big\{\varepsilon_2^{-1} + 6\big\}\Delta_h(v,p)^2 + \varepsilon_2\|\eta_h\|^2.\end{aligned} \tag{6.2.105}$$

Dieses Zwischenresultat wollen wir uns merken.

ii) Zur Abschätzung des Druckfehlers $\|\eta_h\|$ bedienen wir uns der inf-sup-Ungleichung (6.2.97). Mit einem beliebigen $\chi_h \in L_h$ ergibt sich dann

$$
\begin{aligned}
\|\eta_h\| &\le \|p - \chi_h\| + \|\chi_h - p_h\| \\
&\le \|p - \chi_h\| + \beta^{-1} \max_{\varphi_h \in H_h} \frac{(\chi_h - p_h, \nabla_h \cdot \varphi_h)}{\|\nabla_h \varphi_h\|} \\
&\le \|p - \chi_h\| + \beta^{-1} \max_{\varphi_h \in H_h} \frac{(\chi_h - p, \nabla_h \cdot \varphi_h)}{\|\nabla_h \varphi_h\|} + \beta^{-1} \max_{\varphi_h \in H_h} \frac{(\eta_h, \nabla_h \cdot \varphi_h)}{\|\nabla_h \varphi_h\|} \\
&\le (\beta^{-1} + 1)\|p - \chi_h\| + \beta^{-1} \max_{\varphi_h \in H_h} \frac{(\eta_h, \nabla_h \cdot \varphi_h)}{\|\nabla_h \varphi_h\|}.
\end{aligned}
$$

Weiter gilt

$$
\begin{aligned}
(\eta_h, \nabla_h \cdot \varphi_h) &= (p, \nabla_h \cdot \varphi_h) - (p_h, \nabla_h \cdot \varphi_h) \\
&= (p, \nabla_h \cdot \varphi_h) - (\nabla v_h, \nabla_h \varphi_h) + (f, \varphi_h) \\
&= (p, \nabla_h \cdot \varphi_h) - (\nabla v, \nabla_h \varphi_h) + (f, \varphi_h) - (\nabla e_h, \nabla_h \varphi_h)
\end{aligned}
$$

und folglich

$$
\max_{\varphi_h \in H_h} \frac{(\eta_h, \nabla_h \cdot \varphi_h)}{\|\nabla_h \varphi_h\|} \le \Delta_h(v, p) + \|\nabla_h e_h\|.
$$

Dies ergibt

$$
\|\eta_h\| \le (\beta^{-1} + 1)\|p - \chi_h\| + \beta^{-1}\big\{\Delta_h(v, p) + \|\nabla_h e_h\|\big\}. \tag{6.2.106}
$$

Durch Kombination der Zwischenresulate (6.2.105) und (6.2.106) und Wahl von $\varepsilon_2 := \frac{1}{2}\beta$ erhalten wir schließlich mit einer generischen Konstante $c(\beta) \approx \beta^{-1} + 1 > 0$:

$$
\|\nabla_h e_h\| + \|\eta_h\| \le c(\beta)\Big\{ \min_{\varphi_h \in H_h} \|\nabla_h (v - \varphi_h)\| + \min_{\chi \in L_h} \|p - \chi_h\| + \Delta_h(v, p)\Big\}. \tag{6.2.107}
$$

iii) Es bleibt, den Nichtkonformitätsterm $\Delta_h(v, p)$ abzuschätzen. Dazu formen wir unter Beachtung von $-\Delta v + \nabla p = f$ wie folgt um:

$$
\begin{aligned}
(\nabla v, \nabla_h \psi_h) - (p, \nabla_h \cdot \psi_h) - (f, \psi_h) &= \sum_{K \in \mathbb{T}_h} \big\{(-\Delta v + \nabla p - f, \psi_h)_K + (\partial_n v - pn, \psi_h)_{\partial K}\big\} \\
&= \sum_{K \in \mathbb{T}_h} (\partial_n v - pn, \psi_h)_{\partial K} = \sum_{\Gamma \in \partial \mathbb{T}_h} (\partial_n v - pn, \psi_h)_\Gamma,
\end{aligned}
$$

wobei $\partial \mathbb{T}_h$ wieder die Menge aller Kanten Γ der Zellen $K \in \mathbb{T}_h$ bezeichnet. Jede Kante $\Gamma \in \partial \mathbb{T}_h$ ist entweder gemeinsame Kante zweier Zellen $K, K' \in \mathbb{T}_h$ oder Teil von $\partial\Omega$. Die Funktion $\partial_n v - pn$ auf $\Gamma \subset K$ hat wegen der Stetigkeit von ∇v und p entgegengesetztes Vorzeichen zu $\partial_n v - pn$ auf $\Gamma \subset K'$. Daher können wir schreiben

$$
\sum_{\Gamma \in \partial \mathbb{T}_h} (\partial_n v - pn, \psi_h)_\Gamma = \sum_{\Gamma \in \partial \mathbb{T}_h} (\partial_n v - pn, [\psi_h])_\Gamma
$$

mit der Bezeichnung

$$[\psi_h]_\Gamma := \begin{cases} \frac{1}{2}(\psi_{h|\Gamma\cap K} - \psi_{h|\Gamma\cap K'}), & \Gamma = K\cap K', \\ \psi_{h|\Gamma}, & \Gamma \subset \partial\Omega. \end{cases}$$

Auf einer Kante $\Gamma \in \partial\mathbb{T}_h$ hat $[\psi_h]$ aufgrund der speziellen Eigenschaften von $\psi_h \in H_h$ Mittelwert Null. Folglich ist

$$(\partial_n v - pn, [\psi_h])_\Gamma = (\partial_n v - pn, [\psi_h] - \overline{[\psi_h]}_\Gamma)_\Gamma = (\partial_n v - pn - (\overline{\partial_n v - pn})_\Gamma, [\psi_h] - \overline{[\psi_h]}_\Gamma)_\Gamma$$

mit den Mittelwerten

$$(\overline{\partial_n v - pn})_\Gamma := |\Gamma|^{-1}\int_\Gamma (\partial_n v - pn)\,ds, \qquad \overline{[\psi_h]}_\Gamma := |\Gamma|^{-1}\int_\Gamma [\psi_h]\,ds.$$

Aufspaltung von $[\psi_h]$ in die Beiträge der beteiligten Zellen K, K' ergibt dann

$$(\partial_n v - pn, [\psi_h])_\Gamma = (\partial_n v - pn - (\overline{\partial_n v - pn})_\Gamma, \psi_{h|K} - \overline{\psi}_{h\Gamma})_\Gamma - (\overline{\partial_n v - pn})_\Gamma, \psi_{h|K'} - \overline{\psi}_{h\Gamma})_\Gamma.$$

Mit Hilfe der üblichen Transformationstechnik zeigt man die folgenden Fehlerabschätzungen für die Mittelwertapproximation:

$$\begin{aligned} \|\partial_n v - pn - (\overline{\partial_n v - pn})_\Gamma\|_\Gamma &\le c_i h^{1/2}\{\|\nabla^2 v\|_K + \|\nabla p\|\}, \\ \|\psi_{h|K} - \overline{\psi}_{h\Gamma}\|_\Gamma &\le c_i h^{1/2}\|\nabla\psi_h\|_K, \end{aligned}$$

und entsprechend für die Zelle K'. Unter Verwendung der vorausgehenden Ergebnisse erhalten wir nun für $\Gamma = K\cap K'$:

$$\begin{aligned} |(\partial_n v - pn, [\psi_h])_\Gamma| &\le \|\partial_n v - pn - (\overline{\partial_n v - pn})_\Gamma\|_\Gamma \big\{\|\psi_{h|K} - \overline{\psi}_{h\Gamma}\|_\Gamma + \|\psi_{h|K'} - \overline{\psi}_{h\Gamma}\|_\Gamma\big\} \\ &\le c^2 h\big\{\|\nabla^2 v\|_K + \|\nabla p\|_K\big\}\|\nabla_h\psi_h\|_{K\cup K'}, \end{aligned}$$

und entsprechend für $\Gamma \subset \partial\Omega$. Hiermit erschließen wir

$$\Big|\sum_{\Gamma\in\partial\mathbb{T}_h}(\partial_n v - pn, \psi_h)_\Gamma\Big| \le ch\{\|\nabla^2 v\| + \|\nabla p\|\}\|\nabla_h\psi_h\|,$$

und folglich, mit einer von β unabhängigen Konstante $c > 0$,

$$\Delta_h(v,p) \le ch\{\|\nabla^2 v\| + \|\nabla p\|\} \le ch\|f\|. \tag{6.2.108}$$

Zusammen mit den bekannten Approximierbarkeitsabschätzungen

$$\min_{\varphi_h\in H_h}\|\nabla_h(v-\varphi_h)\| + \min_{\chi\in L_h}\|p-\chi_h\| \;\le\; ch\{\|\nabla^2 v\| + \|\nabla p\|\} \le ch\|f\|$$

erhalten wir somit schließlich die Fehlerabschätzung (6.2.103).

iv) Zum Nachweis der L^2-Fehlerabschätzung (6.2.104) verwenden wir wieder ein Dualitätsargument. Die Details werden hier nicht ausgeführt (siehe die entsprechende Argumentation bei dem nichtkonformen Morley-Element für das Plattenproblem). Q.E.D.

6.2.3 Stabilisierte Stokes-Elemente

Es gibt Gründe, möglichst einfache, knoten-orientierte Elementansätze zur Diskretisierung der Stokes-Gleichungen zu verwenden, wobei die Freiheitsgrade für Geschwindigkeit und Druck in denselben Knotenpunkten „leben“. Einfachste Beispiel sind die konformen P_1^c/P_1^c- und Q_1^c/Q_1^c-Stokes-Element, welches leider nicht inf-sup-stabil sind. Wir wollen im folgenden eine Technik zur Stabilisierung solcher Ansätze diskutieren.

Wir rekapitulieren aus dem Beweis der Stabilitätseigenschaft für konforme Stokes-Elemente die folgende Beziehung für $q_h \in L_h$:

$$\beta\|q_h\| \le \sup_{\varphi\in H}\left\{\frac{(q_h,\nabla\cdot\varphi_h)}{\|\nabla\varphi_h\|}\frac{\|\nabla\varphi_h\|}{\|\nabla\varphi\|}\right\} + \sup_{\varphi\in H}\frac{(q_h,\nabla\cdot(\varphi-\varphi_h))}{\|\nabla\varphi\|}. \tag{6.2.109}$$

Dabei ist $\varphi_h := i_h^*\varphi \in H_h$ eine H^1-stabile (modifizierte) Knoteninterpolierende, für die auf jeder Zelle $K\in\mathbb{T}_h$ gilt:

$$\|\varphi - i_h^*\varphi\|_K + h_K\|\nabla(\varphi - i_h^*\varphi)\|_K \le \tilde c_i h_K\|\nabla\varphi\|_{\tilde K},$$

mit der Vereinigungsmenge $\tilde K$ aller Zellen, die mit K einen nicht-leeren Schnitt haben. Ferner gilt wie für die übliche Knoteninterpolierende für $\varphi\in H^2(K)$:

$$\|\varphi - i_h^*\varphi\|_K + h_K\|\nabla(\varphi - i_h^*\varphi)\|_K \le c_i h_K^2\|\nabla^2\varphi\|_K.$$

Für den zweiten Term rechts in (6.2.109) erhalten wir damit nach partieller Integration (beachte $\varphi - i_h^*\varphi \in H$):

$$\begin{aligned}|(q_h,\nabla\cdot(\varphi - i_h^*\varphi))| &= |(\nabla q_h,\varphi - i_h^*\varphi)| \le \sum_{K\in\mathbb{T}_h}\|\nabla q_h\|_K\|\varphi - i_h^*\varphi\|_K\\ &\le c_i\sum_{K\in\mathbb{T}_h} h_K\|\nabla q_h\|_K\|\nabla\varphi\|_{\tilde K} \le c_i\Big(\sum_{K\in\mathbb{T}_h} h_K^2\|\nabla q_h\|_K^2\Big)^{1/2}\Big(\sum_{K\in\mathbb{T}_h}\|\nabla\varphi\|_{\tilde K}^2\Big)^{1/2}\\ &\le c_*c_i\Big(\sum_{K\in\mathbb{T}_h} h_K^2\|\nabla q_h\|_K^2\Big)^{1/2}\|\nabla\varphi\|,\end{aligned}$$

mit einer für reguläre Triangulierungsfamilien $(\mathbb{T}_h)_{h>0}$ fest wählbaren Konstante $c_*\ge 1$. Für den ersten Term in (6.2.109) haben wir wieder

$$\sup_{\varphi\in H}\left\{\frac{(q_h,\nabla\cdot i_h^*\varphi)}{\|\nabla i_h^*\varphi\|}\frac{\|\nabla i_h^*\varphi\|}{\|\nabla\varphi\|}\right\} \le c_i\sup_{\varphi_h\in H_h}\frac{(q_h,\nabla\cdot\varphi_h)}{\|\nabla\varphi_h\|}.$$

Zusammengenommen ergeben die beiden letzten Abschätzungen

$$\beta_h^2\|q_h\|^2 \le \sup_{\varphi_h\in H_h}\frac{(q_h,\nabla\cdot\varphi_h)^2}{\|\nabla\varphi_h\|^2} + \sum_{K\in\mathbb{T}_h} h_K^2\|\nabla q_h\|_K^2, \tag{6.2.110}$$

mit der Konstante $\beta_h := (c_*c_i)^{-1}\beta$. Dieses Resultat legt die folgende Modifikation des Approximationsschemas (6.2.67 - 6.2.68) nahe:

$$(\nabla v_h,\nabla\varphi_h) - (p_h,\nabla\cdot\varphi_h) = (f,\varphi_h)\quad \forall\varphi_h\in H_h, \tag{6.2.111}$$

$$(\chi_h,\nabla\cdot v_h) + s_h(\chi_h,p_h) = 0\quad \forall\chi_h\in L_h, \tag{6.2.112}$$

mit der „Stabilisierungsform"

$$s_h(\chi_h, p_h) := \alpha \sum_{K\in\mathbb{T}_h} h_K^2(\nabla\chi_h, \nabla p_h)_K,$$

wobei $\alpha > 0$ eine (geeignet gewählte) Konstante ist.

Lemma 6.7 (Stabilität): *Das modifizierte Approximationsschema (6.2.111) - (6.2.112) besitzt eine eindeutige Lösung* $\{v_h, p_h\} \in H_h \times L_h$ *, und es gilt die Stabilitätsabschätzung*

$$\|\nabla v_h\| + \|p_h\| + s_h(p_h, p_h)^{1/2} \le c\|f\|. \qquad (6.2.113)$$

Beweis: Zum Nachweis der Existenz von Lösungen genügt es wieder, die Eindeutigkeit derselben zu zeigen. Dazu setzen wir in (6.2.111) $\varphi_h := v_h$ und in (6.2.112) $\chi_h := p_h$ und erhalten

$$\|\nabla v_h\|^2 - (p_h, \nabla\cdot v_h) = (f, v_h),$$
$$(p_h, \nabla\cdot v_h) + s_h(p_h, p_h) = 0.$$

Addition der Gleichungen ergibt

$$\|\nabla v_h\|^2 + s_h(p_h, p_h) = (f, v_h).$$

Im Fall homogener Daten, d. h. $f \equiv 0$, folgt hieraus $v_h \equiv 0$ sowie $\nabla p_h \equiv 0$, d. h. die Eindeutigkeit einer Lösung (und damit auch deren Existenz). Weiter ergibt sich über die Beziehung

$$(f, v_h) \le \|f\|\|v_h\| \le c\|f\|\|\nabla v_h\|$$

die Stabilitätsabschätzung

$$\|\nabla v_h\|^2 + s_h(p_h, p_h) \le c\|f\|^2.$$

Mit Hilfe der Beziehung (6.2.110) gewinnen wir zusätzlich die Stabilitätsabschätzung

$$\|p_h\| \le c\|f\|,$$

was den Beweis vervollständigt. Q.E.D.

Satz 6.8 (Stabilisierte Stokes-Elemente): *Für die Lösung* $\{v_h, p_h\} \in H_h \times L_h$ *des modifizierten Approximationsschemas (6.2.111) - (6.2.112) gelten die a priori Fehlerabschätzungen*

$$\|\nabla(v - v_h)\| + \|p - p_h\| + s_h(p - p_h, p - p_h)^{1/2} \le ch\|f\|, \qquad (6.2.114)$$
$$\|v - v_h\| \le ch^2\|f\|. \qquad (6.2.115)$$

Beweis: Subtraktion der diskreten Stokes-Gleichungen von den kontinuierlichen ergibt

$$(\nabla(v-v_h),\nabla\varphi_h)-(p-p_h,\nabla\cdot\varphi_h)=0,\quad \varphi_h\in H_h. \tag{6.2.116}$$
$$(\chi_h,\nabla\cdot(v-v_h))+s_h(\chi_h,p-p_h)=s_h(\chi_h,p). \tag{6.2.117}$$

i) Wir beginnen mit der Abschätzung von $\|\nabla(v-v_h)\|$ und $s_h(p-p_h,p-p_h)$. Mit beliebigem $\varphi_h\in H_h$ folgt wegen (6.2.116)

$$\begin{aligned}
\|\nabla(v-v_h)\|^2 &= (\nabla(v-v_h),\nabla(v-\varphi_h)+(\nabla(v-v_h),\nabla(\varphi_h-v_h))\\
&= (\nabla(v-v_h),\nabla(v-\varphi_h)+(p-p_h,\nabla\cdot(\varphi_h-v_h))\\
&= (\nabla(v-v_h),\nabla(v-\varphi_h)+(p-p_h,\nabla\cdot(\varphi_h-v))+(p-p_h,\nabla\cdot(v-v_h)),
\end{aligned}$$

und weiter wegen (6.2.117) mit beliebigem $\chi_h\in L_h$

$$\begin{aligned}
\|\nabla(v-v_h)\|^2 &= (\nabla(v-v_h),\nabla(v-\varphi_h)+(p-p_h,\nabla\cdot(\varphi_h-v))+(p-\chi_h,\nabla\cdot(v-v_h))\\
&\quad+(\chi_h-p_h,\nabla\cdot(v-v_h))\\
&= (\nabla(v-v_h),\nabla(v-\varphi_h)+(p-p_h,\nabla\cdot(\varphi_h-v))+(p-\chi_h,\nabla\cdot(v-v_h))\\
&\quad+(\chi_h-p_h,\nabla\cdot(v-v_h))\\
&= (\nabla(v-v_h),\nabla(v-\varphi_h)+(p-p_h,\nabla\cdot(\varphi_h-v))+(p-\chi_h,\nabla\cdot(v-v_h))\\
&\quad-s_h(\chi_h-p_h,p-p_h)+s_h(\chi_h-p_h,p)\\
&= (\nabla(v-v_h),\nabla(v-\varphi_h)+(p-p_h,\nabla\cdot(\varphi_h-v))+(p-\chi_h,\nabla\cdot(v-v_h))\\
&\quad-s_h(\chi_h-p,p-p_h)-s_h(p-p_h,p-p_h)+s_h(\chi_h-p_h,p).
\end{aligned}$$

Also gilt

$$\begin{aligned}
\|\nabla(v-v_h)\|^2+s_h(p-p_h,p-p_h) &= (\nabla(v-v_h),\nabla(v-\varphi_h)+(p-p_h,\nabla\cdot(\varphi_h-v))\\
&\quad+(p-\chi_h,\nabla\cdot(v-v_h))-s_h(\chi_h-p,p-p_h)+s_h(\chi_h-p_h,p)\\
&\le \|\nabla(v-v_h)\|\|\nabla(v-\varphi_h\|+\|p-p_h\|\|\nabla\cdot(\varphi_h-v)\|\\
&\quad+\|p-\chi_h\|\|\nabla\cdot(v-v_h)\|+s_h(\chi_h-p,\chi_h-p)^{1/2}s_h(p-p_h,p-p_h)^{1/2}\\
&\quad+s_h(\chi_h-p_h,\chi_h-p_h)^{1/2}s_h(p,p)^{1/2}
\end{aligned}$$

Unter Beachtung von $\|\nabla p\|\le c\|f\|$ folgt

$$s_h(p,p)^{1/2}=\Big(\alpha\sum_{K\in\mathbb{T}_h}h_K^2\|\nabla p\|_K^2\Big)^{1/2}\le ch\Big(\sum_{K\in\mathbb{T}_h}\|\nabla p\|_K^2\Big)^{1/2}=ch\|\nabla p\|\le ch\|f\|. \tag{6.2.118}$$

Ferner ergibt sich mit Hilfe der inversen Beziehung von finiten Elementen

$$\begin{aligned}
s_h(\chi_h-p_h,\chi_h-p_h)^{1/2} &= \Big(\alpha\sum_{K\in\mathbb{T}_h}h_K^2\|\nabla(\chi_h-p_h)\|_K^2\Big)^{1/2}\le c\Big(\sum_{K\in\mathbb{T}_h}\|\chi_h-p_h\|_K^2\Big)^{1/2}\\
&\le c\{\|p-p_h\|+\|p-\chi_h\|\}.
\end{aligned}$$

Damit erschließen wir wieder mit Hilfe der Youngschen Ungleichung $ab \le \varepsilon^2 a^2 + (4\varepsilon^2)^{-1} b^2$:

$$\begin{aligned} \|\nabla(v - v_h)\|^2 + s_h(p - p_h, p - p_h) \le c(1 + \varepsilon^{-1})\big\{\|\nabla(v - \varphi_h)\|^2 + \|p - \chi_h\|^2 \\ + s_h(p - \chi_h, p - \chi_h) + h^2\|f\|^2\big\} + \varepsilon\|p - p_h\|^2. \end{aligned} \tag{6.2.119}$$

ii) Als nächstes wird $\|p - p_h\|$ abgeschätzt. Mit Hilfe der Stabilitätsungleichung (6.2.110) und der Galerkin-Orthogonalität (6.2.116) folgt

$$\begin{aligned} \|p - p_h\| &\le \|p - \chi_h\| + \|\chi_h - p_h\| \\ &\le \|p - \chi_h\| + \beta_*^{-1} \sup_{\psi_h \in H_h} \frac{(\chi_h - p_h, \nabla\cdot\psi_h)}{\|\nabla\psi_h\|} + \beta_*^{-1} s_h(\chi_h - p_h, \chi_h - p_h)^{1/2} \\ &\le \|p - \chi_h\| + \beta^{-1} \sup_{\psi_h \in H_h} \frac{(\chi_h - p, \nabla\cdot\psi_h)}{\|\nabla\psi_h\|} + \beta^{-1} \sup_{\psi_h \in H_h} \frac{(p - p_h, \nabla\cdot\psi_h)}{\|\nabla\psi_h\|} \\ &\quad + \beta_*^{-1} s_h(\chi_h - p_h, \chi_h - p_h)^{1/2} \\ &= \|p - \chi_h\| + \beta_*^{-1} \sup_{\psi_h \in H_h} \frac{(\chi_h - p, \nabla\cdot\psi_h)}{\|\nabla\psi_h\|} + \beta_*^{-1} \sup_{\psi_h \in H_h} \frac{(\nabla(v - v_h), \nabla\psi_h)}{\|\nabla\psi_h\|} \\ &\quad + \beta_*^{-1} s_h(\chi_h - p_h, \chi_h - p_h)^{1/2} \end{aligned}$$

und damit

$$\begin{aligned} \|p - p_h\| \le (1 + \beta_*^{-1})\|p - \chi_h\| + \beta_*^{-1}\|\nabla(v - v_h)\| \\ + \beta_*^{-1} s_h(\chi_h - p_h, \chi_h - p_h)^{1/2}. \end{aligned} \tag{6.2.120}$$

Durch Kombination dieser Abschätzung mit (6.2.119) erhalten wir

$$\begin{aligned} \|\nabla(v - v_h)\|^2 + s_h(p - p_h, p - p_h) &\le c(1 + \varepsilon^{-1})\big\{\|\nabla(v - \varphi_h)\|^2 + \|p - \chi_h\|^2 \\ &\quad + s_h(p - \chi_h, p - \chi_h) + h^2\|f\|^2\big\} \\ &\quad + c\varepsilon\big\{(1 + \beta_*^{-1})^2\|p - \chi_h\|^2 + \beta_*^{-2}\|\nabla(v - v_h)\|^2 + \beta_*^{-2} s_h(\chi_h - p_h, \chi_h - p_h)\big\}. \end{aligned}$$

Bei hinreichend kleiner aber fester Wahl von $\varepsilon > 0$ folgt

$$\|\nabla(v - v_h)\| + s_h(p - p_h, p - p_h)^{1/2} \le c\big\{\|\nabla(v - \varphi_h)\| + \|p - \chi_h\| + s_h(p - \chi_h, p - \chi_h)^{1/2} + h\|f\|\big\}.$$

Für $\varphi_h = i_h^* v$ und $\chi_h = i_h^* p$ ergibt sich Mit Hilfe der obigen Interpolationsabschätzungen

$$\|\nabla(v - v_h)\| + s_h(p - p_h, p - p_h)^{1/2} \le ch\{\|\nabla^2 v\| + \|\nabla p\| + \|f\|\} \le ch\|f\|.$$

Damit folgt aus (6.2.120) auch

$$\|p - p_h\| \le ch\|f\|.$$

iii) Zur Abschätzung von $\|v - v_h\|$ verwenden wir wieder ein Dualitätsargument. Sei $\{z, q\} \in H \times L$ die Lösung des „dualen" Stokes-Problems

$$(\nabla\varphi, \nabla z) - (q, \nabla\cdot\varphi) = (\varphi, v - v_h)\|v - v_h\|^{-1} \quad \forall \varphi \in H, \tag{6.2.121}$$

$$(\chi, \nabla\cdot z) = 0 \quad \forall \chi \in L. \tag{6.2.122}$$

Diese ist in $H^2(\Omega)^d \times H^1(\Omega)$ und es gilt die a priori Abschätzung

$$\|z\|_{H^2} + \|q\|_{H^1} \le c\|v - v_h\|\|v - v_h\|^{-1} = c. \qquad (6.2.123)$$

Mit der Testfunction $\varphi := v - v_h$ ergibt sich dann unter Verwendung der Galerkin-Orthogonalität mit der Knoteninterpolierenden $i_h^* z \in H_h$ und $i_h^* q \in L_h$:

$$\begin{aligned}
\|v - v_h\| &= (\nabla(v - v_h), \nabla z) - (q, \nabla \cdot (v - v_h)) \\
&= (\nabla(v - v_h), \nabla(z - i_h^* z)) + (\nabla(v - v_h), \nabla i_h^* z) - (q - i_h^* q, \nabla \cdot (v - v_h)) \\
&\quad - (i_h^* q, \nabla \cdot (v - v_h)) \\
&= (\nabla(v - v_h), \nabla(z - i_h^* z)) + (p - p_h, \nabla \cdot i_h^* z) - (q - i_h^* q, \nabla \cdot (v - v_h)) \\
&\quad + s_h(i_h^* q, p - p_h) - s_h(i_h^* q, p) \\
&= (\nabla(v - v_h), \nabla(z - i_h^* z)) + (p - p_h, \nabla \cdot (i_h^* z - z)) - (q - i_h^* q, \nabla \cdot (v - v_h)) \\
&\quad + s_h(i_h^* q, p - p_h) - s_h(i_h^* q, p).
\end{aligned}$$

Mit Hilfe der Fehlerabschätzungen für die Interpolierenden schätzen wir dies weiter ab:

$$\begin{aligned}
\|v - v_h\| &\le \|\nabla(v - v_h)\|\|\nabla(z - i_h^* z)\| + \|p - p_h\|\|\nabla \cdot (i_h^* z - z)\| + \|q - i_h^* q\|\|\nabla \cdot (v - v_h)\| \\
&\quad + s_h(i_h^* q, i_h^* q)^{1/2} s_h(p - p_h, p - p_h)^{1/2}) + s_h(i_h^* q, i_h^* q)^{1/2} s_h(p, p)^{1/2} \\
&\le ch\|\nabla(v - v_h)\|\|z\|_{H^2} + ch\|p - p_h\|\|z\|_{H^2} + ch\|q\|_{H^1}\|\nabla(v - v_h)\| \\
&\quad + ch\|\nabla q\| s_h(p - p_h, p - p_h)^{1/2} + ch^2\|\nabla q\|\|\nabla p\| \\
&\le ch\big\{\|\nabla(v - v_h)\| + \|p - p_h\| + s_h(p - p_h, p - p_h)^{1/2}\big\} + ch^2\|f\|.
\end{aligned}$$

Dies vervollständigt den Beweis. Q.E.D.

Die Konvergenzabschätzungen (6.2.114) und (6.2.115) sind optimal bzgl. der h-Ordnung sowie der Regularitätsanforderungen an die Lösung $\{v, p\}$. Dasselbe Stabilisierungskonzept kann auch für die P_r^c/P_r^c- und Q_r^c/Q_r^c-Stokes-Elemente des Polynomgrades $r \ge 2$ angewendet werden. In diesem Fall wird die Approximationsordnung aber durch die Stabilisierung in (6.2.112) zu $\mathcal{O}(h^2)$ limitiert. Diese Ordnungsbarriere kann durch einen modifizierten, voll-konsistenten Stabilisierungsansatz überwunden werden:

$$(\nabla v_h, \nabla \varphi_h) - (p_h, \nabla \cdot \varphi_h) = (f, \varphi_h) \quad \forall \varphi_h \in H_h, \qquad (6.2.124)$$

$$(\chi_h, \nabla \cdot v_h) + s_h(\chi_h, \nabla p_h) = g_h(\chi_h) \quad \forall \chi_h \in L_h, \qquad (6.2.125)$$

wobei

$$g_h(\chi_h) := \alpha \sum_{K \in \mathbb{T}_h} h_K^2 \big\{(\nabla \chi_h, f)_K + (\nabla \chi_h, \Delta v_h)_K\big\}.$$

In diesem Fall wird das diskrete System von der kontinuierlichen Lösung $\{v, p\}$ exakt erfüllt, so dass volle „Galerkin-Orthogonalität“ besteht.

Das stabilisierte P_1^c/P_1^c-Stokes-Element hat eine enge Beziehung zum inf-sup-stabilen MINI-Element. Um diese zu verstehen, zerlegen wir den Geschwindigkeitsansatzraum des MINI-Elements in einen rein „bilinearen“ und einen „bulb“-Anteil:

$$v_h = v_h^{(1)} + v_h^b \in H_h^{(1)} \oplus H_h^b.$$

Dies ist wegen

$$(\nabla v_h^b, \nabla v_h^{(1)}) = \sum_{K\in\mathbb{T}_h} \big\{ (v_h^b, \partial_n v_h^{(1)})_{\partial K} - (v_h^b, \Delta v_h^{(1)})_K \big\} = 0$$

tatsächlich eine H-orthogonale Aufspaltung. Das zugehörige diskrete Stokes-System lässt sich damit in folgender äquivalenten Form schreiben:

$$(\nabla v_h^{(1)}, \nabla \varphi_h) - (p_h, \nabla\cdot\varphi_h) = (f, \varphi_h) \quad \forall \varphi_h \in H_h^{(1)}, \tag{6.2.126}$$

$$(\nabla v_h^b, \nabla \varphi_h^b) - (p_h, \nabla\cdot\varphi_h^b) = (f, \varphi_h^b) \quad \forall \varphi_h^b \in H_h^b, \tag{6.2.127}$$

$$(\chi_h, \nabla\cdot v_h^{(1)}) - (\nabla\chi_h, v_h^b) = 0 \quad \forall \chi_h \in L_h. \tag{6.2.128}$$

Aus der zweiten Gleichung entnehmen wir die Beziehungen

$$\alpha_i^b \|\nabla\varphi_i^b\|_K^2 + \partial_i p_{h|K}(1, \varphi_i^b)_K = (f_i, \varphi_i^b)_K, \quad K \in \mathbb{T}_h,$$

mit den Koeffizienten α_i^b von $v_{h|K}$ bzgl. der Basis-Bulbs $\varphi_i^b,\ i = 1, 2$. Dies ergibt

$$(\nabla\chi_h, v_h^b)_K = \alpha_i^b(\partial_i\chi_h, \varphi_i^b)_K = -\partial_i p_{h|K}\partial_i\chi_{h|K}\frac{(1,\varphi_i^b)_K^2}{\|\nabla\varphi_i^b\|_K^2} + (f_i, \varphi_i^b)_K\frac{(\partial_i\chi_h, \varphi_i^b)_K}{\|\nabla\varphi_i^b\|_K^2}.$$

Damit lässt sich die dritte Gleichung umformen zu

$$(\chi_h, \nabla\cdot v_h^{(1)}) + \sum_{K\in\mathbb{T}_h} \delta_K(\nabla\chi_h, \nabla p_h)_K = -\sum_{K\in\mathbb{T}_h} \frac{\delta_K|K|}{(1,\varphi_i^b)_K}(\partial_i\chi, (f_i, \varphi_i^b)\varphi_i^b)_K \quad \forall \chi_h \in L_h$$

mit den Parametern

$$\delta_K := \frac{(1, \varphi_K^b)_K^2}{|K|\|\nabla\varphi_K^b\|_K^2} \approx h_K^2.$$

Bis auf die rechte Seite entspricht dies gerade der modifizierten Gleichung (6.2.112) des druck-stabilisierten Verfahrens.

6.2.4 Lösung der diskreten Stokes-Probleme

Wir betrachten im Folgenden einheitlich sowohl inf-sup-stabile als auch stabiliserte Ansätze. Mit den natürlichen „Knotenwertbasen" der Ansatzräume H_h und L_h .

$$\{\psi_h^i,\ i = 1, \dots, N_H := \dim H_h\}, \quad \{\chi_h^i,\ i = 1, \dots, N_L := \dim L_h\},$$

schreiben sich die Approximationsschemata (6.2.67) - (6.2.68), (6.2.95) - (6.2.96) bzw. (6.2.111) - (6.2.112) einheitlich in Form eines Blocksystems

$$\mathcal{A}\xi = \begin{bmatrix} A & B \\ -B^T & C \end{bmatrix} \begin{bmatrix} x \\ y \end{bmatrix} = \begin{bmatrix} b \\ c \end{bmatrix} =: \beta \tag{6.2.129}$$

für die Knotenwertvektoren $\xi = \{x, y\}$ zu den Darstellungen

$$v_h = \sum_{i=1}^{N_H} x_i \psi_h^i, \qquad p_h = \sum_{i=1}^{N_L} y_i \chi_h^i,$$

mit den zugehörigen Matrizen sowie den rechten Seiten

$$A := \big((\nabla\psi_h^i, \nabla\psi_h^j)\big)_{i,j}^{N_H}, \quad B := -\big((\chi_h^i, \nabla\cdot\psi_h^j)\big)_{i,j=1}^{N_L,N_H}, \quad b := \big((f, \psi_h^j)\big)_{j=1}^{N_H},$$
$$C := \Big(\sum_{K\in\mathbb{T}_h} \delta_K(\nabla\chi_h^j, \nabla\chi_h^i)_K\Big)_{i,j=1}^{N_L}, \quad c := \Big(\sum_{K\in\mathbb{T}_h} \delta_K(\nabla\chi_h^j, f)_K\Big)_{j=1}^{N_L}.$$

6.2.5 Schur-Komplement-Verfahren

Die „Laplace-Matrix“ A ist symmetrisch und positiv-definit und somit regulär. Folglich kann die Komponente x aus dem System eliminiert werden:

$$\Sigma y := (B^T A^{-1} B + C) y = B^T A^{-1} b + c, \quad x = A^{-1} b - A^{-1} B y. \tag{6.2.130}$$

Die Matrix $\Sigma := B^T A^{-1} B + C$ wird das „Schur-Komplement“ von A in der Blockmatrix $\mathcal{A}$ genannt. Mit ihr besteht die Block-Dreieckszerlegung

$$\mathcal{A} = \begin{bmatrix} A & B \\ -B^T & C \end{bmatrix} = \begin{bmatrix} A & 0 \\ -B^T & \Sigma \end{bmatrix} \begin{bmatrix} I & A^{-1}B \\ 0 & I \end{bmatrix}. \tag{6.2.131}$$

Uzawa-Algorithmus:

Die „klassische“ Methode zur Lösung des (quasi) Sattelpunktproblems (6.2.129) ist das „Uzawa[4]-Verfahren“. Ausgehend von einem Anfangswert y^0 wird für $l \in \mathbb{N}$ berechnet:

$$Ax^l = b - By^{l-1}, \tag{6.2.132}$$
$$y^l = y^{l-1} + \theta(B^T x^l + Cy^{l-1} - c), \tag{6.2.133}$$

wobei $\theta > 0$ ein geeignet zu wählender Relaxationsparameter ist. Diese Iteration erfolgt im Raum der Druck-Knotenwerte. Um eventuelle Irregularitäten des Gitters $\mathbb{T}_h$ (Zell-Anisotropien, heterogene Gitterweiten) auszugleichen, empfiehlt es sich, das System mit der Massematrix des Druckansatzraumes,

$$M = M_L = \big((\chi_h^i, \chi_h^j)\big)_{i,j=1}^{N_L},$$

[4]Hirofumi Uzawa (1928–2014): Japanischer Mathematischer Ökonom; Studium der Mathematik in Tokio 1951 und Ökonomie in Stanford 1956; Prof. für Ökonomie an verschiedenen Universitäten in den USA und in Japan; Mitinitiator der sog. „Mathematischen Ökonomie“; die nach ihm benannte „Uzawa-Iteration“ erschien ursprünglich im Rahmen der „Konkaven Optimierung“.

vorzukonditionieren. Der so modifizierte Uzawa-Algorithmus lautet dann:

$$Ax^i = b - By^{l-1}, \tag{6.2.134}$$
$$My^l = My^{l-1} + \theta(B^T x^l + Cy^{l-1} + c), \tag{6.2.135}$$

Jeder Iterationsschritt erfordert im wesentlichen die Invertierung der „Laplace-Matrix“ A sowie der „Masse-Matrix“ M, was etwa mit dem CG- oder einem Mehrgitter-Verfahren erfolgt. Durch Elimination von x^l erhalten wir den Uzawa-Algorithmus in Form einer Fixpunktiteration:

$$\begin{aligned} y^l &= y^{l-1} + \theta_l M^{-1}\big(B^T A^{-1}(b - By^{l-1}) + Cy^{l-1} + c\big) \\ &= (I - \theta M^{-1}\Sigma)y^{l-1} + \theta M^{-1}(B^T A^{-1}b + c). \end{aligned}$$

Der Uzawa-Algorithmus ist also eine gedämpfte Richardson-Iteration zur Lösung der Schur-Komplementgleichung. Für diese ergibt sich mit Hilfe des Banachschen Fixpunktsatzes das folgende Resultat.

Satz 6.9 (Uzawa-Algorithmus): *Der Uzawa-Algorithmus konvergiert unter der Bedingung $\theta < \lambda_{\max}(M^{-1}\Sigma)^{-1}$ mit dem maximalen (reellen) Eigenwert von $M^{-1}\Sigma$ gegen die Lösung $\{x, y\}$ des Sattelpunktproblems (6.2.129). Dabei gilt mit*

$$0 < 1 - \lambda_{\min}(M^{-1}\Sigma)\lambda_{\max}(M^{-1}\Sigma)^{-1} = 1 - \mathrm{cond}_2(M^{-1}\Sigma)^{-1} =: q < 1$$

die Fehlerabschätzung

$$|y^l - y| \le \frac{q^l}{1-q}\,|y^0 - y|. \tag{6.2.136}$$

Beweis: Die exakte Lösung y erfüllt die Fixpunktgleichung

$$y = (I - \theta M^{-1}\Sigma)y + \theta M^{-1}(B^T A^{-1}b + c).$$

Für den Iterationsfehler $e^l := y - y^l$ gilt daher:

$$e^l = (I - \theta M^{-1}\Sigma)e^{l-1}.$$

Folglich liegt Konvergenz für beliebigen Startwert genau dann vor, wenn für den Spektralradius der Iterationsmatrix gilt $\mathrm{spr}(I - \theta M^{-1}\Sigma) < 1$. Aus der Darstellung

$$M^{-1}\Sigma = M^{-1/2}(M^{-1/2}\Sigma M^{-1/2})M^{1/2}$$

folgt (Ähnlichkeitstransformation), dass die Eigenwerte der Matrix $M^{-1}\Sigma$ gleich denen der symmetrischen und positiv definiten Matrix $M^{-1/2}\Sigma M^{-1/2}$ sind. Daher sind alle Eigenwerte von $M^{-1}\Sigma$ reell und positiv, und es gilt aufgrund der Voraussetzung an den Parameter θ:

$$\mathrm{spr}(I - \theta M^{-1}\Sigma) = \max\{1 - \theta\lambda(M^{-1}\Sigma)\} \le 1 - \frac{\lambda_{\min}(M^{-1}\Sigma)}{\lambda_{\max}(M^{-1}\Sigma)}.$$

Die Behauptung folgt dann aus einem allgemeinen Resultat für die sukzessive Approximation (Fixpunktiteration). Q.E.D.

Wir werden weiter unten zeigen, dass $\mathrm{cond}_2(M^{-1}\Sigma) \le c$ gleichmäßig für alle Gitterweiten h. Der Uzawa-Algorithmus konvergiert also mit einer von der Gitterfeinheit unabhängigen Rate, vorausgesetzt der Relaxationsparameter θ ist ausreichend klein gewählt. Durch variable Wahl von $\theta = \theta_l$ lässt sich die Konvergenzgeschwindigkeit des Verfahrens optimieren. Dann entspricht es gerade dem Gradientenverfahren zur Lösung der Schur-Komplement-Gleichung. Wir verzichten auf die zugehörige Analyse und betrachten lieber gleich das noch bessere CG-Verfahren.

CG-Verfahren („Konjugierte-Gradienten-Verfahren")

Ähnlich wie beim Uzawa-Algorithmus wird das System mit der Druck-Masse-Matrix M_L vorkonditioniert, d.h.: Das CG-Verfahren wird als „PCG-Verfahren" auf das modifizierte System

$$M^{-1}\Sigma y = M^{-1}(B^T A^{-1} b + c) \tag{6.2.137}$$

angewendet. Dies ist gleichbedeutend mit der Anwendung des CG-Verfahrens auf die symmetrische und (modulo der Mittelwertbedingung) positiv-definite Matrix $M^{-1/2}\Sigma M^{-1/2}$ die Spektralkondition

$$\kappa := \mathrm{cond}_2(M^{-1}\Sigma) = \frac{\lambda_{\max}(M^{-1}\Sigma)}{\lambda_{\min}(M^{-1}\Sigma)}$$

bestimmt gemäß

$$|y^l - y| \le \kappa \Big(\frac{1-\kappa^{-1/2}}{1+\kappa^{-1/2}} \Big)^l |y^0 - y|, \quad l \in \mathbb{N},$$

wobei y^0 der Startwert der Iteration ist.

Satz 6.10 (Schur-Komplement): *Für das Schur-Komplement $\Sigma = B^T A^{-1} B$ gilt*

$$\mathrm{cond}_2(M^{-1}\Sigma) \le \frac{c_0}{\beta_h^2}, \tag{6.2.138}$$

mit der Konstante $\beta_h > 0$ in der „inf-sup"-Stabilitätsungleichung des jeweiligen Finite-Elemente-Ansatzes H_h/L_h zur Diskretisierung der Stokes-Gleichungen. Im konformen Fall $H_h \subset H$ ist $c_0 = 2$, wogegen im allgemeinen Fall nur $c_0 = 5$ gezeigt wird.

Beweis: Wir notieren zunächst die Beziehungen

$$\begin{aligned}\lambda_{\min}(M^{-1}\Sigma) &= \min_{y\in\mathbb{R}^{N_L}} \frac{\langle \Sigma y, y\rangle}{\langle My, y\rangle} = \min_{y\in\mathbb{R}^{N_L}} \frac{\langle B^T A^{-1} By + Cy, y\rangle}{\langle My, y\rangle} \\ &= \min_{y\in\mathbb{R}^{N_L}} \Big\{ \frac{\langle AA^{-1}By, A^{-1}By\rangle}{\langle My, y\rangle} + \frac{\langle Cy, y\rangle}{\langle My, y\rangle} \Big\}.\end{aligned}$$

Für ein beliebiges Skalarprodukt etwa der Art $\langle\cdot,\cdot\rangle_A := \langle A\cdot,\cdot\rangle$ gilt

$$|x|_A = \max_{z\in\mathbb{R}^{N_H}} \frac{\langle x,z\rangle_A}{|z|_A}, \qquad z\in\mathbb{R}^{N_H}.$$

Unter Verwendung dieser Beziehung für $x := A^{-1}By$ folgt

$$\begin{aligned}\lambda_{\min}(M^{-1}\Sigma) &= \min_{y\in\mathbb{R}^{N_L}} \Big\{ \max_{z\in\mathbb{R}^{N_H}} \frac{\langle AA^{-1}By,z\rangle^2}{\langle Az,z\rangle\langle My,y\rangle} + \frac{\langle Cy,y\rangle}{\langle My,y\rangle}\Big\} \\ &= \min_{y\in\mathbb{R}^{N_L}} \Big\{ \max_{z\in\mathbb{R}^{N_H}} \frac{\langle By,z\rangle^2}{\langle Az,z\rangle\langle My,y\rangle} + \frac{\langle Cy,y\rangle}{\langle My,y\rangle}\Big\}.\end{aligned}$$

Im Hinblick auf Definition der Systemmatrizen A, B, C und M ergibt sich bei Zuordnung $y\in\mathbb{R}^{N_L} \leftrightarrow p_h\in L_h$ und $z\in\mathbb{R}^{N_H}\leftrightarrow \psi_h\in H_h$ somit

$$\lambda_{\min}(M^{-1}\Sigma) = \min_{y\in\mathbb{R}^{N_L}} \Big\{ \max_{z\in\mathbb{R}^{N_H}} \frac{(q_h,\nabla_h\cdot\psi_h)^2}{\|q_h\|^2\|\nabla_h\psi_h\|^2} + \frac{1}{\|q_h\|^2}\sum_{K\in\mathbb{T}_h}\delta_K\|\nabla q_h\|_K^2\Big\} =: \beta_h^2.$$

Analog erschließen wir

$$\begin{aligned}\lambda_{\max}(M^{-1}\Sigma) &= \max_{y\in\mathbb{R}^{N_L}} \frac{\langle\Sigma y,y\rangle}{\langle My,y\rangle} \\ &= \max_{q_h\in L_h}\Big\{ \max_{\psi_h\in H_h} \frac{(q_h,\nabla_h\cdot\psi_h)^2}{\|q_h\|^2\|\nabla_h\psi_h\|^2} + \frac{1}{\|q_h\|^2}\sum_{K\in\mathbb{T}_h}\delta_K\|\nabla q_h\|_K^2\Big\} \le 5.\end{aligned}$$

Dabei wurde die Abschätzung (gültig in $d\le 3$ Dimensionen)

$$\|\nabla_h\cdot\psi_h\|^2 \le c_*\|\nabla_h\psi_h\|^2$$

mit $c_* = 4$ verwendet. Im *konformen* Fall $H_h\subset H$ kann man dies verschärfen zu $c_*=1$. Damit ist die behauptete Schranke für κ bewiesen. Q.E.D.

Als Nebenprodukt des Beweises von Satz 6.2.5 erhalten wir auch die oben angekündigte Normschranke für das Schurkomplement

$$\|M^{-1}\Sigma\| \le 4. \tag{6.2.139}$$

Bei der praktischen Durchführung des CG-Verfahrens für die Matrix $M^{-1}\Sigma$ ist zu beachten, dass jeder Iterationsschritt im wesentlichen aus einer Matrix-Vektor-Multiplikation mit $M^{-1}\Sigma$ besteht. Dies erfordert als „teuersten" Schritt die Lösung eines Gleichungssystems mit der Laplace-Matrix A:

$$y\to M^{-1}\Sigma y \quad\Leftrightarrow\quad y\to By\to A^{-1}By\to (B^TA^{-1}B+C)y\to M^{-1}(B^TA^{-1}B+C)y.$$

Da A^{-1} i. Allg. nicht exakt zur Verfügung steht, muss die Auswertung von $A^{-1}By$ iterativ erfolgen. Für die Matrix A (Diskretisierung des Vektor-Laplace-Operators) stehen auch auf „schlechten" Gittern sehr leistungsfähige PCG- oder Mehrgitterverfahren zur Verfügung. Diese „inneren" Iterationen im Rahmen der „äußeren" CG-Iteration werden durch ein Abbruchkriterium gesteuert, welches sich an der Entwicklung des jeweiligen Residuums orientiert. Dies bedeutet, dass die in der äußeren CG-Iteration zur Defektberechnung verwendete Matrix $M^{-1}\tilde{A}^{-1}$ erstens fehlerhaft ist (z. B. mit elementweisem Fehler in der Größenordnung $\mathcal{O}(10^{-8})$) und sich zweitens ständig ändert. Damit sind die Voraussetzungen für die Konvergenz des äußeren CG-Verfahrens nicht voll erfüllt, was sich in der Regel in einem „Festfressen“ des Residuums auf dem Genauigkeitslevel 10^{-8} der inneren Iteration äußert. Diesen unangenehmen Defekt kann man dadurch beheben, dass die PCG-Iteration für die Schur-Komplementmatrix $M^{-1}\Sigma$ in eine äußere Defektkorrekturiteration eingebettet wird. Die „ungenaue“ PCG-Iteration wird dabei quasi als „Vorkonditionierung“ S einer einfachen Richardson-Iteration verwendet:

$$y^l \to d^l := M^{-1}\Sigma y^l - M^{-1}(B^T A^{-1}b + c) \to r^l = S^{-1}d^l \to y^{l+1} := y^l + r^l.$$

Auf diese Weise erhält man eine sehr einfache, robuste und effiziente Lösungsmethode für die diskreten Stokes-Gleichungen. In neuerer Zeit sind aber auch konkurrierende Mehrgitterverfahren entwickelt worden, welche direkt an der Blockmatrix $\mathcal{A}$ orientiert sind und die beschriebene „stabilisierte“ Schur-Komplement-CG-Iteration noch an Effizienz übertreffen (s. etwa Turek [145]). Dabei muss allerdings besondere Sorgfalt auf die Wahl des „Glätters“ verwendet werden. Wir werden dies später direkt für die allgemeinere Situation der linearisierten Navier-Stokes-Gleichungen diskutieren.

6.3 Lösung der stationären Navier-Stokes-Gleichungen

Die Lösung der *nichtlinearen* Navier-Stokes-Gleichungen erfolgt zwangsläufig iterativ. Dabei sind einige besonders im Fall dominanter Nichtlinearität (d. h. für höhere Reynolds-Zahl) kritische Punkte zu beachten.

6.3.1 Diskretisierung des Konvektionsterms

Ausgangspunkt sind die (stationären) Navier-Stokes-Gleichungen in dimensionsloser Form

$$-\nu\Delta v + v\cdot\nabla v + \nabla p = f, \qquad \nabla\cdot v = 0 \quad \text{in } \Omega, \tag{6.3.140}$$

auf einem Gebiet $\Omega \subset \mathbb{R}^d\,(d = 2,3)$ mit ausreichend regulärem Rand $\partial\Omega$. Hier steht ν wieder für einen Parameter, welcher das Größenverhältnis zwischen Diffusion und Konvektion beschreibt. Im Fall einer charakteristischen Länge $L \sim 1$ und Geschwindigkeit $U \sim 1$ ist $\nu \sim \mathrm{Re}^{-1}$. Der Einfachheit halber beschränken wir uns im Folgenden auf die Betrachtung reiner *homogener* Dirichlet-Randbedingungen, $v_{|\partial\Omega} = 0$. Im Fall inhomogener Randbedingungen (z. B. vorgegebene Einströmung im Kanal oder feste Randströmung in der Nische) oder Neumann-Randbedingungen („freie“ Ausströmung im Kanal oder im Außenraum) gelten analoge Aussagen.

Bei Verwendung eines der oben beschriebenen Stokes-Element-Raumpaare $H_h/L_h \approx H/L$ ergibt sich aus der variationellen Formulierung die folgende Diskretisierung des Konvektionsterms:

$$(v\cdot\nabla v,\psi) \approx (v_h\cdot\nabla_h v_h,\psi_h),$$

wobei ∇_h wieder die im *nicht-konformen* Fall notwendige „zellweise“ Interpretation des ∇-Operators bezeichnet. Bei der üblichen Finite-Elemente-Approximation trägt dieser Term vor allem zu den Nebendiagonalen der Systemmatrix A bei, wodurch diese ihre Definitheitseigenschaften verliert. Dies wiederum bewirkt auf gröberen Gittern unphysikalische Oszillationen in der Lösung sowie das Versagen der üblichen iterativen Lösungsverfahren.

Stabilisierung im eindimensionalen Fall

Wir wollen diese Aussagen anhand einer einfachen Modellsituation illustrieren. Auf dem eindimensionalen Gebiet $\Omega = I := (0,1) \in \mathbb{R}^1$ wird die *singulär gestörte* Randwertaufgabe (Sturm-Liouville-Problem)

$$-\varepsilon u''(x) + q(x)u'(x) = 0, \quad x \in I, \quad u(0) = 1, \; u(1) = 0, \qquad (6.3.141)$$

betrachtet. Im Fall $q \equiv 1$ hat die eindeutige Lösung die Gestalt (Abb. 6.5)

$$u^\varepsilon(x) = \frac{e^{1/\varepsilon} - e^{x/\varepsilon}}{e^{1/\varepsilon} - 1}.$$

Im Fall $\varepsilon \ll 1$ ist für $x = 1 - \delta$ und $\delta > \varepsilon$:

$$u^\varepsilon(1-\delta) = \frac{e^{1/\varepsilon}}{e^{1/\varepsilon} - 1}\Big(1 - e^{-\delta/\varepsilon}\Big) \approx 1, \quad \sup_{x \in I} |u^{\varepsilon\prime\prime}(x)| \approx \varepsilon^{-2},$$

was den Namen „Grenzschichtlösung“ rechtfertigt. Für $\varepsilon = 0$ ergibt sich die Grenzlösung $u^0 \equiv 1$, welche die Randbedingung bei $x = 1$ nicht erfüllt.

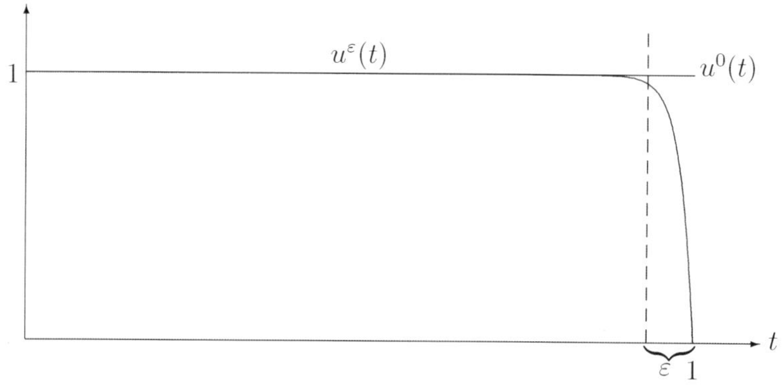

Abbildung 6.5: Lösung des singulär gestörten Sturm-Liouville-Problems für $\varepsilon = 0.1$.

Die Approximation dieses Problems mit dem üblichen (zentralen) Differenzenschema zur (äquidistanten) Schrittweite $h = 1/(N+1)$ ergibt

$$-(\varepsilon + \tfrac{1}{2}h)y_{n-1} + 2\varepsilon y_n - (\varepsilon - \tfrac{1}{2}h)y_{n+1} = 0, \quad 1 \le n \le N, \quad y_0 = 1, \; y_{N+1} = 0.$$

Die zugehörige Kooeffizientenmatrix ist offenbar nur unter der restriktiven Bedingung

$$h \le 2\varepsilon \tag{6.3.142}$$

diagonal-dominant. Für $h > 2\varepsilon$ zeigt die diskrete Lösung ein unphysikalisches Verhalten. Um dies zu sehen, machen wir wieder einen Lösungsansatz der Form $y_n = \lambda^n$. Die möglichen Werte für λ sind gerade die Wurzeln $\lambda_\pm$ der quadratischen Gleichung

$$\lambda^2 + \frac{2\varepsilon}{\frac{1}{2}h - \varepsilon}\lambda + \frac{\frac{1}{2}h + \varepsilon}{\frac{1}{2}h - \varepsilon} = 0.$$

Berücksichtigung der Randbedingungen $y_0 = 1$ und $y_{N+1} = 0$ in dem Lösungsansatz

$$y_n = c_+\lambda_+^n + c_-\lambda_-^n$$

ergibt für die Koeffizienten die Beziehungen $c_+ + c_- = 1$, $c_+\lambda_+^{N+1} + c_-\lambda_-^{N+1} = 0$ und folglich

$$c_- = \frac{\lambda_+^{N+1}}{\lambda_+^{N+1} - \lambda_-^{N+1}}, \qquad c_+ = 1 - \frac{\lambda_+^{N+1}}{\lambda_+^{N+1} - \lambda_-^{N+1}} = -\frac{\lambda_-^{N+1}}{\lambda_+^{N+1} - \lambda_-^{N+1}}.$$

Die Lösung hat also die Gestalt

$$y_n = \frac{\lambda_+^{N+1}\lambda_-^n - \lambda_-^{N+1}\lambda_+^n}{\lambda_+^{N+1} - \lambda_-^{N+1}}, \qquad n = 0, \dots, N+1. \tag{6.3.143}$$

Im vorliegenden Fall sind die Wurzeln gegeben durch

$$\lambda_{+,-} = \frac{-\varepsilon \pm \sqrt{\varepsilon^2 + (\frac{1}{2}h + \varepsilon)(\frac{1}{2}h - \varepsilon)}}{\frac{1}{2}h - \varepsilon} = \frac{\varepsilon \mp \frac{1}{2}h}{\varepsilon - \frac{1}{2}h}, \qquad \lambda_+ = 1, \quad \lambda_- = \frac{\varepsilon + \frac{1}{2}h}{\varepsilon - \frac{1}{2}h}.$$

Für $\varepsilon \ll \frac{1}{2}h$ ist $\lambda_- \approx -1$. In diesem Fall wird also eine oszillierende Lösung erzeugt,

$$y_n = \frac{\lambda_-^n - \lambda_-^{N+1}}{1 - \lambda_-^{N+1}}, \qquad n = 0, \dots, N+1.$$

welche qualitativ nicht den richtigen Lösungsverlauf wiedergibt. Zur Unterdrückung dieses Defekts gibt es verschiedene Strategien, die im Folgenden skizziert werden.

i) Upwind-Diskretisierung: Zunächst kann der Term erster Ordnung $u'(x)$ in der Differentialgleichung statt mit dem zentralen mit einem der einseitigen Differenzenquotienten

$$\Delta_h^+ u(x) = \frac{u(x+h) - u(x)}{h}, \qquad \Delta_h^- u(x) = \frac{u(x) - u(x-h)}{h}$$

approximiert werden. Bei der Wahl des *rückwärtigen* Differenzenquotienten Δ_h^- wird dem physikalischen Vorgang eines Informationstransports in positive x-Richtung Rechnung getragen (vergl. die Form der Grenzlösung $u^0(x)$). Dies führt auf die Differenzengleichungen

$$(-\varepsilon + h)y_{n-1} + (2\varepsilon + h)y_n - \varepsilon y_{n+1} = 0.$$

Die zugehörige Systemmatrix A_h ist für beliebiges $h > 0$ wieder diagonal dominant; sie ist sogar eine M-Matrix. Der Lösungsansatz $y_n \lambda^n$ führt in diesem Fall auf die Gleichung

$$\lambda^2 - \frac{2\varepsilon + h}{\varepsilon}\lambda + \frac{\varepsilon + h}{\varepsilon} = 0,$$

mit den Wurzeln

$$\lambda_{+,-} = \frac{2\varepsilon + h}{2\varepsilon} \pm \sqrt{(2\varepsilon + h)^2 - 4\varepsilon(\varepsilon + h)} = \frac{2\varepsilon + h \pm h}{2\varepsilon}, \qquad \lambda_+ = \frac{\varepsilon + h}{\varepsilon}, \quad \lambda_- = 1.$$

Die kritische Wurzel λ_+ ist hier stets positiv, so dass in der diskreten Lösung

$$y_n = \frac{\lambda_+^{N+1} - \lambda_+^n}{\lambda_+^{N+1} - 1},$$

keine ungewollten Oszillationen in der Näherungslösung entstehen. Diese spezielle Art der einseitigen Diskretisierung des Terms $u'(x)$ nennt man „Rückwärtsdiskretisierung" oder auch englisch „upwind discretization". Da der verwendete einseitige Differenzenquotient aber nur die Approximationsordnung $\mathcal{O}(h)$ hat, ist auch das Gesamtverfahren nur von erster Ordnung genau. Dies limitiert die Approximationsgenauigkeit in Bereichen, in denen die Lösung glatt ist, selbst wenn die Gitterweite in der Grenzschicht ausreichend fein gemäß $h \approx \varepsilon$ gewählt wird.

ii) Künstliche Diffusion: Unter Beibehaltung der zentralen Diskretisierung des Terms $u'(x)$ wird der *Diffusionskoeffizient* ε auf einen größeren Wert $\varepsilon_h := \varepsilon + \delta h$ gesetzt. Dies führt auf die Differenzengleichungen

$$-(\varepsilon_h + \tfrac{1}{2}h)y_{n-1} + 2\varepsilon_h y_n - (\varepsilon_h - \tfrac{1}{2}h)y_{n+1} = 0, \quad 1 \le n \le N.$$

Für die zugehörige Lösung erhält man wieder durch einen Potenzansatz die Darstellung

$$y_n = \frac{\lambda_+^{N+1} - \lambda_+^n}{\lambda_+^{N+1} - 1}, \quad \lambda_+ = \frac{\varepsilon_h + \frac{1}{2}h}{\varepsilon_h - \frac{1}{2}h}.$$

Offenbar ist in diesem Fall $\lambda_+ > 0$ für $\varepsilon + \delta h > \frac{1}{2}h$, d. h. für die Wahl $\delta \ge \frac{1}{2}$. Mit diesem Ansatz erhält man also ebenfalls wieder eine M-Matrix und somit eine stabile Diskretisierung. Allerdings wird nun die Grenzschicht stark verschmiert auf das Intervall $[1 - \varepsilon_h, 1]$, und die globale Approximationsgüte ist aufgrund der Störung des Differentialoperators ebenfalls lediglich $\mathcal{O}(h)$.

Für allgemeinen Transportkoeffizienten $q(x)$ muss das „Upwinding" abhängig vom Vorzeichen von $q_n = q(x_n)$ angesetzt werden. Die einseitigen Differenzenquotienten werden gemäß der folgenden Schaltvorschrift angesetzt:

$$\operatorname{sign}(q_n) = \begin{cases} +1 : & \Delta_n^- \\ -1 : & \Delta_h^+. \end{cases}$$

Dies führt dann wieder auf eine für alle $h > 0$ diagonal dominante Systemmatrix A_h.

Anhand des obigen einfachen Beispiels haben wir gesehen, dass bei singulär gestörten Problemen die einfachen Dämpfungsstrategien *Rückwärtsdiskretisierung* oder *künstliche Diffusion* zwar auf stabile Diskretisierungen führen, die Approximationsanordnung aber auf $\mathcal{O}(h)$ reduzieren. Die Frage nach einer optimalen Dämpfungsstrategie höherer Ordnung zur Diskretisierung von *Transporttermen* ist noch nicht vollständig geklärt. Ansätze in diese Richtung bedienen sich z. B. einseitiger Differenzenquotienten höherer Ordnung (beim *Upwinding*) oder künstlicher Diffusionsterme der Form $\delta h^2 u^{(iv)}$. Allerdings kann die starke M-Matrixeigenschaft nur mit Diskretisierungen erster Ordnung erreicht werden. Diese Beschränkung kann durch eine Modifikation der „künstlichen Diffusion“ im Rahmen des Galerkin-Verfahrens mit finiten Elementen überwunden werden.

iii) „Stromliniendiffusion“: Wir betrachten wieder den Spezialfall $q \equiv 1$. Bei der sog. „Stromliniendiffusions-Methode“ wird die übliche variationelle Formulierung der Randwertaufgabe (6.3.141),

$$\varepsilon(u', \varphi') + (u' + \alpha u, \varphi) = (f, \varphi), \quad \forall \varphi \in H := H_0^1(I), \tag{6.3.144}$$

mit $\alpha \geq 0$, modifiziert zu

$$\varepsilon(u', \varphi') + (u' + \alpha u, \varphi + \delta\varphi') = (f, \varphi + \delta\varphi'), \quad \forall \varphi \in H. \tag{6.3.145}$$

mit einer Parameterfunktion δ, die an die Gitterweite h gekoppelt wird. Die resultierende Bilinearform

$$a_\delta(u, v) := \varepsilon(u', v') + (u' + \alpha u, v + \delta v')$$

ist dann bzgl. der modifizierten Energie-Norm

$$\|v\|_\delta := \left(\varepsilon\|v'\|^2 + \|\delta^{1/2} v'\|^2 + \alpha\|v\|^2\right)^{1/2}$$

koerzitiv gemäß

$$a_\delta(v, v) \geq \|v\|_\delta^2, \quad v \in H. \tag{6.3.146}$$

Zum Nachweis dieser Beziehung nutzt man die Identität

$$\int_0^1 v'(x)v(x)\, dx = \tfrac{1}{2}\int_0^1 v^{2\prime}(x)\, dx = \tfrac{1}{2}\{v^2(1) - v^2(0)\} = 0.$$

Es sei betont, dass der Parameter δ i. Allg. eine Funktion von x ist (stückweise konstant auf der Zerlegung $0 = x_0 < \ldots < x_{N+1} = 1$) und folglich innerhalb der Norm $\|\delta^{1/2} v'\|$ stehen muss. Analog verwenden wir im Folgenden auch das Symbol $h = h(x)$ für eine stückweise konstante Gitterweitenfunktion mit $h_{|I_n} \equiv h_n \, (n = 1, \ldots, N+1)$. Das zugehörige FE-Galerkin-Verfahren (mit linearen Ansatzfunktionen) im Ansatzraum $H_h \subset H$ lautet nun: *Finde* $u_h \in H_h$, *so dass*

$$a_\delta(u_h, \varphi_h) = l_\delta(\varphi_h) \quad \forall \varphi_h \in H_h, \tag{6.3.147}$$

mit dem modifizierten Lastfunktional $l_\delta(v) := (f, v + \delta v')$. Durch Kombination der Variationsgleichungen für u und u_h erhalten wir die folgende gestörte Orthogonalitätsbeziehung für den Fehler $e := u - u_h$:

$$a_\delta(e, \varphi_h) = (u' + \alpha u - f, \delta\varphi_h') = \varepsilon(u'', \delta\varphi_h'). \tag{6.3.148}$$

Für die FE-Diskretisierung mit Stromliniendiffusionsstabilisierung (kurz „SD-FEM") hat man dann das folgende Resultat:

Satz 6.11 (Konvergenzsatz für SD-FEM): *Es sei* $\varepsilon \ll h_{\min}$, *und der Stabilisierungsparameter in der Stromliniendiffusion sei auf jedem Teilintervall* I_n *wie* $\delta_n = h_n$ *gewählt. Dann gilt für den Fehler* $e := u - u_h$ *bzgl. der modifizierten Energienorm die a priori Abschätzung*

$$\|e\|_\delta \leq c\|h^{3/2}u''\|, \tag{6.3.149}$$

mit einer von h *(und* δ *) unabhängigen Konstante* c.

Beweis: Wir skizzieren den Beweis für den Fall $\alpha = 1$. Mit Hilfe der Koerzitivitätsbeziehung (6.3.146) und der Orthogonalitätsrelation (6.3.148) erhalten wir mit beliebigem $\varphi_h \in H_h$:

$$\|e\|_\delta^2 \leq a_\delta(e, u - \varphi_h) + \varepsilon(u'', \delta(\varphi_h - u_h)'). \tag{6.3.150}$$

Der erste Term rechts wird weiter abgeschätzt durch

$$\begin{aligned}
|a_\delta(e, u - \varphi_h)| &\leq \varepsilon|(e', (u - \varphi_h)')| + |(e' + e, u - \varphi_h + \delta(u - \varphi_h)')| \\
&\leq \varepsilon\|e'\|\|(u - \varphi_h)'\| + \{\|\delta^{1/2}e'\| + \|e\|\}\|\delta^{-1/2}(u - \varphi_h)\| \\
&\quad + \{\|\delta^{1/2}e'\| + \|\delta^{1/2}e\|\}\|\delta^{1/2}(u - \varphi_h)'\|.
\end{aligned}$$

Für die Wahl $\varphi_h := i_h u$ folgt mit Hilfe der üblichen lokalen Interpolationsabschätzungen bei Beachtung von $\delta \equiv h \leq 1$ und $\varepsilon \leq h_{\min}$:

$$\begin{aligned}
|a_\delta(e, u - i_h u)| &\leq c\varepsilon\|e'\|\|hu''\| + c\{\|\delta^{1/2}e'\| + \|e\|\}\|\delta^{-1/2}h^2u''\| \\
&\quad + c\{\|\delta^{1/2}e'\| + \|e\|\}\|\delta^{1/2}hu''\| \\
&\leq \tfrac{1}{4}\|e\|_\delta^2 + c\|h^{3/2}u''\|^2.
\end{aligned}$$

Für den zweiten Term rechts in (6.3.150) folgt für $\varphi_h := i_h u$ mit analogen Argumenten

$$\begin{aligned}
\varepsilon|(u'', \delta(i_h u - u_h)')| &\leq \varepsilon\|\delta^{1/2}u''\|\{\|\delta^{1/2}(i_h u - u_h)'\| + \|\delta^{1/2}e'\|\} \\
&\leq \tfrac{1}{4}\|e\|_\delta^2 + c\|h^{3/2}u''\|^2.
\end{aligned}$$

Kombination der bisher gezeigten Abschätzungen ergibt das gewünschte Resultat. Q.E.D.

Die Fehlerabschätzung (6.3.149) besagt insbesondere, dass im Fall einer glatten Lösung u (ohne Grenzschicht), oder wenn die Gitterweite in der Grenzschicht hinreichend klein gewählt wird, die SD-FEM bzgl. der „Energie-Norm" mit der Ordnung $\mathcal{O}(h^{3/2})$ konvergiert. Damit ist die einfachste SD-FEN im transport-dominanten Fall von höherer Ordnung als das *Upwinding* stabilisierte Differenzenverfahren. Allerdings muss bemerkt werden, dass die zugehörige Systemmatrix $A_h^{(\delta)}$ zwar definit ist, aber keine M-Matrix-Eigenschaft hat; insbesondere liegt in der Regel keine Diagonaldominanz vor.

Stabilisierung der Navier-Stokes-Gleichungen

Die beschriebenen Methoden zur Transportstabilisierung im eindimensionalen Fall besitzen natürliche Verallgemeinerungen für die d-dimensionalen Navier-Stokes-Gleichungen.

i) „upwind"-Stabilisierung: Wir beschreiben diese Stabilisierungstechnik exemplarisch für das nichtkonforme „rotiert-bilineare" Stokes-Element. Jedes Viereck $K \in \mathbb{T}_h$ wird gemäß Abb. 6.6 zerlegt in acht Teildreiecke S_{ij}. Weiter wird für jede Kante Γ_l und deren Mittelpunkt m_l eine sog. „lumping region" R_l definiert durch $R_l := \cup_{k\in\Lambda_l} S_{lk}$, wobei $\Lambda_l := \{k \,|\, m_l$ und m_k gehören zur selben Zelle $K\}$. Der Rand der „lumping region" R_l besteht aus den Kanten $\Gamma_{lk} := \partial S_{lk} \cap \partial S_{kl}$, d. h.: $\partial R_l = \cup_{k\in\Lambda_l}\Gamma_{lk}$. Auf diesem Wege erhalten wir eine kantenorientierte Zerlegung des Gitterbereichs $\Omega_h = \cup_l R_l$ (s. Schieweck/Tobiska [140]).

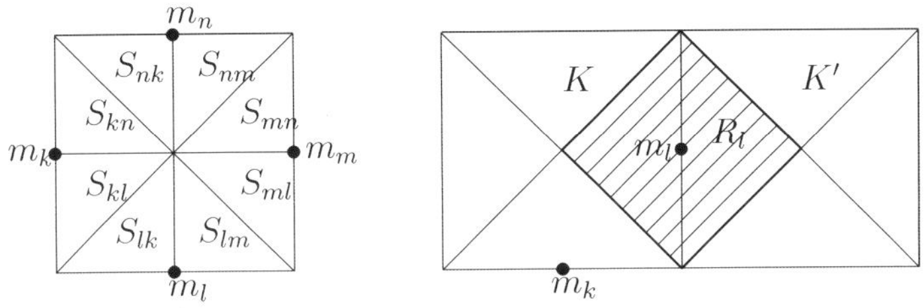

Abbildung 6.6: Zerlegung einer Rechteckzelle in „lumping regions".

Mit diesen Bezeichnungen wird nun die folgende Modifikation der nichtlinearen Form $n(\cdot,\cdot,\cdot)$ definiert:

$$\tilde{n}(u_h, v_h, w_h) := \sum_{K,l} (1 - \lambda_{lk}(u_h))\{v_h(m_k) - v_h(m_l)\} w_h(m_l) \int_{\Gamma_l} u_h \cdot n_{lk}\, ds,$$

wobei die Parameter λ_{lk} von der lokalen „Flussrichtung" abhängen. Mit der Setzung

$$x := \frac{1}{\nu} \int_{\Gamma_{lk}} u_h \cdot n_{lk}\, ds\,,$$

sind populäre Abhängigkeiten etwa das sog. „einfache upwinding" oder das „Samarski[5] upwinding"):

$$\lambda_{lk} := \begin{cases} 1 & \text{für} \quad x \geq 0, \\ 0 & \text{für} \quad x < 0, \end{cases} \qquad \text{(einfaches „upwinding")}$$

$$\lambda_{lk} := \begin{cases} (\frac{1}{2} + x))/(1 + x) & \text{für} \quad x \geq 0, \\ 1/(2 - 2x) & \text{für} \quad x < 0 \end{cases} \qquad \text{(„Samarski upwinding")}.$$

[5]Alexander Andrejewitsch Samarski (1919–2008): Russischer Mathematiker; ab 1953 Prof. an der Lomonossow-Universität in Moskau; fundamentale Beiträge zu Differenzenverfahren für Probleme in der Mathematischen Physik.

Eine Fehleranalyse zeigt, dass diese Modifikation auf ein Diskretisierungsschema erster Ordnung in der Gitterweite führt. Die Stabilisierung drückt sich darin aus, dass die Hauptdiagonalblöcke der Matrix $A+\tilde{N}(\cdot)$ M-Matrizen werden. Dies ist die Schlüsseleigenschaft für die Konvergenz verschiedener iterativer Lösungsverfahren inkl. Mehrgitterverfahren. Die beschriebene „upwind"-Diskretisierung kann auf natürliche Weise auf drei Raumdimensionen übertragen werden. Ferner ist eine analoge Konstruktion auch für das konforme Q_1^c/Q_1^c-Element mit Druckstabilisierung möglich.

ii) Stromliniendiffusion[6] **:** Die Idee der „Stromliniendiffusion" ist es, künstliche Diffusion nur in Transport- bzw. Stromlinienrichtung so einzuführen, dass die volle 2. Ordnung der Diskretisierung bewahrt bleibt. Dies kann man auf zwei (im Grunde äquivalenten) Wegen erreichen:

a) durch Erweiterung der Testfunktionen um transport-orientierte Anteile, was auf ein sog. „Petrow[7]-Galerkin-Verfahren" führt, oder

b) durch Hinzufügung von gewissen „least-squares" Termen zur variationellen Formulierung des Problems.

Wir beschreiben im Folgenden eine einfache Variante für die (stationären) Navier-Stokes-Gleichungen: *Bestimme* $v_h \in v_h^{\text{in}} + \mathbf{H}_h$ *und* $p_h \in L_h$ *, so dass*

$$\begin{aligned} a_h(v_h,\varphi_h) + n_h(v_h.v_h,\varphi_h) + b_h(p_h,\varphi_h) + s_h(\{v_h,p_h\},\{\varphi_h,\chi_h\}) \\ = (f,\varphi_h) + r_h(\{v_h,p_h\},\{\varphi_h,\chi_h\}) \end{aligned} \tag{6.3.151}$$

für alle Paare $\{\varphi_h,\chi_h\} \in \mathbf{H}_h \times L_h$ *, wobei*

$$s_h(\{v_h,p_h\},\{\varphi_h,\chi_h\}) = \sum_{K\in\mathbb{T}_h} \delta_K\big\{(\nabla p_h + v_h\cdot\nabla v_h, \nabla\chi_h + \bar{v}_h\nabla\varphi_h)_K + (\nabla\cdot v_h, \nabla\cdot\varphi_h)_K\big\},$$

$$r_h(\{v_h,p_h\},\{\varphi_h,\chi_h\}) = \sum_{K\in\mathbb{T}_h} \delta_K(f+\nu\Delta v_h, \nabla\chi_h + \bar{v}_h\cdot\nabla\varphi_h)_K$$

mit einer Referenzgeschwindigkeit $\bar{v}_h$ *. Die Stabilisierungsparameter* δ_K *werden gemäß der folgenden Vorschrift gewählt:*

$$\delta_K = \min\Big\{\frac{h_K^2}{\nu}, \frac{h_K}{|\bar{v}|_K}\Big\}. \tag{6.3.152}$$

Diese Diskretisierung hat mehrere spezielle Eigenschaften. Der erste Term in der Summe

$$\sum_{K\in\mathbb{T}_h} \delta_K\big\{(\nabla p_h,\nabla\chi_h)_K + (v_h\cdot\nabla v_h, \bar{v}_h\cdot\nabla\varphi_h)_K + (\nabla\cdot v_h,\nabla\cdot\varphi_h)_K\big\}$$

stabilisiert den Druck für das konforme Q_1^c/Q_1^c-Element (inf-sup-Bedingung), der zweite Term stabilisiert den Transportoperator (Stromliniendiffusion), und der dritte Term verstärkt die Masseerhaltuung (Inkompressibilität). Die anderen Terme dienen nur zur Korrektur, um die 2. Ordnung der Diskretisierung zu erhalten.

[6] T. J. R. Hughes, A. N. Brooks,Brooks: *Streamline upwind/PetrovGalerkin formulations for convection dominated flows with particular emphasis on the incompressible Navier-Stokes equation*, Comput. Meth. Appl. Mech. Engrg. 32, 199–259 (1982).

[7] Georgi Iwanowitsch Petrow (1912–1987): Russischer Ingenieur; 1965–1973 Direktor des Instituts für Raumfahrtforschung; Publ.: "Application of the Galerkin method and the problem of flow stability of a viscous liquid" (russ.), Prikl. Mat. Mekh. 4, 36-47 (1947)

Bemerkung 6.4: Eine theoretische Analyse (s. etwa Tobiska/Verfürth [144]) zeigt, dass die beschriebene Art der Stabilisierung im Rahmen des Galerkin-Verfahrens tatsächlich zu einer Verbesserung gegenüber dem standard „upwind“-Schema führt; genauer verhält sich der Fehler für das $\mathbb{Q}_1^c/Q_1^c$-Element i. Allg. wie $\mathcal{O}(h^{3/2})$. Diese asymptotische Aussage wird allerdings dadurch relativiert, dass in die Fehlerkonstante Schranken für die H^2-Norm des Geschwindigkeitsfeldes eingehen, welche sich im Falle einer Grenzschichtlösung natürlich wie $\mathcal{O}(\nu^{-1})$ verhalten. Um die höhere Approximationsordnung zu realisieren, muss die Grenzschicht also gegebenenfalls durch lokale (anisotrope) Gitterverfeinerung aufgelöst werden. Dies wäre natürlich auch bei jeder anderen Transportstabilisierung erforderlich.

iii) Lokale Projektionsstabilisierung (LPS): Vom praktischen Gesichtspunkt hat die oben beschriebene Stromlinien-Stabilisierung gravierende Nachteile. Ihre Verwendung in Verbindung mit der Neumann-Ausströmrandbedingung („do-nothing“ Bedingung) in Kanälen führt zu unphysikalischem Strömungsverhalten („numerische“ Grenzschicht) entlang des Ausströmrandes; Stromlinien erscheinen nach außen gebeugt. Ferner ist die Auswertung der vielen Zusatzterme in den Stabilisierungsformen $c_h(\chi_h, p_h)$ and $g_h(v_h; \chi_h)$, insbesondere in 3D, sehr aufwendig.

Diese Probleme können behoben werden durch Verwendung der sog. „lokalen Projektionsstabilisierung“ (LPS) nach Becker/Braack [98]. Hier werden die Stabilisierungsformen $r_h = 0$ und

$$s_h := (\nabla(p_h - \pi_{2h}p_h), \nabla(\chi_h - \pi_{2h}\chi_h)) + (\bar{v}_h \cdot \nabla(v_h - \pi_{2h}v_h), \delta_h\bar{v}_h \cdot \nabla(\varphi - \pi_{2h}\varphi)),$$

verwendet. Dabei ist π_{2h} eine Projektion oder Interpolation in den Ansatzraum L_{2h}, welcher auf einem gröberen Gitter $\mathbb{T}_{2h}$ definiert ist. Das resultierende Verfahren ist von 2-ter Ordnung genau, die Auswertung der zugehörenden Systemmatrizen ist vergleichsweise billig, und der Konsistenzfehler am Ausströmrand wird vermieden. Der Parameter δ_h wird wieder zellweise in Abhängigkeit der lokalen Konvektion und Diffusion gewählt.

6.3.2 Linearisierung

Wir beschreiben zunächst die verschiedenen Linearisierungstechniken auf dem kontinuierlichen Level. Dabei wird ausgehend von einem Startwert $v^0 \in H$ eine Folge von Iterierten $\{v^l, p^l\} \in H \times L$ $(l \in \mathbb{N})$ bestimmt, welche gegen die exakte Lösung $\{v, p\}$, konvergiert.

i) *Stokes-Linearisierung:*
Im Falle kleiner Reynolds-Zahl $\mathrm{Re} = 1/\nu \ll 1$ (zähe Flüssigkeit, kleine Geschwindigkeiten, kleine Abmessungen) genügt oft die einfache „Stokes-Linearisierung“

$$-\nu\Delta v^l + \nabla p^l = f - v^{l-1} \cdot \nabla v^{l-1}, \tag{6.3.153}$$

$$\nabla \cdot v^l = 0. \tag{6.3.154}$$

Die Nichtlinearität $v \cdot \nabla v$ wird hier voll explizit behandelt. In jedem Iterationsschritt ist der symmetrische und positiv-definite Stokes-Operator zu invertieren.

ii) *Oseen-Linearisierung:*
Bei größeren Reynolds-Zahlen wird die sog. „Oseen[8]-Linearisierung" verwendet:

$$-\nu\Delta v^l + \bar{v}\cdot\nabla v^l + \nabla p^l = f, \tag{6.3.155}$$
$$\nabla\cdot v^l = 0. \tag{6.3.156}$$

Hier ist $\bar{v}\approx v^l$ eine geeignete Approximation, z. B. im einfachsten Fall $\bar{v}:=v^{l-1}$ (*konstante* Extrapolation). Die resultierende Iteration wird auch „Funktionaliteration" genannt. Im Rahmen eines Pseudo-Zeitschrittverfahrens kann zur Erzielung höherer Genauigkeit auch $\bar{v}:=2v^{l-1}-v^{l-2}$ (*lineare* Extrapolation) verwendet werden. Der in jedem Schritt zu invertierende Operator ist ein *unsymmetrischer* Diffusions-Transport-Operator. Zur Verbesserung der Konvergenz sollte diese Funktionaliteration in Form einer Defektkorrektur-Iteration durchgeführt werden. Dazu wird mit dem Defekt

$$d^{l-1} := f-\nu\Delta v^{l-1}-v^{l-1}\cdot\nabla v^{l-1}-\nabla p^{l-1}$$

eine Korrektur berechnet aus der Gleichung

$$-\nu\Delta w^l + \bar{v}\cdot\nabla w^l + \nabla q^l = d^{l-1}, \tag{6.3.157}$$
$$\nabla\cdot w^l = 0, \tag{6.3.158}$$

und anschließend gesetzt: $v^l := v^{l-1}+\lambda_l w^l$, $p^l := p^{l-1}+\lambda_l q^l$. Der Parameter λ_l wird zur Dämpfung der Iteration verwendet und muss adaptiv angepasst werden. Zur Kosteneinsparung wird der unsymmetrische Term $\bar{v}\cdot\nabla w^l$ meist nicht in jedem Iterationsschritt neu aufgebaut, sondern es wird im Extremfall mit einer festen Näherung $\bar{v}\approx v^0$ gearbeitet.

iii) *Newton-Linearisierung:*
Durch Umschreiben erhält die Iteration (6.3.157), (6.3.158) die Gestalt

$$-\nu\Delta v^l + v^{l-1}\cdot\nabla v^l + v^l\cdot\nabla v^{l-1} + \nabla p^l = f + v^{l-1}\cdot\nabla v^{l-1}, \tag{6.3.159}$$
$$\nabla\cdot v^l = 0, \tag{6.3.160}$$

Dies entspricht gerade dem klassischen „Newton-Verfahren" zur Berechnung einer Nullstelle des Gleichungssystems

$$-\nu\Delta v + v\cdot\nabla v + \nabla p - f = 0, \tag{6.3.161}$$
$$\nabla\cdot v = 0. \tag{6.3.162}$$

6.3.3 Algebraische Lösung der linearisierten Probleme

Wir betrachten wieder stabile Stokes-Elemente gegebenenfalls mit Druckstabilisierung. Mit den natürlichen „Knotenwertbasen" der Ansatzräume H_h und L_h schreiben sich z. B. die diskreten Oseen-Gleichungen (6.3.157), (6.3.158) in Form eines Blocksystems

[8]Carl Wilhelm Oseen (1879–1944): Schwedischer theoretischer Physiker; 1909–1939 Prof. für Mechanik und Mathematische Physik in Uppsala, 1933 Vorstand des Nobelinstitutes in Stockholm; formulierte die Grundzüge der Elastizitätstheorie flsiger Kristalle und führte 1904 die sog. „Oseen-Gleichungen" als Linearisierung der nichtlinearen Navier-Stokes-Gleichungen ein.

$$\mathcal{A}(\bar{v})\xi = \begin{bmatrix} A(\bar{v}) & B \\ -B^T & \varepsilon C \end{bmatrix} \begin{bmatrix} x \\ y \end{bmatrix} = \begin{bmatrix} b \\ c \end{bmatrix}. \tag{6.3.163}$$

für die Geschwindigkeits- und Druckknotenwertvektoren $\xi = \{x, y\}$ mit den zugehörigen Matrizen sowie den rechten Seiten

$$A(\bar{v}) = \big((\nu(\nabla_h \psi_h^i, \nabla_h \psi_h^j) + (\bar{v} \cdot \nabla_h \psi_h^i, \psi_h^j) + \ldots\big)_{i,j=1}^{N_H}, \quad B = \big((\chi_h g^i, \nabla_h \cdot \psi_h^j\big)_{i,j=1}^{N_L, N_H},$$
$$C = \big((\delta \nabla \chi_h^i, \nabla \chi_h^j) + \ldots\big)_{i=1,2}^{N_L}, \qquad b = \big((f, \psi_h^j)\big)_{j=1}^{N_H}, \quad c = \big((g, \chi_h^j\big)_{j=1}^{N_L}.$$

Dabei steht εC gegebenenfalls für die durch Druckstabilisierung entstehende Matrix. Die Transportstabilisierung ist in der Matrix $A(\bar{v})$ enthalten, wird aber zur Vereinfachung der Notation nicht explizit dargestellt. Die Matrix $A(\bar{v})$ ist zwar unsymmetrisch, aber (unter natürlichen Bedingungen) regulär. Folglich kann die Komponente x wieder aus dem System eliminiert werden:

$$B^T A(\bar{v})^{-1} B y = B^T A(\bar{v})^{-1} b - c, \quad x = A(\bar{v})^{-1}(By + b). \tag{6.3.164}$$

Mit dem „Schur-Komplement" $\Sigma := B^T A(\bar{v})^{-1} B$ besteht die Block-Dreieckszerlegung

$$\mathcal{A}(\bar{v}) = \begin{bmatrix} A(\bar{v}) & B \\ -B^T & 0 \end{bmatrix} = \begin{bmatrix} A(\bar{v}) & 0 \\ -B^T & \Sigma \end{bmatrix} \begin{bmatrix} I & A(\bar{v}^{-1} B \\ 0 & I \end{bmatrix}. \tag{6.3.165}$$

Die modifizierte Uzawa-Iteration lautet dann entsprechend:

$$A(\bar{v}) x^l = b - B y^{l-1}, \tag{6.3.166}$$
$$M y^l = M y^{l-1} + \theta_l (B^T x^l - c). \tag{6.3.167}$$

Jeder Iterationsschritt erfordert im Wesentlichen die Intervenierung der „Systemmatrix" $A(\bar{v})$ sowie der „Masse-Matrix" M, was etwa mit dem GMRES- oder einem Mehrgitter-Verfahren erfolgt. Für die Uzawa-Iteration lässt sich wieder eine gitter-unabhängige Konvergenz beweisen. Wegen der durch den Transportterm verursachten Instabilität im System (6.3.163) ist diese aber mit zunehmender Reynolds-Zahl immer langsamer, so dass das Uzawa-Verfahren schnell zu ineffizient wird. Eine Alternative bietet das Mehrgitter-Verfahren, welches im Folgenden beschrieben wird.

6.3.4 Mehrgitter-Verfahren

Die dem „Mehrgitter-Verfahren" zugrunde liegende Hauptidee ist die schnelle Reduzierung „hoch-frequenter" Fehleranteile („smoothing") durch „billige" Relaxationsverfahren (z. B.: Punkt-Jacobi- oder Gauß-Seidel-Iteration) auf dem feinen Gitter und die Reduzierung des verbleibenden „glatten", nieder frequenten Fehleranteils durch Defektkorrektur auf gröberen Gittern („Grobgitterkorrektur"). Wir wollen diesen Ansatz kurz beschreiben.

Die Mehrgitteriteration verwendet die Hierarchie von Finite-Elemente-Teilrumen

$$V_0 \subset V_1 \subset \ldots \subset V_L,$$

die etwa im Zuge eines systematischen Gitterverfeinerungsprozesses gewonnen wird. Die Verbindung zwischen diesen Räumen wird durch „Fortsetzungsoperationen" („prolongation") $P_{l-1}^l : V_{l-1} \to V_l$ und „Restriktionsoperationen" („restriction") $R_l^{l-1} : V_l \to V_{l-1}$ hergestellt. Im FE-Kontext wird hierfür die folgende natürliche Wahl getroffen

$$P_{l-1}^l \quad \text{natürliche Einbettung}, \qquad R_l^{l-1} \quad L^2\text{-Projektion}.$$

Der Hauptbestandteil eines Mehrgitteralgorithmus sind die Glättungsiterationen $S_l : V_l \to V_l$ auf den verschiedenen Gitterleveln $0 \le l \le L$ ($l = 0$ korrespondiert zum gröbsten Gitter und $l = L$ zum feinsten Gitter.). Die Mehrgitteriteration

$$\mathcal{M}\xi = \mathcal{M}(l, z^0, \xi) \tag{6.3.168}$$

auf Level l zum Anfangswert z^0 und mit m_1 Vor- und m_2 Nachglättungsschritten ist rekursive definiert wie folgt:

Mehrgitteralgorithmus $\mathcal{M}(l.z^0, \xi)$ für $l \ge 0$:
Für $l = 0$ ist der Mehrgitteralgorithmus gegeben durch einen exakten Löser, d. h.: $\mathcal{M}(0, z^0, \xi) := \mathcal{A}(\bar{v})^{-1}\xi$. Für $l \ge 1$ wird die folgende Iteration durchgeführt:

1. Vorglättung m_1-mal: $z^1 := S_l^{m_1} z^0$.
2. Residuum auf Level l: $r^l := \xi - \mathcal{A}_l(\bar{v}) z^0$.
3. Restriktion zu Level $l-1$: $\tilde{r}^{l-1} := R_l^{l-1} r^l$.
4. Grobgitterkorrektur beginnend mit $q^0 := 0$: $q := \mathcal{M}(l-1, q^0, \tilde{r}^{l-1})$.
5. Prolongation zu Level l: $z^2 := z^1 + P_{l-1}^l q$.
6. Nachglättung m_2-mal: $\mathcal{M}(l, z^0, \xi) := S_l^{m_2} z^2$.

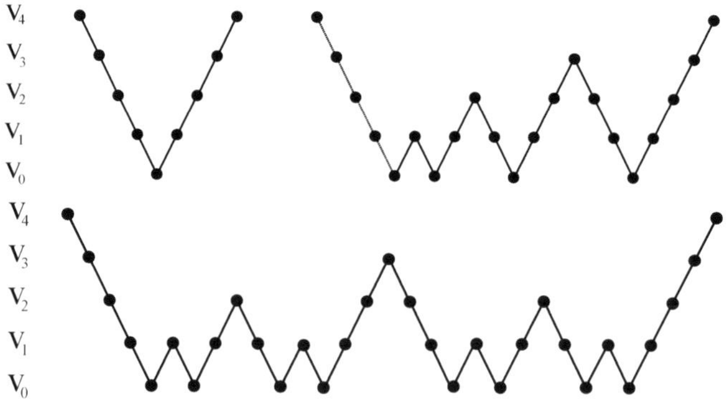

Abbildung 6.7: Schema des Mehrgitter-V-Zyklus (oben links), des F-Zyklus (oben rechts) und des W-Zyklus (unten)

Wird der Mehrgitteralgorithmus γ-mal angewendet auf jedem Gitterlevel, so spricht man im Fall $\gamma = 1$ vom „V-Zyklus" und im fall $\gamma = 2$ vom „W-Zyklus" (Abb. 6.7). Die Varianten mit $\gamma \geq 3$ sind zu aufwendig und kommen in der Praxis nicht vor. Wird der Mehrgitteralgorithmus nur zur Vorkonditionierung einer robusten äußeren Iteration (z. B. dem GMRES-Verfahren) verwendet, so genügt in der Regel der V-Zyklus. Wenn der Mehrgitteralgorithmus der primäre Löser ist, erweist sich insbesondere bei unsymmetrischen Problemen der W-Zyklus als robuster und wird daher bevorzugt. Der sog. „F-Zyklus" ist ein attraktiver Kompromiss zwischen V- und W-Zyklus.

Das Design eines Mehrgitterverfahrens zur Lösung des Sattelpunkt-Systems (6.3.163) erfordert Sorgfalt. Insbesondere die Wahl der Glättungsiteration ist delikat, da die üblichen Fixpunktiterationen wie „Punkt-Jacobi-" oder „Gauß-Seidel-Verfahren" hier nicht funktionieren. Dieses Problem kann auf verschiedene Weise angegangen werden:

1) *Gedämpfter Jacobi-Glätter:* Im Fall $\varepsilon > 0$ ist die Matrix $\mathcal{A}(\bar{v})$ schwach-definit, wodurch sogar die Anwendung von standard Methoden wie die gedämpfte Jacobi-Iteration möglich wird. Aber die resultierenden Algorithmen sind wenig robust und die Wahl der Iterationsparameter erfordert große Sorgfalt. Für größere Reynolds-Zahlen wird diese Methode schnell ineffizient und Konvergenz geht verloren.

2) *Block-Gauß-Seidel-Glätter („Vanka[9]-Glätter"):* Einen einfachen, aber sehr erfolgreichen Glätter für die Matrix $\mathcal{A}(\bar{v})$ erhält man durch zellweise Blockung der Freiheitsgrade aller physikalischen Variablen innerhalb einer globalen Gauß-Seidel-Iteration. Dies war ursprünglich für eine Finite-Differenzen-Diskretisierung vorgeschlagen worden. Wir wollen kurz die Realisierung dieser Idee für das nicht-konforme „rotierte" $Q_1^{\mathrm{rot}}/P_0^{\mathrm{dc}}$ Stokes-Element beschreiben. Die Geschwindigkeits- und Druckfreiheitsgrade zu einer Zelle K oder einer Gruppe von Zellen werden zusammengefasst, d.h. fortlaufend nummeriert, und die entsprechenden Element-Systemmatrizen durch den Index „loc" gekennzeichnet. Diese lokalen Freiheitsgrade werden nun im Rahmen einer Gauß-Seidel-Iteration simultan iteriert:

$$S_{\mathrm{loc}}(\bar{v})v_{\mathrm{loc}}^k + B_{\mathrm{loc}}p_{\mathrm{loc}}^k = \text{„bekannt"}, \qquad B_{\mathrm{loc}}^T v_{\mathrm{loc}}^k = \text{„bekannt"},$$

wobei $S_{\mathrm{loc}} := A_{\mathrm{loc}}(\bar{v})$. Diese Iteration läuft über alle Zellblöcke. Die lokalen Stokes-Probleme haben die Dimension $d_{\mathrm{loc}} = 9$ (in 2D) bzw. $d_{\mathrm{loc}} = 19$ (in 3D). Die zugehörigen Matrizen (in 2D) haben die folgende Gestalt:

a) Das nichtkonforme $Q_1^{\mathrm{rot}}/P_0^{\mathrm{nc}}$-Stokes-Element:

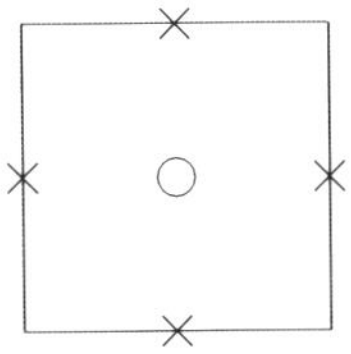

× : Knoten für v
○ : Knoten für p

$$\mathcal{A}_{loc} = \begin{bmatrix} S_{loc,1} & O & B_{loc,1} \\ O & S_{loc,2} & B_{loc,2} \\ -B_{loc,1}^T & -B_{loc,2}^T & 0 \end{bmatrix}.$$

[9]Surya Pratap Vanka (????–): US-Amerikanischer Ingenieurwissenschaftler indischer Herkunft; Prof. em. Department of Mechanical Science and Engineering, Univ. of Illinois, Urbana; Beiträge zur numerischen Strömungsmechnik: *Block implicit multigrid solution of Navier-Stokes equations in primitive variables*, J. Comp. Phys. 65, 138–158 (1986).

b) Das konforme Q_1^c/Q_1^c-Stokes-Element:

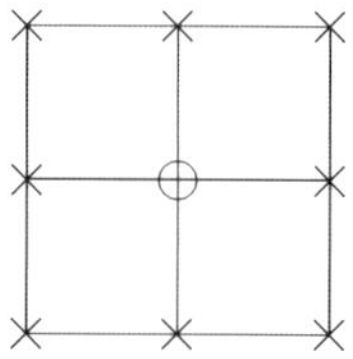

× : Knoten für v
○ : Knoten für p

$$\mathcal{A}_{loc} = \begin{bmatrix} S_{loc,1} & O & B_{loc,1} \\ O & S_{loc,2} & B_{loc,2} \\ -B_{loc,1}^T & -B_{loc,2}^T & \epsilon C_{loc} \end{bmatrix}.$$

Zur Kostenreduktion können die Hauptdiagonalblöcke $S_{\text{loc},i}$ noch „gelumped“ werden, $S_{\text{loc},i} \approx D_{\text{loc},i}$. Weiter wird die Iteration zur Erhöhung der Robustheit gedämpft, $v_h^{k+1} = v_h^k + \omega(\tilde{v}_h^{k+1} - v_h^k)$ mit $\omega \in (0,1)$.

Wir illustrieren die Eigenschaften dieses Mehrgitteralgorithmus für das $Q_1^{\text{rot}}/P_0^{\text{dc}}$-Stokes-Element anhand von Resultaten für die sog. „lid-driven cavity“ (s. Turek [145]).

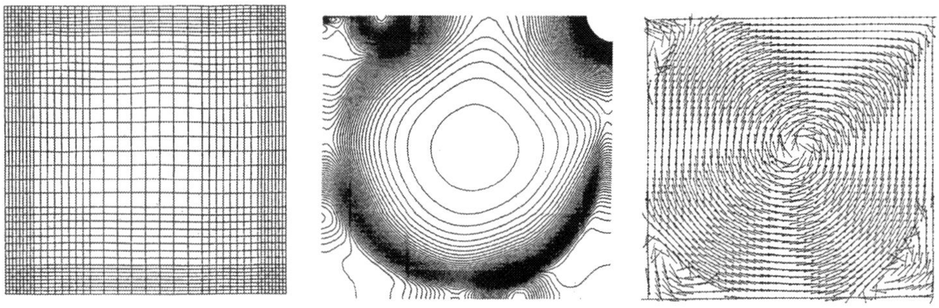

Abbildung 6.8: Resultate für das „driven cavity“-Testproblem: Rechengitter (links), Druckisolinien (Mitte) und Geschwindigkeitsvektoren (rechts).

Tabelle 6.1: Mehrgitterkonvergenzraten (2 Vor- und 1 Nachglättungsschritte mit dem „Vanka-Glätter“) und Anzahl der äußeren Fixpunktiterationen auf gleichförmig verfeinerten Gittern.

#Zellen	1600	6400	25600	*#Iterationen*
Re = 1	0.081	0.096	0.121	4
Re = 100	0.098	0.099	0.130	6
Re = 1000	0.227	0.245	0.168	9
Re = 5000	0.285	0.368	0.370	18

Da der Vanka-Glätter wie ein „Punkt“-Gauß-Seidel-Verfahren auf den Geschwindigkeitsunbekannten wirkt, erwarten wir Probleme im Fall stark gestreckter Gitter. Diese Schwierigkeit kann aber überwunden werden. Die Zellstreckungen sind i. Allg. groß nur in einem kleinen Teil des Rechengebiets, so dass man einen „adaptiven“ Glätter verwenden sollte. Wir werden dabei den konventionellen „Punkt-Glätter“ mit einem robusteren

Glätter kombinieren, nur wo es erforderlich ist, z. B. auf Zellen mit großer Streckung. In diesem Fall werden die Knoten in der Richtung der anisotropen Gitterverfeinerung zu Gruppen zusammengefasst, was im Rahmen der globalen Gauß-Seidel-Glättung zur Bezeichnung „stringwise" Block-Gauß-Seidel-Glättung führt.

Bemerkung 6.5 (Mehrgitteriteration als Vorkonditionierer): Sei $\mathcal{A}$ die Finite-Elemente-Systemmatrix der linearisierten Navier-Stokes-Gleichungen oder der Approximation derselben. Während die Theorie von Mehrgitterverfahren für skalare Probleme sehr gut entwickelt ist, erscheint die Situation von Systemen weniger klar. Seitens der theoretischen Analyse wissen wir, dass die Verwendung von Mehrgitteriterationen als Vorkonditionierer innerhalb einer äußeren Iteration (z. B. Krylov-Raum-Methode wie GMRES) weniger einschränkende Voraussetzungen erfordert als ihre direkte Verwendung als Löser. Bezeichnet $\mathcal{M}$ den Operator eines Mehrgitterschritts, so ist es ausreichend, eine obere Schranke für die Kondition des Produkts $\mathcal{M}\mathcal{A}(\bar{v})$ zu haben, wogegen sonst die Eigenwerte der Iterationsmatrix $\mathcal{B} := \mathcal{I} - \mathcal{M}\mathcal{A}(\bar{v})$ alle gleichmäßig von eins weg beschränkt werden müssen. Daher verwenden wir meist bei der Lösung von Strömungsproblemen das Mehrgitterverfahren nur als Vorkonditionierer innerhalb einer robusten, äußeren GMRES-Iteration. Hier wird der Mehrgitteroperator $\mathcal{M}$ als eine approximative Inverse interpretiert, $\mathcal{M} \approx \mathcal{A}(\bar{v})$. Dabei ist es natürlich nicht notwendig, diese Matrix explizit zu berechnen; vielmehr genügt es, Matrix-Vektor-Produkte $\mathcal{M}\xi$ auszuwerten, d. h. den Mehrgitterprozess für eine feste rechte Seite durchzuführen.

6.4 Lösung der instationären Navier-Stokes-Gleichungen

Wir haben oben gesehen, dass die *stationären* Navier-Stokes-Gleichungen im Fall von Dirichlet-Randbedingungen für beliebig große Reynolds-Zahl eine Lösung besitzen. Diese Lösung ist aber i. Allg. nicht eindeutig und auch nicht stabil, d. h. physikalisch nicht realisiert. Für höhere Reynolds-Zahlen beobachtet man nur noch instationäre Strömungen, die natürlich auch aus den *instationären* Navier-Stokes-Gleichungen berechnet werden müssen. Hierfür gebräuchliche Diskretisierungsmethoden werden im Folgenden diskutiert.

Der Übergang von *stationärer* zu *instationärer* Lösung erfolgt je nach Strömungskonfiguration bei sehr unterschiedlichen Reynolds-Zahlen. Z. B. geschieht dies in 2D bei der Nischenströmung („lid-driven cavity"; Fig. 6.9) bei $\mathrm{Re} \sim 10^4$, dagegen bei der Kanalsströmung um einen Zylinder bereits bei $\mathrm{Re} \sim 80$ (Fig. 6.10). Die Größe der Reynolds-Zahl allein sagt also noch nicht notwendig etwas über die Komplexität einer Strömung aus.

Ein weiterer, für die Schwierigkeit der numerischen Simulation instationärer Strömungsvorgänge wichtiger Aspekt ist die Quelle der Instationarität. Wir unterscheiden:

- *„erzwungene" Instationarität:* Die zeitliche Varianz des Strömungsfelds wird aufgeprägt durch eine gegebene Veränderung der treibenden Daten (z. B. Einströmung, Volumenkraft, u.s.w.).

Abbildung 6.9: Stationäre Nischenströmung (getrieben durch konstante Überströmung) für Re = 1, 1000, 9000 (von links nach rechts); s. Turek [145].

- *„inhärente" Instationarität:* Trotz stationärer Daten zeigt die Strömung aufgrund einer sog. „Hopf-Instabilität" ein instationäres, oft periodisches Verhalten. Ein typisches Beispiel ist die „von Kármánsche Wirbelstraße" in Abb. 6.10.

Die numerische Berechnung einer erzwungenen instationären Strömung entspricht im wesentlichen der mehrfachen Berechnung einer stationären Strömung, während die Berechnung einer inhärent instationären Strömung sehr schwierig und aufwendig sein kann.

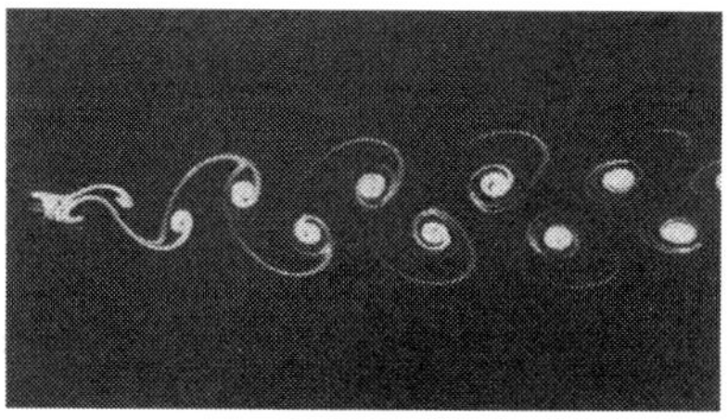

Abbildung 6.10: Instationäre „von Karmansche Wirbelstraße" bei Re = 100 (Experiment im Strömungskanal).

6.4.1 Zeitschrittschemata

Das System der instationären Navier-Stokes-Gleichungen

$$\partial_t v - \nu\Delta v + v \cdot \nabla v + \nabla p = f, \quad \nabla \cdot v = 0, \tag{6.4.169}$$

bildet in der Sprache der Theorie gewöhnlicher Differentialgleichungen ein „differentiell-algebraisches System" („DAE"). Die „algebraische" Nebenbedingung $\nabla \cdot v = 0$ bestimmt eine lineare Mannigfaltigkeit im sog. „Phasenraum" $H = H_0^1(\Omega)^d$, auf der sich die Dynamik abspielt.

Zur numerischen Lösung dieses Problems betrachten wir eine Diskretisierung nach dem „Rothe[10]-Verfahren", d. h.: Es wird zunächst in der Zeit und dann in jedem einzelnen Zeitschritt das auftretende quasi-stationäre Problem im Ort diskretisiert. Seien

$$0 = t_0 < t_1 < \cdots < t_m < \cdots < t_M = T$$

diskrete Zeitpunkte, $k_m = t_m - t_{m-1}$ die einzelnen Zeitschrittweiten und $k := \sup_m k_m$. Zur Bestimmung von Näherungen $\{v^m, p^m\} \approx \{v(\cdot, t_m), p(\cdot, t_m)\}$ betrachten wir zunächt das sog. „Einschritt-θ-Schema" mit dem Parameter $\theta \in [0,1]$:

$$\begin{aligned} k_m^{-1}\{v^m - v^{m-1}\} - \nu\Delta\{\theta v^m + (1-\theta)v^{m-1}\} + \theta v^m \cdot \nabla v^m + (1-\theta)v^{m-1} \cdot \nabla v^{m-1} \\ + \theta \nabla p^m + (1-\theta)\nabla p^{m-1} = \theta f^m + (1-\theta) f^{m-1}, \end{aligned}$$

mit $f^m := f(t_m)$, wobei noch die Nebenbedingung

$$\nabla \cdot v^m = 0 \tag{6.4.170}$$

einzuhalten ist. Dieses Schema ist generisch „implizit". Selbst wenn, etwa im Fall $\theta = 0$ („explizites Euler-Verfahren"), das Geschwindigkeitsfeld rein explizit fortgepflanzt wird, erfordert die Nebenbedingung (6.4.170) die Lösung eines impliziten Gleichungssystems. Wir werden diesen Schritt weiter unten noch im Zusammenhang mit sog. „Projektionsverfahren" diskutieren.

Da das *explizite* Euler-Verfahren (Fall $\theta = 0$) nur von erster Ordnung ist und außerdem einer Schrittweitenbedingung der Form

$$k \le c\nu^{-1} h_{\min}^2 \tag{6.4.171}$$

unterliegt, wird es hier nicht weiter diskutiert. Wir konzentrieren uns im Folgenden auf voll *implizite* Verfahren, d. h. auf den Parameterbereich $\frac{1}{2} < \theta \le 1$. Von besonderem Interesse sind die Spezialfälle $\theta = 1$ („implizites Euler-Schema" erster Ordnung) und $\theta = \frac{1}{2}$ („Crank[11]-Nicolson[12]-Verfahren (Trapezregel) zweiter Ordnung). In jedem Zeitschritt z. B. des impliziten Euler-Schemas ist ein quasi-stationäres Problem der Form

$$k_m^{-1} v^m - \nu\Delta v^m + v^m \cdot \nabla v^m + \nabla p^m = \text{„bekannt"} \tag{6.4.172}$$

$$\nabla \cdot v^m = 0, \tag{6.4.173}$$

zu lösen. Mit derselben Argumentation wie im Fall der einfachen stationären Navier-Stokes-Gleichungen zeigt man auch hier die Existenz (für hinreichend kleine Schrittweite k eindeutiger) Lösungen $\{v^m, p^m\}$.

---

[10]Erich Rothe (1895–1988): Deutscher Mathematiker; Promotion und Habilitation in Berlin (1928), danach Assistent in Breslau, wegen seiner jüdischen Herkunft Entlassung aus dem Staatsdienst und 1937 Emigration in die USA, ab 1955 Prof. an der University of Michigan, Ann Arbor; Arbeitsgebiete Analysis und Nichtlineare Funktionalanalysis (Abbildungsgrad).

[11]*John Crank (1916–2006): Englischer Mathematiker; Prof. an der Brunel University, Uxbridge; Beiträge zur Numerik partieller Differentialgleichungen, bekannt durch das „Crank-Nicolson-Verfahren".*

[12]*Phyllis L. Nicolson (1917–1968): Englische Physikerin; Lecturer an der Univ. Leeds und an der Univ. Manchester; bekannt durch das „Crank-Nicolson-Verfahren".*

Das implizite Euler-Schema ist „stark A-stabil" , während das Crank-Nicolson-Schema nur einfach „A-stabil" ist. Diese Eigenschaften werden sichtbar, wenn man die Schemata auf die skalare „Testgleichung"

$$y'(t) = qy(t), \quad t \geq 0, \qquad q \in \mathbb{C}, \quad y(t) = e^{qt}y(0), \tag{6.4.174}$$

anwendet. Ein Zeitschritt $y^{m-1} \to y^m$ mit Schrittweite k ist dabei gegeben in der Form

$$y^m = R(kq)y^{m-1} \tag{6.4.175}$$

mit einem „Verstärkungsfaktor" $R(qk)$. Für diesen gilt

$$R(qk) = e^{kq} + \mathcal{O}(k^{r+1}). \tag{6.4.176}$$

mit der „Ordnung" $r \geq 1$, des Verfahrens. Im Folgenden setzen wir $\lambda := qk$. Für das Einschritt-θ-Schema gilt:

$$R_\theta(\lambda) = \frac{1 + (\theta - \frac{1}{2})\lambda}{1 - \theta\lambda} = e^\lambda + (\theta - \tfrac{1}{2})|\lambda|^2 + \mathcal{O}(|\lambda|^3), \quad |\lambda| \leq 1.$$

Das robuste implizite Euler-Schema ($\theta = 1$) ist sehr „dissipativ", d. h. dämpft besonders zeitlich hoch-frequente Anteile in der Lösung sehr stark, und ist daher wenig geeignet für die Berechnung inhärent instationärer Strömungen. Im Gegensatz dazu ist das Crank-Nicolson-Schema nur sehr gering dissipativ, leidet aber unter einer geringen Stabilität gegenüber hochfrequenten Störungen (fehlende *starke* A-Stabilität). Diese Effekte werden wir unten anhand von Beispielen illustrieren.

Ein „gutes" Zeitschrittverfahren chracterisiert durch seine Approximation $R(\lambda)$ der Exponentialfunktion sollte die folgenden Eigenschaften haben:

- *A-Stabilität* ($\Rightarrow$ lokale Konvergenz): $|R(\lambda)| \leq 1$.
- *Globale Stabilität* ($\Rightarrow$ globale Konvergenz): $\overline{\lim}_{\mathrm{Re}\lambda\to\infty}|R(\lambda)| \leq 1 - \mathcal{O}(k)$.
- *Starke A-Stabilität* ($\Rightarrow$ Glättungseigenschaft): $\overline{\lim}_{\mathrm{Re}\lambda\to\infty}|R(\lambda)| \leq 1 - \delta < 1$.
- *Geringe Dissipation* ($\Rightarrow$ Energie-Erhaltung): $|R(\lambda)| = 1 - \mathcal{O}(|\mathrm{Im}(\lambda)|)$, $\mathrm{Re}(\lambda) \to 0$.

Alternative Verfahren höherer Ordnung basieren auf sog. „diagonal impliziten" Runge-Kutta-Formeln oder auf sog. „Rückwärtsdifferenzenformeln". In der Praxis werden aber hauptsächlich das Crank-Nicolson-Verfahren und Varianten davon verwendet. Eine sehr erfolgreiche Variante ist das sog. „Teilschritt-θ-Schema" (Fractional Step-θ Scheme") nach Glowinski/Periaux [112, 111]. Zu seiner kompakten Beschreibung führen wir die folgende an der algebraischen Schreibweise orientierte Notation ein:

$$A := -\nu\Delta, \quad N^m := v^m \cdot \nabla, \quad A^m := A + N^m, \quad B := \nabla, \quad B^T := \nabla \cdot .$$

Teilschritt-θ-Verfahren: (drei Teilschritte: $t_{m-1} \to t_{m-1+\theta} \to t_{m-\theta} \to t_m$)

$$(1)\begin{cases} [M + \alpha\theta k A^{m-1+\theta}]v^{m-1+\theta} + \theta k B p^{m-1+\theta} = [M - \beta\theta k A^{m-1}]v^{m-1} + \theta k f^{m-1}, \\ -B^T v^{m-1+\theta} = 0, \end{cases}$$
$$(2)\begin{cases} [M + \beta\theta' k A^{m-\theta}]v^{m-\theta} + \theta' k B p^{m-\theta} = [M - \alpha\theta' k A^{m-1+\theta}]v^{m-1+\theta} + \theta' k f^{m-\theta}, \\ -B^T v^{m-\theta} = 0, \end{cases}$$
$$(3)\begin{cases} [M + \alpha\theta k A^{m}]v^{m} + \theta k B p^{m} = [M - \beta\theta k A^{m-\theta}]v^{m-\theta} + \theta k f^{m-\theta}, \\ -B^T v^{m} = 0, \end{cases}$$

wobei $\theta \in (0, \frac{1}{2})$, $\theta' = 1 - 2\theta$, $\alpha \in [0,1]$, und $\beta = 1 - \alpha$. Dieses Verfahren entspricht einer rationalen Approximation der Exponentialfunktion der Form

$$R_\theta(\lambda) = \frac{(1 + \alpha\theta'\lambda)(1 + \beta\theta\lambda)^2}{(1 - \alpha\theta\lambda)^2(1 - \beta\theta'\lambda)} = e^\lambda + \mathcal{O}(|\lambda|^3), \quad |\lambda| \le 1.$$

Für $\theta = 1 - 1/\sqrt{2} = 0.292893\ldots$ ist das Verfahren von zweiter Ordnung und für $\alpha > \frac{1}{2}$ stark A-stabil:

$$\overline{\lim}_{\mathrm{Re}\lambda\to\infty} |R_\theta(-\lambda)| = \frac{\beta}{\alpha} < 1. \tag{6.4.177}$$

Für die spezielle Wahl $\alpha = (1 - 2\theta)/(1 - \theta) = 0.585786\ldots$ gilt $\alpha\theta = \beta\theta'$, so dass die Hauptteile der in jedem der drei Teilschritte zu bildenden Systemmatrizen gleich sind.

Dieses Verfahren war ursprünglich in Form eines „Operatorsplitting-Schemas“ vorgeschlagen worden, um die Komplikationen „Nichtlinearität“ und „Inkompressibilität“ innerhalb des Zyklus $t_{m-1} \to t_{m-1+\theta} \to t_{m-\theta} \to t_m$ zu separieren:

$$(1)\begin{cases} [M + \alpha\theta k A]v^{m-1+\theta} + \theta k B p^{m-1+\theta} = [M - \beta\theta k A^{m-1}]v^{m-1} + \theta k f^{m-1} - \theta k N^{m-1} v^{m-1}, \\ -B^T v^{m-1+\theta} = 0, \end{cases}$$
$$(2)\begin{cases} [M + \beta\theta' k A^{m-\theta}]v^{m-\theta} + \theta' k B p^{m-\theta} = [M - \alpha\theta' k A^{m-1+\theta}]v^{m-1+\theta} + \theta' k f^{m-\theta}, \\ \ldots, \end{cases}$$
$$(3)\begin{cases} [M + \alpha\theta k A]v^{m} + \theta k B p^{m} = [M - \beta\theta k A^{m-\theta}]v^{m-\theta} + \theta k f^{m-\theta} - \theta k N^{m-\theta} v^{m-\theta}, \\ -B^T v^{m} = 0. \end{cases}$$

Das Teilschritt-θ-Verfahren besitzt aber auch wesentliche Vorzüge als ein einfaches Zeitschrittschema. Es ist von zweiter Ordnung und stark „A-stabil“ für jede Wahl von $\alpha \in (\frac{1}{2}, 1]$ (im Gegensatz zum Crank-Nicolson-Verfahren), und sein Verstärkungsfaktor hat Betrag $|R(-\lambda)| \approx 1$ für λ nahe bei der imaginären Achse (z. B.: $|R(-0.8i)| = 0.9998\ldots$), was eine sehr geringe Dissipation bedeutet. Hinsichtlich Genauigkeit entspricht ein Zyklus des Teilschritt-θ-Verfahrens in etwa drei Crank-Nicolson-Schritten.

Numerischer Test

Wir präsentieren einige Resultate numerischer Tests aus Müller et al. [125] für das implizite Euler-, das Crank-Nicolson- und das Teilschritt-θ-Verfahren. Die Strömungskonfiguration ist in Abb. 6.11 gezeigt: Strömung um eine schräg angestellte Platte in einem Kanal für

Re $= 500$. Die Ortsdiskretisierung erfolgt mit dem oben beschriebenen, nicht konformen, „rotiert-bilinearen" $Q_1^{\mathrm{rot}}/P_0^{\mathrm{dc}}$-Stokes-Element auf einem gleichförmig verfeinerten Gitter mit ca. 13.000 Zellen. Die Rechnung erstreckt sich über das Zeitintervall $I = [0, 60]$.

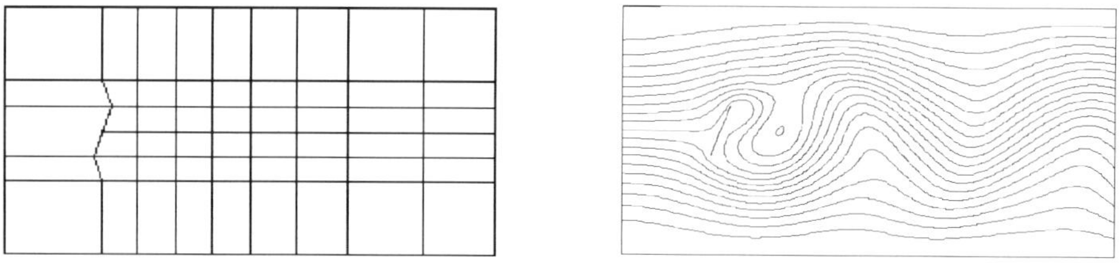

Abbildung 6.11: Konfiguration des Plattenumströmungstests: grobes Ausgangsgitter (links) und Stromlinien (rechts).

Der erste Test betrifft die Genauigkeit. Abb. 6.12 zeigt, dass das implizite Euler-Schema (BE) nicht geeignet zur Berechnung freier, zeitperiodischer Strömungen ist, während das Crank-Nicolson-Schema (CN) und das Teilschritt-θ-Schema (FS) etwa gleich gut sind. Diese gleiche Approximationsqualität wird auch bestäatigt durch den Vergleich anhand einer sensitiven Fehlerquantität, der mittleren Druckdifferenz zwischen Vorder- und Rückseite der Platte in Abb. 6.13:

$$\Delta P := \int_{\Gamma_{\mathrm{vorn}}} p\,ds - \int_{\Gamma_{\mathrm{hinten}}} p\,ds.$$

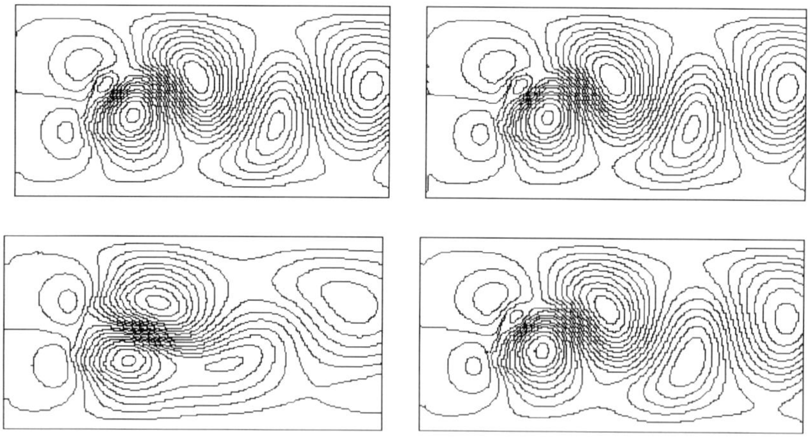

Abbildung 6.12: Druck-Isolinien: BE-Schema mit $3k = 1$ (oben links), BE-Schema mit $3k = 0.1$ (oben rechts), CN-Schema mit $3k = 1$ (unten links), FS-Schema mit $k = 1$ (unten rechts).

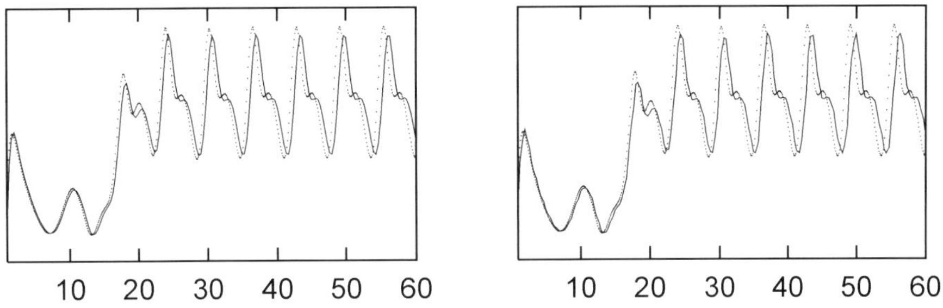

Abbildung 6.13: Mittlere Druckdifferenz mit voll-impliziter Behandlung der Nichtlinearität: CN-Schema mit $3k = 0.33$ (links), FS-Schema mit $k = 0.33$ (rechts), beide verglichen mit einer Referenzlösung (gestrichelte Linie)

Schließlich vergleichen wir die Robustheit der Verfahren; Abb. 6.14 zeigt den Mangel an Robustheit des Crank-Nicolson-Schemas (in Verbindung mit linearer Extrapolation zur Approximation der Nichtlinearität) für größere Zeitschritte.

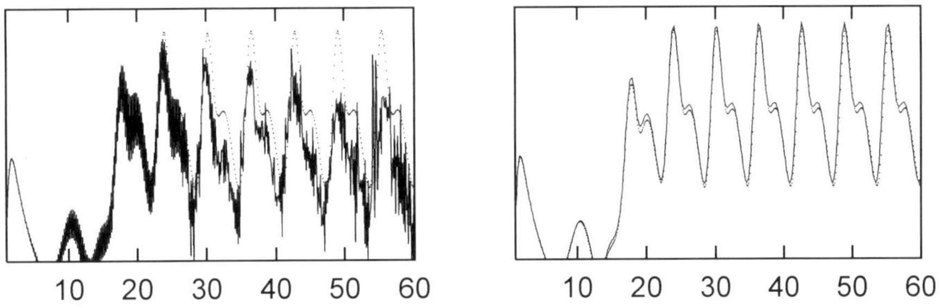

Abbildung 6.14: Mittlere Druckdifferenz mit linearer Zeitextrapolation der Nichtlinearität (ohne Defektkorrektur): CN-Schema mit $3k = 0.11$ (links), FS-Schema mit $k = 0.11$ (rechts), beide verglichen mit einer Referenzlösung (gestrichelte Linie)

6.4.2 Projektionsverfahren

Das klassische „Chorinsche Projektionsverfahren" nach A. Chorin[13] (1967) ist physikalisch motiviert und umgeht das Problem der „teuren" Lösung eines Sattelpunktsystems in jedem Zeitschritt durch die Verwendung eines sog. „Operator-Splittings". Verwandte Vorgehensweisen findet man auch bei der Behandlung von DAEs in der Numerik von

[13] Alexandre Joel Chorin (1938–): US-Amerikanischer Mathematiker (geb. in Warschau); Studium zunächst in Lausanne (Diplomingenieur), dann in New York, Promotion bei P. Lax (1966), Prof. für Mathematik an der Univ. of California, Berkeley, seit 1989 auch Prof. an der Univ. Tel Aviv; fundamentale Arbeiten zur numerischen Lösung der Navier-Stokes-Gleichungen: Projektionsmethode (parallel zu R. Temam, 1968), Methode der künstlichen Kompressibilität, Vortex-Method.

gewöhnlichen Differentialgleichungen. Dabei wird in jedem Zeitschritt zunächst einmal die Lösung gemäß des ODE-Anteils, unter Vernachlässigung der algebraischen Nebenbedingung fortgepflanzt und dann auf die Mannigfaltigkeit zurückprojiziert. Die sachgerechte Wahl dieser Projektion ist im Rahmen von PDEs wesentlich kritischer als bei ODEs.

Das ursprüngliche Chorin-Verfahren basiert auf dem impliziten Euler-Schema:

$$k^{-1}\{v^m - v^{m-1}\} - \nu\Delta v^m + v^m \cdot \nabla v^m + \nabla p^m = f^m, \quad \nabla \cdot v^m = 0. \tag{6.4.178}$$

Ausgehend vom Lösungspaar $\{v^{m-1}, p^{m-1}\}$ zum vorausgehenden Zeitpunkt t_{m-1} wird zunächst das Geschwindigkeitsfeld fortgepflanzt (bei Vernachlässigung des Drucks):

$$k^{-1}\{\tilde{v}^m - v^{m-1}\} - \nu\Delta \tilde{v}^m + \tilde{v}^m \cdot \nabla \tilde{v}^m = f^m. \tag{6.4.179}$$

Die so gewonnene Zwischenlösung $\tilde{v}^m \in H$ ist i. Allg. nicht divergenzfrei. Dies wird nun korrigiert, indem man $\tilde{v}^m$ orthogonal auf die Mannigfaltigkeit der divergenz-freien Vektorfelder projiziert. Diese Projektion erfolgt aus Kostengründen im L^2-Sinne:

$$v^m = P\tilde{v}^m \in J_0(\Omega): \quad (v^m, \varphi) = (\tilde{v}^m, \varphi) \quad \forall \varphi \in J_0(\Omega).$$

Dabei ist $J_0(\Omega)$ der schon oben eingeführte Teilraum der im „schwachen" Sinne divergenzfreien Vektorfunktionen:

$$J_0(\Omega) := \{v \in L^2(\Omega)^d |\ (v, \nabla\chi) = 0 \ \ \forall \chi \in C^1(\overline{\Omega})\}.$$

Die Funktionen in $J_0(\Omega)$ erfüllen also im „schwachen" (bzw. distributionellen) Sinne $\nabla \cdot v = 0$ und $n \cdot v_{|\partial\Omega} = 0$. Man erhält $J_0(\Omega)$ auch als Abschluss des Raumes $\Phi(\Omega) = \{\varphi \in C_0^\infty(\Omega)^d |\ \nabla \cdot \varphi = 0\}$ bzgl. der L^2-Norm.

Zur Berechnung dieser Projektion betrachten wir die Neumannsche Randwertaufgabe

$$\Delta q^m = k^{-1}\nabla \cdot \tilde{v}^m \ \text{ in } \Omega, \quad \partial_n q^m|_{\partial\Omega} = 0. \tag{6.4.180}$$

Wegen

$$\int_\Omega \nabla \cdot \tilde{v}^m \, dx = \int_{\partial\Omega} n \cdot \tilde{v}^m \, ds = 0$$

existiert eine (schwache) Lösung $q \in H^1(\Omega)$, welche durch die Zusatzbedingung $q^m \in L_0^2(\Omega)$ eindeutig bestimmt ist. Die Funktion

$$v^m := \tilde{v}^m - k\nabla q^m \in H^1(\Omega)^d$$

ist dann wegen

$$(v^m, \varphi) = (\tilde{v}^m, \varphi) - k(\nabla q^m, \varphi) = (\tilde{v}^m, \varphi) + k(q^m, \nabla \cdot \varphi) = (\tilde{v}^m, \varphi), \quad \varphi \in J_0(\Omega),$$

die gesuchte L^2-Projektion von $\tilde{v}^m$ in $J_0(\Omega)$. Sie erfüllt

$$\nabla \cdot v^m = \nabla \cdot \tilde{v}^m - k\nabla \cdot \nabla q^m = \nabla \cdot \tilde{v}^m - k\Delta q^m = 0 \tag{6.4.181}$$

und

$$n \cdot v^m|_{\partial\Omega} = -\partial_n q^m|_{\partial\Omega} = 0.$$

I. Allg. ist aber $\tau \cdot v^m|_{\partial\Omega} = \partial_\tau q^m|_{\partial\Omega} \neq 0$, d. h.: Die projizierte Näherung v^m ist zwar divergenzfrei, erfüllt aber nicht vollständig die Haftbedingung am Gebietsrand. Trotz dieses Mankos wird v^m als Approximation zu $v(\cdot, t_m)$ akzeptiert. Weiter wird die Hilfsfunktion q^m als neuer Druck verwendet

$$p^m := q^m.$$

Im nächsten Zeitschritt wird dann analog verfahren. Ein Zeitschritt $t_{m-1} \to t_m$ zerfällt also im wesentlichen in die Lösung eines d-dimensionalen (nichtlinearen) Konvektions-Diffusions-Systems („Impulstransport-Gleichung") für die Geschwindigkeit $\tilde{v}^m$ und eines skalaren Neumann-Problems („Druckkorrekturgleichung") für den Druckterm q^m. Durch die Modifikation

$$k^{-1}\{\tilde{v}^m - v^{m-1}\} - \nu\Delta\tilde{v}^m + v^{m-1} \cdot \nabla\tilde{v}^m = f^m \tag{6.4.182}$$

wird die Impulstransport-Gleichung linearisiert. Wir fassen das „klassische" Chorinsche Projektionsverfahren wie folgt zusammen:

Chorinsches Projektionsverfahren:

i) Impliziter „Transport-Diffusions-Schritt":

$$k^{-1}\{\tilde{v}^m - v^{m-1}\} - \nu\Delta\tilde{v}^m + \tilde{v}^m \cdot \nabla\tilde{v}^m = f^m \text{ in } \Omega, \quad \tilde{v}^m|_{\partial\Omega} = 0.$$

ii) Druck-Poisson-Gleichung:

$$\Delta q^m = k^{-1}\nabla \cdot \tilde{v}^m \text{ in } \Omega, \quad \partial_n q^m|_{\partial\Omega} = 0.$$

iii) Druck- und Geschwindigkeitskorrektur:

$$v^m := \tilde{v}^m - k\nabla q^m, \quad p^m := q^m.$$

Dieses Verfahren wurde in Verbindung mit einer Finite-Differenzen-Diskretisierung im Ort erfolgreich zur (qualitativen) Lösung der instationären Navier-Stokes-Gleichungen eingesetzt. Es bestehen aber mehrere zu klärende Fragen:

1. Die physikalische Rolle der Zwischenlösung $\tilde{v}^m$ sowie des Druckterms q^m ist unklar.

2. Es zeigt sich ein besonders großer Fehler in den Spannungen $\sigma_h^m := 2\mu\varepsilon(v_h^m) - p_h^m I$ am Gebietsrand.

3. Das Verfahren ist ungeeignet zur Berechnung „stationärer Limiten" für $t_m \to \infty$.

4. Das Verfahren besitzt nur eine geringe Zeitgenauigkeit $\mathcal{O}(k)$.

5. Das Verfahren funktioniert auch in Verbindung mit „instabiler" Ortsdiskretisierung, z. B. mit den Q_1^c/P_0^{dc}- oder Q_1^c/Q_1^c-Stokes-Elementen *ohne* explizite Druckstabilisierung.

Wir wollen die Quellen und Lösungen dieser Probleme im Einzelnen diskutieren. Zunächst kann aufgrund seiner Konstruktion das Verfahren höchstens von erster Ordnung $\mathcal{O}(k)$ sein; tatsächlich ergibt eine globale Fehleranalyse sogar nur:

$$\|\nabla(v(t_m) - v^m)\| + \|p(t_m) - p^m\| = \mathcal{O}(\sqrt{k}).$$

Ferner wird die Folge der Iterierten $(v^m)_{m\in\mathbb{N}}$ auch im Falle der Konvergenz der exakten Lösung gegen eine stationäre Lösung, $v(t) \to v^\infty$ $(t \to \infty)$, wegen des zwischengeschalteten Projektionsschrittes i. Allg. ebenfalls nicht gegen diesen Limes konvergieren. Selbst wenn mit der exakten (stationären) Lösung $v^0 := v^\infty$, $p^0 := p^\infty$, gestartet wird, erzeugt das Verfahren für $\nabla p^\infty \neq 0$ im ersten Schritt eine leicht gestörte Näherung

$$\begin{aligned} \tilde{v}^1 &= kf + v^\infty + k\nu\Delta\tilde{v}^1 - kv^\infty\cdot\nabla\tilde{v}^1 \neq v^\infty, \\ -\Delta q^1 &= \nabla\cdot\tilde{v}^1 \neq 0, \\ v^1 &= \tilde{v}^1 - k\nabla q^1 \neq v^\infty. \end{aligned}$$

Die Frage nach der Relevanz der Druckapproximation war lange Zeit ungeklärt. Gelegentlich wurde sogar in Zweifel gezogen, dass p^n überhaupt eine brauchbare Näherung zu $p(\cdot,t_m)$ darstellt. In der Tat ist in der Regel die Geschwindigkeitsapproximation recht gut, die Druckapproximation aber besonders entlang des Randes fast unbrauchbar schlecht. Diese Einschätzung wurde erst korrigiert durch die Beobachtung , dass der große Druckfehler (sowie die damit zusammenhängende große Divergenz $\nabla\cdot\tilde{v}^m$) auf eine sehr kleine Grenzschicht entlang des festen Randes beschränkt ist und ins Gebietsinnere exponentiell abfällt. Genauer gilt für die Chorin-Näherung:

$$|p^m(x) - p(x,t_m)| \approx k + \exp\Big(\frac{d(x)}{\sqrt{\nu k}}\Big)\sqrt{k}, \tag{6.4.183}$$

wobei $d(x) := \min\{|x-y| \,:\, y\in\partial\Omega\}$. Die Breite der „Druckgrenzschicht" verhält sich demnach wie $\mathcal{O}(\sqrt{\nu k})$. Auf jedem Teilgebiet $\Omega'\subset\Omega$ mit positivem Abstand zum Rand $\partial\Omega$ hat man sogar die optimale Approximationsordnung

$$\|p^m - p(t_m)\|_{\Omega'} = \mathcal{O}(k). \tag{6.4.184}$$

Dieses Resultat ist aber nur von zweifelhaftem Wert, da der Druck als Bestandteil der Spannungskräfte in der Praxis gerade entlang fester Ränder zu bestimmen ist.

Wir wollen die beim Projektionsverfahren wirksame Quelle des großen Fehlers am Rand durch eine Modellbetrachtung zu verstehen versuchen. Einsetzen von $\tilde{v}^{m-1} = v^{m-1} + k\nabla q^{m-1}$ und $p^{m-1} = q^{m-1}$ in die Impulstransportgleichung (6.4.179) ergibt in diesem Fall zusammen mit der Beziehung (6.4.181):

$$k^{-1}\{\tilde{v}^m - \tilde{v}^{m-1}\} - \nu\Delta\tilde{v}^m + \tilde{v}^m\cdot\nabla\tilde{v}^m + \nabla p^{m-1} = f^m, \tag{6.4.185}$$

$$\nabla\cdot\tilde{v}^m - k\Delta p^m = 0. \tag{6.4.186}$$

Dies kann wie folgt interpretiert werden: Das im Projektionsverfahren erzeugte Paar $\{\tilde{v}^m, p^m\}\in H\times L$ entspricht einer aus der impliziten Euler-Approximation des Navier-Stokes-Problems mit *Druckstabilisierung* (Stabilisierungsparameter k) bei expliziter Ankopplung des Drucks gewonnenen Näherung. Dies legt es nahe, zunächst unter Vernachlässigung der Zeitabhängigkeit sowie Nichtlinearität den Effekt des Störungsterms

$-\varepsilon\Delta p$ im *linearen* Modell

$$-\nu\Delta v_\varepsilon + \nabla p_\varepsilon = f, \tag{6.4.187}$$
$$\nabla\cdot v_\varepsilon - \varepsilon\Delta p_\varepsilon = 0, \tag{6.4.188}$$

zu untersuchen. Dieses Problem besitzt natürlich für jedes $\varepsilon > 0$ eine eindeutige Lösung $\{v_\varepsilon, p_\varepsilon\} \in H \times L$.

Satz 6.12 (Druckstabilisierung): *Für den durch die Druckstabilisierung in (6.4.188) hervorgerufenen Fehler gilt die globale Abschätzung*

$$\nu\|\nabla(v - v_\varepsilon)\| + \|p - p_\varepsilon\| \le c\sqrt{\nu\varepsilon}\|\nabla p\|, \tag{6.4.189}$$
$$\nu\|v - v_\varepsilon\| + \|p - p_\varepsilon\|_{-1} \le c\nu\varepsilon\|\nabla p\|, \tag{6.4.190}$$

mit der „dualen“ Norm $\|p\|_{-1} := \sup_{\chi\in H_0^1(\Omega)}\{(p,\chi),\ \|\nabla\chi\| = 1\}$, *sowie auf Teilgebieten* $\Omega' \subset \Omega$ *mit poitivem Abstand zu Rand* $\partial\Omega$ *die „innere“ Abschätzung*

$$\|p - p_\varepsilon\|_{\Omega'} \le c(\Omega')\nu\varepsilon\{\|\nabla p\| + \|\Delta p\|\}. \tag{6.4.191}$$

Beweis: i) Die Fehler $e^v := v_\varepsilon - v$ und $e^p := p_\varepsilon - p$ erfüllen die Beziehungen

$$-\nu\Delta e^v + \nabla e^p = 0 \ \text{ in } \Omega, \quad {e^v}_{|\partial\Omega} = 0, \tag{6.4.192}$$
$$\nabla\cdot e^v - \varepsilon\Delta e^p = \varepsilon\Delta p \ \text{ in } \Omega, \quad \partial_n {e^p}_{\partial\Omega} = -\partial_n p_{\partial\Omega}. \tag{6.4.193}$$

bzw. in variationeller Form:

$$\nu(\nabla e^v, \nabla\varphi) - (e^p, \nabla\cdot\varphi) = 0 \quad \forall\varphi \in H,$$
$$(\nabla e^v, \chi) + \varepsilon(\nabla e^p, \nabla\chi) = \varepsilon(\nabla p, \nabla\chi) \quad \forall\chi \in H^1(\Omega).$$

Wir testen hier mit $\varphi := e^v$ bzw. mit $\chi := e^p$ und kombinieren die Resultate zu

$$\nu\|\nabla e^v\|^2 + \varepsilon\|\nabla e^p\|^2 = -\varepsilon(\nabla p, \nabla e^p).$$

Dies impliziert die erste Fehlerabschätzung

$$\nu\|\nabla e^v\| + \sqrt{\nu\varepsilon}\|\nabla e^p\| \le c\sqrt{\nu\varepsilon}\|\nabla p\|. \tag{6.4.194}$$

ii) Zur Abschätzung des Druck-L^2-Fehlers verwenden wir die Stabilität des div-Operators:

$$\beta\|e^p\| \le \sup_{\varphi\in H}\frac{(e^p, \nabla\cdot\varphi)}{\|\nabla\varphi\|} = \sup_{\varphi\in H}\frac{\nu(\nabla e^v, \nabla\varphi)}{\|\nabla\varphi\|} \le \nu\|\nabla e^v\|.$$

Dies vervollständigt den Beweis von (6.4.189).

iii) Als nächstes bedienen wir uns eines Dualitätsarguments. Sei $\{z, r\} \in H \times L$ die (eindeutige) Lösung des Stokes-Problems

$$-\nu\Delta z + \nabla r = e^v, \quad \nabla\cdot z = 0 \ \text{ in } \Omega, \quad z_{|\partial\Omega} = 0.$$

Hierfür gilt die a priori Abschätzung $\|\nabla r\| \le c\|e^v\|$. Damit erhalten wir ($\nabla \cdot z = 0$)

$$\|e^v\|^2 = \nu(\nabla e^v, \nabla z) - (\nabla \cdot e^v, r) = \varepsilon(\nabla(e^p + p), \nabla r) \le \varepsilon\|\nabla p_\varepsilon\|\|\nabla r\|,$$

und folglich unter Beachtung von (6.4.194):

$$\|e^p\| \le c\varepsilon\|\nabla p\|. \tag{6.4.195}$$

iv) Zur Abschätzung des Druck-H^{-1}-Fehlers verwenden wir wieder die Stabilität des div-Operators in einer modifizierten Form wie folgt:

$$\beta\|e^p\|_{-1} \le \sup_{\varphi\in H\cap H^2(\Omega)^d} \frac{(e^p, \nabla\cdot\varphi)}{\|\nabla^2\varphi\|} = \sup_{\varphi\in H\cap H^2(\Omega)^d} \frac{\nu(\nabla e^v, \nabla\varphi)}{\|\nabla^2\varphi\|} \le c\nu\|e^v\|.$$

Dies vervollständigt den Beweis von (6.4.190).

v) Zum Beweis der „inneren“ Abschätzung (2.5.172) wählen wir eine „Abschneidefunktion“ $\sigma \in C_0^\infty(\Omega)$ mit der Eigenschaft $0 \le \sigma \le 1$ und $\sigma_{\Omega'} \equiv 1$. Hierfür gilt

$$|\nabla\sigma^2| \le c_\delta\sigma, \quad \delta := \text{dist}\{\Omega', \partial\Omega\},$$

sowie

$$\nu\|\nabla e^v\|_{\Omega'}^2 + \varepsilon\|\nabla e^p\|_{\Omega'}^2 \le \nu\|\sigma\nabla e^v\|^2 + \varepsilon\|\sigma\nabla e^p\|^2.$$

Wir wollen nun die „gewichteten“ L^2-Fehlernormen abschätzen. Mit Hilfe der Fehlergleichungen (6.4.192), (6.4.193) und Beachtung von $\sigma_{|\partial\Omega} \equiv 0$ erhalten wir

$$\begin{aligned}
\nu\|\sigma\nabla e^v\|^2 + \varepsilon\|\sigma\nabla e^p\|^2 &= \nu(\nabla e^v, \nabla(\sigma^2 e^v) - \nu(\nabla e^v, e^v\nabla\sigma^2) \\
&\quad + \varepsilon(\nabla e^p, \nabla(\sigma^2 e^p)) - \varepsilon(\nabla e^p, e^p\nabla\sigma^2) \\
&= (e^p, \nabla\cdot(\sigma^2 e^v)) - \nu(\nabla e^v, e^v\nabla\sigma^2) \\
&\quad - (\nabla\cdot e^v, \sigma^2 e^p) + \varepsilon(\nabla p, \nabla(\sigma^2 e^p)) - \varepsilon(\nabla e^p, e^p\nabla\sigma^2) \\
&= (e^p, \sigma^2\nabla\cdot e^v) + (e^p, e^v\nabla\sigma^2) - \nu(\nabla e^v, e^v\nabla\sigma^2) \\
&\quad - (\nabla\cdot e^v, \sigma^2 e^p) + \varepsilon(\nabla p, \nabla(\sigma^2 e^p)) - \nu(\nabla e^v, e^v\nabla\sigma^2) \\
&= (e^p, e^v\nabla\sigma^2) - \nu(e^v\nabla\sigma^2, \nabla e^v) - \varepsilon(\Delta p, \sigma^2 e^p) - \varepsilon(\nabla e^p, e^p\nabla\sigma^2).
\end{aligned}$$

Die vier Ausdrücke auf der rechten Seite werden wie folgt abgeschätzt:

$$\begin{aligned}
(e^p, e^v\nabla\sigma^2) &\le \frac{\alpha}{2\nu}\|\sigma e^p\|^2 + c_\alpha\nu\|e^v\|^2, \\
-\nu(e^v\nabla\sigma^2, \nabla e^v) &\le c\nu\|e^v\|^2, \\
-\varepsilon(\Delta p, \sigma^2 e^p) &\le \frac{\alpha}{2\nu}\|\sigma e^p\|^2 + c_\alpha\nu\varepsilon^2\|\Delta p\|^2, \\
-\varepsilon(\nabla e^p, e^p\nabla\sigma^2) &\le c\varepsilon\|e^p\|^2.
\end{aligned}$$

Kombination dieser Abschätzungen ergibt dann

$$\nu\|\sigma\nabla e^v\| \le \alpha\|\sigma e^p\| + c_\alpha\varepsilon\big\{\nu\|e^v\| + \sqrt{\nu\varepsilon}\|e^p\|\big\} + c_\alpha\nu\varepsilon\|\Delta p\|. \tag{6.4.196}$$

Jetzt verwenden wir wieder die Stabilität des div-Operators:

$$\hat{\beta}\|\sigma e^p - \overline{\sigma e^p}\| \le \sup_{\varphi \in H} \frac{(\sigma e^p - \overline{\sigma e^p}, \nabla \cdot \varphi)}{\|\nabla \varphi\|},$$

wobei $\overline{\sigma e^p}$ der Mittelwert von σe^p über Ω ist. Wegen

$$|\overline{\sigma e^p}| \le c\|\nabla \sigma\|\|e^p\|_{-1}$$

erhalten wir folglich

$$\|\sigma e^p\| \le c \sup_{\varphi \in H} \frac{(\sigma e^p, \nabla \cdot \varphi)}{\|\nabla \varphi\|} + c\|e^p\|_{-1}.$$

Weiter gilt unter Verwendung von (6.4.196):

$$\begin{aligned}(\sigma e^p, \nabla \cdot \varphi) &= (e^p, \nabla \cdot (\sigma \varphi)) - (e^p, \varphi \cdot \nabla \sigma) \\ &= \nu(\sigma \nabla e^v, \nabla \varphi) - \nu(\nabla e^v, \varphi \cdot \nabla \sigma) - (e^p, \varphi \cdot \nabla \sigma).\end{aligned}$$

Hiermit erschließen wir, dass

$$\|\sigma e^p\| \le c\big\{\nu\|\sigma \nabla e^v\| + \nu\|e^v\| + \|e^p\|_{-1}\big\}.$$

Dieses Resultat wird in (6.4.196) eingesetzt und bei geeignet kleiner Wahl von α ergibt sich

$$\nu\|\sigma e^v\| + \|\sigma e^p\| \le \big\{\nu\|e^v\| + \sqrt{\nu\varepsilon}\|e^p\| + \|e^p\|_{-1}\big\} + c\nu\varepsilon\|\Delta p\|.$$

Die Resultate von Schritt (1) liefern dann schließlich die Abschätzung

$$\nu\|\sigma \nabla e^v\| + \|\sigma e^p\| \le c\nu\varepsilon\{\|\nabla p\| + \|\Delta p\|\},$$

womit die gewünschte lokale Abschätzung auf Ω' folgt. Q.E.D.

Satz 6.13 (Druckgrenzschicht): *Für den durch die Druckstabilisierung in (6.4.188) hervorgerufenen Fehler gilt auf Teilgebieten $\Omega_\delta := \{x \in \Omega |\, \mathrm{dist}(x, \partial\Omega) > \delta\}$:*

$$\|p - p_\varepsilon\|_{\Omega_\delta} \le \Big\{\exp\Big(\frac{-\delta}{2\sqrt{\nu\varepsilon}}\Big)\sqrt{\nu\varepsilon}\|\nabla p\| + \nu\varepsilon\|\Delta p\|\Big\}. \tag{6.4.197}$$

Beweis: Wir skizzieren einen Beweisansatz, in welchem aber eine Lücke besteht, die leider als Problem offen bleibt. Ausgangspunkt sind wieder die Fehlergleichungen (6.4.192) und (6.4.193):

$$-\nu\Delta e^v + \nabla e^p = 0 \ \text{ in } \Omega, \quad e^v|_{\partial\Omega} = 0, \tag{6.4.198}$$

$$\nabla \cdot e^v - \varepsilon\Delta e^p = \varepsilon\Delta p \ \text{ in } \Omega, \quad \partial_n e^p|_{\partial\Omega} = -\partial_n p|_{\partial\Omega}. \tag{6.4.199}$$

Sei $\Delta_D : H_0^1(\Omega)^d \to L^2(\Omega)^d$ und $\Delta_N : H^1(\Omega) \to L^2(\Omega)$ der Laplace-Operator auf Ω zu homogenen Dirichlet- bzw. Neumann-Randbedingungen. Mit diesen Bezeichnungen kann das System der Fehlergleichungen umgeformt werden zu

$$(\nu^{-1}\nabla \cdot \Delta_D^{-1}\nabla - \varepsilon\Delta_N)e^p = \varepsilon\Delta p \quad \text{in } \Omega, \quad \partial_n e^p|_{\partial\Omega} = -\partial_n p|_{\partial\Omega}. \tag{6.4.200}$$

Der Operator $\nu^{-1}\nabla\cdot\Delta_D^{-1}\nabla$ ist von 0-ter Ordnung, auf ganz $L^2(\Omega)$ definiert, symmetrisch und positiv-definit. An dieser Stelle entsteht eine Lücke im Beweis, da wir im folgenden den vereinfachten („lokalen") Operator $\nu^{-1}I - \varepsilon\Delta_N$ betrachten werden. Wir setzen $d(x) := \operatorname{dist}(x, \partial\Omega)$ und $\varepsilon' := \nu\varepsilon$ und definieren die Gewichtsfunktion

$$\sigma(x) := \min\left\{e^{d(x)/\sqrt{\varepsilon'}}, e^{\delta/\sqrt{\varepsilon'}}\right\}.$$

Damit gilt

$$\|e^p\|_{\Omega_\delta} + \varepsilon'\|\nabla e^p\|_{\Omega_\delta} \le e^{-\delta/\sqrt{\varepsilon'}}\left\{(\sigma e^p, e^p) + \varepsilon'(\sigma\nabla e^p, \nabla e^p)\right\} =: e^{-\delta/\sqrt{\varepsilon'}}A.$$

Weiter ist

$$A = (\sigma e^p, e^p) + \varepsilon'(\nabla(\sigma e^p), \nabla e^p) - \varepsilon'(e^p\nabla\sigma, \nabla e^p)$$

und, wegen $|\nabla\sigma| \le \sigma/\sqrt{\varepsilon'}$,

$$\varepsilon'|(e^p, \nabla\sigma, \nabla e^p)| \le \tfrac{1}{2}\{(\sigma e^p, e^p) + \varepsilon'(\sigma\nabla e^p, \nabla e^p)\}.$$

Hiermit erschließen wir

$$A \le \tfrac{1}{2}\{(\sigma e^p, e^p) + \varepsilon'(\sigma\nabla e^p, \nabla e^p)\} = 2\varepsilon'(\Delta p, \sigma e^p) + 2\varepsilon'(\sigma e^p, \partial_n p)_{\partial\Omega}.$$

Unter Beachtung von $\sigma|_{\partial\Omega} \equiv 1$ folgt

$$\varepsilon'(\sigma e^p, \partial_n p)_{\partial\Omega} = \varepsilon'(\nabla e^p, \nabla p) + \varepsilon'(e^p, \Delta p) = \varepsilon'(\nabla e^p, \nabla p) + \varepsilon'(e^p, \Delta p).$$

Hieraus folgern wir

$$(\sigma e^p, e^p) + \varepsilon'(\nabla(\sigma e^p), \nabla e^p) \le 2A^{1/2}\left\{\varepsilon'^2 e^{\delta/\sqrt{\varepsilon'}}\|\Delta p\|^2 + \varepsilon'\|\nabla p\|^2\right\}^{1/2}$$

und schließlich

$$A \le c\left\{\varepsilon' e^{\delta/\sqrt{\varepsilon'}}\|\Delta p\|^2 + \varepsilon'\|\nabla p\|^2\right\}.$$

Dies vervollständigt den Beweis. Q.E.D.

Diese Argumentation kann auf die Situation des Chorin-Verfahrens zur Approximation der instationären Navier-Stokes-Gleichungen übertragen werden. Die Beweise werden allerdings sehr technisch und können hier nicht präsentiert werden. Die Bedeutung des Resultats von Satz 6.4.2, d. h. der exponentielle Charakter der Grenzschicht des Druckfehlers, wird durch Abb. 6.15 illustriert.

Das Resultat von Satz 6.13 legt es nahe, dass durch Extrapolation der „guten" Druckwerte aus dem Innern von Ω zum Rand auch dort ausreichend genaue Druckapproximationen gewonnen werden können. Dies wird bestätigt durch das in Abb. 6.16 dargestellte Resultat eine Testrechnung.

Ein wichtiger Schritt in Richtung auf ein randfehler-freies Projektionsverfahren ist das von A. Prohl [129] vorgeschlagene „Chorin-Uzawa-Verfahren", das wie folgt lautet:

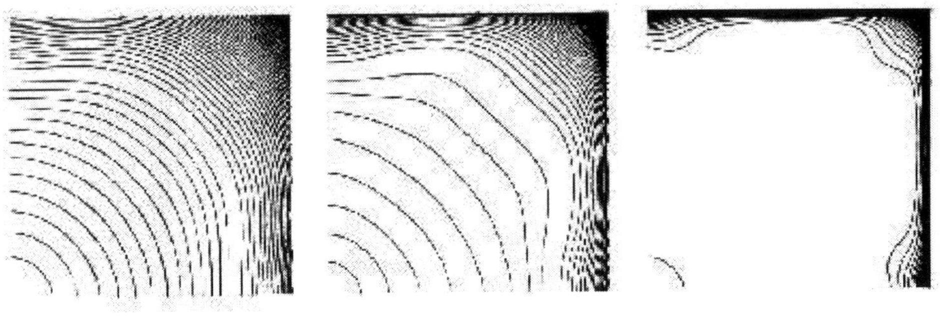

Abbildung 6.15: Folge von Druck-Isolinien berechnet mit dem Chorin-Verfahren mit Zeitschrittweiten $k = 2.5 \cdot 10^{-2}$, $6.25 \cdot 10^{-3}$, $1.56 \cdot 10^{-3}$ (Modellproblem auf dem Einheitsquadrat mit $\nu = 1$ mit polynomialer Lösung).

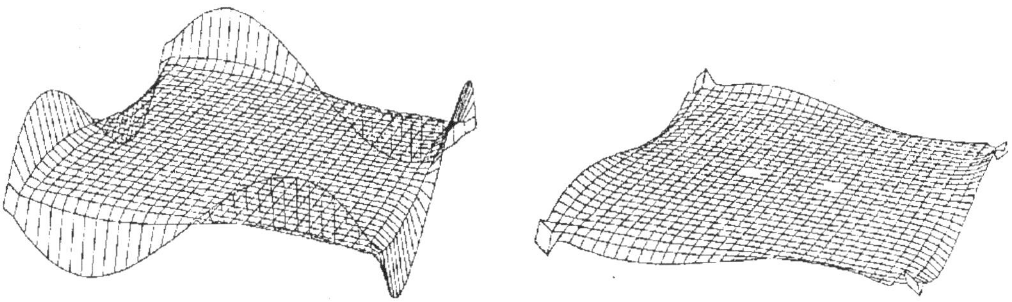

Abbildung 6.16: Druckfehler für eine polynomiale Lösung vor (links) und nach (rechts) Korrektur durch Extrapolation zum Rand.

Chorin-Uzawa-Verfahren:

i) Impliziter „Konvektions-Diffusions-Schritt":

$$k^{-1}\{\tilde{v}^m - v^{m-1}\} - \nu\Delta\tilde{v}^m + \tilde{v}^m \cdot \nabla\tilde{v}^m + \nabla(q^{m-1} - p^{m-1}) = f^m \quad \text{in } \Omega, \quad \tilde{v}^m_{|\partial\Omega} = 0.$$

ii) Druck-Poisson-Gleichung:

$$\Delta q^m = k^{-1}\nabla \cdot \tilde{v}^m \quad \text{in } \Omega, \quad \partial_n q^m|_{\partial\Omega} = 0.$$

iii) Druck- und Geschwindigkeitskorrektur ($\alpha \in (0,1)$):

$$v^m := \tilde{v}^m - k\nabla q^m, \quad p^m := p^{m-1} - \alpha\nabla \cdot \tilde{v}^m.$$

Der Namensbestandteil „Uzawa" deutet an, dass dieser Algorithmus von seiner Struktur her zum Uzawa-Algorithmus zur Lösung der stationären Navier-Stokes-Gleichungen korrespondiert. Mit derselben Argumentation wie oben sehen wir, dass das Chorin-Uzawa-Verfahren einer Druckstabilisierung der Form

$$\nabla \cdot v + \alpha^{-1} k \partial_t p = 0. \tag{6.4.201}$$

entspricht. Diese Stabilisierung bewirkt keine „singuläre“ Störung in der Druckgleichung, so dass keine Grenzschicht im Fehler auftreten sollte. Diese Erwartung wird durch die Ergebnisse einer Testrechnung mit polynomialer Lösung bestätigt (siehe Abb. 6.16).

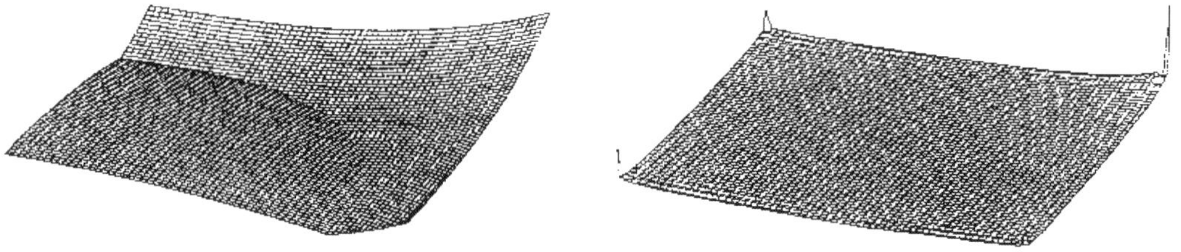

Abbildung 6.17: Druckfehler für eine polynomiale Lösung mit dem „klassischen“ Chorin-Verfahren (links) und dem Chorin-Uzawa-Verfahren (rechts); Rechnung für $\nu = 1$ mit dem Q_1^c/Q_1^c-Stokes-Element auf einem äquidistanten Gitter mit $h = 1/64$ und $k = 1/100$.

Die geringe Approximationsgenauigkeit des Chorin-Verfahrens kann formal behoben werden, indem das Verfahren zu einer „Defektkorrektur-Iteration“ aufbauend auf dem Crank-Nicolson-Schema erweitert wird zum sog. „Projektionsverfahren von van Kan[14]“. Hier erfolgt der Schritt $t_{m-1} \to t_m$ gemäß

van Kan-Verfahren:

i) Impliziter „Konvektions-Diffusions-Schritt“:

$$\begin{aligned} k^{-1}\{\tilde v^m - v^{m-1}\} - \tfrac12 k\Delta\{\tilde v^m + v^{m-1}\} + \tfrac12 \bar v^m \cdot \nabla \tilde v^m + \tfrac12 v^{m-1} \cdot \nabla v^{m-1} \\ = \tfrac12\{f^m + f^{m-1}\} - \nabla p^{m-1} \quad \text{in } \Omega, \quad \tilde v^m_{|\partial\Omega} = 0. \end{aligned}$$

ii) Druck-Poisson-Gleichung:

$$\Delta q^m = k^{-1} \nabla \cdot \tilde v^m \quad \text{in } \Omega, \quad \partial_n q^m{}_{|\partial\Omega} = 0.$$

iii) Druck- und Geschwindigkeitskorrektur:

$$v^m := \tilde v^m + k \nabla q^m, \qquad p^m := p^{m-1} + q^m.$$

Dabei ist $\bar v^m := \tilde v^m$ (nicht-lineare Formulierung) oder $\bar v^m := 2v^{m-1} - v^{m-2}$ (Linearisierung durch Zeitextrapolation zweiter Ordnung). Dieses Verfahren ist formal von zweiter

[14]Jos van Kan (1944–): Niederländischer Mathematiker; Prof. em. für Mathematik an der Delft University of Technology; Beiträge zur Numerischen Strömungsmechanik (Druckkorrekturverfahren).

Ordnung, $\mathcal{O}(k^2)$, und erzeugt im Fall der Konvergenz $\tilde{v}^m \to v^\infty$, $q^m \to 0$ $(m \to \infty)$ Limiten, welche Lösungen der stationären Navier-Stokes-Gleichungen sind:

$$\begin{array}{ccccccccccc} -\nu\Delta\tilde{v}^m & + & \tilde{v}^m\cdot\nabla\tilde{v}^m & + & \nabla p^{m-1} & - & f^m & = & k^{-1}(\tilde{v}^m - v^{m-1}) & & \\ \downarrow & & \downarrow & & \downarrow & & \downarrow & & \downarrow & & (m\to\infty) \\ -\nu\Delta v^\infty & + & v^\infty\cdot\nabla v^\infty & + & \nabla p & - & f & = & 0. & & \end{array}$$

Das van Kan-Verfahren erlaubt eine Fehlerabschätzung der Form

$$|p^m(x) - p(x,t_m)| \approx k^2 + \exp\Big(\frac{d(x)}{\sqrt{\nu k}}\Big)k \tag{6.4.202}$$

und korrespondiert zu einer Druckstabilisierung der Form

$$\nabla\cdot v + \alpha^{-1}k\partial_t\Delta p = 0. \tag{6.4.203}$$

Wir fassen zusammen, dass alle bisher betrachteten Projektionsverfahren (und einige Vorläufer) zu Spezialfällen aus einer Familie von Druckstabilisierungsansätzen wachsender Komplexität korrespondieren:

- $\nabla\cdot v + \varepsilon p = 0$ in Ω, („Penalty-Methode“).
- $\nabla\cdot v + \varepsilon\partial_t p = 0$ in Ω, $p_{|t=0} = p^0$ („Chorin-Uzawa-Verfahren“).
- $\nabla\cdot v + \varepsilon\Delta p = 0$ in Ω, $\partial_n p_{|\partial\Omega} = 0$ („Chorin-Verfahren’).
- $\nabla\cdot v + \varepsilon\partial_t\Delta p = 0$ in Ω, $\partial_n p_{|\partial\Omega} = 0$, $p_{|t=0} = p^0$ („van Kan-Verfahren“).

Zum Abschluss unserer Diskussion wollen wir klären, wieso beim Chorin-Algorithmus auch in Verbindung mit „instabilen“ Stokes-Elementen häufig keine Probleme mit unphysikalischen Oszillationen im Druck beobachtet werden. Wir haben gesehen, dass der Chorin-Algorithmus implizit eine Modifikation der Kontinuitätsgleichung der Form

$$\nabla\cdot v - k\Delta p^m = 0$$

enthält. Wenn die Zeitschrittweite nicht zu klein wird, $k \ge h^2$, wirkt dies in Verbindung mit einer Ortsdiskretisierung wie eine Druckstabilisierung. Im Gegensatz dazu korrespondiert das van Kan-Verfahren zu einer Stabilisierung der Form

$$\nabla\cdot v + \alpha^{-1}k\partial_t\Delta p = 0,$$

welche bei Konvergenz gegen eine stationäre Lösung, $\partial_t p(t) \to 0$ $(t \to \infty)$ nur erhalten bleibt, wenn die Zeitschrittweite entsprechend vergrößert wird.

6.4.3 Lösung der algebraischen Teilprobleme

Bei den beschriebenen Zeitschrittverfahren müssen in jedem einzelnen Zeitschritt im Rahmen eines Linearisierungsprozesses mehrere lineare Sattelpunktprobleme der Form

$$\begin{bmatrix} M+\alpha kA(\bar{x}) & kB \\ -B^T & \varepsilon C \end{bmatrix} \begin{bmatrix} x \\ y \end{bmatrix} = \begin{bmatrix} b \\ c \end{bmatrix} \tag{6.4.204}$$

gelöst werden. Dabei sind wieder $\{x,y\}$ die Koeffizientenvektoren der Geschwindigkeits- und Druckvariablen bzgl. geeigneter Knotenbasen der Ansatzräume H_h und L_h, und die Systemmatrizen $M, A, N(\cdot), B$ und $A(\cdot)=\nu A+N(\cdot)$ sind gegeben durch

$$M := \big((\psi_h^i,\psi_h^j)\big)_{i,j=1}^{N_H}, \quad A := \big((\nabla_h\psi_h^i,\nabla_h\psi_h^j)\big)_{i,j=1}^{N_H}, \quad B := -\big((\chi_h^i,\nabla_h\cdot\psi_h^j)\big)_{i,j=1}^{N_L,N_H},$$
$$N(\bar{v}) := \big((\bar{v}\cdot\nabla_h\psi_h^i,\psi_h^j)\big)_{i,j=1}^{N_H}, \quad C := \big((\nabla_h\chi_h^i,\nabla_h\chi_h^j)\big)_{i,j=1}^{N_L}.$$

wobei $\bar{v}$ der zum (geschätzten) Vektor $\bar{x}$ korrespondierende Geschwindigkeitsvektor ist. Die Matrix C repräsentiert die Druckstabilisierung (wenn notwendig) und der Vektor c die zugehörigen Korrekturterme. In diesem Fall ist der Hauptdiagonalblock

$$S(\bar{x}) := M+\alpha kA(\bar{x})$$

nicht symmetrisch, aber bei geeigneter Stabilisierung (z. B.: „upwinding", Stromliniendiffusion, u.s.w.) regulär. Folglich kann die Komponente x wieder aus dem System eliminiert werden:

$$[kB^TS(\bar{x})^{-1}B+\varepsilon C]y = B^TS(\bar{x})^{-1}b+c, \quad x = S(\bar{x})^{-1}b-kS(\bar{x})^{-1}y. \tag{6.4.205}$$

Das resultierende Schur-Komplement

$$\Sigma(\bar{x}) := kB^TS(\bar{x})^{-1}C+\varepsilon C$$

kann dann etwa mit dem Uzawa-Algorithmus oder mit einer angepassten Variante des CG-Verfahrens für unsymmetrische Matrizen (GMRES- oder BiCGstab-Verfahren) invertiert werden. Auch hier ist wieder die Kondition bzw. die Norm von $\Sigma(\bar{x})$ entscheidend für die Konvergenzgeschwindigkeit.

Nun sollte man annehmen, in Analogie zur Situation der Wärmeleitungsgleichung, dass für kleiner werdende Zeitschrittweite k die Lösung der linearen Gleichungssysteme immer leichter wird. Dies ist aber beim Schur-Komplement $\Sigma(\bar{x})$ wegen des DAE-Charakters des Systems nicht der Fall, da hier für $k\ll 1$ (und $\varepsilon\ll 1$)

$$\Sigma(\bar{x}) = kB^TS(\bar{x})^{-1}B+\varepsilon C \approx kB^TM^{-1}B.$$

Die Grenzmatrix $B^TM^{-1}B$ ist eine Approximation des Laplace-Operators mit der Kondition (auf gleichförmigem Gitter)

$$\mathrm{cond}_2(B^TM^{-1}B) = \mathcal{O}(h^{-2}).$$

Dies bedeutet, dass die bisher zur Invertierung von $\Sigma(\bar{x})$ diskutierten Verfahren für kleine Zeitschrittweiten zunehmend langsam werden. Also ist „Vorkonditionierung" notwendig. Diese wird aber schwierig, da die Matrix $\Sigma(\bar{x})$ nicht elementweise zur Verfügung steht, so dass die üblichen punkt- oder blockweisen Iterationsschemata wie „Jacobi"-, „Gauß-Seidel"-, „SOR"-, „ADI". und „ILR"-Iterationen nicht unmittelbar anwendbar sind. Dasselbe Problem ergibt sich bei der Anwendung von Mehrgitter-Algorithmen für das Schur-Komplement bei der Konstruktion von Glättern. In diesem Fall bietet sich der Uzawa-Algorithmus selber als „Glätter" in einem äußeren Mehrgitterverfahren an.

Mehrgitter-Algorithmus

Zum Abschluss wollen wir noch einen Mehrgitteralgorithmus präsentieren, welcher speziell auf die Lösung „instationärer" Systeme zugeschnitten ist. Dieser Ansatz ist besonders effizient im Fall

$$\sigma = \frac{1}{k} \approx \frac{\nu}{h^2}.$$

Die Lösung der Schur-Komplement-Gleichungen

$$B^T S^{-1} B p^m = B^T S^{-1} g^m, \quad v^m = S^{-1}(g^m - Bp^m), \tag{6.4.206}$$

durch CG-artige Verfahren erfordert die Auswertung von S^{-1}, was zunehmend ineffizient wird für kleine Zeitschrittweiten k, größere Reynolds-Zahlen und auf stark anisotropen Gittern. Dieses Problem kann gemeistert werden durch die Verwendung einfacher Richardson-Iterationen für die Schur-Komplement-Gleichung mit einem Vorkonditionierer der Art $B^T C^{-1} B$. Populäre Beispiele solcher Vorkonditionierer C sind:

- $C^{-1} := I$;
- $C^{-1} := \tilde{M}^{-1}$;
- $C^{-1} := \tilde{M}^{-1} + \alpha^{-1} B^T B$.

Die resultierende Iterationsmethode, sog. „diskrete Projektionsverfahren", lautet:

$$p^{m,l+1} = p^{m,l} - (B^T C^{-1} B)^{-1} (B^T S^{-1} B p^{m,l} - B^T S^{-1} g^m). \tag{6.4.207}$$

Nach L Iterationsschritten wird $p^m := p^{m,L}$ gesetzt, und man berechnet die zugehörige Geschwindigkeitskomponente aus

$$S v^m = g^m - B p^m + \alpha^{-1} (\alpha I - S C^{-1}) B (p^{m,L} - p^{m,L-1}). \tag{6.4.208}$$

mit einem Relaxationsparameter $\alpha \in (0,1)$. Diese Konstruktion von v^m garantiert, dass die resultierende Geschwindigkeit im diskreten Sinne „divergenz-frei" ist, $B^T v^m = 0$, und motiviert damit den Namen „diskrete Projektionsmethode" für das gesamte Verfahren. Dieses Iterationsverfahren wird dann als Glätter in einem äußeren Mehrgitterverfahren eingesetzt.

Im Spezialfall $L = 1$ entspricht dieses Verfahren einer diskreten Version der Projektionsverfahren nach Chorn (für die Wahl $p^{m,0} := 0$) und Van Kan (für die Wahl $p^{m,0} := p^{m-1}$). Diese Operator-Splitting-Schemata haben die Form

1. $S\tilde{v}^m = g^m - kBp^{m-1}$ (Transport-Diffusions-Schritt).
2. $B^T\tilde{M}^{-1}Bq^m = k^{-1}B^T\tilde{v}^m$ (Druck-Poisson-Gleichung).
3. $v^m = \tilde{v}^m - k\tilde{M}^{-1}Bq^m$ (Geschwindigkeitskorrektur).
4. $p^m = p^{m-1} + \alpha q^m$ (Druckkorrektur).

Der Mehrgitter-Algorithmus mit Glättung durch die „diskrete" Projektionsiteration hat sich in praktischen Tests als sehr effizient zur Lösung der voll-gekoppelten instationären Navier-Stokes-Gleichungen erwiesen. Er ist robust für alle relevanten Reynolds-Zahlen (*laminare* Strömung) und alle physikalisch realistischen Zeitschrittweiten. Er basiert auf optimalen „inneren" Mehrgitterkomponenten für die Teilprobleme „Transport-Diffusions-Problem" und „Druck-Poisson-Gleichung". In Beispielen erfordert der Gesamtalgorithmus bei Verwendung z. B. des nicht konformen $Q_1^{\text{rot}}/P_0^{\text{dc}}$-Stokes-Elements in 3D pro Zelle etwa 1 KByte Speicher, so dass Simulationen mit mehr als 10^7 Unbekannten auf Workstations mit 2 GByte Arbeistspeicherspeicher möglich sind; für Details verweisen wir auf die Monographie Turek [145]).

7 FE-Methoden für kompressible Strömungen

In diesem Kapitel wollen wir numerische Methoden für *kompressible* Strömungen diskutieren. Dabei ist es erforderlich, die unterschiedlichen Quellen der Kompressibilität zu brücksichtigen, da diese wesentlichen Einfluss auf die Struktur der Verfahren haben. Die typischen Fälle sind:

- Hydrostatisch „inkompressible" oder nur „schwach kompressible", viskose Strömung ($0 \leq \mathrm{Ma} \leq 0,5$) mit Dichteänderungen bedingt durch Temperaturgradienten (z. B. als Folge äußerer Wärmequellen oder Wärmeentwicklung durch chemische Reaktionen; Prototypen: temperaturgetriebene Konvektion, Verbrennungsprozesse). Das zugrunde liegende Modell sind die Navier-Stokes-Gleichungen in primitiven Variablen $\{p, v, \theta\}$, wobei hier der Druck anstelle der Dichte als primale Variable verwendet wird. Im Extremfall $\mathrm{Ma} \ll 1$ wird die „low-Mach-number"-Approximation verwendet. Zur Diskretisierung betrachten wir hier einen *konformen* Finite-Elemente-Ansatz, der in Anlehnung an den „inkompressiblen" Grenzfall aufgebaut ist.
- Schnelle Gasströmungen mit Dichteänderungen bedingt durch „Verdichtungsstöße" im Bereich $\mathrm{Ma} \geq 0,5$ (z. B. als Folge der Abbremsung durch ein Hindernis; Prototypen: Flugkörperumströmung, Detonationswellen). Das zugrunde liegende Modell besteht aus den Navier-Stokes-Gleichungen in konservativen Variablen $\{\rho, \rho v, \rho E\}$, welche sich im Extremfall vernachlässigbarer Viskosität auf die Euler-Gleichungen reduzieren. Zur Diskretisierung betrachten wir hier einen „unstetigen" Finite-Elemente-Ansatz („dG-Verfahren"), der insbesondere die lokalen Erhaltungseigenschaften bewahrt.

In der Praxis können diese Situationen natürlich auch simultan innerhalb derselben Strömungskonfiguration auftreten (Beispiel: Akkretionsscheibenströmung um junge Sterne). Wegen der in den beiden Strömungstypen wesentlich verschiedenen Mechanismen der Informationsausbreitung (elliptisch versus hyperbolisch) werden auch die zugehörigen numerischen Verfahrern sinnvollerweise getrennt behandelt.

7.1 Berechnung von Strömungen kleiner Mach-Zahl

7.1.1 Das zugrunde liegende „low-Mach number"-Modell

Es sei zunächst an die früher beschriebene Modifikation der allgemeinen Navier-Stokes-Gleichungen für Strömungen kleiner Mach-Zahlen erinnert. In der Praxis zeigt sich nun, dass im Fall kleiner Mach-Zahl die durch die Auspaltung des Drucks $p = p_{th} + p_{hyd}$ induzierten Änderungen im Modell sehr klein sind und nur geringen Einfluss auf die Genauigkeit der Lösung haben. Daher können sie auch ebensogut weggelassen und weiter mit den ursprünglichen Gleichungen gearbeitet werden. Wesentlich ist, dass in diesem Fall der Druck p die Dichte ρ als primale Variable ersetzt. Dadurch können auch Konfigurationen behandelt werden, bei denen die Mach-Zahl nicht überall „klein" ist, d. h. der ganze „subsonische" Bereich $0 \leq Ma < 1$.

Ausgangspunkt sind die allgemeinen Zustandsgleichungen in nicht-konservativer Form:

$$\nabla \cdot v - \rho^{-1}\{\partial_t \rho + v \cdot \nabla \rho\} = 0, \tag{7.1.1}$$

$$\rho\partial_t v + \rho v \cdot \nabla v - \nabla \cdot \tau + \nabla p = \qquad \rho g := f_v, \tag{7.1.2}$$

$$\rho c_p \partial_t \theta + \rho c_p v \cdot \nabla \theta - \nabla \cdot (\kappa \nabla \theta) = \qquad \partial_t p_{th} + \rho h =: f_\theta\,. \tag{7.1.3}$$

mit dem Tensor der Reibungsspannungen

$$\tau := \mu\{\nabla v + \nabla v^T\} - \tfrac{2}{3}\mu \nabla \cdot v I.$$

Ferner wird wieder das ideale Gasgesetz in der folgenden Form angesetzt:

$$\rho = \frac{p}{R\theta}. \tag{7.1.4}$$

Bei Verwendung des Drucks als primale Variable erhält die Kontinuitätsgleichung unter Ausnutzung des Gasgesetzes die Gestalt

$$\nabla \cdot v - p^{-1}\{\partial_t p + v \cdot \nabla p\} - \theta^{-1}\{\partial_t \theta + v \cdot \nabla \theta\} = 0. \tag{7.1.5}$$

Die zugehörigen stationären Gleichungen lauten wie folgt:

$$\nabla \cdot v - p^{-1} v \cdot \nabla p - \theta^{-1} v \cdot \nabla \theta = 0, \tag{7.1.6}$$

$$\rho v \cdot \nabla v - \nabla \cdot \tau + \nabla p = f_v, \tag{7.1.7}$$

$$\rho c_p v \cdot \nabla \theta - \nabla \cdot (\kappa \nabla \theta) = f_\theta\,. \tag{7.1.8}$$

7.1.2 Finite-Elemente-Diskretisierung im Ort

Als Diskretisierung betrachten wir in Anlehnung an den „inkompressiblen“ Fall einen konformen $Q_1/Q_1/Q_1$-Ansatz auf Vierecks- bzw. Hexaedergittern. Da die Diskretisierung auch robust für den Grenzübergang $Ma \to 0$ sein soll, verwenden wir wieder „least-squares“ Stabilisierung für den Druck sowie „Stromliniendiffusion“ für die Transportterme. Da die Details dieser Diskretisierung gegenüber dem intensiv untersuchtem „inkompressiblen“ Fall keine wesentlich neuen Einsichten liefern, werden sie hier nicht weiter ausgearbeitet.

7.1.3 Projektionsverfahren

Zur Behandlung instationärer Probleme bieten sich wieder Operatorsplitting-Verfahren in Anlehnung an die Projektionsverfahren im „inkompressiblen“ Fall an. Wir verallgemeinern im Folgenden das klassische Chorinsche Projektionsverfahren für das Modell kompressibler Strömungen. Zur Vereinfachung der Darstellung werden dabei für die Geschwindigkeit homogene Dirichlet-Randbedingungen,

$$v_{|\partial\Omega} = 0,$$

und für die Temperatur homogene Neumann-Randbedingungen gestellt,

$$\partial_n \theta_{|\partial\Omega} = 0.$$

Alle anderen Größen sind am Rand unbestimmt. Daneben werden Anfangsbedingungen gestellt:

$$\rho_{|t=0} = \rho^0, \quad v_{|t=0} = v^0, \quad \theta_{|t=0} = \theta^0.$$

Projektionsverfahren: Ausgehend von den Startwerten $\{\rho^0, p^0, v^0, \theta^0\}$ mit $p^0 := R\rho^0\theta^0$ und einer Hilfsgröße $q^0 := 0$ lautet der Schritt vom Zeitlevel t_{m-1} zum Zeitlevel $t_m = t_{m-1} + k$,

$$\{\rho^{m-1}, p^{m-1}, v^{m-1}, \theta^{m-1}, q^{m-1}\} \to \{\rho^m, p^m, v^m, \theta^m, q^m\},$$

wie folgt:

1. Prädiktorschritt für Geschwindigkeit:

$$\rho^{m-1}k^{-1}(\tilde v^m - v^{m-1}) + \rho^{m-1}\tilde v^m \cdot \nabla \tilde v^m - \nabla \cdot \tilde\tau^m = f_v^{m-1} - \nabla(q^{m-1} - p^{m-1}),$$

   wobei $\tilde\tau^m := \mu\{\nabla\tilde v^m + (\nabla\tilde v^m)^T\} - \frac{2}{3}\mu\nabla\cdot\tilde v^m$ und $\tilde v^m_{|\partial\Omega} = 0$.

2. Prädiktorschritt für Temperatur:

$$c_p\rho^{m-1}k^{-1}\{\theta^m - \theta^{m-1}\} + c_p\rho^{m-1}\tilde v^m \cdot \nabla\theta^m - \nabla\cdot(\kappa\nabla\theta^m) = f_\theta^{m-1},$$

   wobei $\partial_n\theta_{|\partial\Omega} = 0$.

3. Prädiktorschritt für Druck:

$$p^m := p^{m-1} - \nabla\cdot\tilde v^m.$$

4. Druck-Poisson-Gleichung:

$$-\Delta q^m = k^{-1}\nabla\cdot\tilde v^m - (p^m)^{-1}\{d_t p^m + \tilde v^m\cdot\nabla p^m\} - (\theta^m)^{-1}\{d_t\theta^m + \tilde v^m\cdot\nabla\theta^m\},$$

   where $d_t p^m := k^{-1}(p^m - p^{m-1})$ und $d_t\theta^m := k^{-1}(\theta^m - \theta^{m-1})$ sowie $\partial_n q^m_{|\partial\Omega} = 0$.

5. Korrekturschritt:

$$v^m := \tilde v^m + k\nabla q^m, \qquad \rho^m := Rp^m\theta^m.$$

Der letzte Korrekturschritt erzeugt eine Geschwindigkeitsnäherung v^m mit der Eigenschaft

$$\begin{aligned}\nabla\cdot v^m &= \nabla\cdot\tilde v^m + k\Delta q^m \\ &= (p^m)^{-1}\{d_t p^m + \tilde v^m\cdot\nabla p^m\} + (\theta^m)^{-1}\{d_t\theta^m + \tilde v^m\cdot\nabla\theta^m\},\end{aligned}$$

d.h.: Das vorgeschlagene Projektionsverfahren ist konsistent mit den Grundgleichungen (7.1.1) - (7.1.3). Durch eine Symmetrisierung des Verfahrensschemas kann auf dieser Basis auch ein Projektionsverfahren 2. Ordnung im Zeitinkrement k aufgebaut werden. Die praktische Realisierung und systematische Untersuchung dieses Verfahrens steht aber noch aus und wird Gegenstand zukünftiger Forschung sein.

7.2 Lösung der Euler-Gleichungen

In schnellen Gasströmungen können innere Reibungseffekte und Wärmetransport durch Diffusion näherungsweise vernachlässigt werden. Damit reduzieren sich die in konservativer Form geschriebenen (kompressiblen) Navier-Stokes-Gleichungen auf die Euler-Gleichungen für ein reibungsfreies Gas:

$$\partial_t\rho + \nabla\cdot(\rho v) = 0, \tag{7.2.9}$$

$$\partial_t(\rho v) + \nabla\cdot(\rho v\otimes v) + \nabla p = \rho f, \tag{7.2.10}$$

$$c_p\partial_t(\rho E) + c_p\nabla\cdot(\rho E v + p v) = \qquad h, \tag{7.2.11}$$

mit der Gasgleichung

$$p = (\gamma-1)(\rho E - \tfrac{1}{2}\rho v^2). \tag{7.2.12}$$

Im Fall fehlender äußerer Volumenkräfte lässt sich dieses System in Form einer (hyperbolischen) „Erhaltungsgleichung" für den Vektor der konservativen Variablen Dichte, Impuls und spezifische Gesamtenergie, $u := (\rho, \rho v, \rho E)^T$, schreiben:

$$\partial_t u + \nabla\cdot F(u) = 0, \tag{7.2.13}$$

mit der „Flussfunktion"

$$F(u) = \begin{pmatrix} \rho v \\ \rho(v\oplus v + pI) \\ (\rho E + p)v \end{pmatrix}.$$

Schreibt man $n\cdot F(u) = B(u,n)u$, so sind die Eigenwerte der Matrix $B(u,n)$ gegeben durch

$$\lambda_1 = v\cdot n - c, \qquad \lambda_2 = \lambda_3 = v\cdot n, \qquad \lambda_4 = v\cdot n + c,$$

wobei $c = \sqrt{\gamma p/\rho}$ für die Schallgeschwindigkeit steht.

Bei der Diskretisierung dieses Systems ist insbesondere darauf zu achten, dass die lokalen Erhaltungseigenschaften auch nach Diskretisierung erhalten bleiben:

$$\int_{\partial K} n\cdot F(u_h)\,do = 0, \quad K\in\mathbb{T}_h,$$

Dies ist im Rahmen der Finite-Elemente-Methode mit den sog. „unstetigen" Galerkin-Verfahren („DG-Verfahren") möglich. Diese werden im Folgenden beginnend mit einfachen skalaren Modellproblemen eingeführt.

Die *unstetigen* Galerkin-Verfahren sind in den letzten Jahren zunehmend populärer geworden (s. Cockburn et al. [81] und Di Pietro/Ern [82]). Die ursprüngliche Idee des DG-Verfahrens erscheint erstmals in einer Arbeit von Reed/Hill[1] (1973) im Zusammenhang mit der Approximation der Neutronentransportgleichung; eine erste mathematische Analyse stammt von Lesaint/Raviart[2] (1974).

[1]W. H. Reed and T. R. Hill: *Triangular mesh methods for the neutron transport equation*, Tech. Report LA-UR-73-479, Los Alamos Scientic Laboratory, 1973; in Proc. Amer. Nucl. Soc.

[2]P. Lesaint; P. A. Raviart: *On a finite element method for solving the neutron transport equation*, Publications mathḿatiques et informatique de Rennes, Issue: S4, pp. 1–40 (1974).

Die DG-Methoden bilden die natürliche Verallgemeinerung der Finite-Volumen Verfahren, die gerade dem unstetigen Galerkin-Verfahren mit stückweise konstanten Ansatzfunktionen (DG(0)-Verfahren) entsprechen. Die DG-Methode bietet die Möglichkeit, einfach durch Erhöhung des Polynomgrads systematisch eine höhere Ordnung des Verfahrens zu erreichen, was dagegen bei Finite-Volumen-Verfahren nur mit sog. „recovery"-Techniken möglich ist, die insbesondere auf unstrukturierten und lokal verfeinerten Gittern äußerst kompliziert sind. Die beim unstetigen Galerkin-Verfahren, im Vergleich zu stetigen Finite-Elemente Verfahren, einfach zu realisierende, lokale (d. h. auf einzelnen Zellen) Erhöhung des Polynomgrads kann zur sog. „*hp*-Verfeinerung" genutzt werden. Diese *hp*-Methode erzeugt Verfahren beliebig hoher Ordnung bis hin zu exponentieller Konvergenz.

7.2.1 DG-Verfahren für lineare Transportprobleme

Zur Einführung des „unstetigen" Galerkin-Verfahrens („discontinuous Galerkin method" oder kurz „DG method") betrachten wir zunächst die lineare, stationäre Transportgleichung für $u = u(x)$:

$$b \cdot \nabla u = 0 \tag{7.2.14}$$

auf einem Gebiet $\Omega \subset \mathbb{R}^2$, mit einem „Transportvektorfeld" $b = b(x) = (b_1(x), b_2(x))^T$. Die Randbedingungen sind dann gestellt als sog. „Einströmrandbedingungen"

$$u = g \quad \text{auf} \quad \partial\Omega_- := \{x \in \partial\Omega |\; b \cdot n(x) < 0\}, \tag{7.2.15}$$

mit einer gegebenen Randbelegungsfunktion $g(x)$ und dem nach außen gerichteten Normaleneinheitsvektor $n = (n_1, n_2)^T$ entlang des Randes $\partial\Omega$ von Ω. Der andere Teil des Randes $\partial\Omega_+ := \partial\Omega \setminus \partial\Omega_-$ wird sinngemäß als „Ausströmrand" bezeichnet. Durch Umschreibung der Transportgleichung (7.2.14) in „Erhaltungsform" ergibt sich für divergenzfreies Transportfeld, $\nabla \cdot b = 0$, die lineare Erhaltungsgleichung

$$\nabla(bv) = b \cdot \nabla v + \nabla \cdot b\, v = 0. \tag{7.2.16}$$

Wir werden daher für das Folgende stets $\nabla \cdot b = 0$ annehmen.

Ausgangspunkt der Galerkin-Diskretisierung der Transportgleichung (7.2.14) ist wieder eine variationelle Formulierung. Da die reine Transportgleichung unstetige Lösungen zulässt (bei unstetigen Einströmdaten), wird auch der Diskretisierungsansatz mit Formfunktionen arbeiten, die bzgl. einer (zulässigen) Zerlegung $\mathbb{T}_h = \{K\}$ von $\bar{\Omega}$ „unstetig" sein dürfen. Die Stetigkeit entlang der Charakteristiken (hier der Transportrichtung) wird nur in einem „schwachen" (d. h. variationellen) Sinne verlangt. Die Zerlegung $\mathbb{T}_h$ muss nicht unbedingt *struktur-regulär* sein, aber sog. „hängende Knoten" sind hier der Einfachheit halber nicht erlaubt. Die Gitterfeinheit wird wieder beschrieben durch die Parameter $h_K := \operatorname{diam}(K)$ sowie $h := \max_K h_K$. Für jede Zelle K definieren wir ihren Ein- sowie Ausströmrand durch

$$\partial K_- := \{x \in \partial K |\; b \cdot n(x) < 0\}, \quad \partial K_+ := \partial K \setminus \partial K_-.$$

Bzgl. der Zerlegungen T_h führen wir Finite-Elemente-Ansatzräume bestehend aus stückweise polynomialen Funktionen ein:

$$V_h^{(p)} := \{v_h : \bar{\Omega} \to \mathbb{R} |\; v_{h|K} \in P_p(K),\; K \in \mathbb{T}_h\}.$$

Man beachte, dass Funktionen in $S_h^{(p)}$ i. Allg. unstetig über Zellkanten hinweg sind. Desweiteren umfasst der Träger einer Basisfunktion dieser unstetigen Ansatzräume nicht wie bei stetigen Ansatzräumen mehrere Zellen sondern nur *eine* Zelle. Zur Motivation der unstetigen Galerkin-Diskretisierung betrachten wir nun zunächst die konservative Form der Transportgleichung. Wie bei Finite-Elementen Verfahren üblich, multiplizieren wir die Gleichung mit einer Testfunktion φ, integrieren über das Gebiet Ω und erhalten nach partieller Integration auf jeder Zelle

$$\sum_{K \in T_h} \Big\{ -\int_K u\, b \cdot \nabla\varphi \, dx + \int_{\partial K} b \cdot n\, u\varphi \, ds \Big\} = 0.$$

Die Funktionen u und φ werden nun durch diskrete Funktionen $u_h, \varphi_h \in S_h^{(p)}$ ersetzt. Da u_h i. Allg. unstetig über Zellkanten hinweg ist, gibt es an jedem Punkt $x \in \partial K$ einer Zelle K mehrere Möglichkeiten, $u(x)$ durch Werte von u_h zu ersetzen, z. B. durch den Funktionswert von u_h im Inneren der Zelle K, durch den Funktionswert von u_h auf der Nachbarzelle, oder eine Kombination von beiden Werten. Dazu führen wir folgende Bezeichnungen für den inneren Wert $u_h(x)$ und den äuseren Wert $\hat{u}_h(x)$ einer diskreten Funktion auf dem Randpunkt $x \in \partial K$ einer Zelle K ein:

$$u_h|_{\partial K}(x) := \lim_{y \to x, y \in K} u_h(y), \quad \hat{u}_h|_{\partial K}(x) := \lim_{y \to x, y \in \hat{K}(x)} u_h(y), \tag{7.2.17}$$

wobei $\hat{K}(x)$ die im Punkt $x \in \partial K$ an die Zelle K anschließende, d. h. benachbarte, Zelle ist. Es ist nun sinnvoll, u auf dem Ausströmrand einer Zelle durch u_h und auf dem Einströmrand durch $\hat{u}_h$ zu ersetzen, was der Idee des „upwinding" entspricht. Somit ergibt sich folgende Diskretisierung:

DG(p)-Verfahren: Finde $u_h \in S_h^{(p)}$, so dass für alle $\varphi_h \in S_h^{(p)}$ gilt:

$$\sum_{K \in T_h} \{ -\int_K u_h\, b \cdot \nabla\varphi_h \, dx + \int_{\partial K_-} b \cdot n\, \hat{u}_h \varphi_h \, ds + \int_{\partial K_+} b \cdot n\, u_h \varphi_h \, ds \} = 0. \tag{7.2.18}$$

Dies ist die allgemeine Form des DG-Verfahrens zur Diskretisierung von (skalaren) Erhaltungsgleichungen. Für jede Zelle $K \in \mathbb{T}_h$ folgt bei Wahl der Testfunktion $\varphi_{h|K} \equiv 1,\ \varphi_{h|K'} \equiv 0,\ K' \neq K$ die Beziehung

$$\int_{\partial K} n \cdot b u_h \, ds = \int_{\partial K_-} b \cdot n\, \hat{u}_h \, ds + \int_{\partial K_+} b \cdot n\, u_h \, ds = 0, \tag{7.2.19}$$

d. h. die lokale Erhaltungseigenschaft des numerischen Schemas. Mit demselben Ansatz lassen sich auch Systeme von Erhaltungsgleichungen

$$\nabla \cdot F(u) = 0, \qquad F = (F_i(u))_{i=1}^d,\ u = (u_j)_{j=1}^d,$$

diskretisieren. Wir werden dies unten anhand der Euler-Gleichungen demonstrieren.

Für die lineare Transportgleichung (7.2.14) ist es aber üblich, die Zellrandterme in u_h^- und u_h^+ darzustellen, wobei

$$v^-(x) := \lim_{s\to+0} v(x-sb), \quad v^+(x) := \lim_{s\to+0} v(x+sb), \quad [v] := v^+ - v^- .$$

Dazu wird Gleichung (7.2.18) zunächst wieder partiell (zurück-)integriert

$$\sum_{K\in T_h} \Big\{ \int_K b\cdot\nabla u_h\, \varphi_h\, dx + \int_{\partial K_-} b\cdot n\, \hat u_h \varphi_h\, ds - \int_{\partial K_-} b\cdot n\, u_h\varphi_h\, ds\Big\} = 0,$$

so dass sich die unstetige Galerkin-Diskretisierung der linearen Transportgleichung schreiben lässt als: *Finde* $u_h \in S_h^{(p)}$, *so dass*

$$a(u_h,\varphi_h) = 0 \quad \forall \varphi_h \in S_h^{(p)}, \tag{7.2.20}$$

mit der (affin)-bilinearen Form

$$a(v,w) := \sum_{K\in T_h} \{ \int_K b\cdot\nabla v\, w\, dx - \int_{\partial K_-} b\cdot n\, [v] w^+\, ds\} .$$

Man beachte, dass hier die Einströmrandbedingung so in das Verfahren eingebaut ist, dass implizit $u_h^- = g$ auf $\partial\Omega_-$ realisiert wird. Die exakte Lösung erfüllt offensichtlich ebenfalls die Galerkin-Gleichung (7.2.20), so dass wir für den Fehler $e = u - u_h$ wieder die Orthogonalitätsbeziehung

$$a(e,\varphi_h) = 0, \quad \varphi_h \in S_h^{(p)} \tag{7.2.21}$$

haben. Zunächst untersuchen wir die Stabilität der unstetigen Galerkin-Diskretisierung.

Hilfssatz 7.1 (DG-Stabilität): *Mit der Seminorm*

$$|v|_b := \Big(\tfrac12 \sum_{K\in T_h} \int_{\partial K_-} |b\cdot n|\, |[v]|^2\, ds + \tfrac12 \int_{\partial\Omega_+} |b\cdot n|\, |v^-|^2\, ds\Big)^{1/2},$$

gilt die Beziehung

$$a(v,v) = |v|_b^2 - \tfrac12 \int_{\partial\Omega_-} |n\cdot b|\, |g|^2\, ds .$$

Beweis: Aus

$$\int_K b\cdot\nabla v\, v\, dx = \int_{\partial K_+} b\cdot n\, |v^-|^2\, ds + \int_{\partial K_-} b\cdot n\, |v^+|^2\, ds - \int_K v\, b\cdot\nabla v\, dx,$$

erhalten wir

$$\int_K b\cdot\nabla v\, v\, dx = \tfrac12\Big(\int_{\partial K_+} b\cdot n\, |v^-|^2\, ds - \int_{\partial K_-} |b\cdot n|\, |v^+|^2\, ds\Big)$$

und damit

$$2a(v,v) = \sum_{K\in T_h} \Big\{ \int_{\partial K_+} b\cdot n\, |v^-|^2\, ds + \int_{\partial K_-} |b\cdot n|\, |v^+|^2\, ds + 2\int_{\partial K_-} |b\cdot n|\, v^- v^+\, ds \Big\}.$$

Ersetzung von $\cup_K \partial K_+$ durch $\cup_K \partial K_- \cup \partial\Omega_+ \setminus \partial\Omega_-$ ergibt

$$2a(v,v) = \sum_{K\in T_h} \Big\{ \int_{\partial K_-} |b\cdot n|(|v^+|^2 + 2v^+v^- + |v^-|^2)\, ds + \int_{\partial\Omega_+} b\cdot n\, |v^-|^2\, ds + \int_{\partial\Omega_-} |b\cdot n|\, |v^-|^2\, ds \Big\},$$

und damit die Behauptung. Q.E.D.

Für konstantes $b(x) \equiv b$ ist $|\cdot|_b$ eine Norm auf dem Raum der stückweise konstanten Ansatzfunktionen $S_h^{(0)}$. Hilfssatz 7.1 zeigt also die Stabilität des DG(0)-Verfahren bzgl. dieser (für das DG(0)-Verfahren) natürlichen „Energienorm" $|\cdot|_b$. Auf den Ansatzräumen höherer Ordnung $S_h^{(p)}, p > 0$, ist $|\cdot|_b$ nicht positiv definit und somit keine Norm. Man kann jedoch die lineare Transportgleichung (7.2.14) durch die Variablentransformation $u \to w = e^{-b\cdot x}u$ in die Gleichung

$$b\cdot\nabla w + |b|^2 w = 0 \tag{7.2.22}$$

überführen. Analog zu Hilfssatz 7.1 gilt für die zu dieser Gleichung gehörenden Bilinearform $\tilde a(\cdot,\cdot)$

$$\tilde a(v,v) = |v|_b^2 - \tfrac{1}{2}\int_{\partial\Omega_-} |n\cdot b|\, |v^-|^2\, ds,$$

wobei die natürliche „Energienorm" des unstetigen Galerkin-Verfahrens für die Gleichung (7.2.22),

$$\|v\|_b := |v|_b + \|v\|,$$

nun auch auf $S_h^{(p)}$ mit $p > 0$ eine Norm ist. Dies zeigt die Stabilität des DG(p)-Verfahrens auch für $p > 0$.

Bemerkung 7.1: Die oben erwähnte Variablentransformation ist analog zu der Transformation

$$u(x) = w(x) + \int_0^x w(s)ds,$$

bzw.

$$w(x) = e^{-x}u(0) + e^{-x}\int_0^x e^s u'(s)ds,$$

welche die Gleichung $u'(x) = 0$ in die Gleichung $w'(x) + w(x) = 0$ überführt.

Die DG(p)-Diskretisierung der linearen Transportgleichung führt bei geeigneter Nummerierung der Freiheitsgrade („downstream"-Nummerierung) auf eine untere (Block-) Dreiecksmatrix, die mit Hilfe *eines* (Block-)Gauß-Seidel-Schrittes direkt gelöst werden kann. Die Blockmatrizen sind von der Größe $l \times l$ wobei hier l für die Anzahl der Freiheitsgrade pro Zelle steht. Für das DG(0)-Verfahren ($l = 1$) ist die Systemmatrix eine untere Dreiecksmatrix wobei der Gauß-Seidel-Schritt einem Vorwärtseinsetzen entspricht. Für diesen Spezialfall gilt auf jeder Zelle $b \cdot \nabla v_h \equiv 0$, wodurch sich (7.2.20) für $p = 0$ auf eine Beziehung für die Zellwerte $U_K := u_{h|K}$ reduziert

$$U_K = \Big(\int_{\partial K_-} b \cdot n \, ds \Big)^{-1} \int_{\partial K_-} b \cdot n \, u_h^- \, ds \,, \quad K \in T_h \,. \tag{7.2.23}$$

Dieses lokal gekoppelte System von Gleichungen kann wieder (wie beim impliziten Differenzenverfahren) ausgehend vom Einströmrand sukzessiv aufgelöst werden, was letztlich dem schon erwähntem Vorwärtseinsetzen entspricht.

Die DG(0)-Diskretisierung stellt eine Verallgemeinerung des einfachen Upwind-Differenzenverfahrens (1. Ordnung) auf kartesischen Tensorproduktgittern für allgemeine, unstrukturierte Triangulierungen dar. Hierfür gilt das folgende Konvergenzresultat:

Satz 7.1 (Konvergenz des DG(0)-Verfahrens): *Ist die Lösung des Transportproblems (7.2.14) in $H^1(\Omega)$, so gilt für die DG-Methode (7.2.20) für $p = 0$ die a priori Fehlerabschätzung*

$$|u - u_h|_b \le c\, h^{1/2} \|\nabla u\| \,. \tag{7.2.24}$$

Beweis: Zu der Lösung u definieren wir eine zellweise Interpolierende $\bar u_h \in S_h^{(p)}$ durch die Setzung $\bar u_{h|K} := |K|^{-1} \int_K u \, dx$. Für diese gilt die wohl bekannte Fehlerabschätzung (nutze Spursatz und Interpolationsabschätzung)

$$\int_{\partial K_-} |b \cdot n| \, |(u - \bar u_h)^+|^2 \, ds \le c_i \, h_K \|\nabla u\|_K^2 \,. \tag{7.2.25}$$

Mit Hilfe der Galerkin-Orthogonalität (7.2.21) und unter Beachtung von $u_h^- = g$ auf $\partial\Omega_-$ erschließen wir für den Fehler $e := u - u_h$:

$$|e|_b^2 = a(e, e) = a(e, u - \bar u_h) \,.$$

Da auf jeder Zelle $b \cdot \nabla u_h \equiv 0$, folgt mit Hilfe der Cauchyschen Ungleichung

$$|e|_b^2 \le \|b \cdot \nabla u\| \|u - \bar u_h\| + A \cdot B \,,$$

wobei

$$A := \Big(\sum_{K \in T_h} \int_{\partial K_-} |b \cdot n| [e]^2 \, ds \Big)^{1/2}, \quad B := \Big(\sum_{K \in T_h} \int_{\partial K_-} |b \cdot n| \, |(u - \bar u_h)^+|^2 \, ds \Big)^{1/2}.$$

Unter Beachtung von $b \cdot \nabla u = 0$, $A \le |e|_b$ und der Interpolationsabschätzung (7.2.25) ergibt sich hieraus die Behauptung. Q.E.D.

Für das unstetige Galerkin-Verfahren mit beliebigen Polynomgrad $p \ge 0$ zitieren wir folgenden Konvergenzsatz ohne Beweis:

Satz 7.2 (Konvergenz des DG(p)-Verfahrens): *Ist die Lösung des Transportproblems (7.2.14) in $H^k(\Omega)$, so gilt für die DG(p)-Methode (7.2.20) die a priori Fehlerabschätzung*

$$|u - u_h|_b \leq c\, h^{s-1/2} \|\nabla^s u\|, \quad s = min(p+1, k). \tag{7.2.26}$$

Für glatte Lösungen verliert man also eine halbe h-Potenz gegenüber der optimalen $\mathcal{O}(h^{p+1})$ Ordnung der Interpolationsabschätzung. Auf unstrukturierten Gittern kann tatsächlich auch nicht mehr gezeigt werden, wohingegen auf strukturierten Gittern numerische Test eine volle Ordnung $\mathcal{O}(h^{p+1})$ zeigen. Dieses Verhalten stimmt mit dem der Stromliniendiffusionmethode überein. Auch für Stromliniendiffusion kann z. B. für $p = 1$ nur eine Konvergenzordnung $\mathcal{O}(h^{3/2})$ bewiesen werden, wobei numerische Tests auf strukturierten Gittern jedoch die volle Ordnung $\mathcal{O}(h^2)$ zeigen.

7.2.2 Das DG-Verfahren für hyperbolische Systeme

Im Folgenden soll die unstetige Galerkin-Methode für hyperbolische Systeme verallgemeinert werden, d. h. für Systeme der Form

$$\partial_t u + \sum_{i=1}^{d} \partial_i F_i(u) = 0, \quad (t, x) \in [0, T] \times Q \tag{7.2.27}$$

mit $u(0, x) = u^0(x)$, bzw. in Kurznotation mit $F(u) = (F_1(u), \ldots, F_d(u))$:

$$\partial_t u + \nabla \cdot F(u) = 0. \tag{7.2.28}$$

Die Beschreibung der Randbedingungen für diesen Fall erfolgt später.

Beispiel 7.1 (Lineares hyperbolisches System): Für $d = 1$, $F(u) = Bu$, $u \in \mathbf{R}^n$ und $B \in \mathbf{R}^{n\times n}$ erhält man folgendes lineare hyperbolische System

$$\partial_t u + B\partial_x u = 0. \tag{7.2.29}$$

Sei B eine diagonalisierbare Matrix mit Eigenwerten λ_i und Eigenvektoren r_i, d. h. $Br_i = \lambda_i r_i, i = 1, \ldots, n$, dann lässt sich dieses System lösen durch Transformation in charakteristische Variablen w, mit

$$u = Pw, \tag{7.2.30}$$

wobei $P = [r_1, \ldots, r_n]$ für die Matrix der Eigenvektoren steht. Multiplikation von (7.2.29) mit P^{-1} von links, Substitution von u mit (7.2.30) ergibt

$$\partial_t w + \tilde{B}\partial_x w = 0,$$

wobei $B = P^{-1}\tilde{B}P$ und $\tilde{B} = \text{diag}\{\lambda_i\}$ die Diagonalmatrix der Eigenwerte λ_i bezeichnet. Dies ist ein System entkoppelter Gleichungen

$$\partial_t w_i + \lambda_i \partial_x w_i = 0, \quad i = 1, \ldots, n,$$

in den charakteristischen Variablen w_i, mit den Lösungen

$$w_i(t,x) = w_i(0, x - \lambda_i t).$$

Die Lösungen von (7.2.29) erhält man nun durch Anwendung der Rücktransformation (7.2.30).

Beispiel 7.2 (Vektor-Burgers-Gleichung): Ausgehend von den instationären Navier-Stokes-Gleichungen

$$\begin{aligned} -\nu\Delta v_i + v\cdot\nabla v_i + \partial_i p &= f_i, \qquad i = 1,\dots,d \\ \nabla\cdot v &= 0, \end{aligned}$$

und unter Ausnutzung von $\nabla\cdot(vv_i) = (\nabla\cdot v)v_i + (v\cdot\nabla)v_i$ und $\nabla\cdot v = 0$ erhält man die Navier-Stokes-Gleichungen in der Form

$$\begin{aligned} -\nu\Delta v_i + \nabla\cdot(vv_i) + \partial_i p &= \quad f_i, \qquad i = 1,\dots,d \\ \nabla\cdot v &= \quad 0. \end{aligned}$$

Vernachlässigt man nun den diffusiven Term und die angekoppelte Inkompressibilitätsbedingung, so erhält man folgende Verallgemeinerung der nicht-viskosen Burgers-Gleichung:

$$\partial_t v_i + \nabla\cdot(vv_i) = f_i, \quad i = 1,..,d. \tag{7.2.31}$$

Dies ist die gewünschte Form (7.2.27) für $d = 2$ mit

$$F(v) = \begin{pmatrix} v_1^2 & v_1 v_2 \\ v_1 v_2 & v_2^2 \end{pmatrix}. \tag{7.2.32}$$

Im Folgenden betrachten wir die DG-Diskretisierung im Ort. Wir können uns also auf die Betrachtung der stationären Gleichungen

$$\nabla\cdot F(u) = 0 \tag{7.2.33}$$

zurückziehen. Wie im Fall der linearen Transportgleichung ist der Ausgangspunkt der unstetigen Galerkin-Diskretisierung die mit φ getestete und partiell integrierte Gleichung

$$\sum_{K\in T_h}\Big\{-\int_K F(u)\nabla\varphi\,dx + \int_{\partial K} F(u)\cdot n\,\varphi\,ds\Big\} = 0. \tag{7.2.34}$$

Bei der Ersetzung von u und φ durch diskrete Funktionen $u_h, \varphi_h \in S_h^{(p)}$ muss wegen der Unstetigkeit von u_h über Zellkanten auch der Fluss $F(u)\cdot n$ auf ∂K durch einen sog. „numerischen Fluss“ $H(u_h, \hat u_h, n)$ ersetzt (approximiert) werden, wobei u_h bzw. $\hat u_h$ auf ∂K die Funktionswerte der diskrete Funktion auf der Zelle K bzw. der der Kante gegenüberliegenden Nachbarzelle bezeichnen; siehe auch (7.2.17). Dies führt nun zu folgender Diskretisierung:

DG(p)-Verfahren: *Finde* $u_h \in S_h^{(p)}$, *so dass für alle* $\varphi_h \in S_h^{(p)}$ *gilt:*

$$\sum_{K \in T_h} \Big\{ -\int_K F(u_h)\nabla\varphi_h\,dx + \int_{\partial K} H(u_h,\hat{u}_h,n)\varphi_h\,ds \Big\} = 0. \tag{7.2.35}$$

Die Randbedingungen werden wieder durch das Setzen von $u_h^- = g$ auf ∂K in schwacher Form realisiert. Als numerischer Fluss $H(\cdot,\cdot,\cdot)$ kann jede Funktion genommen werden, die folgende Bedingungen erfüllt:

1. $H(\cdot,\cdot,\cdot)$ ist konsistent mit dem Fluss $F(\cdot)\cdot n$, d. h.:

$$H(v,v,n)|_{\partial K} = F(v)\cdot n.$$

2. $H(\cdot,\cdot,\cdot)$ ist konservativ, d. h.:

$$H(v,w,n) = -H(w,v,-n).$$

Beispiel 7.3 (Numerischer Fluss der linearen Transportgleichung):
Als einfachstes Beispiel greifen wir noch einmal auf die Diskretisierung der linearen Transportgleichung (7.2.14) zurück. Hierfür gilt

$$F(u) = bu,$$

und der Fluss $F(u)\cdot n$ wurde für alle $x \in \partial K$ durch den numerischen Fluss

$$H(u_h,\hat{u}_h,n) = \begin{cases} b\cdot n\,\hat{u}_h, & \text{für } b\cdot n < 0, \ \text{d.h. } x \in \partial K_-, \\ b\cdot n\,u_h, & \text{für } b\cdot n \geq 0, \ \text{d.h. } x \in \partial K_+. \end{cases} \tag{7.2.36}$$

ersetzt. Dieser numerische Fluss nimmt den Funktionswert immer von der Seite der Zellkante an, von der die Information herkommt, d. h. von der Nachbarzelle falls $x \in \partial K_-$ oder von der Zelle selbst, falls $x \in \partial K_+$.

Im folgenden werden mehrere numerische Flüsse für Systeme von hyperbolische Gleichungen beschrieben. Dazu sei wieder $B(u,n)$ so definiert, dass gilt:

$$F(u)\cdot n = B(u,n)u.$$

Die Aufgabe des numerischen Flusses $H(u,\hat{u},n)$ ist es, $F(u)\cdot n$ zu ersetzen (zu approximieren). Die folgenden zwei gebräuchlichen Flüsse approximieren nun gerade $B(u,n)u$.

Beispiel 7.4 (Vijayasundaram Fluss): Unter Benutzung der Notationen $B = P^{-1}\tilde{B}P$ aus Beispiel 7.1 und der Definitionen

$$\lambda^- := \min\{0,\lambda\}, \qquad \lambda^+ := \max\{0,\lambda\},$$

sowie

$$\tilde{B}^\pm := \operatorname{diag}\{\lambda_i^\pm\}, \quad B^+(u,n) := (P^{-1}\tilde{B}^+P)(u,n), \quad B^-(u,n) := (P^{-1}\tilde{B}^-P)(u,n)$$

lässt sich der Vijayasundaram-Fluss schreiben als (s. LeVeque [46]):

$$H_V(u_h, \hat{u}_h, n) = B^+(\bar{u}_h, n)u_h + B^-(\bar{u}_h, n)\hat{u}_h, \tag{7.2.37}$$

wobei $\bar{u}_h = \frac{1}{2}(u_h + \hat{u}_h)$ für den Mittelwert der Funktionswerte auf beiden Seiten der Zellkante steht. Der Vijayasundaram Fluss transformiert also den Fluss in charakteristische Variablen und sortiert anhand der Eigenwerte λ_i die über den Punkt der betrachteten Kante *hinaus-* und *herein* weisenden charakteristischen Richtungen in die Matrizen $\tilde{B}^+$ und $\tilde{B}^-$. Diese werden in konservativen Variablen zurücktransformiert und mit u_h bzw. $\hat{u}_h$ multipliziert. Der Vijayasundaram Fluss sucht sich von den beiden Funktionswerten u_h und $\hat{u}_h$ also gerade die Anteile heraus, die, in charakteristische Variablen transformiert, zum *hinaus-* bzw. zum *herein*strömenden Anteil gehören. Diese Unterscheidung hängt von den charakteristischen Richtungen ab, die durch die Eigenwerte λ_i gegeben sind; $\lambda_i < 0$ bedeutet Einstrom, $\lambda_i > 0$ Ausstrom der charakteristischen Variablen w_i.

Der Vijayasundaram Fluss wertet die Matrizen $B^+(u, n)$ und $B^-(u, n)$ an der Stelle $\bar{u}_h = \frac{1}{2}(u_h + \hat{u}_h)$ aus. Dies muss aber nicht sein, wie der folgende numerische Fluss nach Steger/Warming [142] (1981) zeigt.

Beispiel 7.5 (Steger-Warming Fluss):

$$H_{ST}(u_h, \hat{u}_h, n) = B^+(u_h, n)u_h + B^-(\hat{u}_h, n)\hat{u}_h. \tag{7.2.38}$$

Ein weiterer, etwas weniger komplizierter, aber auch wesentlich diffusiverer Fluss ist der folgende Lax-Friedrichs-Fluss (s. LeVeque [46]).

Beispiel 7.6 (Lokaler Lax-Friedrichs-Fluss):

$$H_{LF}(u_h, \hat{u}_h, n) = \frac{1}{2}(F(u_h) \cdot n + F(\hat{u}_h) \cdot n + \alpha(u_h - \hat{u}_h)), \tag{7.2.39}$$

mit $\alpha := \max\{\text{größter Eigenwert von } B(u, n), u = u_h, \hat{u}_h\}$.

Es sei angemerkt, dass jeder dieser Flüsse, wenn er auf die lineare Transportgleichung angewendet wird, sich zu dem numerischen Fluß (7.2.36) der linearen Transportgleichung reduziert. Die oben definierte Matrix $B(u, n)$ und insbesondere ihre Eigenwerte λ_i können, wie in Beispiel 7.2.37 schon ansatzweise geschehen, anschaulich interpretiert werden. Auf dies soll nun anhand der beiden abschließenden Beispielen noch einmal ausführlicher eingegangen werden.

Beispiel 7.7 (Burgers-Gleichung): Wir erinnern uns an die Flussfunktion (7.2.32) der Vektor-Burgers-Gleichung

$$F(v) = \begin{pmatrix} v_1^2 & v_1 v_2 \\ v_1 v_2 & v_2^2 \end{pmatrix}$$

und erhalten damit

$$B(v,n) = \begin{pmatrix} v_1 n_1 & v_1 n_2 \\ v_2 n_1 & v_2 n_2 \end{pmatrix},$$

was anhand der Bestimmungsgleichung $F(v)\cdot n = B(v,n)v$ von $B(v,n)$ leicht nachzuprüfen ist. Die Eigenwerte dieser Matrix sind

$$\lambda_1 = 0, \quad \lambda_2 = v_1 n_1 + v_2 n_2 = v \cdot n.$$

Wie zu erwarten war, greift der Vijayasundaram-Fluss genauso wie der Steger-Warming-Fluss auf $\hat{u}_h$ zu, wenn $v\cdot n < 0$, d. h. wenn x auf dem Einströmrand ∂K_- der Zelle liegt; und er greift auf u_h zu, wenn $v \cdot n \geq 0$, d. h. wenn x auf dem Ausströmrand ∂K_+ der Zelle liegt.

Beispiel 7.8 (2d Euler-Gleichungen): Die Euler-Gleichungen in $d = 2$ Dimensionen lassen sich in konservativer Form (7.2.27) schreiben als

$$\partial_t u + \partial_1 F_1(u) + \partial_2 F_2(u) = 0,$$

mit

$$u = \begin{pmatrix} \varrho \\ \varrho v_1 \\ \varrho v_2 \\ \rho e \end{pmatrix}, \quad F_1(u) = \begin{pmatrix} \varrho v_1 \\ \varrho v_1^2 + p \\ \varrho v_1 v_2 \\ v_1(\rho E + p) \end{pmatrix}, \quad F_2(u) = \begin{pmatrix} \varrho v_2 \\ \varrho v_1 v_2 \\ \varrho v_2^2 + p \\ v_2(\rho E + p) \end{pmatrix},$$

wobei ρ, $v = (v_1, v_2)^T$, E und $p = (\gamma - 1)(E - \frac{1}{2}\rho v^2)$ wie üblich die Dichte, den Geschwindigkeitsvector, die Gesamtenergie und den Druck bezeichnen. Die Eigenwerte der entsprechenden Matrix $B(u,n)$ sind

$$\lambda_1 = v\cdot n - a, \qquad \lambda_2 = \lambda_3 = v \cdot n, \qquad \lambda_4 = v \cdot n + a,$$

wobei $a = \sqrt{\gamma p/\rho}$ für die Schallgeschwindigkeit steht. Hier sind nun 4 Fälle zu unterscheiden:

1. Supersonische Einströmung: $\lambda_i < 0, \quad i = 1,\dots,4,$
2. Subsonische Einströmung: $\lambda_i < 0, \quad i = 1,\dots,3, \qquad \lambda_4 > 0,$
3. Subsonische Ausströmung: $\lambda_i > 0, \quad i = 2,\dots,4, \qquad \lambda_1 < 0,$
4. Supersonische Ausströmung: $\lambda_i > 0, \quad i = 1,\dots,4.$

Für die Realisierung einer (adaptiven) DG-Diskretisierung der Euler-Gleichungen verweisen wir auf Hartmann [114].

Randbedingungen

Wie man am letzten Beispiel sieht, gibt es Fälle, bei denen nicht klar zwischen Ein- und Ausströmrand zu unterscheiden ist. Im Fall der 2-dimensionalen Euler-Gleichung dürfen zum Beispiel auf einem subsonischen Einströmrand nur drei der vier charakteristischen Variablen vorgegeben werden, die vierte ergibt sich dann durch die Rechnung automatisch. Ein *sub*sonischer *Ein*strömrand ist damit tatsächlich *Aus*strömrand *einer* charakteristischen Variablen. Analog hierzu ist ein subsonischer Ausströmrand ein Ausströmrand für drei charakteristische Variablen, aber Einströmrand der vierten. Deswegen darf man einen subsonischen Ausströmrand nicht „frei" lassen, sondern man muss den Wert mindestens einer Variablen (in diesem Fall ist das meist der Druck p) festlegen, um vollständige Randbedingungen vorzugeben.

Es macht also keinen Sinn, bei hyperbolischen System von $\partial\Omega_-$ und $\partial\Omega_+$ zu reden. Stattdessen muss die Beschreibung des hyperbolischen Problem (7.2.28) mit folgenden *Randbedingungen* vervollständigt werden:

$$B^-(u,n)(u-g) = 0, \quad (t,x) \in [0,T] \times \partial\Omega,$$

wobei B^- an jedem Punkt des Gebietsrandes $\partial\Omega$ die richtige Anzahl von einströmenden charakteristischen Variablen herausfindet und die entsprechende Kombination und Menge an Information an der Randbelegungsfunktion g „abgreift". Für die Spezialfälle supersonischer Ein- oder Ausstromrändern reduziert sich diese Randbedingung auf einem supersonischer Einströmrand zu

$$B(u,n)(u-g) = 0;$$

Dagegen verschwindet die Randbedingung auf einem supersonischen Ausströmrand vollständig, da dort alle Eigenwerte von B positiv sind und damit gilt:

$$B^-(u,n) \equiv 0.$$

Bemerkung 7.2: Die reibungsfreie Euler-Gleichung ist die einfachste Grundgleichung der Gasdynamik. Zu ihrer numerischen Lösung kann die beschriebene DG-Methode verwendet werden. Zur Behandlung des vollen gasdynamischen Modells mit Temperaturabhängigkeit und diffusiven Termen muss die DG-Methode erweitert werden Hierzu gibt es bereits eine Reihe von Ansätzen (ähnlich wie bei der älteren Finite-Volumen-Methode); es besteht aber noch erheblicher Forschungsbedarf).

Literaturverzeichnis

[1] R. Rannacher: *Numerik 0: Einführung in die Numerische Mathematik*, Heidelberg: Heidelberg University Publishing, 2017. DOI: 10.17885/heiup.206.281.

[2] R. Rannacher: *Numerik 1: Numerik Gewöhnlicher Differentialgleichungen*, Heidelberg: Heidelberg University Publishing, 2017. DOI: 10.17885/heiup.258.342.

[3] R. Rannacher: *Numerik 2: Numerik Partieller Differentialgleichungen*, Heidelberg: Heidelberg University Publishing, 2017. DOI: 10.17885/heiup.281.370.

(I) Theorie partieller Differentialgleichungen

[4] R. A. Adams: *Sobolev Spaces*, Academic Press, New York, 1975.

[5] S. Agmon: *Lectures on Elliptic Boundary Value Problems*, Van Nostrand, New York, 1965.

[6] L. Bers, F. John, M. Schechter: *Partial Differential Equations*, John Wiley & Sons, New York, 1969.

[7] R. Courant, D. Hilbert: *Methoden der Mathematischen Physik*, Springer, 1968.

[8] G. Fichera: *Linear Elliptic Differential Systems and Eigenvalue Problems*, Springer, 1965.

[9] A. Friedman: *Partial Differential Equations*, Holt, Rinehart und Winston, 1970.

[10] P. Grisvard: *Elliptic Problems in Nonsmooth Domains*, Pitman Publishing, Marshfield, Massachusetts, 1985.

[11] G. Hellwig: *Partielle Differentialgleichungen*, B.G. Teubner, 1960.

[12] F. John: *Partial Differential Equations*, Springer, Berlin-Heidelberg-New York, 1978.

[13] A. Kufner, O. John, S. Fucik: *Function Spaces*, Noordhoff, Leyden 1977.

[14] O. A. Ladyshenskaya, N. Uraltseva: *Linear and Quasilinear Elliptic Equations*, Academic Press, New York 1968.

[15] R. Leis: *Vorlesungen über Partielle Differentialgleichungen zweiter Ordnung*, Bibliographisches Institut Mannheim, 1967.

[16] C. Miranda: *Partial Differential Equations of Elliptic Type*, Springer, 1970.

[17] J. Necas: *Le Méthodes Directes en Théorie des Équations Elliptiques*, Masson, Paris, 1967.

[18] M. Renardy, R. Rogers: *An Introduction to Partial Differential Equations*, Springer, Berlin-Heidelberg-New York, 1993.

[19] S. L. Sobolew: *Partial Differential Equations of Mathematical Physics*, Pergamon Press, Oxford, 1964.

[20] W. R. Strauss: *Partial Differential Equations: An Introduction*, John Wiley, 1992.

[21] A. Tveito, R. Winther: *Introduction to Partial Differential Equations: A Computational Approach*, Springer 1998.

[22] J. Wloka: *Partielle Differentialgleichungen, Sobolewräume und Randwertaufgaben*, B.G. Teubner, 1982.

(II) Zur Theorie kontinuumsmechanischer Gleichungen

[23] W. F. Ames: *Nonlinear Partial Differential Equations in Engineering*, Academic Press 1965/1972.

[24] E. Becker, W. Bürger: *Kontinuumsmechanik*, B.G. Teubner Studienbuch, 1975.

[25] H. Blum, R. Rannacher: *On the boundary problem of the biharmonic operator on domains with angular corners*, Math. Meth. Appl. Sci. 2, 556-581 (1980).

[26] P. G. Ciarlet: *Mathematical Elasticity, Vol. I: Three-Dimensional Elasticity*, North-Holland, 1988.

[27] M. Feistauer: *Mathematical Methods in Fluid Dynamics*, Longman Scientific & Technical, 1993.

[28] G. Fichera: *Existence Theory in Elasticity*, In: Handbuch der Physik VIa/2, Springer 1972.

[29] M. Filonenko-Borodich: *Theory of Elasticity*, Nordhoff, Groningen, 1964.

[30] S. Flügge (Her.): *Handbuch der Physik, VII1 (1959), VIII2 (1963), IX (1960)*, Springer, Berlin-Heidelberg-New York.

[31] S. Friedlander, D. Serre (Her.) *Handbuch for Mathematical Fluid Dynamics*, Vol. 1/2. North-Holland: Amsterdam, 2002.

[32] P. Galdi: *An Introduction to the Mathematical Theory of the Navier-Stokes Equations, Vol. I: Linearized steady Problems, Vol. 2: Nonlinear Steady Problems*, Springer 1994/1998.

[33] P. Galdi, J. Heywood, R. Rannacher (Her.): *Fundamental Directions in Mathematical Fluid Mechanics*, in Series Advances in Mathematical Fluid Mechanics, Birkhäuser, Basel, 2000.

[34] P. Galdi, J. Heywood, R. Rannacher (Her.): *Contributions to Current Challenges in Mathematical Fluid Mechanics*, in Series Advances in Mathematical Fluid Mechanics, Birkhäuser, Basel, 2004.

[35] G. P. Galdi, R. Rannacher, A. M. Robertson, S. Turek: *Hemodynamical Flows: Aspects of Modeling, Analysis and Simulation*, Lecture Notes of Oberwolfach Seminar, Nov. 20-26, 2005, Mathematical Research Institute Oberwolfach, Birkhäuser, Basel, 2007.

[36] P. G. Galdi, R. Rannacher (Her.): *Fundamental Trends in Fluid-structure Interaction*, Series Contemporary Challenges in Mathematical Fluid Mechanics, World Scientific, Singapore, 2010.

[37] A. E. Green, W. Zerna: *Theoretical Elasticity*, Clarendon Press, Oxford, 1960.

[38] M. E. Gurtin: *The Linear Theory of Elasticity*, In: Handbuch der Physik VIa/2, Springer, 1972.

[39] J. Heywood, R. Rannacher, S. Turek: *Artificial boundaries and flux and pressure conditions for the incompressible Navier-Stokes equations*, Int. J. Comput. Fluid Mech. 22, 325-352 (1996).

[40] H. Kauderer: *Nichtlineare Mechanik*, Springer, 1958.

[41] E. Klingbeis: *Tensorrechnung für Ingenieure*, Bibliographisches Institut Mannheim, 1966.

[42] O. A. Ladyzenskaja: *The Mathematical Theory of Viscous Flow*, Gordon and Breach, New York, 1963.

[43] L. D. Landau, E. M. Lifschitz: *Hydrodynamik*, Akademie-Verlag, Berlin, 1966.

[44] H. L. Langhaar: *Energy methods in Applied Mechanics*, John Wiley & Sons, London, 1962.

[45] H. Leipholz: *Einführung in die Elastiztitätstheorie*, Verlag G. Braun, Karlsruhe, 1968.

[46] R. J. LeVeque: *Numerical Methods for Conservation Laws*, Birkhäuser, 1992.

[47] A. Majda: *Compressible Fluid Flow and Systems of Conservation Laws*, Springer, 1984.

[48] J. E. Marsden, T. J. R. Hughes: *Mathematical Foundation of Elasticity*, Prentice-Hall, 1983.

[49] S. G. Michlin: *Variationsmethoden der Mathematischen Physik*, Akademie-Verlag, Berlin, 1962.

[50] J. T. Oden, J. N. Reddy: *Variational Methods in Technical Mechanics*, Springer, Berlin-Heidelberg-New York, 1976.

[51] K. Oswatitsch: *Grundlagen der Gasdynamik*, Springer, 1976.

[52] C. E. Pearson: *Theoretical Elasticity*, Harvard University Press, Cambridge, Mass., 1959.

[53] W. Prager: *Einführung in die Kontinuumsmechanik*, Birkhäuser, Basel 1961.

[54] W. Schneider: *Mathematische Methoden der Strömungsmechanik*, Vieweg-Verlag, Braunschweig, 1978.

[55] A. Sequeira, R. Rannacher (Her.): *Advances in Mathematical Fluid Mechanics: Dedicated to Giovanni Paolo Galdi on the Occasion of His 60th Birthday*, Springer, Berlin-Heidelberg, 2010.

[56] I. S. Sokolnikoff: *Mathematical Theory of Elasticity*, McGraw-Hill, London, 1956.

[57] E. Stein, F.-J. Barthold: *Elastizitätstheorie*, Verlag von Wilhelm Ernst & Sohn, 1992.

[58] L. Stupelis: *The Navier-Stokes Equations in Irregular Domains*, Kluwer Academic Publishers, Dortrecht, 1995.

[59] R. Temam: *Navier-Stokes Equations*, North-Holland, 1977.

[60] R. Temam: *Navier-Stokes Equations and Nonlinear Functional Analysis*, SIAM, Philadelphia, 1983.

[61] S. Timoshenko, J. Goodier: *Theory of Elasticity*, McGraw-Hill, London 1970.

[62] S. Timoshenko, S. Woinowsky-Krieger: *Theory of Plates and Shells*, McGraw-Hill. London, 1959.

[63] L. N. Trefethen and M. Embree: *Spectra and Pseudospectra: The Behavior of Nonnormal Matrices and Operators*, Princeton University Press, Princeton and Oxford, 2005.

[64] C. Truesdell: *Rational Thermodynamics*, Springer, 1984.

[65] C. Truesdell: *A First Course in Rational Continuum Mechanics*, Academic Press, 1977/1991.

[66] M. Van Dyke: *An Album of Fluid Motion*, The Parabolic Press, Stanford, California, 1982/1988.

[67] W. Velte: *Direkte Methoden der Variationsrechnung*, Teubner-Verlag, Stuttgart, 1976.

[68] P. Villaggio: *Qualitative Methods in Elasticity*, Noordhoff, Groningen, 1977.

[69] K. Washizu: *Variational Methods in Elasticity and Plasticity*, Pergamon Press, Oxford, 1968.

[70] K. Wieghardt: *Theoretische Strömungslehre*, Teubner-Studienbuch Mechanik, Stuttgart, 1974.

[71] L. C. Woods: *The Thermodynamics of Fluid Systems*, Clarendon Press, 1975.

(III) Zur allgemeinen Numerik partieller Differentialgleichungen

[72] Th. Apel: *Anisotropic Finite Elements: Local Estimates and Applications*, Teubner, 1999.

[73] A. K. Aziz (Her.): *The Mathematical Foundation of the Finite Element Method with Applications to Partial Differential Equations*, Academic Press, New York, 1972.

[74] O. Axelsson, V. A. Barker: *Finite Element Solution of Boundary Value Problems*, Theory and Computation, Academic Press 1984.

[75] J. P. Aubin: *Approximation of Elliptic Boundary Value Problems*, Wiley-Interscience, New York, 1972.

[76] W. Bangerth, R. Rannacher: *Adaptive Finite Element Methods for Differential Equations*, Birkhäuser, 2003.

[77] D. Braess: *Einführung in die Methode der Finiten Elemente*, Springer 1991.

[78] S. C. Brenner, L. R. Scott: *The Mathematical Theory of Finite Element Methods*, Springer 1994.

[79] F. Brezzi, M. Fortin: *Mixed and Hybrid Finite Element Methods*, Springer: Berlin-Heidelberg-New York, 1991.

[80] P. G. Ciarlet: *The Finite Element Method for Elliptic Problems*, North-Holland 1978

[81] B. Cockburn B., G. E. Karniadakis, C. W. Shu: *The development of discontinuous Galerkin methods*, in: Discontinuous Galerkin Methods (Her.: B. Cockburn B., G. E. Karniadakis, C. W. Shu), Lecture Notes in Computational Science and Engineering, vol 11, Springer, Berlin-Heidelberg, 2000.

[82] D. A. Di Pietro, A. Ern: *Mathematical Aspects of Discontinuous Galerkin Methods*, Springer, Berlin, 2011.

[83] K. Eriksson, D. Estep, P. Hansbo, C. Johnson: *Computational Differential Equations*, Cambridge University Press, 1996.

[84] H. Goering, H.-G. Roos, L. Tobiska: *Finite-Elemente-Methode*, Akademie-Verlag, 1993 (3. Auflage)

[85] C. Großmann, H.-G. Roos: *Numerik partieller Differentialgleichungen*, B. G. Teubner, 1992

[86] W. Hackbusch: *Theorie und Numerik elliptischer Differentialgleichungen*, B. G. Teubner, 1986

[87] W. Hackbusch: *Iterative Lösung großer schwachbesetzter Gleichungssysteme*, B. G. Teubner, 1991

[88] C. Johnson: *Numerical Solution of Partial Differential Equations by the Finite Element Method*, Cambridge University Press, 1987

[89] A. R. Mitchell, R. Wait: *The Finite Element Mathod in Partial Differential Equations*, John Wiley & Sons, New York, 1977.

[90] J. T. Oden, J. N. Reddy: *An Introduction to the Mathematical Theory of Finite Elements*, Wiley- Interscience, New York, 1976.

[91] A. Quarteroni, A. Valli: *Numerical Approximation of Partial Differential Equations*, Springer 1994.

[92] H. R. Schwarz: *Methode der finiten Elemente*, B.G. Teubner, 1991 (3. Auflage).

[93] G. Strang, G. J. Fix: *An Analysis of the Finite Element Method*, Prentice-Hall, 1973

[94] V. Thome: *Galerkin Finite Element Methods for Parabolic Problems*, Springer, 1984

[95] P. Wesseling: *An Introduction to Multigrid Methods*, John Wiley & Sons, Chichester, 1992.

(III) Zur Numerik der Gleichungen der Kontinuumsmechanik

[96] W. Bangerth, M. Geiger, R. Rannacher: *Adaptive Galerkin finite element methods for the wave equation*, Comput. Meth. Appl. Math. 10, 3–48 (2010).

[97] R. Becker, M. Braack: *Solution of a benchmark problem for natural convection at low Mach number*, Int. J. Thermal Sciences 41, 428–439 (2002).

[98] R. Becker, M. Braack: *A two-level stabilization scheme for the Navier-Stokes equations*, Proc. ENUMATH-03, pp. 123-130, Springer, 2003.

[99] R. Becker, M. Braack, R. Rannacher, Th. Richter: *Mesh and model adativity for flow problems*, in [118], 2007

[100] S. Bönisch, Th. Dunne, R. Rannacher: *Numerics of Fluid-Structure Interaction*, in [35], 2007.

[101] M. Braack, R. Rannacher: *Adaptive finite element methods for low-Mach-number flows with chemical reactions*, in 30th Computational Fluid Dynamics (H. Deconinck, ed.), Volume 1999-03, Lecture Series, von Karman Institute of Fluid Dynamics, Brussels, 1999.

[102] C. Canuto, M. V. Hussaini, A. Quarteroni, T: A. Zang: *Spectral Methods in Fluid Dynamics*, Springer, Berlin-Heidelberg-New York, 1988.

[103] G. F. Carey, J. T. Oden: *Finite Elements, Computational Aspects, Vol. III*, Prentice-Hall, 1984.

[104] T. Carraro, V. Heuveline, R. Rannacher: *Determination of kinetic parameters in laminar flow reactors. I. Theoretical aspects*, in [118], 2007.

[105] P. G. Ciarlet, J. L. Lions (Her.): *Handbook of Numerical Analysis Vol. II, Finite Element Methods I, and Vol. IV, Finite Element Methods II*, North-Holland, Amsterdam, 1991.

[106] Th. Dunne, R. Rannacher: *Adaptive finite element approximation of fluid-structure interaction based on an Eulerian variational formulation*, in Fluid-Structure Interaction: Modelling, Simulation, Optimisation (H.-J. Bungartz and M. Schäfer, eds), pp. 110–145, Springer's LNCSE-Series, Vol. 53, Berlin-Heidelberg, 2006.

[107] Th. Dunne, R. Rannacher, Th. Richter: *Numerical simulation of fluid-structure interaction based on monolithic variational formulations*, in [36], 2010.

[108] C. Desai, J. Abel: *Introduction to the Finite Element Method*, Van Nostrand, New York, 1972.

[109] D. Gerecht, R. Rannacher, W. Wollner: *Computational aspects of pseudospectra in hydrodynamic stability analysis*, J. Math. Fluid Mech. 14, 661–692 (2012).

[110] V. Girault, P.A. Raviart: *Finite Element Methods for Navier-Stokes Equations*, Springer, 1986.

[111] R. Glowinski: *Finite element methods for incompressible viscous flow*, in Handbook of Numerical Analysis Vol. IX: Numerical Methods for Fluids (Part 3), P. G. Ciarlet, J. L. Lions(Her.), North-Holland: Amsterdam, 2003.

[112] R. Glowinski, J. Periaux: *Numerical methods for nonlinear problems in fluid dynamics*, Proc. Intern. Seminar on Scientific Supercomputers, Paris, Feb. 2-6:NorthHolland, 1987.

[113] P. M. Gresho, R. L. Sani: *Incompressible Flow and the Finite Element Method.*, John Wiley & Sons, Chichester, 1998.

[114] R. Hartmann: *Adaptive Finite Element Methods for the Compressible Euler Equations*, PhD Thesis, Heidelberg University, 2002.

[115] J. S. Hesthaven, T. Warburton: *Nodal Discontinuous Galerkin Methods: Algorithms, Analysis, and Applications*, Springer Texts in Applied Mathematics 54. Springer, New York, 2008.

[116] M. Holt: *Numerical Methods in Fluid Dynamics*, Springer, 1977.

[117] T.J.R. Hughes: *The Finite Element Method*, Prentice Hall, 1987.

[118] W. Jäger, R. Rannacher, J. Wolfrum (Eds.): *Reactive Flows, Diffusion and Transport*, Final Report of SFB 359, Springer, Berlin-Heidelberg, 2007.

[119] C. T. Karniadakis, S. J. Sherwin: *Spectral/hp Element Methods for CFD*, Oxford University Press, Oxford, 1999.

[120] S. Kilian, S. Turek: *The Virtual Album of Fluid Motion*, Springer, Berlin-Heidelberg, 2002.

[121] H. O. Kreiss, J. Lorenz: *Initial-Boundary Value Problems and the Navier-Stokes Equations*, Academic Press, 1989.

[122] G. Matthies, L. Tobiska: *The infsup condition for the mapped $Q_k/P_{k?1}^{\rm disc}$ element in arbitrary space dimensions*, Computing 69, 198301 (2003).

[123] G. A. Mohr: *Finite Elements for Solids, Fluids, and Optimization*, Oxford University Press, 1992.

[124] K. W. Morton: *Numerical Solution of Convection-Diffusion Problems*, Chapman & Hall, London, 1996.

[125] S. Müller, A. Prohl, R. Rannacher, S. Turek: *Implicit time-discretization of the nonstationary incompressible Navier-Stokes equations*, Proc. 10th GAMM-Seminar Fast Solvers for Flow Problems, Kiel, 1994, (W. Hackbusch, G. Wittum, eds.), pp. 175-191, NNFM, Vol. 49, Vieweg, 1995.

[126] J.T. Oden: *Finite Elements of Nonlinear Continua*, MacGraw-Hill, New York, 1972.

[127] R. Peyret, T.D. Taylor: *Computational Methods for Fluid Flow*, Springer, 1983.

[128] O. Pironneau: *Finite Element Methods for Fluids*, John Wiley, Chichester, 1983.

[129] A. Prohl: *On Quasi-Compressibility Methods and Projection Methods for Solving the Incompressible Navier-Stokes Equations*, Teubner, Stuttgart, 1998.

[130] L. Quartapelle: *Numerical Solution of the Incompressible Navier-Stokes Equations*, Birkhäuser, Basel, 1993.

[131] R. Rannacher: *Finite element methods for the incompressible Navier-Stokes equations*, in [33], 2000.

[132] R. Rannacher: *Incompressible viscous flow*, in Encyclopedia of Computational Mechanics (E. Stein, R. de Borst, T.J.R.Hughes, eds), Volume 3 'Fluids', John Wiley, Chichester, 2004.

[133] R. Rannacher: *Methods for Numerical Flow Simulation*, in [35], 2007.

[134] R. Rannacher: *Adaptive finite element discretization of flow problems for goal-oriented model reduction*, Computational Fluid Dynamics Review 2010 (M. Hafez et al., eds.), pp. 51–70, World Scientific, Singapore, 2010.

[135] R. Rannacher: *Adaptive FE eigenvalue approximation with application to hydrodynamic stability*, in [55], 2010.

[136] R. Rannacher: *A Short Course on numerical simulation of viscous flow: discretization, optimization and stability analysis*, in Lecture Notes 12th school "Mathematical Theory in Fluid Mechanics", Karcov, Czech Republic, Spring 2011, AIMS, Discrete and Continuous Dynamical Systems - Series S, Vol. 5(6), pp. 1147–1194, 2012.

[137] R. Rannacher, T. Richter: *An adaptive finite element method for fluid-structure interaction problems based on a fully Eulerian formulation*, in Fluid Structure Interaction II: Modelling, Simulation, Optimization (H.-J. Bungartz et al., eds), pp. 159–191, Springer Berlin-Heidelberg, 2010.

[138] R. Rannacher, F.-T. Suttmeier: *Error estimation and adaptive mesh design for FE models in elasto-plasticity*, in Error-Controlled Adaptive FEMs in Solid Mechanics (E. Stein, ed.), pp. 5–52, John Wiley, Chichster, 2002.

[139] Th. Richter: *Fluid-structure Interactions: Models, Analysis and Finite Elements*, LNCSE 118, Springer, 2017.

[140] F. Schieweck, L. Tobiska: *A nonconforming finite element method of upstream type applied to the stationary Navier-Stokes-equations*, Math. Mod. Numer. Anal. 23, 627–647 (1989).

[141] C. Schwab: *p- and hp-Finite Element Methods, Theory and Applications in Solid and Fluid Mechanics*, Oxford University Press: Oxford, 1998.

[142] J. L. Steger, R. F. Warming: *Flux vector splitting of the inviscid gasdynamics equations with application to finite-difference methods*, J. Comput. Phys. 40, 263–293 (1981).

[143] E. Stein, P. Wriggers: *Finite Element Methods in Non-Linear Continuum Mechanics*, Springer, 1997.

[144] L. Tobiska, R. Verfurth: *Analysis of a streamline diffusion finite element method for the Stokes and Navier-Stokes equations*, SIAM J. Numer. Anal. 33, 107–127 (1996).

[145] S. Turek: *Efficient Solvers for Incompressible Flow Problems: An Algorithmic and Computational Approach*, NNCSE, Vol. 6, Springer: Berlin-Heidelberg-New York, 1999.

[146] C. Waguet: *Adaptive Finite Element Computation of Chemical Flow Reactors*, PhD Thesis, Heidelberg University, 2001.

[147] O. C. Zienkiewicz: *The Finite Element Method in Engineering Science*. MacGraw-Hill, London, 1971.

[148] O. C. Zienkiewicz: *Finite Elements. The Background Story*, In: Mathematics of Finite Elements and Applications (J.R. Whiteman, Her), Academic Press, London 1973.

Index

FSC
www.fsc.org
MIX
Papier | Fördert gute Waldnutzung
FSC® C083411

Kolibri 360 GmbH
Ferdinand-Jühlke-Straße 7
99095 Erfurt, Deutschland
produktsicherheit@kolibri360.de